中国人文地理丛书(典藏版)

中国政区地理

刘君德　靳润成　周克瑜　编著

科学出版社
北京

内 容 简 介

本书系《中国人文地理丛书》之一。全书共分上、中、下篇。上篇为概念与原理，主要论述了政区地理的研究对象、任务与内容，并系统阐述了政区各组成要素以及政区形成发展影响因素和政区划分依据原则。中篇为演变与发展，主要论述中国历代各级政区沿革及演变规律。下篇为改革与探索，主要论述了当代中国政区改革的各种新模式及不同类型政区改革的应用研究。

本书可作为人文地理、政治、经济、行政管理专业科技人员及师生参考使用，同时也可作为政府部门有关领导和管理干部的业务指导用书。

图书在版编目（CIP）数据

中国政区地理 / 刘君德等编著. —北京：科学出版社，1999.07（2018年1月重印）

（中国人文地理丛书）

ISBN 978-7-03-007383-9

Ⅰ.①中… Ⅱ.①刘… Ⅲ.①政区–地理–中国　Ⅳ.①K928.2

中国版本图书馆 CIP 数据核字(1999)第 07252 号

责任编辑：吴三保 / 责任校对：鲁　素
责任印制：徐晓晨 / 封面设计：黄华斌

科学出版社 出版
北京东黄城根北街 16 号
邮政编码：100717
http://www.sciencep.com

北京教图印刷有限公司 印刷
科学出版社发行　各地新华书店经销

*

1997 年 07 月第 一 版　　开本：787×1092　1/16
2018 年 1 月第三次印刷　　印张：20 1/4
字数：442 000
定价：360.00 元

（如有印装质量问题，我社负责调换）

《中国人文地理丛书》编辑委员会

学术顾问　胡焕庸　周立三　宋家泰　钱今昔

主　　编　吴传钧

副 主 编　郭来喜（常务）　　王恩涌　许学强　陈宾寅
　　　　　沈道齐　李润田　吴三保　黄效文　陈宗兴
　　　　　邬翊光

委　　员　（按姓氏笔画为序）
　　　　　于希贤　王　铮　王兴中　王恩涌　刘　毅
　　　　　刘君德　刘继胜　邬翊光　张文尝　张小林
　　　　　张家桢　张绍飞　张耀光　许学强　陆大道
　　　　　陆俊元　吴三保　吴传钧　吴楚材　吴建藩
　　　　　李小建　李文彦　李润田　李振泉　陈　航
　　　　　陈宗兴　沈伟烈　沈道齐　杨吾扬　邹逸麟
　　　　　周一星　周尚意　周钜乾　金其铭　金学良
　　　　　姚士谋　姚岁寒　郭来喜　郭焕成　黄效文
　　　　　崔功豪　鲁　奇　谢香方　谢让志　彭　斌
　　　　　蔡人群

学术秘书　陈　田　毕金初

《中国人文地理丛书》序一

人文地理学是一门以地域为单元,研究人类活动和地理环境相互关系的学科。经过长期的探索,人们认识到它的核心是研究人地关系地域系统的形成过程、结构特征和发展趋向规律,在此基础上,进一步探索把客观存在的人地关系地域系统作为整体,加以优化和调控的可能途径和对策,其目的是为了谋求社会经济的持续发展。

我国古代在很多哲学、史学和文学的作品中包含了人类活动和自然界相互关系的论述,认为人地关系既有和谐的一面,也有矛盾的一面,这可以看作是人文地理思想的渊源。比较系统的论述则见诸历代的正史中的地理志、各类地方志和游记中,涉及面虽广,但零星而分散,又和其他学科交错在一起,因而古代人文地理学的个性是不明确的,只是知识和资料的积累过程。直到鸦片战争后,西方的近代人文地理学才随着其他科学技术开始传入中国,特别是20世纪二三十年代,通过外国学者、传教士和我国派往欧美的留学生而陆续引进。此后在大学中设置地理系,成立地理学会,并建立了专业的地理研究所,广泛开展近代人文地理学的传授和调查研究,但限于经费,工作规模小,出版成果少。

解放后,地理工作者得到了良好的工作条件,配合各项经济建设,做出了贡献。但在初期的十多年中,国内各项工作都向原苏联学习,我国地理学基本上也按原苏联的模式来发展,引进了不少原苏联地理学的新理论和新方法,如农业区划、经济区划、地域生产综合体等,加快了我国人文地理学的现代化过程。但同时也带来了严重的消极影响,即三四十年代原苏联地理界在当时左的政治干预下,把人文地理学当作唯心主义"伪科学"加以全盘否定,以经济地理学取代人文地理学的观点也引入了我国,致使我国人文地理学中一度出现经济地理学"一花独放",而其他一些分支学科被视为禁区的极其不平衡的状态。二则原苏联地理学强调发展二元论,把它肢解为自然地理学和经济地理学两门属性不同、互不联系的学科,深刻地影响了我国地理学的健康发展。

经过"十年浩劫",党的十一届三中全会拨乱反正,国家政治经济形势发生了战略性的大转变,带来了科学的春天,使人们敢于从教条的、空洞的概念中解放出来,实事求是地研究中国地理学的理论和实际问题,重新评估和认识人文地理学在社会主义建设中的作用和地位。我国地域辽阔,民族众多,自然环境和人文现象的地域差异性大,加之历史悠久而变化大,近年又处于改革阶段,在建设发展过程中必然会出现多种多样的问题,这就为人文地理工作提供了广阔的研究领域。正因为如此,在我国发展人文地理具有得天独厚的优越条件。1980年初,中国地理学会因势利导,在第四届全国代表大会上发出了复兴人文地理学的号召,并相应地成立了专业委员会来组织、推动、交流人文地理研究。原国家教育委员会也决定在各大学地理系中开设人文地理课程,个别大学还成立了专业的人文地理研究所,出版《人文地理》学术期刊,很多富有才华的中青年地理工作者踊跃投入到人文地理的教学和研究工作之中。原先被冷落的一些人文地理分支学科,现在已成为热门;原先被视为禁区的一些分支,现在有人敢于钻研;一些尚无人问津的新学科,也有人开始探索。经过十多年的努力,中国人文地理学确实已走上复兴、创新的道路。

今后的发展,总的目标是要建立具有中国特色的人文地理学。这就要求联系我国的社会、政治、经济实际,根据中国的国情特点,适应社会经济的发展趋势和改革、开放、搞活的需要,研究社会主义初级阶段中出现的一些具有明显地域性和综合性相结合的问题,主题是协调人类活动和地理环境的关系。并要求通过多方面的大量实践,逐步总结我国在特定的地理环境下,配合社会主义建设进行的各项人文地理研究工作取得的有效经验,系统建立我国人文地理学的理论体系。

已故中国科学院副院长竺可桢先生,生前曾主张要从五个方面来衡量一门学科是否成熟,即:一要有一大批高素质的专业科学家;二要有学科本身的理论体系;三要应用具有本门学科特点的方法;四要在为国民经济服务中发挥非其他学科所能替代的作用;五要有大量本门学科的成果资料的积累。这五方面的尺度是相互联系的,其中成果出版发行的数量和质量显然是最具体的衡量。

为了系统展示我国现代人文地理学的成就,中国地理学会人文地理专业委员会和科学出版社合作,计划组织人文地理学界合力编写一整套《中国人文地理丛书》,包括人文地理学及其主要分支学科,争取于近几年内陆续出版。这在学术上无疑是对中国人文地理研究的一个阶段总结;还可和20世纪80年代已由科学出版社出版的《中国自然地理》丛书相匹配,完善对中国地理的研究。甚望通过《中国人文地理丛书》的出版,把中国人文地理学的研究推进到一个新的发展阶段。

中国地理学会理事长
中国科学院院士
吴传钧
1993年中秋

《中国人文地理丛书》序二

新世纪迤降,纪元晋双千,地理学发展迈入多元多维结构的全息化时代。向为地理学研究的核心——人地关系地域系统,演化为众多学科关注的热点,既表征地理学研究对象的意义重大,又展示地理学在现代科学体系中的基础地位和强大生命力。

若把哥伦布(Cristoforo Colombo)15 与 16 世纪之交航海引起的地理大发现,视为地理研究空间的大拓展,为后来的工业革命激发了推动力,从而导致近代地理学的萌发,那么 500 年后的今天,人类进入可持续发展的新历史时期,航天地理学应运而生,"人地关系"将进一步演变为"人宇关系",可以预见 21 世纪中期,将会给人类带来意想不到的巨大效应。人类的"天地生人巨系统"观会赋予地理科学研究全新的内涵,无论是从研究的广度还是深度,都将推动地理科学产生巨大的变革,不过人地关系仍将是研究的基础。

人文地理学是以研究人地关系相互作用、相互影响及其变化规律和地域分异系统为基本宗旨。作为世界上最高智能动物群体的人类,从其诞生之时,就和其所处的地理环境密切相关。人类的繁衍与发展既受人类社会形态与结构的支配,也受所处地理环境的影响与制约。有的学者把地理演化史分为天文时期、地文时期和人文时期,而人文地理学则是研究人文时期的人地系统,亦即研究各种人文现象的形成、演化、地域分异规律及其与地理环境之间关系的一门学科。

人地关系论(man-nature relationship)作为人文地理学的理论基础,在古典地理著作中便有所论述。《山海经》、《尚书·禹贡》是先秦时期我国古典地理学发轫期的杰出代表作。战国时代,在百家争鸣中,对人地关系先后产生了早期的环境决定论、人定胜天思想、天人相关论以及因地制宜等不同流派。尽管后来司马迁的《史记·货殖列传》、班固的《汉书·地理志》,乃至唐代刘禹锡主张人地相关论等,对人文地理学发展都有重要贡献,但是在我国,由于长期受封建社会的束缚,从而阻碍了人文地理学成为一门真正的近代科学。

近代人文地理学萌生源于西方国家。德国地理学大师李特尔(Karl Ritter)堪称近代人文地理学的奠基者,他最早阐述人地关系和地理学的综合性和统一性,主张地理学是一门经验科学,应从观察出发,而不能从观念和假设出发,认为地理学的研究对象是布满人的地表空间,人是整个地理研究的核心和顶点。他在《地理学——地理对人类素质和历史的关系》(1822~1859)这一著作中,探讨了自然现象和人文现象的相互关系,把自然作为人文的基本原因,强调了自然界对人类历史的影响。

嗣后,德国地理学家拉采尔(Friedrich Ratzel)受达尔文进化论的影响,认定人是地理环境的产物,同时,又主张由于有人类因素,地理环境控制是有限的,并把位置、空间和界限作为支配人类分布和迁移的三组地理因素。其代表作《人类地理学》(1882,1891)、《政治地理学》(1897)、《生存空间:生物地理学》(1901)、《民族学》(1885,1886,1888)、《地球与生命:比较地理学》(1901,1902)等,对地理学的发展有很大影响,被有的学者认为"是所有对人文地理有贡献者中最伟大的一位"。

19 世纪后半期德、英、法、美、俄等国学者在阐述人地关系时,先后出现了"地理环境决定论"(environmental determinism)——以 F. 拉采尔、E. 森普尔(Ellen Churchill Semple)、E. 亨丁顿(Ellsworth Huntington)为代表;"二元论"(dualism)——以 O. 佩舍尔(Oscar Peschel)、F. 李希霍芬(Ferdinand von Richthofen)和 A. 彭克(Albrecht Penck)为代表;"或然论"(possibilism)——以 P. 维达尔·白兰士(Paul Vidal dela Blache)、白吕纳(Jean Brunhes)和 G. 弗勒(Herbert G. Fleur)为代表;"适应论"(adaptablism)——以 P. 罗士培(Percy Maude Roxby)为代表;"文化景观论"(cultural landscape theory)——以 O. 施吕特尔(Otto Schluter)、S. 帕萨尔格(Siegfried Passarge)和 C. 索尔(Carl Owtwin Sauer)为代表;"协调论"(adjustablism)又称"和谐论"(harmony)——以 B. A. 阿努钦(Всеволод Алексадрович Анучин)、M. 怀斯(Michael John Wise)为代表。这些学术流派先后传播到中国,对近代人文地理学发展产生了不同的影响。

不可忽视的是,自 16 世纪以来,西方列强殖民地不断扩大,伴随这种大扩展,一批批传教士来华,也带来不少新的地理知识。较著名的代表人物有意大利人利玛窦(Matteo Rui,1552~1601)、艾儒略(Julius Aleni,1582~1649)、龙华民(Nicolaus Longobardi,1559~1654),比利时人南怀仁(Ferdinandus Verbiest,1623~1688)、法国人白晋(Joach Bouvet,1656~1720)、杜德美(Petrus Jartoux,1668~1720)、蒋友仁(Michacl Benoist,1715~1774)等。19 世纪以来还有不少西方学者来华考察,对中国地学(包括人文地理)有较大影响的代表人物有:李希霍芬(Ferdinand von Richthofen,1833~1905)、斯文·赫定(Sven Anders Hedin,1866~1952)、葛利普(Amadeus William Graban,1870~1946)与德日进(Teilard de Chardin Pierre,1882~1955)等。

20 世纪以来,中国地理学家也在非常困难的条件下开展了人文地理的理论与实践研究,其中自然会受到西方人文地理学的影响。竺可桢先生作为中国地理学的一代宗师,既是近代中国地理学的奠基者,同时又是开拓人文地理研究的先驱。他的《地理与文化之关系》(1916)、《气候与人生及其他生物之关系》(1922)、《天时与战争之影响》(1923)、《论江浙两省人口之密度》(1926),是竺老早年对人地关系之论述。丁文江先生的《关于中国人文地理》(1923),张其昀先生的《中国人之传统》(1926)、《人地学论丛》(1932)、《中华民族之地理分布》(1935)、《论中国之人地关系》(1947),翁文灏先生的《中国地理区域及其人生意义》(1929)和《中国人口之分布与土地利用》(1932),胡焕庸先生的《江宁县之耕地与人口》(1934)、《中国人口之分布》(1935)、《安徽之人口密度与农业的区域》(1934),黄国璋先生的《政治地理学研究》(1941),李旭旦先生的《白龙江中游人生地理观察》(1941),王成组先生的《人生地理学的派别问题》(1941),周立三先生的《农业地理》(1942),吴传钧先生的《中国粮食地理》(1942),陈尔寿先生的《重庆都市地理》(1943),任美锷先生的《建设地理新论》(1946)等等,对人地关系研究和人文地理学建设均做出了重要贡献。

再以刊物为例,中国科学院地理研究所的前身——中国地理研究所主办的《地理》季刊,1942~1949 年共出 6 卷,发表论文 136 篇,其中人文地理学论文即有 56 篇,若把地理学通论、地理学思想史、区域地理、外国地理、地理教育等论文计入,则人文地理论文居于绝对优势,这种格局和国外地理学发展状况完全一致。

中国学者在介绍西方人文地理学名著方面也做了不懈的努力。20 世纪 30 年代初王海初先生翻译美国地理学家亨丁顿等所著《人文地理学原理》(Principles of Human Geography),30 年代中任美锷、李旭旦先生翻译法国地理学家白吕纳的《人地学原理》(La

Geographie Humaina),陈健民先生翻译美国地理学家森普尔所著《地理环境之影响》(Influences of Geographic Environment),葛绥成先生翻译澳大利亚地理学家泰勒(Griffith Taylor)的《环境与人》(Environment and Race)(也译为《人种地理学》)等,在近代中国人文地理学发展史上起过不同的作用,特别是白吕纳的《人地学原理》所提出的人类在地球表面所做的事业按三纲六目人地学基本事实来阐述,并指明人类受地理环境的影响,反过来人类也可影响地理环境,影响程度随科技发展水平而异。人类与地理环境的关系与作用是相互的,而人类居于主导地位的观点在中国影响十分深刻。

然而,20世纪50年代中国的特殊政治环境造就"一边倒"和"学习苏联"的大气候,在地理学界,尽管对推动现代中国地理学,特别是自然地理学、经济地理学和地图学发展功不可没,可是对于人文地理学来说却造成了严重的负面影响,而且是一场劫难。某些人把原苏联20世纪30~40年代非常时期的学派之争,生搬硬套强加于中国地理学界,且无限上纲,恣意扩大,以致把人文地理学赶出学术殿堂,这不能不说是一场历史悲剧!

记得1955年正当批判人文地理学高潮迭起之际,我在大学的一门必修课,称作"人文地理学批判",它不是批判人文地理学的某种学术观点、思想和流派,而是批判这门学科,并给予全盘否定,满篇都是政治大帽子,诸如"唯心主义"、"资产阶级腐朽没落思想"、"为帝国主义服务"、"伪科学"等,在当时青年学子们纯洁的心目中,造成了"人文地理学"与"恶魔化形象"等同的极坏影响。这样,人文地理学在中国大地上便无立锥之地,被逐出地理学界。那时老师授课无讲义,更无教科书(也许奉命而教,违心讲授),我的笔录较详,还被一位报考留苏同窗借去参阅。嗣后我赴莫斯科大学学习,并没有感受到像国内那样剑拔弩张的学术氛围。实际上,当时原苏联地理界已在起变化,随即出版的《地理学的理论问题》导致原苏联统一地理学的复兴,出现了地理学的生态化,经济地理学的社会化,并以社会经济地理学的名义在原苏联恢复了人文地理学。

极"左"思潮在地理学界某些人群中泛滥,造就一些专门给人戴帽子、打棍子的"学术新贵",直到中苏关系破裂若干年后还在肆虐,党的"百花齐放、百家争鸣"的方针,被践踏和蹂躏。"文化大革命"中连经济地理学也不复存在,研究人员被迫改行。

1979年底至1980年初在广州举行的中国地理学会第四届代表大会,堪称现代中国地理学发展的里程碑!300多位地理学家出席了这次规模空前的盛会,收到900多篇论文。许多著名科学家在大会上做了精彩的学术报告。对于人文地理学来说,李旭旦先生的《人地关系回顾与瞻望——兼论人文地理学的创新》和吴传钧先生的《地理学的昨天、今天与明天》(又名《地理学的特殊研究领域和今后任务》),揭开了我国复兴人文地理的序幕,迎来了人文地理学的春天!

李旭旦先生在报告中指出:"30年来我国自然地理学的各个部门都得到长足进展,但在人文地理学方面,则仅仅是一花独放,这个局面似应有所改变"。李先生进一步阐明:"人文地理包括经济地理、人口地理、聚落地理、民族地理、历史地理、文化地理、社会地理、疾病地理等,近年西方国家还出现感应地理、行为地理学科,内容极为丰富。人类除经济生活外还有政治生活、文化生活、文娱生活等方面。经济活动空间结构也不限于生产配置,还存在着物质生活水平和消费水平的地区差异问题。因此,仅仅以研究生产配置为主旨的经济地理学虽然是一个极为重要的方面,但是不足以概括人文地理学的全貌。"因此,李先生疾呼:"应该复兴全面的人文地理学。这决不意味着要恢复20世纪初期西方各国的各种人文地理学流派，也不在于全盘照搬现今流行于西方的以福利为出发点的人生地理学，而是主张参考现代人生地理学的革新方向，运用新技术、新方法，结合我国社会主义建设的实际需要，创立一门中国式的人文地理学，其内容应在正确的人地相关论基础上，分析研究如何按照自然规律与社会主义经济规律，利用自然、改造自然、因地制宜地使自然为人类谋福利，而不受自然惩罚，把自然环境引向有利于提高全民族的物质文化水平的方向，研究在不同民族和文化区内的有关人文地理论题等。"

如果说在复兴人文地理学中，李旭旦先生是一位杰出的宣传家，那么，吴传钧先生则是一位卓有成效的组织家和实践家。20 世纪 50 年代后期和 60 年代前期，吴先生主持中国科学院地理研究所经济地理研究室工作（20 世纪 80 年代扩展为经济地理研究部），则在经济地理的大旗下，掩护发展了人文地理学的主要领域，除了工业地理、农业地理、交通运输地理外，还有人口地理、城市地理、历史地理、世界地理等，一个研究室竟有近 60 名研究人员，不能不说是一个奇迹。

吴传钧先生在广州会议上提出了"地理学的研究核心——人地关系地域系统"，指出人地关系地域系统研究是一个跨学科的大课题，地理学研究目标是协调人地关系，重点在于将人地关系地域系统的优化落实到地区综合发展基础上，探求系统内各要素的相互作用及系统的整体行为与调控机理。其主要内容包括：①人地关系的形成过程、结构和发展趋向的理论；②各子系统相互作用强度的分析、潜力估算、后效评价与风险分析；③两大关系间相互作用和物质传递与转换的机理、功能、结构和整体调整的途径与对策；④地域的人口承载力分析；⑤根据一定地域人地系统的动态仿真模型以及系统内各要素间相互作用结构潜力，预测特定的地域系统演变趋势；⑥地域分异规律和地域类型分析；⑦不同层次、不同尺度的各种类型地区人地关系协调发展的优化调控模型。从而对人地关系地域系统研究给出了明确的目标与研究方法，使人文地理研究得以升华。

我清晰地记得，李旭旦先生做完学术报告后，1980 年元旦中国地理学会副理事长郭敬辉先生召开敬老座谈会，出席会议的 12 位 70 岁以上的老地理学家（如今大多作古）中，有不少多年没有参加过全国性学术会议，出席广州盛会激动不已，座谈时说到伤心处声泪俱下，泣不成声。中国地理学会创始人之一的董绍良先生说："我 20 年代就接触人地相关论，这次会上听大家谈人文地理学，我真像遇到久别的老友一样，我们要继承优良传统，为了繁荣人文地理学而勇于创新。"

然而就在会后不久，有着失落感在"文化大革命"中又自命为"红线代表"的某位以批判他人出名的人物，在座谈会上做了肤浅应景式检讨和言不由衷的道歉后，竟又炮制新的"批判"大作，罗织罪名，妄图把复兴人文地理之举，当作"回流"、"复辟"、"新动向"，再度置人于死地，李旭旦先生首当其冲。《西北师范学院院刊》把李先生的复兴人文地理学的论文和"批判"文章同时刊登，更增添了对他的压力。在这种形势下，《中国大百科全书·地理学卷》委托李旭旦和吴传钧先生担任人文地理学分册主编，1981 年冬在上海举行大百科条目研讨会，李先生忧心忡忡，此时，吴先生劝慰说："难道您还怕戴第二次帽子？！时代不同了，不必理那一套！"

1982 年 2 月胡乔木同志在中共中央高级党校作了要求领导干部学习人文地理的重要讲话，国家第六个五年计划特别把人文地理学列为要加强的薄弱学科之一，从最高层次支持人文地理学的复兴，使一度对人文地理持否定态度的"批判家"不得不偃旗息鼓，这不能不说是人文地理学发展的历史性转折点!

为了适应人文地理学新发展,在吴传钧先生主持下,1981年5月中国地理学会经济地理学专业委员会杭州会议决定成立人文地理研究筹备组,推举8位学者为成员,李旭旦先生任组长;1983年5月在南宁举行首次人文地理学术研讨会,吴传钧先生代表中国地理学会宣布,正式成立中国地理学会人文地理研究组,李旭旦先生为组长。1984年3月中国地理学会人文地理专业委员会正式成立并在南京举行第一次专业委员会会议。在吴传钧先生主持下,1984年7月教育部高教司和中国地理学会联合在北京举行人文地理讲习班,加速培养高校人文地理师资。之后中国地理学会、中央人民广播电台、北京教育学院又举办了几期人文地理师资培训班,使人文地理师资培训和科学普及成为全国性的活动。李旭旦先生作为首任专业委员会主任抱病参加了第一次人文地理专业委员会会议,做了"如何进一步开展人文地理学研究"的讲话。李先生强调复兴人文地理学不是复旧,要以马列主义、辩证唯物主义和历史唯物主义哲学为准则,走正路,技术手段必须创新,论题内容要创新,要采取实地考察与社会调查方法来进行研究工作,向人文地理学领域的薄弱环节进军……。李先生因病没能出席人文地理讲习班,但他仍以教育家的智慧和极大的注意力关注这项活动。在张文奎、邬翊光、郭来喜协助下,他主编了《人文地理论丛》、《人文地理概说》两本论文集。

李旭旦先生的仙逝,是中国人文地理学界不可弥补的损失。他为之奋斗的未竟事业,在吴传钧先生直接领导下,由鲍觉民、张文奎先生主持的人文地理专业委员会做了不懈的努力,使人文地理学研究与教育得以蓬勃发展,学科理论建设和为国民经济主战场服务更上一层楼。鲍、张两先生的辞世,又一次使人文地理学界蒙受损失!

综观近14年来,我国人文地理专业委员会组织了一系列的学术活动,其中规模较大的有:1985年6月与西安外国语学院合作,在西安举办的中美人文地理学术研讨会;同年11月在无锡召开的中英日城市地理学研讨会;1987年12月在深圳举行的人文地理学研讨会;1990年8月参加在北京举行的国际地理联合会亚太会议;1990年11月与经济地理学专业委员会在上海共同举办的学术研讨会;1993年5月与沿海开放研究分会在昆明共同举办的沿海沿边开放学术研讨会;1996年11月与自然地理学专业委员会、经济地理学专业委员会在郑州联合举办的区域可持续发展学术研讨会;1997年6月与西安外国语学院共同举办的人文地理学与持续发展国际研讨会;1998年4月在北京与经济地理学专业委员会、城市地理学专业委员会联合举办的中国地理学与21世纪可持续发展研讨会等。20世纪90年代以来,不仅从人文地理专业委员会中分立出城市地理学专业委员会、旅游地理专业委员会,并举行了一系列的学术活动,还成立了全国高校人文地理教育与研究会,也举办了一系列的学术活动,使人文地理教学与研究空前活跃,人文地理已作为一门基础课程列入全国高校的必修课,有的大学把人文地理学建成了重点专业,国务院学位委员会把人文地理与自然地理并列,设置了博士点、硕士点。

近10年来先后出版了《中美人文地理学术研讨会文集》(中英文版,1988)、《人文地理研究》(1989)、《区域可持续发展研究》(1997)等会议文集,吴传钧先生主编出版一套《人文地理学丛书》,创办了《人文地理》杂志(原名为《国外人文地理》)。一些学者还出版了不同版本的人文地理专著,如《中国人文地理》、《现代人文地理》、《理论人文地理》、《人文地理概念》、《人文地理学》,以及多版本的《人文地理词典》等,还有更多的分支学科专著先后出版。一大批青年人文地理学家迅速成长起来并成为研究与教学的中坚，使中国人文地理研究出现了前所未有的崭新局面，特别是以人地系统为核心的可持续发展问题，成为世界共同关心而亟待解决的紧迫任务，人文地理学的基础学科和核心地位更凸现出来。

钱学森先生从人类认识世界的思想史出发，提出现代科学技术体系时，明确指出以研究地球表层为对象的地理科学的内容与方法。他高瞻远瞩地指明："地理科学是一门学科体系，是现代科学技术体系十大部门之一，与自然科学、社会科学并列。""地理系统是开放复杂的巨系统"，要运用"从定性到定量的综合集成法"来研究。地理工作者要树立"地理哲学"思想，从事"地理建设"，从基础理论、应用理论和应用技术三个层次来建设"地理科学"。黄秉维先生认为，钱学森先生所倡导的"地理科学不等于地理学，而是在若干科学基础上的改造、重组和发展"。

在 21 世纪来临之际，地理学，特别是人文地理学，要在继承优良传统基础上，充分运用空间技术、计算机技术、生物工程技术、环境工程技术成果，从区域解释性描述和地理数据图表简式表述，向全球与区域的监测、规划、设计、调控、优化方向过渡，实现不同尺度地域系统的人地关系协调与可持续发展，逐步达到钱学森先生所期盼的"地理建设"和"地理科学"的前瞻性设想。

鉴于 20 世纪 70~80 年代由科学出版社出版了《中国自然地理》（丛书），集中展现了新中国成立 30 多年在认识自然、改造自然、发展自然地理学及各主要分支学科方面的成就，如今编辑出版《中国人文地理丛书》，既是体现完整的中国地理学、全面评估中国地理建设成就的需要，也是为着总结过去，展望未来，实现中国 21 世纪可持续发展所必需。

自 1992 年酝酿、策划出版《中国人文地理丛书》以来，先后在北京、昆明做了多次协商，又于 1996 年、1997 年、1998 年分别在开封、西安和北京召开三次丛书编辑委员会，集中讨论了丛书编辑的宗旨、书目、纲要、体例、结构、分工和进度，确立了精而准、系列化、中国化的撰稿原则。来自全国各地的 40 多位专家及其代表，一致表示争取在 1999 年完成本丛书的编辑出版工作，作为向中华人民共和国成立 50 周年、迎接 21 世纪来临的献礼。

借此良机，我谨代表中国地理学会人文地理专业委员会和丛书编辑委员会，向为发展中国人文地理学做出贡献，参加丛书编辑出版，以及支持和赞助的各方人士，表示衷心的谢忱！

中国地理学会人文地理专业委员会主任

1998 年 2 月 22 日于北京中关村

前　言

"政区"是"行政区"或"行政区域"的简称,是指一个国家的地方行政机关所辖的区域。国家根据行政管理和建设、治理的需要,遵循有关法律规定,对领土进行合理的分级(层次)划分而形成的区域和地方,这就是"行政区划",它是国家政权建设的重要组成部分,是一种政治地理现象。

行政区的地理研究应为我国人文地理学一个十分重要的领域。这是因为:第一,我国是一个国土辽阔,人口众多,自然、社会经济条件差异大,具有悠久历史文化的多民族国家,在我国极为丰富的历史文献中记载着各个历史时期政治区域的变迁,研究和总结政区变迁的特点和规律,对于丰富和发展人文地理学的内容有重要意义;第二,由于我国特殊的国体、政体环境,又处于由传统计划经济向社会主义市场经济转轨的大变革时期,现行的行政区划体制在许多方面已不适应我国社会经济发展和地方行政管理的需要,必须有步骤地进行改革,因而现阶段加强政区地理的研究具有特别重要的意义。

什么是政区地理学?简言之,它是研究国家的行政空间结构体系安排(行政区划)的一门科学,其基本矛盾关系为:在国家的领土范围内,政权建设,社会经济发展,国土规划、建设、治理与空间行政结构体系之间的矛盾。政区地理具有明显的人文地理科学的共同特性。如十分强调行政区的地理条件分析,行政区的空间地域结构特征,行政区的发展过程及地理环境结构与行政区发展相互作用的研究等。

在实际工作中,人们往往用"行政区划",而不用"政区地理"。实际上二者就其本质内涵而言是一致的,二者之间的关系是学科和任务的关系。行政区划是一项工作任务,政区地理是一门独立的人文地理学分支学科,有其严密的学科理论体系。这正如同经济地理学与经济区划的关系、自然地理学与自然区划的关系一样。

我国是世界上行政区划内容最丰富的国家。秦始皇统一中国后实行的郡县制是我国行政区划史上的一个重要里程碑。元代"行省"制度的建立,是我国行政区划史上又一次重大变革。我国城市型政区始于民国时期。新中国成立以来,国家十分重视行政区划工作,经过40多年的不断改革与调整,逐步形成了我国目前的行政区划结构体系。应当指出,改革开放以来,我国行政区划的改革进入了一个新的发展阶段,为使行政区划体制适应社会经济迅速发展和城市化迅速推进的需要,坚持为政治体制和经济体制改革服务的方向,进行了许多探索,积累了有益的经验,产生了良好的效果。行政区划改革已成为我国政治经济生活中的一件大事。

从我国政区地理的研究角度看,大体上经历了三个发展阶段。在古代,主要是关于政区沿革为主的著述,《汉书·地理志》开创了我国政区沿革地理研究的先河,我国现存的8000余种地方志都是以行政区划为单元编写的。近代,中国政区地理的研究以省区改革为重点,自鸦片战争以来至民国时期,直至解放前夕,省区重划及相关的国都问题一直成为我国当政者、学术界所关注和讨论的"热点"问题,发表论著颇多,许多观点至今仍具有重要参考价值。

解放后,中国政区地理的研究经历了一个由"禁区"走向开放繁荣的发展过程。1978年以来,尤其是1988年以来伴随着行政区划体制改革的进展,政区地理的研究不断取得新成就。公开出版、发表的论著增多,地理学、历史学、政治学、行政学等不同学科的学者积极参与行政区划的理论与应用研究。华东师范大学中国行政区划研究中心正是在这一背景下,于1990年5月经民政部批准成立的。90年代以来,民政部行政区划与地名管理司与中国科学院地理研究所等开展了"中国设市预测与规划",对中国未来一定时期内设市数量、空间布局及其排序进行了科学分析与规划;近几年来在民政部统一组织与布署下,许多省、自治区、直辖市积极开展了行政区划规划,取得可喜成果;中国行政区划研究中心开展了江苏省苏(州)(无)锡常(州)地区和"三泰"地区(泰州、泰兴、泰县)、上海市浦东新区行政区划的战略研究。上海市和海南省行政区划规划等,从理论与实践相结合的高度提出了行政区划改革的许多新观点新思路;中国行政区划研究会先后数次召开了全国性的学术研讨会;出版的行政区划专著越来越多,较有代表的有《中国行政区划研究》(1991)、《中国行政区划概论》(1995)、《中国行政区划的理论与实践》(1996)、《中外行政区划比较研究》(2002)等,为建立中国政区地理科学体系奠定了基础。

《中国政区地理》是一部全面系统介绍中国行政区划理论与实践的著作。作者试图从新的视角,用新的体系结构和最新的研究成果和资料进行分析、综合,以建立一个较为完整、科学的中国政区地理学学科体系。全书分上、中、下三篇。上篇为"概念与原理",中篇为"演变与发展",下篇为"改革与探索"。在上篇"概念与原理"部分,首先探讨了政区概念,政区地理研究的对象、任务与内容及其理论基础;接着对政区的结构要素与类型,政区的规模与驻地,政区的建制与名称,政区的边界及其划分等进行了较详细的分析;最后对政区划分的依据与原则、政区的组织管理等进行了讨论。我们力图通过以上问题的讨论,初步构筑一个符合我国国情的政区地理学理论体系的框架。在中篇"演变与发展"部分,对中国古代,近、现代和当代的政区地理进行全面系统的论述。它不仅使读者系统了解中国政区发展演变的历史过程,各时期政区的特点,而且进一步加深读者对中国政区变迁规律的认识,同时对今后中国政区体制的改革也有一定的启示作用。下篇"改革与探索",大多是近几年我们在承担各类行政区划战略研究和咨询课题基础上的理论与实践经验的系统总结与概括。作者在对中国政区改革的理论认识与宏观思考进行综合概括的基础上,较系统地讨论了当今中国政区改革的几个热点问题,主要是省制、县乡政区、直辖市制、地县级市制及城市群区组织改革等问题进行了较深入的论述,提出了若干新的见解。最后对中国政区规划问题进行了介绍。相信这部分的内容将有助于广大读者从较深的层次思考中国未来行政区划体制改革的走势。为了读者查阅方便,在本书的最后列出了中国行政区划的沿革简表、省级行政中心变迁、民族自治地方、设市城市简况及市辖区一览表。

本书的作者都是多年从事中国行政区划理论与实践研究的专业科技工作者,承担过许多重要研究课题,其主要观点有一定的代表性。全书由刘君德设计总框架,共分十八章,各章分工为:刘君德负责编写前言、上篇第一至六章的全部及下篇的十三、十四、十五、十七章;靳润成负责编写中篇的第七至十章;周克瑜负责编写第十一、十二、十六、十八章。最后由刘君德审阅定稿。本书附录部分较多引自浦善新等《中国行政区划概论》一书中的图表;吴其宝参与了附录的编选、校核工作;附图由方晓和朱懿平清绘;一并致以深切谢意。应当指出,中国行政区划的研究,尤其是作为人文地理学的分支学科,其理论研究尚处于开创阶段;行政区划的体制改革也需要在实践中不断探索,总结经验与提高。正因为如此,书中值得商榷的地方一定不少;尤其是进入新世纪以来,我国的行政区划改革又取得了新的进展、理论与实证研究不断深入但限于篇幅,在本次修订中难以全部反映。我们殷切地希望广大读者,尤其是政府有关部门的领导和实际工作者、专家、学者予以指正,共同为推进我国政区地理学的繁荣与发展作出贡献。

刘君德
1998 年 6 月
于华东师范大学
中国行政区划研究中心
2007 年 1 月于华东师大三村寓所修订

重印《中国人文地理丛书》各卷的话

《中国人文地理丛书》各卷自1998年开始先后出版以来，据《丛书》执行副主编，科学出版地理编辑室吴三保编审称：《丛书》已问世的十卷深 社会各界广大读者的欢迎，其中有些卷已销售一空。最近科学出版社领导有鉴于此，决定抓紧重印以应客观需求，拟借此机会适当更新书中主要数据，并补充近年来我国经济发展的有关重要实况，以更好满足读者需要。为此，希望《丛书》各卷主编能在一二个月内即提供更新稿备用。

考虑到定项任务的紧迫性，其中由我负责主编的《中国经济地理》卷，即就近与在京参加该书各章原来编撰同志磋商讨论，明确原书中各项统计数据以1995年为基础，尽可能根据2006年国家统计年鉴所到2005年新统计；加以更新。至于近年我国经济重大发展情况：例如香港回归祖国后的新发展、长江三角洲中心城市上海修建了东海大桥和洋山深水新港、青藏铁路已从格尔木延长通达拉萨等都必须补充入新书。此外并商定了有关同志的分工：刘彦随（负责第4、12、20、22章）、汤建中（第3章）、李文彦（第5章）、陆大道（第6章）、张文尝（第7章）、顾朝林（第8章）、毛汉英（第11章），其余第1、2、9、10、13、14、15、16、17、18、19、21章由主编负责适当更新补充。至于《丛书》已出版其他各卷，也由各卷主编分别组织力量，根据更新数据和补充重要新发展情况的要求进行加工。我相信通过这次加工，重印后的新书无疑将呈现一些新貌，但更彻底的更新改版工作则将有待于若干年后更进一步的努力来实现。这也是参加《丛书》编写同志们的共同愿望，在此向读者们首要倾诉一下。

吴传钧

2007年初

目　录

《中国人文地理丛书》序一 ·· (i)
《中国人文地理丛书》序二 ·· (iii)
前言 ··· (ix)
重印《中国人文地理丛书》各卷的话 ··· (xiii)

上篇　概念与原理

第一章　政区概述 ··· (3)
　第一节　"政区"与"行政区划" ··· (3)
　第二节　政区的基本特征 ·· (4)
　第三节　政区的类型划分 ·· (5)
　第四节　政区的意义与作用 ··· (7)

第二章　政区地理研究 ·· (10)
　第一节　行政区划与政区地理 ·· (10)
　第二节　政区地理的研究对象 ·· (11)
　第三节　政区地理的科学性质 ·· (12)
　第四节　中国政区地理研究的任务与重点 ··· (13)
　第五节　中国政区的发展与研究概述 ··· (16)

第三章　政区的理论基础 ··· (23)
　第一节　马克思主义关于国家学说的理论 ··· (23)
　第二节　上层建筑与经济基础关系原理 ·· (24)
　第三节　行政区与经济区关系原理 ·· (25)
　第四节　行政区经济原理 ·· (26)
　第五节　层次与幅度关系原理 ·· (27)
　第六节　其他学科的相关理论与原理 ··· (28)

第四章　政区要素分析 ·· (31)
　第一节　政区的要素结构 ·· (31)
　第二节　政区的规模 ·· (32)
　第三节　政区的等级 ·· (34)
　第四节　政区的行政中心 ·· (35)
　第五节　政区的名称 ·· (38)
　第六节　政区的边界线 ··· (41)
　第七节　政区的区位与形态 ··· (43)

第五章　政区的影响因素与划分原则 ·· (47)

  第一节 政区形成与发展的主要影响因素 …………………………… (47)
  第二节 政区划分的基本原则 …………………………………………… (56)

第六章 政区组织管理 ………………………………………………………… (62)
  第一节 政区组织管理的概念与内容 …………………………………… (62)
  第二节 政区组织管理体系的形成 ……………………………………… (64)
  第三节 中国政区的组织管理体系及相关问题思考 …………………… (65)
  第四节 市县分等：中国政区组织管理的新思路 ……………………… (69)
  第五节 中国政区组织与管理的法律规范 ……………………………… (74)

本篇主要参考文献 ……………………………………………………………………… (79)

中篇 演变与发展

第七章 中国古代政区地理（上） ……………………………………………… (83)
  第一节 行政区划的产生 ………………………………………………… (83)
  第二节 秦汉三国的政区 ………………………………………………… (84)
  第三节 西晋南北朝政区 ………………………………………………… (89)

第八章 中国古代政区地理（下） ……………………………………………… (93)
  第一节 隋唐五代的政区 ………………………………………………… (93)
  第二节 两宋、辽、金、西夏及南诏、大理和渤海国的政区 ………… (97)
  第三节 元、明、清政区 ……………………………………………… (104)

第九章 中国近现代政区地理 ………………………………………………… (117)
  第一节 晚清及北洋军阀政府时期的政区 …………………………… (117)
  第二节 国民政府时期的政区 ………………………………………… (120)

第十章 中国当代政区地理 …………………………………………………… (129)
  第一节 中国当代的地域型政区 ……………………………………… (129)
  第二节 中国当代城市型政区 ………………………………………… (133)
  第三节 中国当代民族自治型政区 …………………………………… (136)
  第四节 中国当代台湾、香港、澳门的政区划分 …………………… (138)

第十一章 中国历代各级政区发展演变规律 ………………………………… (142)
  第一节 政区发展演变与外部地理环境因素相互作用规律 ………… (142)
  第二节 政区内部结构要素发展演变规律 …………………………… (146)
  本篇主要参考文献 ……………………………………………………………… (150)

下篇 改革与探索

第十二章 中国政区改革的理论认识与宏观思考 …………………………… (153)
  第一节 政区改革的必要性 …………………………………………… (153)
  第二节 政区改革的指导思想与基本原则 …………………………… (155)
  第三节 中国政区改革的宏观思考 …………………………………… (157)

第十三章 中国的省制改革 …………………………………………………… (162)

第一节　省制溯源与重划省区的研究评述……………………………(162)
　　第二节　省制改革的必要性与可行性分析……………………………(168)
　　第三节　中国省制改革的基本思路……………………………………(176)
第十四章　中国的县、乡政区改革……………………………………………(185)
　　第一节　县制沿革与县的特点…………………………………………(185)
　　第二节　县政区问题与改革方向………………………………………(188)
　　第三节　乡制改革问题…………………………………………………(194)
第十五章　中国直辖市政区改革………………………………………………(201)
　　第一节　直辖市建制的形成与发展……………………………………(201)
　　第二节　现行直辖市政区类型及模式评述……………………………(203)
　　第三节　中国直辖市政区体制改革的思路……………………………(208)
第十六章　中国市制(地、县级)改革…………………………………………(216)
　　第一节　县改市…………………………………………………………(216)
　　第二节　市管县…………………………………………………………(219)
第十七章　中国城市群区行政组织与管理改革………………………………(225)
　　第一节　国外城市群区行政组织与管理的发展和借鉴………………(225)
　　第二节　中国城市群区行政组织和管理体制改革的必要性和存在问题分析
　　　　　　………………………………………………………………………(229)
　　第三节　中国城市群区行政组织与管理体制改革的基本原则和设想………(231)
第十八章　中国政区规划研究…………………………………………………(235)
　　第一节　政区规划的主要内容…………………………………………(235)
　　第二节　设市预测与规划………………………………………………(237)
　　第三节　设市预测与规划案例研究——以海南省为例………………(243)
本篇主要参考文献………………………………………………………………(252)
附录………………………………………………………………………………(253)
　　附录1　中国历代行政区划简表………………………………………(253)
　　附录2　中国历代省级政区统计表……………………………………(257)
　　附录3　中国省制演变示意图…………………………………………(259)
　　　　(一)元代………………………………………………………………(259)
　　　　(二)明代………………………………………………………………(260)
　　　　(三)清代………………………………………………………………(261)
　　　　(四)民国时期…………………………………………………………(262)
　　　　(五)中华人民共和国时期(1949～1997)……………………………(264)
　　　　(六)历代省制沿革简图………………………………………………(266)
　　附录4　中国省级政区行政中心变迁一览表(1912～1985)…………(268)
　　附录5　中国民族自治地方一览表……………………………………(269)
　　附录6　中国设市城市一览表(2004)…………………………………(273)
　　附录7　中国市辖区一览表(2005)……………………………………(294)

· xvii ·

上 篇
概念与原理

任何一门独立学科的建立,都必须有其特定的科学研究范畴、基本的理论内涵和理论体系。它是学科建设重要的基础与前提。关于政区地理的概念和科学理论体系至今尚未见完整的论述。本篇在阐述了政区的概念、意义和作用的基础上,探讨了政区地理研究的对象、任务与内容及其理论基础;接着对政区的要素、政区形成发展的若干因素与划分的原则、政区的组织与管理等理论问题进行了讨论。试图通过以上讨论,初步建立符合中国国情的政区地理学理论体系框架。

第一章 政区概述

本章从不同的学科角度介绍了"政区"概念的表述,在此基础上形成综合的"政区"概念。同时,对政区的类型进行划分,并对政区的基本特征和政区意义与作用进行了分析,指出我国当今体制转轨时期行政区划研究的特殊意义与作用。

第一节 "政区"与"行政区划"

"政区"亦称"行政区"或"行政区域",通常是指一个国家的地方行政机关所辖的区域。它是一个静态的概念,泛指行政区域的范围。而"行政区划"则是一个动态的概念,是指一个国家根据行政管理的需要,将领土划分成不同层次结构的区域,这一划分的过程即是"行政区划"。可见,"政区"、"行政区域"与"行政区划"是有区别的两个不同的概念。但在通常情况下,"行政区域"与"行政区划"也可通用。

与"政区"相关的还有"行政单位"、"行政建制"等用语。"行政单位"是一定"行政区域"或"政区"的政府机构,从中央到地方各级行政单位之间有严密的行政隶属关系。"行政建制"是国家的结构单位。各国根据自己的国情与不同的目的和需要,设置了各种不同的地方行政建制。

不同学者从不同学科出发,对"政区"和"行政区划"的表述是有差别的。《中国大百科全书》将"行政区划"纳入法学范畴,认为"行政区划"是"国家行政机关实行分级管理的区域划分制度",即"国家为了实现自己的职能,便于进行管理,在中央的统一领导下,将全国分级划分成若干区域,并相应建立各级行政机关,分层管理的区域结构。"(中国大百科全书编辑委员会,1984)政治学家则强调行政区划是国家"对领土进行分级划分而形成的领土结构",其实质是"国家为了统治、管理居民而划分的区域"(张文奎等,1991)。而地理工作者解释行政区划是指"在一个国家的领土上,根据行使国家政权和执行国家任务的需要,并考虑地理条件(如山脉、河流等)、传统历史、经济联系和民族分布等状况,实行行政管理区域的划分和调整。"(《地理学词典》编辑委员会,1983)此外,从行政管理学等学科角度也还有一些不同的表述。

我们认为,行政区划是个综合的概念,可以从狭义和广义两个方面加以解释。从严格的科学含义上来说,行政区划是指为实行国家的行政管理、治理与建设,对一国领土进行合理的分级(层次)划分而形成的区域和地方。从与"行政建制"的关系来看,行政区划是行政建制的空间投影。这也是从狭义的角度解释行政区划的内涵。但也有学者从广义的角度解释行政区划,认为行政区划是"行政区域"、"行政单位"与"行政建制"的有机结合,三者共同构成了一个国家的结构体系。

综合以上各种有关行政区划概念的表述,广义的概念可以概括为:行政区划是国家结构体系的安排。国家根据政权建设、经济建设和行政管理的需要,遵循有关法律规定,充分考虑政治、经济、历史、地理、人口、民族、文化、风俗等客观因素,按照一定的原则,将一个国家(小国除外)的领土划分成若干层次、大小不同的行政区域,并在各级行政区域设置对应的地方国家机关,实施行政管理。认识和掌握行政区划的综合概念对开展行政区划研究工作,更好地为政府决策服务具有重要意义。

第二节　政区的基本特征

根据上述对行政区划与政区概念的理解,我们可以归纳出行政区划的以下几个基本特征:

1. 政治性、阶级性和政策性

行政区划是国家政权建设的组成部分,与政治体制改革、民主政治建设、巩固国防、民族和睦、和谐社会建设息息相关,具有很强的政治敏感性和政策性。同时,行政区划是阶级和国家的产物,是统治阶级实行行政管理的工具(手段)之一,带有明显的阶级属性。不同阶级社会,统治阶级设置行政区的目的有根本区别,我国是人民民主专政的社会主义国家,行政区划体制变更的根本目的是保证国家的领土完整、主权独立、民族团结、国家与人民长治久安、繁荣昌盛、社会和谐,是以维护广大人民群众的根本利益为宗旨的。

2. 系统性与综合性

一个国家尤其是大国的行政区划体系,是一个复杂的动态体系。在这一系统内,涉及国与国的边界关系,一国内部的中央与地方关系,各民族之间的关系,地方与地方之间的关系,行政区内行政建制、行政单位与行政区域之间的关系,行政中心与行政区域之间的关系,行政区之间的边界关系,政权建设与经济建设的关系,历史、现实与未来发展的关系,社会经济因素与自然条件因素之间的关系等等。其实质是中央与地方、地方与地方各种政治、经济利益的关系。行政区划的调整、改革既要有利于上述各种复杂关系的协调,兼顾各方面的利益,更要服从于全局利益。同时,行政区划又具有很强的综合性,其调整、改革涉及政治、法律、经济、文化、民族、人口、资源、环境、交通、城市、生产力布局等诸多因素,因此,我们在行政区划调整、规划中要从全局出发综合地加以考虑,分析上述因素的各种关系、影响程度,科学决策就这个意义上而言,政区地理学必须充分运用相关科学(主要有政治学、社会学、经济学、地理学、行政学、管理学、地名学、历史学、城市和区域科学等)的成果进行综合分析研究。

3. 历史继承性、相对稳定性和可变性

各国行政区划都是阶级社会以来历史发展的产物,尤其是一些历史悠久的国家,在数千年的历史长河中,形成相对稳定的行政区建制。现今不同级别的行政建制和相对应的行政区域,在一定程度上反映了相对独立的行政地域单元,在特定的行政地域单元内表现为自然、社会、经济、文化、民族的同一性。尽管不同的阶级社会,这种行政建制在本质上有所不同,但其形式上(主要是行政区域界线、行政中心即政府驻地、行政区名称、行政区的等级等)仍有很强的历史继承性。也正因为这一点,各国的行政区划都保持有相对稳定性。如中国县的建制从东周开始至今已有3 000多年的历史,许多县域范围、县的名称、县的行政中心与等级都未发生变化。然而应当指出,行政区划的稳定性是相对的,随着社会的发展,国体、政体的变化,同一政体下经济社会发展的不平衡,行政区划作为上层建筑的重要组成部分,为适应经济、社会发展和科学管理的需要,也应作合理的调整,这就是行政区划所具有的动态可变性特征。

4. 区域性和区界的不重叠性

区域性是所有地理学科最重要的特征,同样也是政区地理学的重要特性。这是因为行政区划总是在特定的地域空间内进行的,各种自然地理要素、人文经济地理要素等都将对行政区划体制产生影响,从而使行政区表现为空间地域的差异性。尤其是像中国这样的大国,幅员辽阔,自然条件复杂多样,人口、民族分布不同,社会和生产力发展水平差异很大,各级行政区的规模、层次结构、行政建制类型与组合等都表现有明显的地区差异性。因此,我们在行政区划的实际工作中应因地制宜、实事求是地实行不同的行政区划体制,切不可"一刀切",一个模式。同时,行政区划又是法律的、政治的行为,各级行政区都有严格的行政区边界线,同一级行政区的界线不可重叠,也不可留有空白。在实际工作中必须严格把握这一条原则,这也是区别于其他地理学分支学科所共有的区域性特征和各类"区划"(自然区划、经济区划等)的一个十分重要的方面。

第三节 政区的类型划分

受自然、政治、经济、人口、民族等地理因素及生产力发展水平、历史传统等多种因素的影响,行政区可以分为以下几种类型。

1. 地域型政区

它是一种传统的以"城乡合治"为本质特征的政区类型。在人类社会发展早期,虽然已有纯粹从经济与地理意义上的"城乡"之分,但从作为国家的一种制度——行政区划来看,并没有将城乡实行分治,而是采取"城乡合治"的方式设置地域型政区。这是世界各国早期社会共同采用的行政区划模式。古代城市的出现远早于行政区划。以中国为例,可以上溯到夏商时代,《吕氏春秋》中即有"夏鲧作城"的记载。迄今为止,在商和早商城市考古中,已发现的城市有河南偃师二里头和尸乡沟遗址,山西垣曲县古城遗址,山西夏县东下冯遗址,湖北黄陂盘龙城遗址等(宁越敏等,1994)。然而,这些古代的城市一般只作为特定地域范围内的政治、军事、交通、文化中心,虽然也设立了一些专门的管理机构,但并不具备独立政区的基本要素和本质特征。除京畿隶属中央政府外,其他城邑都未属于基层地域型政区——县。直到明清时期,城市发展虽相当兴盛,但也都是地域型政区的"附属物"。

早期传统的地域型政区基本特征表现为生产力发展水平较低,大多为自给自足的自然经济,城市在行政区中的中心地位并不十分突出。人口的非农化和集聚程度都很低,生产力呈面状分布特征。商品经济很不发达,区域经济呈稳态结构特征。地域型政区是世界各国目前主要的政区类型。中国的省、县、乡,日本的道、府、县和村,美国的州、县,朝鲜和韩国的道与郡,印度的邦和县,俄罗斯的州和区,英国的郡和区,法国的省和县,意大利的区和省等都属于地域型政区。

2. 城市型政区

它是近代出现,以"城乡分治"为本质特征的一种政区类型。随着近代工业文明的产生与发展,生产力水平的提高,出现了一大批工商业城市,且城市规模不断扩大,对社会政治、经济生活产生巨大影响,对城市管理也提出了更高要求,在地缘关系上出现了明显的城乡分异现象,原有传统单一的地域型政区组织形式已不能适应国家政治经济社会发展的需要。在这种情况下,为了加强国家对城市的政治统治和有效管理,城市型政区应运而生。中国以市作为行政区单位是以1909年1月18日清政府颁布《城镇乡自治章程》为标志的(孙东虎,1991)。其将府厅州县治的城厢与乡镇划为两级,前者称为"城",表明已将"市"的概念引入行政区划,从而开始了市的自治时期。接着宣统元年(1909)公布了《京师市自治章程》,此后,1911年10月国民政府公布《江苏暂行市乡制》,1921年2月,广东省公布《广州市暂行条例》,同年7月北京政府内务部制定《市自治制》,1922年9月公布《市自治制施行细则》。此后,我国城市型政区有了很大发展。建国前夕(1948),中国共有设市城市66个,其中直辖市有北平、南京、上海、天津、青岛、重庆、大连、哈尔滨、沈阳、西安、汉口、广州共12个(中国设市预测与规划课题组,1997)。中国城市型政区的出现,打破了几千年封建社会行政区划体制单一的地域型政区的格局,是我国行政区划史上又一个重要里程碑。

但应当指出,与欧洲各国相比,中国城市型政区的产生明显滞后,它反映了中国近代经济发展比较缓慢,特别是城市的经济中心地位尚未确立,城乡经济仍密不可分。因而在长时期里城市始终在封建专制主义中央集权的绝对控制之下,成为统治者的政治中心,而并不需要专门设置城市型政区进行独立管理。与中国的情况相反,欧洲城市具有独立的经济中心地位,使之能独立于封建主直接控制的庄园之外成为自由城市,并有自身的行政、司法、货币,甚至武装(靳润成,1996)。

城市型政区的主要特征是城市,它不仅是地域的政治中心,而且已成为区域的经济中心,商品经济比较发达,二三产业已形成较大规模,非农人口集聚的程度较高,生产力呈点状分布特征,在城乡关系中城市居于主导地位。城市政府的经济和管理功能明显区别于地域型政区,管理水平较高。从政区的名称看,"市"是世界各国城市政区的通名。市以下一般设区和其派出机构——街道办事处。

3. 民族型政区

它是在地域型政区基础上,在少数民族集中的地区,以实行民族区域自治为主要特征的一种政区类型。世界各国,尤其是一些大国常是多民族国家,历史上这些多民族国家,无论是何民族当政,统治者都以统一天下为己任,都要追求各民族的统一;也都要在不同的民族聚居地区设置相应的政区,以加强中央政府对民族地区的控制与管理。由于各民族的起源、形成与发展,社会经济文化、地理区位与自然条件的差异,民族型政区大多有其自身的特点。在政区的名称上也不尽相同。如秦统一中国后,在全国普遍实行郡县制,但在岭南百越族地区实行郡道制;元朝在西南、西北少数民族地区设置了土司制,作为省以下的行政区等。中华人民共和国成立之后,在少数民族地区实行民族区域自治政策,先后建立了内蒙古、新疆维吾尔、西藏、广西壮族和宁夏回族5个自治区和30个自治州、120个自治县(旗)和1 227个民族乡(2005)。1984年正式颁布了《中华人民共和国民族区域自治法》,进一步完善了民族区域自治制度。

民族型政区的显著特点是实行民族区域自治,在统一的多民族大家庭中,保障少数民族自主管理本民族的内部事务的权利。从地区分布看,由于历史的原因,我国少数民族大多分布于边疆、山丘地区,自然条件较差,人口稀疏,少数民族人口的比重较大,交通闭塞,经济文化比较落后。

4. 特殊型政区

国家为了政治、军事、经济等特殊需要,在特定时期、特定地区设置的区别于上述地域型、城市型、民族型政区的特殊行政区划体制,也称"行政特区"。它不同于"经济特区"。世界许多国家都设有特殊型政区。中国特殊型政区自古有之。主要在京都地区和边疆少数民族地区设置。前者如秦朝在全国推行郡县制,但在京城地区称京师;元代京城地区称"腹里";明朝在两京(北京、南京)分别设置北直隶、南直隶等。前面提到的中国古代在边疆设置的民族型政区都具有"行政特区"的特点。

中国现今特殊型政区主要有两类:一类是政治性特殊行政区,如香港特别行政区和澳门特别行政区,是在中华人民共和国领土范围之内,实行特殊政治制度的地方行政区域单位,它与省、自治区、直辖市同为地方最高一级的行政区。特别行政区实行特殊的政治制度,它享有高度自治的行政管理权和立法权及独立的司法权和终审权,是"一国两制"的重要组成部分。另一类是经济性特殊型政区,主要是为了开发和保护某种资源或开发某个地区而由国家专门设置的,如贵州省六盘水市的六枝、盘县两个特区及铜仁地区的万山特区,湖北省的神农架林区。经济类特区最大的特点是实行政企(事)合一的行政区划与管理体制。在这种体制下特区既是大型企业或事业单位,也是地方行政单位,它行使地方政府的职能。这种特殊型政区往往具有过渡性,在完成其特定开发、建设与保护任务后便回归为一般行政建制。我国解放以来曾先后在18个省、自治区、直辖市设置过40多个该类特殊型政区(浦善新等,1995)。目前只剩下上述所列的四个,其余均先后转为地域型或城市型政区。

第四节 政区的意义与作用

1. 行政区划的政权建设意义

行政区划的政权建设意义是由政区的性质决定的。行政区划作为上层建筑是国家的产物,是政府行为。为政权建设服务是历代统治者对国家领土进行行政区域划分的首要目标。科学划分行政区是加强政权建设的重要组成部分。对于世界上绝大部分国家来说,特别是一些领土较大的国家,要维护其统治,仅仅只有中央政权,而没有地方政权的建设显然是行不通的,必须根据各自的情况建立相应的地方国家政权体系,即地方行政建制。而地方行政建制的建立与合理划分行政区域是不可分割的,一般必须是同步进行的。一个国家的行政区划合理与否,关系到中央能否有效地领导地方,关系到地方政府能否有效地行使本行政区域内的职权,从而直接关系国家政权的巩固,关系到国家的统一和长治久安。

中央集权制性质的国家,行政区划的政权意义尤其突出。所谓中央集权制是指中央政府与地方政府的一种分权形式。中央政府将全国领土划分为不同层级的行政管理区域,在各管辖区域内设置地方政府,行使中央政府授予或分配的行政、军事、人事、财政、司法等权力。以我国为例,公元前221年,秦王朝统一中国,成为最高统治者,随即在全国范围内建立起严密的以郡统县的行政区划体系。郡县制的建立标志着中国古代皇权专制的中央集权制国家的出现(周振鹤,1991),是中国行政区划史上第一个重要里程碑。从秦到清的2000年,中国虽然曾出现过短暂的分裂割据局面,但始终保持了一个多民族的统一国家,长期实行的中央集权制是一个根本性的因素,而为历代所遵奉的以郡县制为表现形态的行政区划体制也是一个不可忽视的因素。

中华人民共和国成立后,党和政府的最高层领导同样十分重视行政区划工作。根据中华人民共和国《宪法》,地方各级国家权力机关、行政机关、司法机关都是按照行政区域行使各自的职责权限的。中央政府并根据各个时期的政治、军事形势和经济社会发展的不同需要及时地对行政区划进行调整与改革。如建国初期设立的六大行政区(华北、东北、西北、华东、中南、西南行政区)和一些省区划小(苏南、苏北、皖南、皖北行署,平原省等),就是为了适应当时迅速建立革命秩序,恢复、发展生产,巩固人民民主政权的需要而调整和改革的,一旦上述任务完成,即及时撤销了六大行政区,江苏、安徽也恢复了省的建制。由此看出,行政区划在加强和巩固中央政权中的重要意义和作用。对于实行中央集权制的国家来说,行政区划是政权建设中不可分割的重要组成部分。

2. 行政区划对促进经济持续发展的意义

我们在充分认识行政区划的政权建设功能的同时,不可忽视行政区划的经济功能作用。首先,一切经济活动都是在特定的行政区域内进行的,它必然受行政区内行政机关的各种行政权力、发展战略和政策的影响。中华人民共和国《宪法》明确规定了县级以上各级人民政府依据法律管理本行政区域内的经济、教育、科学、文化、卫生、体育、城乡建设事业和财政、民政等工作,制订、落实国民经济和社会发展计划、财政预算,组织重点项目的实施。由此可见,行政区的规划必然对区域经济的形成和发展,行政区域内资源的开发利用,经济结构的调整和布局产生巨大影响。第二,中国是中央集权制国家,过去长期实行计划经济体制,国家的经济发展计划特别是地方经济发展,都是通过各级行政区的政府安排并实施的。而改革开放以来,在由计划经济体制向市场经济体制转轨过程中,大大加强了地方政府的经济权力,因而行政区的经济功能不断强化,与西方市场经济国家明显不同的是政府在区域运行中起着中枢的作用。各级政府管辖的行政区域内的经济发展状况已成为上级(直至中央)政府衡量下级政府工作好坏的极重要标志(或者是首要标志),从而形成中国特有的"行政区经济"现象(刘君德,舒庆,1994)。正因如此,在中国,行政区划合理与否对经济发展,尤其是区域经济的持续发展和区域环境整治、生产力的合理布局等具有特殊重要的作用。

行政区划对经济发展的影响主要是通过行政建制的撤设、行政区的规模等级、行政区范围的合理性及行政中心的设置等方面进行的。根据经济社会发展的需要,合理增设行政区对区域经济发展会起到明显的推动作用。最明显的例子是海南建省对海南岛的开发建设所起的极大推动作用。而撤销一个行政建制虽然从局部和暂时看,可能对该地区的经济发展带来不利影响,但从全局和长远来看则是有利的。近年来,在我国的大城市、特大城市纷纷撤销了制约中心城市发展的郊区建制,从整体来看也是合理的。此外,一个行政区域内行政中心的区位选择对经济的影响也是显而易见的,本书的其他有关章节将作进一步论述。

特别应当指出,在我国现阶段"行政区经济"运行下,行政区划作为行政建制的空间投影,尤如一堵看不见的墙对区域经济的发展,特别是对大范围空间生产要素的优化组合,实现区域经济一体化带来的消极影响也是十分严重的,诸如京津冀、长江三角洲、珠江三角洲地区等。在某些地区可以通过行政区划的调整或建立新的跨行政区的组织来协调或缓和这一矛盾,但最根本的途径则要靠深层次的政治和经济体制改革(包括转变政府职能,推进财政体制、投资体制、金融体制改革等)逐步加以解决。

3. 行政区划对加强民族团结,促进民族地区的社会、经济、文化事业发展的意义

我国是一个拥有56个民族的多民族国家,几千年来各民族和睦共处共同创造了中华民族的文化,维护了国家的统一。这其中除了中央政府实行高度集权的政治体制和强有力的统治外,比较合理的行政区划体制也起了一定的促进作用。建国以后,为维护各族人民的团结、统一,在经济、文化等各个方面逐步缩小各民族之间的差别,在中华人民共和国《宪法》中明确规定了实行民族区域自治的基本国策,并颁布了《中华人民共和国民族区域自治法》,依据民族区域自治法,在各民族聚居地区建立了自治区、自治州、自治县和民族乡。各民族自治地方和自治机关有权按照本民族的特点,制定自治条例和单行条例,自主地管理本民族地方的经济、财政、文教卫生等各项事业,繁荣民族文化。40多年来,在中国共产党统一领导下,各民族地区政治稳定、民族团结,社会经济、文化等各项事业发展迅速,这一成绩的取得与在少数民族地区实行民族区域自治,建立自治地方的行政区划体制是分不开的。

总之,行政区划作为上层建筑,在国家政治、经济和人民生活中占有十分重要的地位。加强行政区划的战署研究,理顺行政区划体制,搞好行政区划管理,是国家长治久安和进行社会主义现代化建设中的一件大事,也是地理工作者大有用武之地的一个重要领域。

第二章 政区地理研究

政区地理作为人文地理学的新分支学科,目前尚在发展之中。在本章,作者试图对作为一门独立的政区地理科学的核心理论问题——研究对象与科学性质、研究内容进行论述,同时介绍中国在政区地理方面研究的状况。目的在于推动中国政区地理学这一新兴学科的建设与发展。

第一节 行政区划与政区地理

在本书前言中已经指出,行政区划是一种政治地理现象,行政区的研究是人文地理学的一个十分重要的领域,它归属于政治地理学范畴。在国外,有关行政区划的研究大多出现在政治地理学或区域政治学、行政学类的书刊之中,人文地理学、管理学、城市学等学者也积极参与了行政区划的研究。如美国,政府和学术界对大都市区的行政区划(regionalism)与行政管理体制的研究十分热门。60年代,Robert Woods 发表了"1 400个政府"(1961),对美国存在大量的、过多的地方政府引发的相互矛盾、冲突,以致政府管理效率的低下提出了批评,并建议在都市区成立政府组织(林涛,1997)。在此情况下,美国政府颁布了一些政策法令,旨在精简地方政府组织,提高管理效率。一个时期,美国许多地方组成了大都市区的政府组织,如纳什维尔、杰克逊维尔等。60年代美国掀起的这场运动甚至波及到欧洲,巴黎、伦敦、法兰克福、布鲁塞尔等都纷纷仿效建立区域性政府组织。20世纪的六七十年代,不同学科的学者从不同角度发表文章,对大都市区政府进行分析(刘君德,张玉枝,1995):政治学家揭示了大都市区政府分治的效果与本质(Bollens Sonmandt,1965;R. C. Wood,1967);经济学家探讨了部分大都市区提供公共服务设施的有关财政方面的问题(Hirsh,1968;Ticbout,1961);地理学家则阐述了都市区空间范围和分治的内涵(Cox,1973;Soja,1971)。然而,值得注意的是一个重要的学派——公共经济学派(public economics)对建立统一的大都市区政府组织提出了质疑。进入90年代,美国大都市区的行政区划问题再度引起广泛讨论。最新出版的《区域政治学》(H. V. savitch et al. 1996)一书涉及政治学、社会学、经济学、地理学、管理学、城市学等多个学科领域;作者中有专业学者,也有政府官员。在日本,除政治与行政管理学专家广泛讨论行政体制与行政区划改革问题外,地理学家也参与了行政区划的研究。日本地理学权威杂志《地理》1997(9)就发表了片柳勉的"上越市合并以后都市结构的变化"一文,对两个城市合并的过程与规划布局问题详细进行了分析。以上可见,西方对行政区划问题的研究是多学科共同参与进行的,此其一;行政区划的研究紧紧围绕城市进行,特别是城市群区域的行政区划问题是研究的重点,此其二;城市行政区划的研究紧密结合城市公共经济与行政管理体制改革等进行,具有综合性和针对性,此其三。此外,对边界和边疆问题的研究也是一个热门领域。

然而,从一门独立的学科来说,至今在西方尚未见有完整的政区地理学著作问世。也就是说,尚未建立一套完整的政区地理学理论体系。在我国,从事行政区划的研究由来已久,《汉书·地理志》开创了我国政区沿革地理研究的先河。近代,中国政区地理的研究大多以省区改革为重点,尤其自鸦片战争以来至民国时期,省区重划问题一直是当政者和学者关注的"热点"问题。建国后,特别是改革开放以来,地理学、历史学、政治学、经济学、管理学等不同学科的学者积极参与了我国行政区划的理论与应用研究,取得了丰硕成果。但是从一门独立的学科——政区地理学来说,也还尚未形成。

按照马克思主义的哲学观,确定一门独立的学科其主要标志是:①有特定的研究对象;②有确定的科学性质;③在人类自然与社会实践中有特定的任务和研究内容;④有一套完整的研究方法。而核心问题则是建立、形成自己特有的科学理论体系。所谓科学理论体系,就是比较系统地回答了所研究领域的一系列基本问题,而不是部分问题;提出了观察、分析和解决这些问题的基本观点和方法。从这一基本观点出发,政区地理作为一门独立学科,无论是国外,还是在国内都在形成和发展之中。

我国是一个国土辽阔,人口众多,自然、社会经济条件差异大,具有悠久历史文化传统的多民族国家,在我国极为丰富的历史文献中记载着各个历史时期行政区域的变迁,行政区划的内容极为丰富。研究和总结我国政区变迁的特点和规律,对于当今政区体制改革有重要借鉴意义,对于丰富和发展人文地理学的内容有重要理论价值。应当指出的是,现今我国行政区划改革进入了一个新的发展阶段。由于我国特殊的国体、政体环境,又处于由传统的计划经济体制向市场经济体制转轨的大变革时期,现行的行政区划体制在许多方面已不适应我国社会经济发展和地方行政管理的需要,加强政区地理的研究,积极推进行政区划体制的改革具有特别重要的意义。

"行政区划"与"政区地理"从其研究的本质内涵上理解二者是一致的。"行政区划"是行政建制的空间投影,是国家行政地域的划分。"政区地理"是研究国家空间结构体系安排的一门科学。在实际工作中,人们往往用"行政区划",而不用"政区地理",二者之间的关系是任务与学科的关系。"行政区划"是国家政治经济生活中一项重大的工作任务,"政区地理"是人文地理学的分支学科。行政区划工作对建立政区地理学提出了客观要求,其工作实践推动政区地理学科的发展;而政区地理学的建立和发展为行政区划工作提供了理论与实践指导,使行政区划工作不断走向科学化、规范化。行政区划与政区地理的关系正如同经济区划与经济地理学、自然区划与自然地理学的关系一样。"区划"是任务,"地理"是学科。行政区划是政区地理学的核心任务。但行政区划可以从多学科的不同角度进行研究。如从历史学角度研究行政区划史及其演变规律;从法学角度研究行政区划法的制订与法律程序;从经济学角度研究行政区经济规律;从政治学角度研究行政建制;从行政管理学角度研究区域行政管理规律与模式,研究行政区制度与区域经济的关系;从地图学角度研究行政区划图的编制;从地名学角度研究行政区的通名与专名等等。而从政府职能部门看,主要是如何加强对行政区划法的制定与科学管理,改革和完善行政区划体制。

第二节 政区地理的研究对象

毛泽东在他的哲学著作《矛盾论》中指出:"科学研究的区分,就是根据科学对象所具有的特殊的矛盾性,因此,对于某一现象的领域所特有的某一种矛盾的研究,就构成某一门科学的对象"①。这就是说,对某一领域所特有的矛盾的研究,即构成某一门科学的对象。从这一理论概念出发,我们认为,政区地理学是研究国家的空间结构体系安排(行政区划)的一门科学。其基本矛盾关系为,在国家的领土范围内,政权建设、社会经济发展与空间行政结构体系之间的矛盾,这就是政区地理学所要研究的特有的矛盾关系。

众所周知,行政区划是阶级,即国家的产物。在阶级社会里,统治阶级为了能更好地统治人民而把国家领土划分成若干行政区域,其划分行政区的目的首先是为了政治和政权建设的需要。而朝代的更替、政治形势的变化、疆域领土的变迁,使旧的行政区划体制往往不适应新的政权建设的需要,二者之间产生矛盾,就促使新的行政区空间结构体系的诞生。与此同时,生产力的进步,社会的发展,也会产生与旧的行政区划体制之间的矛盾。开明的统治阶级,往往会运用行政和法律的手段,对旧的行政区结构体系进行适当的调整。人类阶级社会的发展历史证明,作为国家机器和上层建筑的反映——行政区结构体系与统治阶级的政权建设、社会经济发展之间的矛盾始终存在。为了协调这种矛盾,使行政区结构体系适应政治、经济发展的需要,行政区划必须相应地进行调整,这就是政区地理学特定的研究对象和任务。

但同时应当指出,由于行政区划的调整涉及政治、经济、民族、宗教、人口、自然乃至人事制度等诸多因素,涉及中央与地方,地方与地方利益关系的矛盾协调,有很强的敏感性,一般不宜随便变更、调整。因此,行政区划的调整往往表现出明显的滞后性特征,包括行政建制、行政单位和行政区域在内的一些大的行政区结构体系的调整,一般只在政权更替的转变时期进行。

此外,国体、政体不同,行政区的功能不同,行政区结构体系与政权、经济社会发展之间的矛盾,其尖锐程度和解决方式往往也有很大差别。实行中央集权制的社会主义国家,行政区的经济功能很强,所谓区域经济实质上是行政区经济或政府经济。如我国,在由计划经济向市场经济体制转轨过程中,现有的行政区划体制在某些方面对区域经济的发展,对推行区域经济一体化有很大的阻碍作用,因而行政区划的调整十分必要而迫切,行政区划的调整相对比较频繁,也极容易引起各级政府,乃至中央政府的关注。

第三节 政区地理的科学性质

人们认为一门科学的性质,一般是以这门科学的研究对象的性质来加以判断的。如果其对象的性质受自然规律所支配,则应属自然科学范围;如果其对象的性质受社会经济规律所支配,则应属社会经济科学(或社会科学)范围。当然也有一些科学,如数量经济学、经济地理学,有许多学者把它们看做是一门介于自然科学和社会科学之间带有边缘性质的科学。因为其研究对象的性质既受社会经济规律的制约,也受自然规律的制约。从政区地理学研究对象的性质来看,毫无疑问,它是属于社会科学的范围。因为作为国家结构体系的行政区的形成、发展、演变完全受社会发展规律的支配,它属于上层建筑范围。

从与地理学科的关系看,政区地理属于人文地理学的范围,是政治地理学的分支科

---

① 《毛泽东选集》,第1卷第284页,人民出版社,1967。

学。在以往的人文地理书刊中,行政区划也都被作为政治地理学的一个重要章节加以论述的。如张文奎等编著的《政治地理学》,将行政区划研究作为中国政治地理学的一项重要任务,(张文奎,1991);王恩浦主编的《中国政治地理》(2004),比较多的篇幅介绍了中国行政区划内容等。在国外,同样也大多将行政区划研究纳入政治地理学范围。

从作为政治地理学的分支科学角度来看,政区地理具有明显的地理科学的共性特征。即从地理学的角度研究行政区划,如十分强调行政区的地理条件(包括自然环境)分析、行政区的空间地域结构特征研究、地理环境结构(包括自然的和经济、社会、文化的)与行政区发生、发展过程的相互作用研究等。

第四节 中国政区地理研究的任务与重点

行政区划在国家的政治经济活动和人民生活中占有十分重要的地位,行政区划设置是否科学合理,对一国的政治、经济、民族、文化等各个方面都会产生重大影响。在我国加快改革开放和现代化建设,迈向21世纪的关键时期,作为上层建筑的行政区划及其体制必将会在许多方面不适应新时期发展的需要,出现许多新情况、新问题。因此,重点加强以下几方面问题的研究,即行政区划的理论与战略研究、行政区划的应用研究、行政区划的历史与中外对比借鉴研究等,就成为我们广大政区地理理论工作者和行政区划实际工作者共同的、义不容辞的任务。

1. 政区的理论研究

我国的行政区划理论研究无论是从学科发展角度或从实际应用角度来看,都十分薄弱。而我国又是世界上行政区划内容最丰富的国家,也是现实行政区划矛盾最多、最复杂的国家。一方面,我国丰富的行政区划内容缺乏理论总结,另一方面,大量实际的行政区划工作,缺乏系统的理论指导,以致使某些决策未经科学论证,少数领导拍板,出现一定的盲目性、随意性,造成不必要的失误。因而,加强行政区划的理论建设就显得十分重要。

从政区地理(行政区划)学科建设的角度出发,应系统研究:
(1)政区地理的对象、性质与任务;
(2)政区地理的理论基础;
(3)政区地理的方法论;
(4)行政区的基本要素及其影响因素;
(5)地理环境结构与行政区发生、发展过程的相互作用;
(6)行政区的发展规律;
(7)行政区划分的原则;
(8)社会主义市场经济与行政区划的关系;
(9)行政区划层次结构系统;
(10)行政区的空间结构模式;
(11)行政区经济发展规律及机制;
(12)区域行政研究;
(13)国外政区地理的重要流派及其借鉴意义。

从加强行政区划的战略研究,指导行政区划改革实践角度考虑,应重点研究：
(1)中国特色社会主义市场经济体制与中国行政区划的战略思维；
(2)行政区划层次结构体系改革；
(3)城市化与城市型政区改革；
(4)地域型政区的发展及演变趋势；
(5)少数民族地区的行政区划研究；
(6)行政区通名改革；
(7)大都市区行政区划结构体系；
(8)市县分等研究；
(9)大城市中心城区行政区-社区体系；
(10)行政区与经济区的关系及其协调；
(11)行政中心与经济中心的关系；
(12)县辖政区研究；
(13)小城镇发展与建制镇模式；
(14)行政区规划研究。

2. 政区的应用研究

随着我国社会经济迅速发展,现有行政区划体制的不适应性表现得十分突出,矛盾相当尖锐,大量的行政区划现实问题需要组织多学科、综合地、有针对性地加以研究,在深入调研,总结经验的基础上,提出解决的对策。就目前情况看,我国行政区划的应用性研究的问题大体有以下几类：
(1)设市模式比较与改革；
(2)市管县体制的背景、运行、问题与改革；
(3)跨界城市行政区划改革；
(4)大中城市设区模式比较与改革；
(5)城市边缘区行政区划体制；
(6)经济开发区行政区划体制；
(7)省际边界争议的现状、问题与对策；
(8)"地市合一"及其相关问题研究；
(9)边境口岸城市(镇)设置模式；
(10)直辖市郊县设市的必要性与可行性；
(11)市镇建制标准再研究；
(12)村级行政区域调整研究；
(13)行政区划与行政组织综合改革试验研究。

上述研究内容均具有针对性、紧迫性,且各界看法不一,要组织强有力的政府职能部门与专家相结合的队伍,认真调查研究,总结经验教训,提出切实可行的改革与实施方案。由于行政区划改革涉及各方利益关系,敏感性很强,因此,改革宜稳步推进,选择领导力量强、开放度较高、有代表性的地区先行试点是十分必要的。

3. 政区的历史研究

中国是世界文明古国。自有国家以来,历经几千年的朝代变迁,行政区划史料极为丰富,认真加以整理分析是十分必要的,不仅可以大大丰富中国政区地理的内容,而且对当今的行政区划理论与改革研究,具有重要意义。行政区划历史研究的重点是:

(1)行政区划建制史研究;
(2)古代与近代行政区划演变规律及其因素分析研究;
(3)古代与近代行政区划与区域经济发展关系研究;
(4)省级行政区划变迁研究;
(5)地级行政区划变迁;
(6)县制度史研究;
(7)乡镇制度史;
(8)城市制度史研究;
(9)省地级行政中心变迁规律研究;
(10)省地级行政区边界史研究;
(11)民族行政区划史研究;
(12)行政区划史图集的编制;
(13)中外行政区划史比较研究。

4. 政区的借鉴研究

当今世界各国国体、政体不同,民族不一,历史、自然、社会经济条件各异,面积大小、人口多寡相差很大,因而各国的行政区划体制和模式也有较大差别。尽管如此,系统地对各国的行政区划体制进行研究仍具有重要理论意义,同时对我国行政区划改革也有一定借鉴意义。主要内容有:

(1)国外行政区划的法律依据;
(2)国外各类行政区划的划分标准;
(3)国外行政区划层次结构与管理幅度;
(4)国外行政区划体系模式及其发展趋势;
(5)不同类型国家行政区功能比较;
(6)联邦制国家与单一制国家中央与地方权限划分及对行政区划的影响;
(7)国外大都市区行政组织与管理模式;
(8)国外一级政区行政中心区位选择与行政机构设置;
(9)各国行政区划发展研究;
(10)中外行政区划发展综合比较。

5. 政区的法制研究与建设

行政区划是国家的一项大事,法制建设极为重要。我国行政区划的法律法规尚不很完善,存在某些无法可依和有法不依的现象,而且随着改革开放,经济体制的变化,许多旧有的法律规定的行政区划体制已不适应目前社会经济发展的需要,必须作适当修改。在执法监督方面由于有关约束行政违法的措施不很具体,影响了执法的力度。因此,切实加强行政区划法制的研究与建设刻不容缓,应认真进行调查研究,总结历史和现实的经验,借鉴国外经验,提出符合我国国情,有利于政治稳定、社会和谐、经济发展、民族团结的行政区划法规体系,逐步使我国的行政区划工作走向科学化、法制化、规范化轨道。

第五节　中国政区的发展与研究概述

1. 政区发展概述

我国是世界文明古国之一。据《尚书·禹贡》记载,秦之前即有行政区域的划分。而秦始皇统一中国后实行的郡县制,则是我国行政区划史上的一个重要里程碑。以后随着朝代的更替,地方行政区划不断演变。元代"行省"制度的建立是我国行政区划史上又一次重大变革;民国时期建立市镇制度,使我国开始出现城市型行政区划类型。新中国成立以来,党和政府十分重视行政区划工作,1954年颁布的中华人民共和国第一部《宪法》规定了我国一级行政区分省、自治区、直辖市。之后,经过40多年的不断改革和调整,逐步形成了我国目前的行政区划结构体系。截至2005年底,我国县级以上行政区划层次结构与数量如表2.1所示。

表2.1　2005年底中华人民共和国行政区域统计(据民政部,2006)

省级		地级		县级	
合计	行政单位	合计	行政单位	合计	行政单位
34	直辖市 4 省 23 自治区 5 特别行政区 2	333	地区 17 自治州 30 盟 3 地级市 283	2862	市辖区 852 县级市 374 县 1464 自治县 117 旗 49 自治旗 3 特区 2 林区 1

注:本表地级、县级、市和市辖区均不包括台湾省在内。

党的十一届三中全会以来,我国行政区划的发展进入了一个新的阶段。为适应新时期社会经济迅速发展和加强地方管理的需要,进行了许多行政区划体制改革的探索,积累了有益的经验,产生了良好的效果。主要有:

(1)1987年9月,第六届全国人大常委会第22次会议一致赞同国务院关于撤销海南行政区设立海南省的议题。1988年4月,第七届全国人民代表大会第一次会议通过《关于撤销海南行政区设立海南省的决定》,从根本上理顺了海南的行政区划与行政管理体制,有力地促进了海南的开发建设。1997年3月,重庆设立中央直辖市。1997年7月1日香港回归祖国,设立香港特别行政区。1999年12月21日澳门回归,设立澳门特别行政区。我国的省级建制由此增加到33个。

(2)1992年,中央51号文件发出改革地区体制,实行市领导县的通知,首先在江苏省试点,而后在江苏、辽宁、广东全面实施,进而向全国推广。至1998年底全国有202个地级市实行市管县体制,占全国地级行政单位的60%。实践证明,"市管县"体制,存在许多难以克服的弊端,需要研究解决。

(3) 为了适应我国城市和区域经济发展的需要,加快城市化步伐,克服长期以来实行的城乡分治的弊病,从1986年国务院批转民政部《关于调整设市标准和市领导县条件的报告》的通知起,"撤县设市"成为我国主要的城市制度模式。至2005年底,全国有374个县级市。基本上是撤县设市模式。

(4) 克服了"文革"期间"左"的影响,在农村基层撤销"公社"建制,全面恢复了乡(镇)建制,理顺了我国基层行政单位的性质与功能。

(5) 修订与完善了市、镇标准。为了切实贯彻我国"控制大城市规模,合理发展中等城市,积极发展小城市"的方针,十一届三中全会以后,先后于1983、1986、1993年三次提出新的设市标准,促进了我国城市化进程,逐步建立了比较合理的"设市城市"结构体系。同时,由于1984年起国务院批转了民政部《关于调整建制镇标准的报告》,适当放宽了非农业人口的标准,实行镇管村体制,使大批乡改镇,为小城镇的发展创造了条件。2004年底,全国共有建制镇19 892个。

(6)"文革"以后,在总结建国30多年实行民族区域自治经验的基础上,根据我国《宪法》规定,于1984年5月专门制定和颁布了《中华人民共和国民族区域自治法》,成为我国保障民族区域自治制度得以贯彻实施的基本法律,进一步调动了我国各民族人民当家作主的积极性,有力地促进了民族的大团结和各级民族区域的经济社会发展。至2005年底,我国共设有5个自治区、30个自治州、120个自治县(旗)和一大批民族乡。

(7) 改革开放以来,随着社会经济迅速发展,各级行政区在相邻边界地区国土资源的开发利用程度大大加快,行政区域边界纠纷不断加剧。为了从根本上解决行政区域边界的争议问题,民政部于1984年向国务院提出了《关于全面勘定行政区域边界线的报告》,以后又形成了《行政区域边界争议处理条例》。从1989年起,在宁甘、宁(内)蒙、宁陕、青新、吉(内)蒙、冀鲁九省区的六条省级行政区域界线,约5 000公里边界上进行勘界工作试点,取得了可喜成绩。此后,各省市区都开展了大规模的勘界工作。2002年,我国省、县两级陆地行政区域界线勘定工作基本结束。

以上充分说明,改革开放以来,我国行政区划的管理工作有了很大发展,成绩显著。但同时应当指出,在改革大潮中也出现了许多新的情况与新的问题,需要用新的思路研究逐步加以解决。

2. 政区研究概述

(1) 古代以沿革地理为主体的著述。我国是世界上行政区划内容最丰富的国家,历史上众多学者十分注重我国行政区划的研究。但古代的地理、历史学者大多是记载性质。

《禹贡》一书提出的九州制和畿服制,即为我国最早提出的两种行政区划方案。九州制是春秋战国时期以及后人按自然地理条件而制定的一种理想的行政区划;畿服制方案是以皇城为中心,以距王城之距离划分不同的行政区划等级,各级有与之相适应的管理方法以及应征的赋税和应服的劳役。《禹贡》理想的州制,为我国行政区划的建立提供了珍贵的依据,对中华民族统一国家的形成具有深远的政治意义。然而九州从严格意义上来说并不是行政区,而是作为一种学术概念被广泛应用。公元前221年,秦灭六国,建立中国历史上第一个中央集权的封建统一国家,在全国实行郡县制,始为我国最早的行政区划。汉承秦制。东汉班固著《汉书·地理志》,开创了我国以疆域政区建制沿革为主的沿革地理研究领域,这一体例为历代地理志所沿用。《汉书·地理志》记述了汉朝的一级行政区郡(国)103个,二级行政区县邑1 314个,并按各郡县记述了建制沿革、户口等,内容十分丰富。北魏郦道元著《水经注》记述了大量沿革地理和地名学内容,简明扼要。唐李吉甫著《元和郡县图志》是一部图文结合的地理名著。该书以州县疆域、政区为主体,较全面地记述了各种地理现象,其政区沿革追溯到周秦两汉时期,特别是东晋南北朝政区沿革的记载尤为珍贵。宋元时期是我国古代地理科学发展的高峰,其主要特色是沿革地理著作的增多和地图的被广泛运用。宋代地方志数量巨大,内容广泛。北宋乐史编《太平寰宇记》是重要代表作之一,元代的《大元一统志》是一部辉煌巨著,为官修《一统志》的起源,资料翔实,可惜保存不多。以《三通》(唐代杜佑《通典》,北宋郑樵的《通志》和元马端临的《文献通考》)为代表的名著是我国沿革地理兴盛的重要标志。我国现存8 000余种地方志中,明清时代占有90%以上,其中明代约1 000余种,以嘉靖、万历两朝修拟最多。清代方志约有5 500余种,以康熙、乾隆、光绪三朝最多。这些地方志都是以行政区划单元作为编写对象的,其体例大多千篇一律,世代相承,从研究方法看并无新的发展。但在内容上更加丰富,记述比较准确。

(2)近代以省区问题为重点的政区地理研究。1840年鸦片战争以来,中国国势发生剧烈变化,由一个闭关自守的封建王朝帝国沦为半封建半殖民地社会。在当时"维新"思潮冲击下,我国自元朝起长期沿袭下来的中央政府统辖下的地方一级行政区划体制——省的建制也遭到当时政府和学者许多人的非议。当时"维新"运动的改革家康有为首先提出了重划省区的见解,并上奏光绪帝,为之采纳,但遭顽固派破坏而未果。康氏弟子梁启超提出了改革省制的实验步骤,主张先对一省(直隶省)作为试点,然后推至全国。自此至解放前夕,省区划分及其相关的国都问题一直成为我国当政者、学术界所关注和讨论的重大行政区划问题。民国初年,重划省区之说达到高潮,其讨论一直延续到解放初期,其间发表的直接关于省区划分的论著起码在100篇以上,仅新近出版的《中国省制》(中国大百科全书出版社,1995)一书即收录了1905~1948年期间的49篇论著,总字数约70万字。其中包括:①省制问题,如梁启超的《省制问题》(《庸言》,1912)、康有为的《废省论》(《不忍》,1913)、伦父的《论省制及省官制》(《东方杂志》,1912)、白坚武的《省制与宪法》(《宪法公言》,1916)、章士钊的《省制问题解决法私议》、季子的《论省制》、李瑞锡的《省制问题之解纷》(《斯觉》,1917)、萨师炯的《省制问题之再检讨》(《东方杂志》,1944)等;②重划省区问题,如陈庆麒的《制宪声中析省废道之研究》(《地学杂志》,1934)、张雨峰的《缩小省区问题》(《地学杂志》,1931)、张其昀的《改革省区之基本原理》(《时事月报》,1931)、胡焕庸的《省制问题设计委员会设计报告书》(国民政府行政院内部刊印,1940)和《缩小省区辖境与命名之商榷》(1943)以及《缩小省区草案》(1945)、洪绂的《新省区论》(《东方杂志》,1947)、吴传钧的《论缩改省区》(《国是月刊》,1944)和《缩改省区之理论与实际》(《益世报·史地周刊》,1947)、傅角今的《重划中国省区论》(商务印书馆,1947)等。此外,在这一时期还发表了大量的与省区问题相关的论文与著作。如国都问题、地方政制建置、疆域变迁沿革、边疆问题、地各问题等。

在上述诸多论文著作中,比较有代表和影响的人物有康有为、梁启超、张其昀、胡焕庸、洪绂、傅角今等,其中许多是著名的地理学家。综观政界和学术界之论著观点,大体有三种:一是以康有为、梁启超、章太炎为代表的"废省"派,即废除省制,而以道制代之;二是以胡焕庸、张其昀为代表的"析省派",即顾及事实困难,以原有省为基础,将一省分为数省;三是以洪绂、黄国璋为代表的"重划"派,即主张打破现有省区界线,彻底重新划分省区。但上述几种观点都主张将中国的一级省区适当缩小,大多在57~66个省级单位。值得强调的是傅角今主编的长达15万字的《重划中国省区论》,综合吸取上述各种方案的优点,经过详细对比分析,按照"历史背景、山川形势、经济发展、防卫需要、文化程度、人力财力"六条原则,提出了将我国划分为56个省、2个地方和12个直辖市的行政区划改革方案。并对各省的省名、省会、沿革、境界、自然区划、气候、面积、人口、辖境、土地利用、经济、交通、划省理由、将来发展等14个项目的内容作了说明。应当说,这是一个比较全面,有说服力、可操作实施的方案。

应当指出,自清末"维新"运动始至新中国成立,历时近40年的省区问题研究,虽然因政治等原因未能实施,但这段时期却是中国行政区划研究极为活跃的时期,不仅研究的内容具有针对性,而且政府官员与广大地理、历史专业学者相结合共同参与了研究。尽管其目的与本质具有一定的阶级性,但其方法和内容至今仍具有参考价值,应当说是我国行政区划研究史中的辉煌时期。

(3) 解放后我国政区研究的发展。解放后,党和国家十分重视行政区划的管理工作,几十年来,不断调整行政区划,使之基本适应了我国社会经济发展的需要。尤其是十一届三中全会以来,为适应改革开放的需要,行政区划有许多重大发展,取得了可喜成绩。然而,从研究角度看,则经历了一个由禁区走向开放繁荣发展的过程。

由于行政区划的政治敏感性,解放后,在很长一段时间内,行政区划研究被视为"禁区",学术界很少涉及,只是在一些杂志上发表零星文章,大多是从历史角度研究行政区划问题。我们查阅了1949~1978年大量文献资料,发现与行政区划相关的文章寥寥无几,主要是关于我国的历史上政制建置问题的研究,特别是郡县制度的研究[①]。50~70年代,为配合当时的政治形势,发表有较多的边疆、边界问题及台湾问题的研究成果。在这些文章中均未涉及我国当时的行政区划体制问题,也未发现有关行政区划的理论研究成果。

冲破我国行政区划研究"禁区",重视行政区划研究,并取得一系列应用与理论成果的则是十一届三中全会之后的事。1979年,邓小平同志指出:政治学、法学、社会学以及世界政治的研究,我们过去多年忽视了,现在也需要赶快补课。十多年来,我国的行政区划研究逐步受到重视,其发展大体可划分为两个阶段:

1979~1987年的恢复研究阶段。文革之后,一些地理、历史、政治和管理学界开始注意研究行政区划问题,在报刊上发表有关行政区划的文章逐步增多。但大多仍主要研究中国历史的政制建置、地方制度、政区沿革、古都、地名、边界、划界等问题,涉及行政区划的理论与应用问题的研究较少,政府部门与学术界结合不够。比较有代表性的是湖北省社科院政治学研究所主编的《政治学研究资料》,该刊发表有较多的行政区划理论文章,但因属内部刊物,其影响面较小。其他零星的理论文章有:"行政区划的法律概念和体制改革"(程千远,1986)、"我国行政区划的沿革及其与经济区划的关系"(吴传钧,1986)、"论我

[①] 如在《史学汇刊》、《四川大学学报》(哲社)、《北京师院学报》、《思想战线》、《天津师院学报》、《天津日报》等均有文章刊载。

国行政区划的基本原则"(张建华,1986)、"行政划初探——兼谈我国市建制的发展"(高岩等,1986)。在应用研究方面,对我国的市管县体制及特别行政区问题进行了讨论,发表了不少论文。

此阶段较有份量的著作有:《中华人民共和国政区沿革(1949～1979)》(史为乐,1981)、《中国历代行政区划的演变》(林汀水,1987)、《西汉政区地理》(周振鹤,1987)。一些省区市,如河北、山西、四川、陕西、安徽、江西、福建、湖北、广东、广西、新疆、上海等出版了本省市的行政区划沿革书籍。

1988年以来的蓬勃发展、欣欣向荣阶段。随着我国改革开放的广泛深入,经济社会的蓬勃发展,客观上,我国旧有的行政区划体制已不适应社会主义现代化建设的需要;主观上,中央和地方各级政府对行政区划改革的要求呼声很高。尤其是中央领导十分重视行政区划工作,充实加强了民政部行政区划的领导和管理力量,又针对长期以来行政区划缺乏系统研究,缺乏宏观设想,零敲碎打,致使一些工作往往带有一定的盲目性、随意陛的实际情况,中央领导于1988年明确指出,"对行政区划这个大问题,民政部要从战略上去考虑"(中国行政区划研究会编,1995),从而为我国行政区划的研究指明了方向,使我国的行政区划研究由此进入一个蓬勃发展、欣欣向荣的新阶段。其标志是1989年11月在江苏省昆山市召开的"中国行政区划研究会成立大会暨首届行政区划学术研讨会"。包括胡焕庸、谭其骧在内的全国近百名专家学者和实际工作者参加了昆山会议,交流论文近百篇。这不仅是我国首次有关行政区划的学术研讨会,而且是多学科专家与政府职能部门实际工作者相结合的一次大聚会,是中国行政区划研究力量的一次大检阅,也是一次推动我国行政区划研究的动员大会,它在我国行政区划研究史上具有重要意义。

昆山会议以来,我国行政区划研究具有以下明显特征:

1)成立了研究机构,建立和扩大了一支行政区划专业研究队伍,增强了研究力量。经过民政部批准,1990年5月在华东师范大学成立了中国行政区划研究中心。其宗旨是:在民政部行政区划地名司指导下,努力建成我国行政区划研究、服务和培养人才的重要阵地。同时,在中国行政区划研究会推动下,许多省区相继成立了研究会,从而在全国范围内形成了一支行政区划专业研究队伍。

2)积极开展了行政区划的应用研究及相关的论证,为行政区划的科学决策提供了依据。几年来,在民政部及各省市区领导和组织下,广大行政区划研究工作者积极参与行政区划战略研究,取得丰硕成果。其中在全国有重大影响的是"设市预测与规划"工作,在民政部领导下,由中国科学院地理研究所与民政部区划地名司共同组成的课题组,自1989年与1995年经过山东试点、统一部署与培训、分省编制、全国汇总,历时六年多,完成了中国历史上第一部《中国设市预测与规划报告》[①],编制了相关地图。研究报告对我国一定时期内设市、空间布局及其排序进行了科学分析与规划。这一成果为搞好我国的设市工作,克服设市工作中存在的盲目性,使我国行政区划工作逐步走上法制化、科学化、规范化轨道提供了重要依据和经验。在民政部领导和有关省市政府支持下,华东师范大学中国行政区划研究中心积极开展了"江苏省苏锡常地区行政区划战略研究"[②](1990～1992)、

[①] 该研究报告已于1997年由知识出版社出版。
[②] 该项成果获教育部首届(1995)人文社会科学优秀成果一等奖。

"江苏省"三泰"地区行政区划研究"(1992)、"上海浦东地区行政区划研究"(1992)等工作,采用多学科结合,在理论与实践方面提出了许多新观点,为大城市地区,特别是城市群区域建立行政区划新模式提供了新思路。此外,各省区行政区划工作者在开展本省的行政区划应用研究方面也发挥了重要作用,尤其是广东、山东、湖北、海南、江苏、广西、甘肃等许多省区都十分重视专家对行政区划的决策咨询作用。

3) 学术活动十分活跃,论文著作成果颇丰,质量提高,理论研究与国外研究有所加强。暨中国行政区划研究会成立及第一次学术研讨会在昆山(1989)召开后,1992年在广东番禺召开了全国经济特区与沿海对外开放地带行政区划研讨会,1995年8月底又在广东顺德召开了中国国际都市化问题的国际研讨会。三次学术研讨会论文达300余篇,大大推动了我国行政区划研究的深入,活跃了学术气氛。在学术研讨会基础上编辑出版了《中国行政区划研究》(1991)和《沿海地带行政区划研究》(1993)等专著。研究会还参与组织出版了若干行政区划研究著作,主要有:《中国县情大全》(1991~1993)、《中华人民共和国县级市建设与发展》(1991)、《中国省制》(1995)等,此外,这一时期还出版了《中国行政区划文献目录》(华东师大,1992)、《走向城市化——县改市与县级市发展》(1991)、《中国地方国家机构概要》(1989)、《各国地方政府比较研究》(1991)、《中国行政区经济与行政区划研究》(1995)、《中国行政区划概论》(1995)、《中国行政区划的理论与实践》(1996)、《世纪之交的珠江三角洲行政区划》(1997)、《中外行政区划比较研究》(2002)等著作。在各种杂志和报刊上发表的论文就更多了,涉及行政区划的各个领域和政治学、经济学、地理学、历史学、管理学等各个相关学科。不仅数量较多,而且在总体质量上有所提高。大多数论文针对目前行政区划的热点问题,如市镇制度,设市模式,市带县体制等进行了较深入的研究。

令人可喜的理论研究也有所加强。一些专家学者吸取相关学科的成果对行政区划进行综合研究分析,不仅使行政区划的调整考虑得更加科学、合理,更具有操作性;而且发展了行政区划的理论,具有重要的学科意义。华东师范大学中国行政区研究中心,近几年来在参加许多行政区划应用性课题研究的基础上,根据中国国情提出的"行政区经济"的新概念和理论机制的若干观点,就是行政区划与区域经济理论相互融合、渗透而提出的一种新的理论思维,具有开拓性,1994年《战略与管理》杂志[①]连续发表了相关的论文,为学术界所重视;还将行政区划理论与社区研究相结合,从中国的实际情况出发,提出了建立城市行政区——社区体系的论点。

还应当指出,随着改革开放的深入,为了吸取国外的经验,部分学者已开始重视对国外行政区划与管理体制的研究,特别是国外城市群区域(都市区)行政管理模式的经验研究与介绍,将国外流行的城市与区域"治理"理念引入中国,对我国城市群区域行政区划体制的改革是有一定借鉴意义的。

4) 行政区划的专业研究队伍与职能部门的管理工作者经常沟通,相互促进,并注重行政区划专业人才的培养。与解放后50~70年代将行政区划研究作为"禁区",理论工作者与政府职能部门管理工作者互不往来的情况相对照,80年代尤其是90年代以来,在行政区划主管部门的大力支持下,实际工作者与理论工作者相互沟通、密切配合、取长补短、相互促进,共同为我国行政区划事业作出贡献。这在我国行政区划研究史上是空前的,是这

---

① 参见1994年《战略与管理》第5、6期有关论文。

一时期的重要特点,也是一条宝贵的经验。

在加强现职行政区划管理干部培训,提高素质的同时,注重行政区划专业人才尤其是高层次研究人才的培养也是这一阶段行政区划工作的特色和成绩。华东师大中国行政区划研究中心等单位招收有行政区划研究方向的硕士、博士研究生和博士后。新中国第一代高层次行政区划与行政区经济研究人才已走上工作岗位,无疑这将有助于我国行政区划科学研究水平的提高,推动我国行政区划事业的发展。

第三章 政区的理论基础

所谓行政区划的理论基础,其基本的内涵可以理解为两个方面的含义:一是指运用马克思主义的基本原理作为行政区划最高层次的理论依据与指导思想;二是指运用有关政治学、经济学、地理学、行政学、管理学等多学科的思想方法和基本原理作为行政区划的具体理论依据与指导。

根据上述理解,同时结合我国的具体国情,我们认为,行政区划的主要理论基础有:①马克思主义关于国家学说的理论;②上层建筑与经济基础关系原理;③行政区与经济区关系原理;④行政区经济原理;⑤层次与幅度关系原理;⑥其他学科的相关理论与原理,如区位理论、空间相互作用原理等。

第一节 马克思主义关于国家学说的理论

国家学说是马克思主义理论体系的重要组成部分,而其中关于国家的发展与消亡问题,则是马克思主义国家学说的基本观点之一。国家,如按照国体也就是国家阶级属性的标准,那么其发展的历史演变过程依次是:从奴隶主阶级专政的奴隶制国家,转变为地主阶级专政的封建制国家,又转变为资产阶级专政的资本主义国家,再转变为无产阶级专政的社会主义国家。马克思主义认为,国家是随着阶级的出现而出现的,也必将随着阶级的消失而消失,这是马克思主义关于国家发展与消亡问题的核心思想。但同时又指出,一切剥削阶级的国家不会自行消亡,而是有规律地进行更替,这种更替只能靠社会革命来实现,因为任何剥削阶级都不会自动退出历史的舞台。而无产阶级的社会主义国家,是广大劳动人民对少数已被推翻的剥削阶级的专政,是历史上最进步的和最高类型的国家,也是历史上最后的一种阶级专政和国家类型。从某种意义上讲,无产阶级专政是政治上的过渡时期,这个时期的国家已经不是原来意义(阶级统治的暴力组织)上的国家,而是从国家到非国家的过渡,是半国家[①]。这种国家同样不是永恒、至上的,是随着社会主义革命和建设的发展,随着剥削阶级的被消灭,阶级斗争的范围和程度逐渐减小、减弱,逐步创造条件而自行消亡的。国家完全消亡的经济基础和基本条件就是共产主义的高度发展,社会产品的极大丰富,人们思想觉悟的极大提高,各尽所能、按需分配的实现以及国家管理变为社会管理。

在马克思主义上述关于国家消亡的基本观点中,还有两点必须特别指出:一是马克思主义所谈的国家消亡问题,历来指的都是政治国家,而不包括构成国家的自然要素地域、人口和社会共同需要的公共事务;二是马克思主义所说的国家消亡,同无政府主义所说的废除国家有着本质不同。历史上的无政府主义,否定一切国家产生、存在的历史必然性和

---

① 湖北省社会科学院政治研究所编,政治学研究资料,1986(4),第46页。

合理性,也否定无产阶级专政国家的必要性和优越性。现代无政府主义则鼓吹意志自由论,说什么管理得最少的政府是最好的政府,最好的政府是根本不管的政府[①]。显然,如果把无政府主义所说的废除国家同马克思主义所说的国家消亡混为一谈,无疑是极为错误的。

此外,对马克思主义关于国家随阶级的消亡而消亡这个观点的理解,我们还必须充分认识到两者是既有联系又有区别。联系主要表现在:①两者的前提条件是共同的;②两者相互联系、相互作用,阶级的消灭是国家消亡的前提,国家的消亡是阶级消灭的必然结果。区别主要表现在:①阶级消灭的标准是经济基础的改变,国家消亡的标志是无政治斗争;②阶级消灭可以在一国内实现,国家消亡却要在世界范围内才有可能;③阶级消灭带强制性,而国家消亡是渐进的、自行的,需要更长的时间才能实现。

总之,国家的消亡是必然的,同时又是长期的。认识到这一点,对指导行政区划的研究与实践具有重要的理论意义。行政区划是国家的产物,随着国家的必然消亡,行政区划也将最终失去其存在的价值,从而走向消亡。但同时,国家的消亡又是长期的,因此,行政区划在很长一段历史时期内,仍将有其存在的必要性,理应充分重视并加以研究。

第二节 上层建筑与经济基础关系原理

马克思主义认为,任何一种社会形态都是经济基础和上层建筑具体的、历史的辩证统一,并且,"每一时代的社会经济结构形成现实基础,每一个历史时期由法律设施和政治设施以及宗教的、哲学的和其他的观点所构成的全部上层建筑归根到底都是应由这个基础来说明的"[②],也就是说,经济基础决定上层建筑,上层建筑反映经济基础。随着经济基础的发展和变革,上层建筑也必然或迟或早地随之变革。但上层建筑又具有相对的独立性,并反作用于经济基础,在一定的条件下,甚至对经济基础的发展、变革起着主要的决定的作用。上层建筑对经济基础起着两种不同的作用:先进的上层建筑是适应先进的生产力和经济基础的发展要求而产生和建立起来的,它对自己基础的形成、巩固起着促进作用,成为推动生产力发展的进步力量;旧的上层建筑是维护旧的经济基础的,它对新的经济基础的产生和发展起着阻碍作用,成为阻碍生产力发展的消极力量。马克思主义还指出,在社会主义社会,经济基础和上层建筑是非对抗性的,两者关系可以通过制度本身不断予以调整、解决。

行政区划属于上层建筑范畴,因此,决定行政区划的根本因素是国家或区域生产力和生产关系的发展,行政区划必须适应经济和社会发展的需要,以政治、经济、社会等客观条件为其调整的根本依据。一般情况下,行政区划的确立都发生在国家政治、经济发展的重大转折时期,如国家政权的更迭,经济制度、政治制度的变革等。因为生产方式的发展决定社会制度的变革,社会制度的变革导致行政区划的更替。

另一方面,在一定的生产力发展阶段,基本政治制度建立以后,国家政权的主要社会职能是指导和规范经济活动,推动社会生产力的发展。行政区划作为上层建筑的一部分,

---

[①] 湖北省社会科学研究所编,政治学研究资料,1986(4),第46页。
[②] 《马克思恩格斯选集》第二卷,第66页,人民出版社,1972。

有其自身的结构特点和连续性,它从政治体制和行政管理体制等方面影响、制约着经济体制和经济活动的形式,如国土资源的开发与管理、产业布局和城镇的发展。合理的、保持相对稳定的行政区划对社会经济的发展起着积极作用,有利于生产力水平的提高;反之,不合理的频繁变动的行政区划则阻碍社会经济发展。

  社会主义社会是建立在生产资料公有制基础上的先进的社会形态。从整体上说,它的经济基础和上层建筑是既相适应又相矛盾的,这个矛盾是非对抗性的。社会主义制度的先进性决定了其行政区划必然自觉地服务于并极大地满足广大人民群众的物质生活和精神生活的需求这一社会主义根本目标,即服务于社会主义的经济建设和精神文明建设,并且有力地推动着这种发展。同时,社会主义经济基础和上层建筑之间的非对抗性关系还使得行政区划可以不断地进行自我调整、完善,可以及时地变革某些不适应社会经济发展要求的行政区划,在一定条件下,可以通过建立新型的行政区划体制,推动生产力发展,使其与经济基础保持相互适应。

第三节 行政区与经济区关系原理

  行政区与经济区是两种具有不同特点的区域类型,其具体表现在:第一,行政区是与一定等级建制相对应的政治、经济、社会综合体;而经济区则是与一定等级的经济中心(中心城市)相对应的自然、地理和经济综合体。第二,行政区具有完整而发达的自上而下的纵向行政系统,行政区的有效运转和职能实现就是依托这些行政管理系统;而经济区凭借的是发育不均衡的横向经济网络系统,区域经济是在经济规律作用下主要通过市场调节运行的。第三,行政区具有决策权、调控权和自己的利益追求,政府是区内最高层次的决策主体和利益主体;而经济区不存在全区性的决策主体和利益主体。第四,行政区具有明确的和相对稳定的区域界定,并有法律效应;而经济区的界线在现实生活中具有模糊性和动态性的特点,没有法律效应。相邻的经济区边界不一定泾渭分明,往往形成一个过渡带。

  不仅如此,行政区与经济区两者还具有本质上的差异。行政区是为实现国家的行政管理、治理与建设国家,对领土进行合理的分级划分而形成的区域或地方。行政区的划分着眼于政治为主,综合考虑社会、经济、自然等因素,行政区的大小及层次多少取决于行使职权的需要。因此,从最本质或主导的特征而言,行政区的划分带有明显的政治色彩,是一种有意识的国家行为,属上层建筑范畴。而经济区是为实现国民经济因地制宜合理发展,对领土进行的战略性划分而形成的具有全国或地区意义的专业化的地域生产综合体,它是商品经济比较发达的条件下,社会生产地域分工的空间表现形式。经济区的划分着眼于经济为主,其大小规模主要取决于中心城市经济实力、区域经济联系、交通条件等。因此,从最本质的特征而言,经济区是一种不以人的意志为转移的客观存在,属经济基础范畴。

  就上述意义上来看,行政区与经济区的关系,是上层建筑与经济基础关系的具体体现。一方面,经济基础决定上层建筑,经济区的发展决定行政区的发展,因此,行政区划从根本上说应该以一定的经济区划为基础,使行政区划与发挥地区优势相结合,与依托中心城市、组织合理的经济网络相结合,与实现区域经济发展战略相结合。另一方面,行政区格局一旦确定下来,则会反作用于经济区的发展,成为促进或阻碍经济区经济发展的因素。因此,为了便于管理经济活动,也为了通过行政区进行必要的行政干预,经济区的划分要适当考虑保持一定层次行政区的完整性,使经济区的经济发展有一定的行政区依托。但从根本上说,经济区的经济发展应该打破行政区界线,实行跨行政区的横向经济联合。行政区划的界限不应成为经济发展的障碍,一旦如此,必须适时进行调整。

从长远观点看,随着社会主义市场经济体制的不断完善,行政区的经济职能将趋于淡化,行政区与经济区的关系也将最终走向协调。但这无疑是一个相当长的历史过程,也就是说,行政区与经济区关系的协调,是我们面临的一个长期历史任务。要有效地协调好这两者的关系,关键在于市场经济体制的推进与完善,但行政区划本身的变革与调整,如通过建立新型的行政区划体制,来促进或适应经济区的形成与发展,也是十分重要的。

第四节 行政区经济原理

"行政区经济"是我们在20世纪90年代提出的一个新概念和新的理论思维,也是我国行政区划理论研究体系中的一个创新[①]。它是在我国转型期特定的体制背景下,由于行政区划对区域经济的刚性约束而产生的一种特殊的区域经济现象。是传统计划经济体制向市场经济体制转轨中具有过渡性质的一种区域经济类型。

从理论上分析,在一国之内如果没有政治上的割据,区域经济应呈一体化的发展趋势,一般不会出现区域经济的分割现象。经济运行应突破行政区划界线,在较大空间范围内按经济区网络进行合理组织。然而在我国,行政区的经济功能十分突出,在各级地方政府强烈地追求自身利益最大化的动机驱使下,政府对经济的不合理干预行为——是严重的地方保护主义,使区域经济带有强烈的地方政府行为色彩。在这种情况下,行政区划就如同一堵"看不见的墙",阻碍区域经济联系与发展,从而出现与区域经济一体化相悖的运行态势。在行政区经济运作条件下,企业竞争受到政府的强烈干扰,生产要素跨行政区流动受到很大阻隔,区域经济呈稳态结构,"小而全"、"大而全",重复建设,结构雷同,各自为政,划地为牢,自成体系成为我国地区经济发展中难以克服的顽症。作为政区的管理中心——行政中心与经济中心也表现出高度的一致性。大量事实表明,现阶段我国的行政区划体制与区域经济发展有着特殊的相关关系。在这种情况下,我们研究中国的经济问题,尤其是区域经济发展问题,不能不研究中国的行政区划体制;反过来,研究中国的行政区划理论和实践问题,也不能不重视研究中国在转型期出现的这种特殊的区域经济现象——行政区经济。

从经济运行主体——企业和地方政府行为分析,在传统的计划经济体制下,企业是行政机关的附属体,计划、生产、销售等一切都由主管部门确定,生产缺乏效率。改革开放以来,市场经济的推进,企业有了一定的自主权,但与此同时地方政府的经济权限也大大扩大,成为经济活动的主体。企业对政府的依附关系并未从根本上打破,地方政府通过各种途径干预企业,企业的运行也离不开地方政府,政府与企业共同承担着行政区经济运行主

[①] 舒庆,1995,中国行政区经济与行政区划研究,中国经济科学出版社;刘君德等,1996,中国行政区划的理论与实践,华东师大出版社。

体的职能。在这种情况下,企业在发展中缺乏竞争机制和风险机制,区域资源也难以实现优化配置。

从市场机制分析,改革开放以来,市场调节作用不断扩大,但由于前面谈到的我国企业与政府之间特殊的依存关系,市场在发展过程中还受到地方政府的很大影响,企业很难以独立经营者的身份进入市场,使市场呈现一定的割据态势。表现之一是市场发育尚不平衡,法规建设滞后,管理水平不高;表现之二是市场呈现行业、部门、地方分割的格局,在地域上表现为地方政府垄断市场的特征。跨行政区的区域市场难以形成,生产要素难以实现区域间的自由流动。当然这种行政区经济运行下的垄断市场与西方市场经济国家的垄断市场是有本质区别的。

从体制环境分析,我国特定时期的财政、投资和金融体制为行政区经济运行提供了条件。首先,作为经济体制改革先导的财政体制,1980年起国家实行"分灶吃饭",1989年又实行了"划分税种、核定收支、分级包干",1988年实行全方位的财政大包干。这三次改革大大刺激了地方政府组织财政收入的积极性,促进了地方经济的快速增长,但同时各地为了自身的利益,不让肥水外流,实行地区封锁,其结果是加剧了市场的分割和行政区间的经济摩擦,削弱了企业在地区间的公平竞争,使重复建设、重复布局的态势越演越烈。第二,从金融体制看,中央银行和各专业性银行虽然是纵向隶属关系,但其分支机构是按行政区设置的,在很大程度上受地方政府的支配,地方政府可以控制银行信贷资金的投向,优先向本行政区域的企事业发放优惠贷款。这就在一定程度上强化了行政区经济。第三,从投资体制看,改革开放以来,投资主体形成包括中央、企业、地方及外资在内的多元化格局,其结果是增强了地方的投资地位,扩大了地方投资实力。而中央投资的实力则有所削弱,难以在全国范围内实行宏观调控。这实际上是保护了地方各级政府的投资扩张,进一步加剧了重复建设、盲目引进和结构趋同。

对于我国出现的"行政区经济"现象我们要正确地分析评价,在看到以上消极影响的同时,也要看到其积极影响。事实上,正是地方政府在区域经济发展中的行政主导作用和发展经济的利益动机,才激活了行政区内的政治、经济、文化资源,提高了区域资源配置和生产要素的效率,从而大大推动了地方经济的快速发展。

中国转型期的"行政区经济"现象,凸显了行政区划体制与区域经济,城市规划建设表现的高度关联性。合理的行政区划有助于推进区域发展,有助于科学规划,建设和管理城市;反之,不合理的行政区划必然制约区域发展,对城市的规划,建设、管理产生负面影响。因此,改革不合理的行政区划体制,适时的调整行政区划,是我国转型期的一项重要任务。

第五节 层次与幅度关系原理

管理层次是指组织纵向划分的管理层级的数目,管理幅度是一级行政机关或一个行政首长直接领导和指挥的下级单位或人员的数目。一般在工作量既定的前提下,管理层次与管理幅度成反比关系,层次少则幅度大,层次多则幅度小。

决定行政区划纵向结构体系中各级政府管理幅度大小的因素主要有三个:一是空间范围。政府所管辖的空间不是一个抽象的地理空间,而是由人口、经济、自然等多要素组成的一个有质量的空间。人口规模的大小、经济发展水平的高低、自然条件的优劣,都在一定程度上影响各级政府工作量的大小。一般,政府管辖的空间范围越大,政府工作量越大,它所能管辖的下级政府的个数越少,即管理幅度越小。二是事务范围。政府所管辖的事务范围大小是由政府职能决定的,而政府职能又受制于经济体制,所以说,经济体制类型决定了政府管辖事务范围的大小。在计划经济体制下,政府承担着广泛的社会经济管理职能,而在市场经济体制下,政府职能以宏观调控为主,大量的社会经济事务由中介机构或企业承担起来,因而政府管辖的事务范围远比计划经济体制下要小,这样就有可能扩大管理幅度。三是本级政府的组织规模及其管理手段。在同样的工作量和工作人员素质不变的前提下,政府内部所设机构和组织越合理,管理手段越先进,政府所能承担的工作量越大,它所能管辖的下级政府的数量也就越多。衡量某个地方政府管理幅度是否适中,应当从这三方面,即空间范围、事务范围和组织规模来考察。

行政区划中的管理层次与行政距离有关。所谓行政距离是指行政体系中行政主体与行政客体之间的纵向层级距离,其测量标准是:凡属于某一行政层次范围内的行政事务作为该层次的行政单元的行政客体时,行政距离为1,作为上级行政单位的行政客体时,行政距离为2,依此类推。比如,在有地级市的地区,县与省之间的行政距离为3,反之为2。行政区划的层次与行政距离成正相关关系,即随着行政区划层次的增加,行政距离随之扩大。行政距离过大会降低行政主体与行政客体之间的直接程度,不利于实现直接民主,容易造成上级政府与基层群众相脱离的局面。同时,行政距离过大还加长了行政决策信息流程,使信息在传递过程中受主观因素干扰的机率大大增加,结果不仅降低了信息的可靠性,而且影响到行政决策的科学性和时效性。此外,行政距离过大,还会打破正常的权力结构,一方面基层忙于应付各个上级单位的检查、指令,另一方面,高层行政单位也忙得不可开交,本层次、下一层次甚至更下层次的无数请示报告都是通过层层传递到达这里,由其最后决策,而中间层次常常成为一个阻滞信息传递速度的必由通道,从上到下,各个层次都难免为繁琐事务所羁绊。距离扩大不仅没能减少反而增加了上级政府的管理工作量,取得适其反的效果。因此,从管理学的角度看,应尽量减少行政层次。这一原理同样适用于行政区划改革,减少行政区划的层级是我国行政区划改革的重要方向。

第六节 其他学科的相关理论与原理

1. 区位理论

区位理论是地理学的最基础理论之一,它主要探讨经济活动的最佳空间区位,是用来指导区域经济发展尤其是生产力布局的重要理论依据。同经济活动一样,行政区划及其管理客观上也存在着一个区位问题,即空间结构问题,如行政中心的区位选择与管辖范围、不同等级行政区的组合与空间布局等。由于经济活动与行政管理活动两者有着密切的内在关联,经济活动与区位往往对行政管理活动及其区位有很大影响,在我国甚至是决定性的影响。因此,区位理论在很大程度上也可以说是行政区划的重要理论基础,运用区位理论的一些思想、方法,可以直接或间接地指导行政区划实践中有关区位的合理选择。

在区位理论中,与行政区划关系最密切,也最具现实指导意义的当属中心地理论。中心地理论是本世纪30年代德国地理学家克里斯·泰勒创立的,本世纪40年代经济学家廖施进一步验证并完善了这一理论。该理论认为:每一中心地为其腹地提供中心性商品和服务,由于这些中心性商品和服务依其特性可分成不同档次,中心地也相应分成不同等级,从而构成一个有规则的层次等级体系;不同层次的中心是相互依赖的,高一级中心向低一级中心提供商品和服务,而低一级中心向高一级中心提供购买者的支持;中心地的腹地或服务范围将由于竞争的缘故从圆形演化成正六边形排列形状;中心地的层次等级体系受以下三个原则制约,即市场最优原则、交通最优原则、行政最优原则。按市场最优原则,中心地等级体系应该是:3个较低级的地区组成一个较高级的地区单位,其中较高级的中心地服务于毗邻的2个较低级中心地,服务范围波及3个地区。中心地排列体系中,$K=3$,地区系列为1,3,9,27,81……,中心点系列为1,2,6,18,54……;按交通最优原则,2个同级中心地之间交通线中点处形成一次级中心,中心地排列体系中,$K=4$,即一较高级中心地服务于邻近的3个较低级中心地,并与一同级中心地共有其最近服务地区,地区系列是1,4,16,64……,中心点系列是1,3,12,48……;按行政最优原则,最小的行政管理单位由7个基层单位组成,中心地排列体系中,$K=7$,地区系列为1,7,49,143……,中心点系列为1,6,42,294……。

中心地理论主要被广泛应用于城市体系及其空间布局的研究。但如果我们把上述中心地不仅理解为各级中心城市,而且也理解成各级行政管理中心(现实中往往就是这种情况),那么,中心地理论的一些思想、观点和原理也完全可以被用于指导行政区划的研究与实践。至少对以下两方面问题的研究,即不同等级行政区应如何划分和不同等级行政区的等级数目应如何确定,上述中心地理论的一些基本观点,如不同等级中心地之间成严格比例关系以及$K=7$的行政区优化排列设想等,具有一定参考价值。

2. 空间相互作用原理

空间相互作用原理是区域规划、城市规划、交通网规划的重要理论基础。所谓空间相互作用,是指在特定的区域环境因素影响下,发生于不同地理区域之间的相互作用。这种相互作用的发生,是以区域间的各种联系为基础的。随着区域间联系内容的多样化,尤其是70年代以来,空间决定区域发展的概念开始被取代,换之以社会结构及其历史演变过程作为区域发展的基本因素,强调抽象的空间关系和经济功能的地域化,通过经济组织、企业行政关系与空间分布、区域间的控制关系等,来影响区域经济发展。因此,区域间的联系及与此相对应的空间相互作用也被置于更广泛的范围内进行讨论(吴传钧,侯锋,1990)。如果从政治、管理与组织联系的角度来探讨不同行政区域之间的空间相互作用规律,如区域管理与控制层次的关系、政府政策与决策链、组织与结构的相互依赖等,则毫无疑问,这一理论对行政区划研究是有重要价值的。

早期对空间相互作用规律的研究,主要是从经济学的角度探讨两地间的空间相互作用强度,并形成各种理论模型,其中尤以引力模型最具一般意义。其基本形式是:

$$F_{ij} = a \frac{P_i P_j}{d_{ij} b}$$

式中F表示相互作用量;P表示人口规模;d为两地间的距离;a,b为常数。

应用上述模型可以计算出两个城市之间的相互作用"裂点"与作用边界。从理论上说,尽管该作用边界只是一种理想化的模型,但只要辅之以必要的定性分析,仍不失为我们调整行政区划边界的一个重要理论依据。

此外,70年代以后,西方行政理论研究出现了一门新的学科,即行政生态学。简单地讲,行政生态学就是运用生态学的基本观念(物质循环、能量变换、新陈代谢、生态平衡等)和研究方法系统分析行政活动与行政现象(王沪宁,1989),其目的在于揭示行政系统与外部环境之间的互动关系,探讨行政系统如何适应外部环境的问题。行政生态学理论认为,一个国家的自然地理环境及社会环境是该国行政系统存在的基础,它们对于一个国家的行政系统产生较为深刻的影响,并且,随着社会环境的变迁,行政系统也应当随之变化。从某种程度上讲,上述观点也是指导行政区划的一个重要思想基础,因为无论是行政区划体制的调整、改革还是创新,都必须体现与外部环境相适应的思想。

第四章 政区要素分析

所谓"要素",是指构成事物的主要成分,英语多用 element 或 component 表示,如地理要素(geographic component)、环境要素(environmental element)等。政区的概念要素是构成政区地理理论体系的核心组成部分之一,本章将进行较详细的分析。

第一节 政区的要素结构

行政区划概念的基本要素,可以分解为以下几个相互联系的成份。

1. 一定规模人口和面积的地域空间

这是行政区的最基本要素。任何一级行政区必须拥有一定规模的人口和相应的领土范围,人口多少和面积大小是行政区域划分的基本依据。世界上有极少数面积太小或人口过少的国家,如梵蒂冈、新加坡等没有必要再划分地方行政区域,也就不存在行政区划。这里要强调的是,作为行政区划的地域空间要素与自然区域、经济区域的空间要素相比,其面积范围应有明确的、封闭的边界线,即行政区域界线。不仅在地图上能够明确标出,而且在实地有相应的标志——界桩,这就是行政区的法定界线。国与国之间有法定的边界线,一国之内各级行政区之间也应有法定边界线。

2. 一个设有相应行政机构的行政中心

各级行政区都应有一个行政中心,它是该行政区行政机关的驻地。在驻地设有相应的行政机关,包括:权力机关(立法机关,我国为各级人民代表大会)、行政机关(地方政府,我国为各级地方人民政府)和司法机关(检察院、法院)。行政中心是本级行政区的政治、行政核心,也是区内重要的城镇,在中国则绝大多数为行政区内最大的经济中心城镇。如果在行政中心设置的行政机关是一级准政府机构,即上级政府的派出机构,如地区行政公署、区公所、街道办事处等,可称之为准行政区。一个行政区域内行政中心的选择适当与否,直接关系到行政区域的行政管理与区域经济发展。

3. 一个明确的上下级隶属关系的行政等级

行政区划是国家结构体系的反映,在统一的行政区划结构体系中,地方行政单位之间上下级的从属关系构成一个国家的地方行政层次。某一层特定的行政区的隶属关系表明其行政地位,这即为行政等级。实行联邦制的国家,如美国,行政区划的等级并不十分重要和敏感。中国是社会主义的单一制国家,上下级隶属关系及其行政等级则十分重要。不同的行政区划等级有不同的行政地位,享有不同的行政权力,这种不等的权力对一个城市和区域发展影响很大,在转型期尤为明显。

4. 一个与行政建制相对应的行政区名称

国家出于不同的目的需要,按照一定的标准设置了各种地方行政建制,任何一个行政区必须有一个与地方行政建制相对应的名称(通名与专名)。行政建制通过行政区的通名加以反映,行政区名称在一定程度上也反映行政区的行政等级和行政区的性质(类型)。不同国家的地方行政建制有不同的名称(通名),我国的行政区通名可分为四类:①地域型通名:省、县、旗、乡;②城镇型通名:直辖市、市、市辖区、镇;③民族型通名:自治区、自治州、自治县、自治旗、民族乡;④特殊型通名:特别行政区(香港、澳门)、工农区、特区、林区等。此外尚有反映准行政区的通名:地区行署、盟、区公所、街道办事处等。

任何一级、任何性质(类型)的行政区都必须同时具备上述四大要素。如江苏省,"江苏"为专名,"省"为通名;江苏省的行政区域范围面积为 10.26 万平方公里,与邻省市(浙江、上海、山东、安徽)有严格的边界线;其行政中心(省会)为南京,设有相应的行政机关;为国家一级行政区。

以下对行政区划的各个构成要素进行具体分析。

第二节 政区的规模

规模是构成政区的最基本要素。人口多少和面积大小是各国划定政区规模的主要标志。同级政区规模大小及合理与否关系到行政管理效率。规模过大,管理难度大,不能充分行使行政管理的职能;规模过小,管理效率低,浪费管理资源,使管理成本加大。行政区的适度规模应是科学的行政区划所追求的目标,即能够使行政管理成本降到最低,而达到最大管理效果的行政区规模。

行政区规模大小受一个国家的国土面积、人口数量及相关的人口密度,交通条件、经济水平、自然地理(主要是地形地貌)、历史人文状况等因素的影响。同时受行政区纵向层次结构体系的制约。一般来说,从人口密度分析,在人口密度低的地区,同级政区的人口数量少,但土地面积大,反之在人口密集地区则政区的人口数量多,而土地面积小;从交通条件和生产力发展水平看,由于经济的发展,人口的增加,特别是城乡经济、人口结构的变化,同级政区有适当增多的趋势,政区规模、性质也会有所变化;从自然地理状况分析,在地势较高、地形复杂的山丘地区,同级政区的面积较大,而人口相对较少,反之在平原,地形、气候条件较优越的地区则政区的面积较小,而人口较多。表 4.1 例举了中国和世界几个大国一级政区规模的比较。可以明显地看出,除中国和印度之外,其余 4 国一级政区的人口规模都在 200~500 万人之间,特别是加拿大、澳大利亚和俄罗斯三国的一级政区人口都在 200~210 万,十分接近。中国一级政区的人口规模是美国的 8.8 倍,是加、澳、俄三国的近 20 倍,比印度也要多 1 186 万。从面积分析,每个一级政区在 10~100 万平方公里之间,相差很大。主要与人口密度的影响有关。总体来看,这说明人口数量在一级政区规模中具有更重要的意义。同时,行政区域的纵向层次结构状况,也是影响政区规模的关键性因素。美①、加、俄②、澳等国,行政区纵向层次结构少,同级层次的行政区数量较多,即管理幅度大,政区规模小。一级政区规模与层次结构成反比例关系。

表4.1 中国与世界主要大国一级政区面积、人口比较

项 目		中国1)	美国	加拿大	俄罗斯	印度	澳大利亚
一级政区数		31	51 2)	12	71 3)	29	8
面积	总面积 平均面积 (万平方公里)	960 30.97	937.3 18.38	997.6 83.13	1 710 24.00	297.47 10.26	768.23 96.03
人口	总人口 平均人口 (万人)	129 988 4 190	24 950 489	2 595 216	14 800 208.4	81 600 2 814	1 653.2 206.6
资料年份		2005	1989	1989	1990	1988	1989

资料来源:中国资料据《中国统计年鉴》,中国统计出版社,2006;国外资料据《世界行政区划图册》,中国地图出版社,1993。
1)一级政区数和人口数为2005年,不含台湾省和香港、澳门特别行政区在内;2)包括哥伦比亚特区在内;3)包括16个自治共和国,6个边疆区和49个州。

从中国一级政区规模分布的差异来看,同样反映上述规律。从表4.2中可见,主要受人口密度的影响,一级政区规模东中西呈明显的梯度差异规律。东部沿海,平原面积比重大,人口密集,经济发达,一级政区的人口规模大,面积规模小;西部边疆,地形复杂,自然条件较差,交通不便,人口稀疏,经济欠发达,一级政区的人口规模小,面积规模大;中部地区则呈现过渡性特征,政区规模介于东、西部之间。少数省区(四川、宁夏)受地形、民族与历史因素的影响,政区规模的规律性不明显。

表4.2 中国一级地域型政区人口、面积比较(2005)

项 目		东部1)	中部2)	西部3)	合计
一级政区数		9	13	6	28
面积	总计(万平方公里)	125.4	293.0	507.6	926.0
	平均(万平方公里)	13.93	22.54	84.60	33.07
人口	总计(万人)	49 881	66 908	8 367	125 156
	平均(万人)	5 542.3	5 146.8	1 394.5	4 469.86
人口密度(人/平方公里)		397	228	16.5	135.16

资料来源:《中国统计年鉴》,中国统计出版社,1997。
1)东部不包括京、津、沪三个直辖市、香港特别行政区、澳门特别行政区和台湾省在内,包括邻海的辽宁、河北、山东、江苏、浙江、福建、广东、广西和海南9个省(区);2)中部包括黑龙江、吉林、山西、陕西、河南、湖北、湖南、安徽、江西、贵州、四川、重庆、云南13个省(市);3)西部包括内蒙古、宁夏、甘肃、青海、新疆、西藏6个省(区)。

---

①② 严格说来,美国50个州和俄罗斯的16个自治共和国并不是一级地方行政区划单位,而是联邦政府的成员政府。但从作为一个统一的国家来说,我们仍可将美国的州政府和俄罗斯的自治共和国视同为一级行政区。

从以上分析中可以较明显地看出,中国一级政区的规模存在两大问题,一是总体规模偏大,省区数量过少,这固然有自然和历史因素的影响,但从减少管理层次和提高行政管理效率来看是不利的。适当缩小省区规模是中国政区改革中一个长远的目标。二是政区之间规模差异过大,从人口规模看,河南省是宁夏回族自治区的16.5倍,是西藏自治区的35.5倍。从面积规模看,在同类型人口密度政区中有的相差也很大,东部沿海9省除海南省外面积比较接近,中部12省(区)差别则稍大,黑龙江、四川两省分别是山西、陕西两省的3.1倍和2.9倍。西部省区的面积规模差异很大,除西藏自治区外,内蒙古自治区和新疆维吾尔自治区比甘、宁两省区大得多。我们虽然不应片面追求一级政区规模的平衡,但个别省区缩小规模是必要和有条件的。本书第三篇将作详细论述。

第三节　政区的等级

行政等级是我国行政区的基本要素之一,是构成国家结构体系的重要环节。行政等级表明一个行政区的行政地位。国家批准设置任何一级政区都必须注明其行政级别。不同的行政地位享有不同的行政权力。

在中国行政区划史上,政区的行政等级曾有过多次变化。大体上可划为三个阶段(周振鹤,1991)。一是秦汉魏晋南北朝时期,历时800年,政区等级由二级制演变为三级制;二是隋唐五代宋辽金时期,历时约700年,政区等级重复了从二级制向三级制的循环;三是元明清时期至民国初年,历时650年,政区等级由多级制逐步简化到三级制,以至短时期的二级制。与政区的等级相对应的地方政权机构也相应发生变化。大体为:秦为郡县,汉初郡、国并行,汉武帝以后逐渐形成州、郡、县三级机构。唐时发展为道、州、县,辽袭唐制,道为地方最高行政机构实体。宋金改为路、府州、县。元以后全国普遍设行省(简称省),下设路、府州、县。在边境地区,唐之前是朝贡臣附关系的氏族部落与地方民族政权,唐代设羁縻府州,元代则纳入行省之中或设置特别行政区域。现今的省、地、县行政区划与地方行政建制正是在古代地方行政区划与行政机构长期发展、演变的基础上形成的。中国地方行政制度的变化过程实质上是中央集权政治制度的不断严密和强化的过程。其目的是实现中央对地方最大限度的直接统治。

在中央集权的政治体制下,政区和地方机构的上下级垂直隶属关系十分明显,是一种严密的等级关系。如秦统一中国进入"天下国家一体"时期,奴隶制的分封采邑制被中央集权的郡县制所代替,奴隶制的主权制被封建的君主专制所代替。从权力构成系统看,是君权、臣权、父权组成的君主专制的权力系统。君为天下至高无上之长,臣为民之长,父为家之长;二是华夷、中外构成的民族和区域统治的权力系统。汉为统治民族,中原是统治中枢;三是各级官僚机构的政权系统。从地方基层的乡里到郡县,按系统、部门受中央的管辖;四是由宗祠、支祠及家长所构成的家庭权力系统,形成封建宗法统治系统。通过上述权力的系统化,即严密的等级体系,巩固和加强了中央集权制的国体和君主专制的政体。当今中国实行的是社会主义的中央集权制(单一制)的国家,有严密的行政区和行政机构的等级制度,这对于巩固和加强工人阶级为领导的以工农联盟为基础的人民民主专政,对于国家的统一和长治久安是极为重要的。包括行政区划体制在内的政治体制改革必须坚持行政等级的原则。

由于不同等级的行政区,其行政、人事、经济等权力、生产力布局政策、投资环境条件、地区的知名度、吸引外资的政策权限等均有较大差别,因而,行政区等级制度对地方经济发展的影响也是显而易见的。一方面,经济发达程度是划分政区等级的重要依据。在中国历史上,各地的户口和赋税的数额,是显示政区经济地位的决定性因素,也是划分政区等级的主要指标。特别是明代,以向中央缴纳的钱粮数额作为划分政区等级的主要标准。明初分州、府各为上、中、下三等,其依据即为缴纳钱粮数。改革开放以来,1993年由国务院批转的《关于调整设市标准的报告》文件中,除了规定的人口标准外,还将产业结构、国内生产总值、财政收入等经济指标也作为设立县级市和地级市的主要标准之一。

另一方面,行政区的等级高低对区域经济发展和生产力布局的影响也是十分巨大的。历史上,许多边疆民族地区一级政区的建立,都对边疆地区的经济发展和生产力布局起着巨大促进作用;改革开放后海南由地区级政区升格为省级政区,使海南的经济迅猛发展。可以这样认为,如果海南尚未建省,其经济发展水平难以达到今天的程度。宁夏建回族自治区后,对经济发展的影响也是有目共睹的。江苏省泰州市在解放后行政区等级的变化过程,及其对经济发展的影响生动地说明行政区等级与城市经济发展的相互依存关系。因此,科学合理地确定行政区的等级是我国行政区划体制改革和完善的重要内容。

我国当前在行政区等级问题上有两个方面需要进一步深入研究和逐步加以解决。第一是我国少数政区的规模与等级不符的问题,有的规模过小,行政等级较高,而有的则规模太大,行政等级偏低,省、地、县三级都存在这一问题,但主要是地、县级。这一问题需要深入研究。第二是市、县分等问题。我国历史上县分等早已有之,并有成功的经验。目前我国的县级市和县同为一个行政等级,而实际上在人口、经济实力等方面差异很大,有其不合理之处,也需要进行研究。但要注意盲目分等会带来某些负面的影响,防止"升格"、"攀比"热,片面追求地方权力与地位的倾向。由此可见,对行政区等级制度问题进行理论与实践的深入研究是必要的。

第四节 政区的行政中心

各级行政区行政中心的驻地是政区地理中一个十分重要的问题。然而我们在这方面的研究却不太重视,历史、地理和政治经济工作者往往把注意力放在国都问题的研究上。从解放前到解放后,不少学者对国都问题进行了不同视角的研究,但对各级行政区行政中心问题却从未系统进行过研究。我们认为,从中国的国情来看,各级行政中心的驻地问题的研究具有特殊重要的意义。在上一章的"行政区经济原理"一节中已经分析了由于我国特殊的体制背景,我国的区域经济表现为"行政区经济"特征,剖析了"行政区经济"的运行机制。指出在中国特有的"行政区经济"运行时期,处理好行政区的行政中心与经济中心的关系,科学合理地选择好行政中心的区位显得十分重要。在政区的行政中心,中心城市的集聚与扩散作用可以通过行政区政府来强化其对区域经济发展的影响。一个行政区的行政中心如果选择得当,与行政区内经济中心的关系处理得好,则利于中心城市的发展,并通过行政-经济中心城市带动相关地区经济的发展;反之也会带来明显的不利影响。我国绝大部分行政区的行政中心选择是合理的,但也存在选择不当的问题。从省会城市来看,如安徽省合肥市作为省会城市,虽在几何位置上具有中心的地位,历史上也曾是府治所在地,当初选择它作为省会可能有其政治上的考虑,但从经济因素看,由于其原有规模过小,交通十分不便,作为省会城市在较长时期内难以发挥其在省内经济的集聚与扩散作用;其对省域的行政管理也不甚方便。基于这种情况,省政府不得不在相当长时期内集中全省有限的资金、物力、人力重点投入省会城市的建设,以改变其原有的交通闭塞、规模过小、经济落后的状况,千方百计提高合肥市的首位度,改变其形象。这对一个经济不发达的省来说是一个沉重的负担。客观上使原有开发条件十分优越、经济基础较好的长江沿江地带,受资金、人力、物力的影响,与长江中下游其他省的沿江地带相比,发展速度要缓慢得多。我们认为,从行政中心的选择角度看,安徽省的行政中心选择存在某种缺陷,对安徽省域经济的发展不利。当然应当指出,经过几十年的建设,合肥市的城市、交通等面貌有了根本改观,经济实力有了很大增强,在全国省会城市中的地位和省内的首位度有了很大提高。从今天的实际情况看,不应该、也不可能重新选择省会城市。恰恰相反,合肥市仍应继续作为安徽省建设的重点,继续增强其实力,改善投资环境,大力提高其在安徽省内的经济中心地位,增强其辐射功能。这对今后安徽全省经济的发展是极为重要的一环。但与此同时,要大力加强沿江开发,尤其是优先开发芜(湖)、马(鞍山)、铜(陵)。

地、县级行政中心也同样存在选择不当的问题。我们曾在 1980 年和 1990 年分别调查过福建省原建阳地区[①]的行政驻地——建阳和海南省乐东县行政驻地——抱由,他们都严重偏离了本行政区的经济中心,建阳地区的经济、交通中心在南平,乐东县的经济交通中心在滨海的黄流镇,而建阳和抱由虽然都是本行政区的几何中心,但交通很不方便,尤其是抱由位处深山区,对外联系十分不便,且因受自然空间制约无发展余地,显然不妥,对城镇和区域经济发展都带来不利影响。建阳地区的行政中心已于 1988 年搬迁南平市,并更名为南平地区,后地市合并为南平地级市,使行政中心与经济中心相一致,实行地市合一的市管县体制,有利于地区经济的发展。

怎样选择好行政区的行政中心?从上面的一些实例分析中可以明显地看出,在一个行政区内尽可能使行政中心与经济中心一致是一条重要的原则,也是实践提供的经验。除此而外,还应考虑到其他相关因素。主要是:①优越的地理与交通区位。从地理区位看,主要是指几何中心位置,交通区位是指交通的通达性。地理区位与交通区位的结合是行政中心选择的重要条件之一。②有一定的行政基础。原有的各级政区的行政中心是历史上长期形成的,一般其地理位置适中,区位条件好,且有行政机构的基础,可以避免另砌炉灶,节约投资,也可保持行政中心的相对稳定性,减少干部安置的麻烦。在一般情况下不要轻易地搬迁行政中心。③环境条件。尽量选择在环境优美而安静的地段。上海浦东新区的行政中心选择在花木地区就具有交通便捷,通达性好,环境优美的有利区位条件。总之,新的行政中心的建设是一个耗资巨大、关系到行政管理方便性和区域经济长远发展的大事,应当充分论证,准确决策。一旦失误将会造成长期的不利影响。这方面的教训是深刻的。

以下对中国省级政区行政中心的区位状况进行初步评价。

从表 4.3 的评价结果看,绝大多数省会城市具有较理想的区位。部分城市或是因为历史和自然条件的因素,或是省内存在双经济中心,或是交通不太便捷,或是环境和发展受地形的影响等,作为省区的行政中心在区位选择上都存在某些缺陷,但综合评价仍是基

---

① 今南平市。

本合理的。某些省会城市首位度很低,而省内又存在双经济中心、人口众多,经济发达的较大省区,在条件成熟时,可结合省区适当划小,或采取增设中央直辖市的途径进一步提高其行政中心与几何中心的吻合度是必要和可行的。

表 4.3 中国省级政区行政中心区位选择评价*

省区(市)名	行政中心	与经济中心的关系		与几何中心的关系			城市首位度[1)]	交通便捷度		环境及自然状况	
		单中心	双中心	一致	基本一致	不一致		便捷	一般	较好	一般
河北	石家庄		✓		✓		1.09	✓		✓	
山西	太原	✓		✓			1.95	✓			✓
内蒙古	呼和浩特		✓		✓		0.67	✓		✓	
辽宁	沈阳		✓		✓		2.01	✓			✓
吉林	长春		✓		✓		1.73	✓		✓	
黑龙江	哈尔滨	✓				✓	2.29	✓		✓	
江苏	南京		✓		✓		2.29	✓		✓	
浙江	杭州		✓			✓	1.97	✓		✓	
安徽	合肥		✓	✓			1.19	✓		✓	
福建	福州		✓			✓	2.03	✓		✓	
江西	南昌	✓			✓		2.57	✓		✓	
山东	济南		✓		✓		0.99	✓		✓	
河南	郑州	✓			✓		1.46	✓		✓	
湖北	武汉	✓			✓		5.43	✓		✓	
湖南	长沙	✓			✓		2.25	✓		✓	
广东	广州	✓		✓			4.08	✓		✓	
广西	南宁		✓		✓		1.19		✓	✓	
海南	海口	✓				✓	2.16	✓		✓	
四川	成都	✓		✓			4.38	✓		✓	
重庆	重庆	✓				✓	9.32	✓			✓
贵州	贵阳	✓		✓			2.76	✓			✓
云南	昆明	✓			✓		5.39	✓		✓	
西藏	拉萨	✓		✓			4.63		✓	✓	
陕西	西安	✓		✓			5.16	✓		✓	
甘肃	兰州	✓			✓		4.75	✓			✓
青海	西宁	✓				✓	8.41		✓	✓	
宁夏	银川		✓			✓	1.42		✓	✓	
新疆	乌鲁木齐	✓			✓		3.73	✓		✓	

*不包括京津沪三个直辖市在内,但包括新设置的重庆直辖市;
1)城市首位度根据建设部城市规划司1996年资料计算,1997。

第五节　政区的名称

地名是行政区的主要组成要素之一,也是行政区划管理中一项政策性很强的工作。政区地名与居民地、自然地理实体名称不同,具有很强的政治性。政区命名、更名关系到国家的主权和国防建设。同时与新闻、出版、邮电、通讯、交通、测绘、规划、公安、文教等部门和领域都有密切的关系。科学地对各级各类行政区进行命名和更名,对于我国行政区划工作走向科学化、规范化具有重要意义。

建国以来,为了加强对地名的管理,从1951~1996年,国家先后已颁布了18个有关的文件,为我国地名更名、命名与管理的标准化、科学化提供了法律依据。但从我国目前政区地名的状况看,无论是通名,还是专名都还存在许多需要研究解决的问题。主要是:①专名重名太多,特别是许多重名的政区专名其驻地并不在一处,因而带来诸多不便;②有些专名字虽不同,但读音相同,容易造成地名的混淆;③行政区的通名专名化,使通名重叠;④行政区的通名概念不清,体系混乱等。针对上述问题,理顺行政区的专名与通名是我国行政区划管理的一项重要工作任务,也是政区地理的一个重要研究课题。

政区地名包括政区专名与政区通名两大要素。政区专名大多有其自然地理、方位和民族时代性特征,是几千年文化、社会经济和行政制度发展的产物。如表4.4所析,中国一级政区地名大多具有自然地理和方位性组合的特征。如河北、河南、山西、山东、浙江、湖北、湖南、广东、广西、云南、海南等省(区);内蒙古、西藏、宁夏、新疆、广西等,少数民族是构成一级政区专名的重要要素;江苏、安徽、福建、重庆、甘肃等省市为古时两州府首字得名;还有的省区名具有时代性和吉祥性特征,如辽宁、宁夏等。

表4.4　中国省级政区专名主要要素分析

省区市	自然地理			方位性	民族性	时代性吉祥性	其他
	河流	湖泊海洋	山脉				
北京				√			√
天津	√					√	√
河北	√			√			
山西			√	√			
内蒙古				√	√		
辽宁	√				√	√	
吉林	√				√		
黑龙江	√						
上海		√					
江苏							江宁府、苏州府两府首字命名
浙江	√						
安徽						√	以安庆、徽州两府首字命名
福建						√	以福、建两州得名

续表

省区市	自然地理			方位性	民族性	时代性吉祥性	其他
	河流	湖泊海洋	山脉				
江西				✓			
山东			✓	✓			
河南	✓			✓			
湖北		✓		✓			
湖南		✓					
广东				✓			
广西				✓			
海南		✓		✓			
四川	✓						✓
重庆							介于顺庆、绍庆二府之间得名
贵州						✓	✓
云南			✓	✓			
西藏				✓	✓		✓
陕西				✓			
甘肃							取甘、肃二州首字命名
青海		✓					
新疆				✓			✓
台湾		✓					✓

资料来源:据上海辞书出版社(1995)出版的《中国地名语源词典》整理。

由于中国行政区划本身的政治性,政区通名的变更往往反映不同时代的特征。中国政区通名的演变有以下几个特征:

1. 随势顺变

历代政区通名的变更,集中在两个时间段,一是改朝换代之后,二是在一个朝代中发生重大政治经济变革之后。

第一种以元朝行省为例。元朝是兼并了南宋、金、西夏等各个政权之后由蒙古族建立的强盛的王朝。元朝面临的形势是:其一,国土面积空前广袤,其二,蒙古族的文明程度不如原南宋、金境内的汉族高。针对这种形势,元朝从金朝那里学来了行省制度,又将其改造成为军管性质的高层行政区划。在广土众民、情况复杂的情况下,实行行省制度,改造创新行省名称,是顺应时代发展的举措。

第二类如唐朝的道(方镇)。道于唐朝初年就存在,但是先作为地理区的名称,以后又作为监察区的名称。到了天宝十四年(755年)"安史之乱"爆发,各地道的长官权力越来越大,中央对地方的控制力减弱,于是道成为州、县之上的高层政区通名。

2. 名实相符

众所周知,政区建制和政区名称是互为表里的,中国历史上的政区通名一般来说比较准确地反映了不同特点的行政区划。

如西汉西域地区少数民族聚居,当地居民与内地汉族的生活方式大不相同,设立行政区划的体制不同,因而产生不同的政区通名。同样是郡级政区,内地称为郡,西域称为都护府。而在西南地区的少数民族虽然为数不少,但由于多为农耕生活方式,与汉族相似,所以保持了行政区划体制与内地的一致,政区通名都为郡。五代、宋朝的"军"和"监"也是如此,"军"是由军事单位转变而成的政区,"监"是由工商管理机构转变而成的政区,所以在通名选择上都保留了原来的特色。

3. 继承改造

政区通名的确定,大多是对前代政区通名的继承和改造。元代的行省名称得自金朝,并作了改造。元以后,"省"作为高层政区通名,在明朝、清朝、民国以至于中华人民共和国都加以继承。又如道,作为政区通名,在秦汉时期被县级政区采用,后废弃不用;至唐朝再度起用,但已经改造为高层政区通名了;至宋代再次废弃;明、清的"道"已经不是高层政区,而是省与府之间的准政区通名了。

4. 名级一致

所谓名级一致,指的是一种政区通名基本上只适用于一种级别的政区,不能在几个层级中兼用。例如秦、汉时代的道,只是作为县级政区的通名,郡级不能使用。唐代的道为高层政区通名,县级及统县政区不能使用。府是统县政区通名,高层和县级政区不能使用。当然,明、清两代的州有直隶州(府级)和散州(县级)之别,虽然仅跨两级,但显然不是最好的选择。

5. 重地异名

中国历史上在首都及其他重要地区设置的政区,往往区别于同级的政区,以示隆重。例如秦朝首都附近地区的政区不称郡而称内史。西汉首都地区分为三个政区,也不称郡,而是称京兆尹、左冯翊、右扶风。又如唐朝在京师及各重要地区设府(州级)。

总结历史的经验,考察当今的现实情况,我国的行政区通名有调整和改革的必要。理由有两点:其一,我国当前的政区通名基本上来自三个方面:元、明、清的旧名,民国时期的旧名和少量的建国后的新名,这些通名有的已不适应时代发展的需要。其二,改革开放以来,随着经济的大发展,国家的经济、政治体制也发生了较大的变化,原有的政区通名难以反映这种深刻的变化。

地名是一种特殊的语言文字代号,它是某一特定方位、特定地区人文地理综合现象的反映。因此,一个国家、一个地区或一个城市,地名的命名、更名都有一定的空间分布规律。中国现行政区地名的空间分布可以简要地归纳为以下几个特征:

(1)从政区通名看,"省"和"直辖市"集中在东部和中部,"自治区"全部分布在陆上边疆,它客观地反映了中国政区建制类型上的空间差异。从地区一级的通名看,截止于

2005年底,全国仅有的20个地域型地级政区(包括准政区在内),即"地区""盟",都分布在中西部地区,尤其是西部省区。而全国283个地级市则40%集中分布在东部沿海8个省(不含直辖市)。县级政区的通名——县和市也大体上反映了这一分布特点。它综合反映中国政区人口、民族,特别是经济发展水平的空间差异。

(2)从政区专名来看,长江、黄河、辽河、黑龙江、钱塘江、珠江等流域的省的专名大多与河湖山体有关,并具有方位指向性;中西部地区省级专名是民族、方位和开发历史等因素综合作用的结果。

总体来看,中国省级政区地名的专名是比较科学的,但省级政区的通名和地、县级的专名、通名等尚存在我们前面已指出的若干问题。需要深入研究并逐步加以解决。

第六节　政区的边界线

行政区与经济区、自然区等各种类型的区域相比较,一个显著的特点和区别之一是行政区有明确的行政边界线。正如同国家之间的法定边界线一样,一国之内行政区之间也应有法定界线。当然这两者之间是有原则区别的。国界是一个国家的领土主权的象征,具有不可侵犯性。

行政区边界线按划分的标志有自然地理界线、人文界线,前者包括山脉、河流、湖泊、高原、沙漠、海岸、岛屿等等;后者包括公路、铁路、建筑物、田埂、地块等等。按性质分有法定线、习惯线和争议线三种。法定线是根据有关法律规定,经过批准以法定形式划定的乡镇以上行政区边界线;习惯线是历史上自然形成、相邻行政区行政机关双方都承认、没有争议,但没有依法划定的行政区边界线;争议线是毗邻行政区双方或一方不承认、有争议的行政区界线。引起行政区边界线争议的主要原因大致有三种情况:一是由于行政区域在划定时界线不清、权属不明造成的;二是在原有习惯线基础上,由于接壤地带的山林、草场、土地、水利、矿产等资源开发产生权属争议而引起的行政区边界线争议;三是在行政区划调整变动时,由于未严格按照有关法律规定和履行法律手续而引起的行政区边界线争议。国务院于1989年2月颁布的《行政区域边界争议处理条例》为解决行政区边界线的争议提供了法律依据。

行政区的边界线由界线的长度、边界线走向和边界线标志物三个要素所构成。边界线长度影响行政区的规模,一般边界线越长,行政区的面积规模越大,反之则较小;当然政区的面积规模也会影响边界线长度。边界线的走向在勘界、解决边界争议中十分重要。确定界线的走向首先要依据原有的历史状况和充分考虑界线双方人民群众的利益关系;同时,自然界线(河流、湖泊、山脉、海岸等)、道路、建筑物等也是应该考虑的因素。边界线的标志物为界标,由界桩、界碑、界墙、水上浮标等表示,它是边界线位置的永久性标志。

中国是行政区划历史悠久的大国,行政的界线漫长,但在古代行政区划边界线是粗略的。自秦朝起,虽历经2000多年的历史,在历代方志、地理志中也详细记载了政区的沿革,但始终未形成明确的政区边界线。民国时期,曾有划小省区、勘定省界的设想,亦未能实现。长期以来,中国的行政区边界线基本是习惯边界线。

解放以后,中国行政区划不断进行调整,基本适应了我国政权建设和经济社会发展的需要,但对行政区的边界线却未注重加强管理;同时,各地人口增多,经济发展,对各类资源的需求量不断增加,开发空间不断向行政区的边界地区延伸,因而边界线地区逐渐成为森林、草原、矿产、土地、水资源开发的"热点",边界争议随之增加。改革开放以来,经济的迅猛发展,边界争议也愈来愈多。解决边界纠纷问题已成为我国行政区划工作中的一个突出问题。

据统计,中国30个省、自治区和直辖市[①],共有68条省级行政区划边界线,若不包括国境线和海岸线,一级行政区之间接触的陆上边界线约为6.2万公里;县级边界线6400多条总长约41.6万公里。到1994年为止,只有广东省与海南省之间的水上界线经过全面勘定,内蒙古自治区与宁夏回族自治区之间的陆界经过部分勘定,其余均未经过正式勘界,存在边界争议的有54条,约9 500公里,其余绝大部分为习惯线。据估算,省级边界争议已超过1 000起,其中,发生在50年代的占3%,发生在60年代的占6%,发生在70年代的占13%,其余均发生在80年代以后,占78%。内蒙古、甘肃、青海等省区争议尤为严重(浦善新等,1995)。边界线争议导致资源的巨大破坏,生态环境恶化,更为严重的是诱发了民族宿怨,破坏民族团结和社会稳定,危害边界地区的经济发展。解决边界争议已成为我国行政区划工作中的一件大事。勘定行政区的边界是解决边界争议的一项根本性措施。

为此,国务院布置了省、县两级界线的勘定任务,各省区直辖市大规模开展了勘界工作。至2002年,我国省、县两级陆地行政区域界线勘定工作基本结束,全国总长6.2万公里的68条省界,总长41.6万公里的6400多条县界全部勘定。2002年7月开始实施国务院颁布的《行政区域界线管理条例》,标志着我国行政区域界线管理工作的重点从全面勘界转向了依法管界,界线管理始步入依法治界轨道。

行政区界线的划分和勘定边界线的工作是一个十分复杂而敏感的问题。从调整行政区划(包括行政的撤并,新的行政区的设置,局部区划界线的调整等)角度看,主要应考虑以下几个原则:①保持基层行政建制完整性原则。即以原有行政区划为基础,尽量不打破原有基层行政区的界线,做到基层行政区的整建制调整。基层行政区是在多年基础上形成的基层社会单元,具有社会、经济文化的同一性。随意打破带来许多难以解决的矛盾。这也是在城市边缘区,尤其是大城市、特大城市的城乡结合部应该特别注意的原则。②经济社会利益合理分配的原则。行政区界线的重新划分涉及到经济社会利益的调整,须兼顾双方利益,做到公平、公正、合理。同时要强调局部利益服从全局利益,要顾全大局,顾及长远。③界线明晰的原则。即做到行政区界线的走向、标志物清楚、明确,且具有稳定性。省、县级界线尽量以山脉的分水岭、河流等自然界线为界,发达的城乡除河流、河道水体外,道路、桥梁、楼宇等稳定性强的建筑物也可以作为行政区界线的标志。界线标志一定要形成文件,标明地图,尽量不留后遗症。

关于调处争议,应遵循国家颁布的《行政区域边界争议处理条例》进行,在第三条中明确规定,"应当按照有利于各族人民的团结,有利于国家的统一管理,有利于保护、开发和利用自然资源的原则,由争议双方人民政府从实际情况出发,兼顾当地双方群众的生产和生活,实事求是,互谅互让地协商解决。"1996年国发32号文件《国务院关于开展勘定省、县两级行政区域界线工作有关问题的通知》对我国行政区域界线勘定的意义、原则、方法、

---

① 不包括台湾省和香港特别行政区、澳门和新设置的重庆直辖市。

要求、政策、组织领导等问题都作了明确规定。上述两个文件，为从根本上解决我国的行政区域界线争议问题指明了方向、原则和方法，提供了法律依据。

第七节　政区的区位与形态

1. 政区的区位

区位理论是地理学的核心和基础理论，也是政区地理研究的主要理论基础之一。我们在第二章中已经强调指出，在区位论中，德国地理学家克里斯·泰勒在本世纪30年代创立、并在40年代由经济学家廖施验证并完善的中心地理论对于行政区划的研究具有直接的指导意义。特别是用来指导行政区的划分和不同等级行政区数量的确定，和行政区空间结构体系的安排。按中心地理论，依其行政最优原则，最小的行政管理单位应由7个基层单位组成，在中心地排列体系中，$K=7$，地区系列为1,7,49,143,……。泰勒的行政区优化排列设想，对开展行政区规划有一定参考价值。但这只是一个抽象的概念。实际上行政区的等级数量体系，无论是国外或是中国，都不可能完全按这一模式进行规划。首先，区域的地理环境和社会经济人文环境是不规则的，难以完全形成正六边形形状排列；第二，历史上形成的原有基础，包括交通线路格局，城镇体系分布格局，行政等级体系，人口密度等也难以完全按上述等级和序列排列；第三，现代科技发展，尤其是交通、通讯、信息技术的发展，联系会大大方便，管理效率会大大提高，因而管理的幅度也会增大，所谓最小行政管理单位应由7个基层单位组成的数量概念可以突破。表4.5列出了我国以省为单位的行政区划层次等级及各层次的行政区数。从表中可以看出，与中心地理论排序最相近的省有西藏、青海、吉林、贵州，以地、县级数量的2倍计算，则接近的有辽宁、江苏、广西、新疆，而其余省区差距都较大。可见，中心地理论关于行政最优原则的量化分析尚需进一步讨论。尽管如此，中心地理论中行政最优原则的思想还是有其积极意义的，它为我国行政区划的研究与改革提供了思路与方法。从我国行政区的等级数量分析中也可以看出，省、地级区划调整的必要性。一是省级政区规模过大，数量偏少；二是地级单位不规范，管县的数量省际之间差异大，表明我国行政区的空间结构体系尚不合理，需要在今后的行政区划改革中逐步加以解决的问题。

表4.5　中国各省(区)行政区等级系统及数量排列*(2004)

项目	地级单位数[1]	县级单位数	乡镇级单位数	等级序列
河北	11	172	2 207	1,11,172
山西	11	119	1 388	1,11,119
内蒙古	12	101	1 425	1,12,101
辽宁	14	100	1 511	1,14,100
吉林	9	60	1 006	1,9,60
黑龙江	13	130	1 284	1,13,130
江苏	13	106	1 488	1,13,106
浙江	11	90	1 570	1,11,90
安徽	17	105	1 845	1,17,105
福建	9	85	1 107	1,9,85

续表

项目	地级单位数[1]	县级单位数	乡镇级单位数	等级序列
江西	11	99	1 549	1,11,99
山东	17	140	1 941	1,17,140
河南	17	159	2 455	1,17,159
湖北	13	102	1 235	1,13,102
湖南	14	122	2 576	1,14,122
广东	21	121	1 642	1,21,121
广西	14	109	1 396	1,14,109
海南	2	20	218	1,2,20
四川	21	181	5 011	1,21,181
贵州	9	88	1 539	1,9,88
云南	16	129	1 565	1,16,129
西藏	7	73	692	1,7,73
陕西	10	107	1 745	1,10,107
甘肃	14	86	1 344	1,14,86
青海	8	43	429	1,8,43
宁夏	5	21	219	1,5,21
新疆	14	99	1 005	1,14,99
合计	333	2 767	41 392	1,333,2 767

* 不含四个直辖市。

1)地级单位包括地级市、自治州、地区和盟，县级单位包括县级市、县和市辖区。

中国是个自然条件复杂，人口众多，社会、经济、文化等人文环境差异较大的大国，政区的类型、数量较多，特别是基层政区——县和乡镇的数量庞大，客观上存在东西和南北的差异，这同样是中国政区区位中应当注重研究分析的重要问题。综合以上各要素分析，中国政区的空间分布有以下明显特征：①从政区类型看，地域型政区广泛分布；城市型政区在东部发达地区比较密集，特别是珠江三角洲、长江三角洲、辽中南、京津唐、山东半岛、厦漳泉等尤为集中；民族型政区分布在西部和南北边疆。②从政区规模看，东部人口规模大，西部面积规模大。③从政区的建制历史看，以黄河流域为中心的中原地区最早，南部、西部、北部较晚。④从政区的经济状况看，东部经济最发达，中部次之，西部较差，自东而西呈梯度分布规律。中国政区的空间特征综合反映了中国地方自然环境、地方建制、地方政权和民族、经济、社会制度、文化、民俗等历史发展的过程与特征，在一定程度上也是广义的地理环境作用的结果。

2. 政区的形态

广义的政区形态可以包括政区的区位、政区的规模和政区的形态在内。区位和规模前面已经分析，本节主要讨论政区的形态问题。政区的形态是由政区界线的长度、走向及闭合形状要素所构成的。它在一定程度上反映了政区的面积大小和形态结构特征，也是政区界线划分的依据之一。从政区的大小分析，世界各国国土面积差异很大，政区的层次幅度不一，各级政区的大小也不可能相同，因而难以进行比较。但同是大国，其一级政区和基层政区的形状大小还是可以进行比较分析的。我们仍选择美国、加拿大、俄罗斯、印度四个国家与中国进行一级政区的形状大小进行比较。

由表4.6可见,各大国一级政区的大小相差都很悬殊,中国相对差别较小。但各国的政区规模有一个共同特征,面积较大的大多是开发较晚、建制较短的少数民族地区或是自然条件较差、人口较稀疏的地区。少数情况例外,如印度的中央邦等。面积很小的政区则与民族和经济因素有关。

表4.6 中国与美国、加拿大、俄罗斯、印度地域型政区面积比较(万平方公里)

项目	中国*	美国	加拿大	俄罗斯	印度
一级政区平均面积	33.07	19.75	83.13	24.00	10.26
一级政区最大面积	160.00	69.10	329.30	310.32	44.34
一级政区最小面积	6.60	0.53	5.28	0.76	0.37
最大与最小倍数	24倍	130倍	60倍	408倍	120倍

* 不包括岛屿、飞地、直辖市、直辖区和特区。

各国政区的形态各异。我们初步分析了世界200多个国家的一级政区形态。大体有三种类型。一是规则型。即一级行政区的界线以直线和折线为主,表现为有规则的形状,如方形、长方形等。如美国、加拿大、巴巴多斯、澳大利亚、博茨瓦纳、利比里亚、毛里塔尼亚、利比亚、约旦等国。大部分分布在北美洲和非洲,少数分布在大洋洲和亚洲。美国本土50个州,其州界除密西西比河两侧相关的州以河流为界外,其余均以经纬度为界。可以明显地看出,规则型形态的政区大多是开发、建国历史较短的移民国家。

第二类是不规则型。即行政区的形态为不规则的,政区界线多为曲线,有较明确的自然地理或人文建筑物标志。包括中国在内的世界上绝大多数国家(特别是欧洲和亚洲各国)的政区形态都是不规则的。这种形态大多出现在开发历史较早的国家,地方行政区划对这些国家区域经济发展一般影响较大。分布于海洋中的岛国受岛屿形态的制约,大多为不规则型。

第三类是界于规则与不规则之间的过渡型。即地方行政区界线由直线、折线和曲线共同组成。开发历史较久的地区由曲线构成,而新开发或自然条件较差(如沙漠)的地区则由直线或折线构成。属于过渡型的国家大致有亚洲的哈萨克斯坦、土库曼斯坦、叙利亚、沙特阿拉伯、伊朗等国;非洲的埃及、阿尔及利亚、马里、尼日尔、苏丹、索马里、肯尼亚、乌干达等国;南美洲的巴西、玻利维亚等国。

除上述三种类型外,尚有个别完全属于自然的放射状形状的政区,如冰岛共和国,其政区完全以自然地貌进行划分,以山脊部为中心,以分水岭和水系为界线将全国划为23个省(图4.1)。

上述各种不同形态的政区各有其特点和优点。规则型政区界线分明,争议少,"行政区经济"现象不突出,多为西方市场经济国家和自然条件较差而单一的国家和地区;不规则型的行政区大多形成历史较久,是自然、社会、经济、民族等因素综合作用的结果。在实行过计划经济体制的国家,尤其是中国,行政区对区域经济的影响较大,往往形成相对独立的"行政-经济区"(刘君德,1991)单元,"行政区经济"现象表现较突出,这种形态的政区

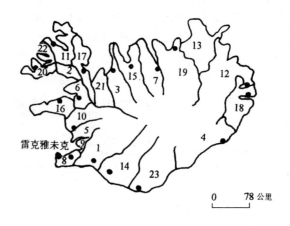

图 4.1 冰岛共和国行政区划示意图(省名从略)
引自《世界行政区划图册》,中国地图出版社,1993

往往存在界线不清,甚至出现"飞地"现象,行政区边界争议较多,协调有一定难度。像冰岛共和国这样特殊类型政区形状,行政区界线较清楚,有利于按流域组织经济活动和进行开发整治,矛盾、纠纷较少,是一种较理想的政区形态。

我们用政区形态分析中国现有省级政区的形态类型有以下几种:即方形、六边形、矩形、平行四边形、三角形、凹形、新月型和哑铃形、纺锤形。方形的有湖南和贵州两省,六边形的有浙江、安徽、福建、河南四省,矩形的有青海、广西、江西、西藏、黑龙江等省,平行四边形的有山西、山东、江苏、海南四省,三角形如新疆、广东、吉林等省,凹形的有辽宁、湖北、云南、陕西四省,甘肃省呈哑铃状,内蒙古形似月亮,纺锤形的有台湾和宁夏。中国的地形格局,尤其是山脉走向决定了省级政区的形态。从行政管理学的理论分析,方形、六边形是最优的政区形态。它使从中心点区位(位于几何中心的行政中心城市)向四边的通达性最佳,缩短了管理距离,从而大大提高了行政管理效率,减少了距离浪费。矩形和平行四边形也具有较好的行政管理效率,是一种较好的形态。凹形政区多由于地形因素或在原省区中新设独立政区所致,我们也可视为矩形。唯有三角形、哑铃形和新月形三种类型的政区形态欠佳,给行政管理带来一定影响。在条件成熟时,做适当调整是必要的。当然,我们也要反对片面追求政区形态优化的形而上学的做法,要按历史、自然、经济状况实事求是地进行调整。

第五章　政区的影响因素与划分原则

所谓"因素"是指促使事物形成或变化的原因或条件,英语多用 factor 表示,如区位因素(locational factor)、地理因素(geographical factor)等。行政区划虽是人为的结果,但始终摆脱不了地理环境的制约。那么,影响行政区划形成与发展的主要环境因素有哪些? 划分行政区又应遵循哪些基本的原则? 以上这些问题,都是反映行政区划作为一个特定研究范畴,其内在本质特征的重要方面。因此,也是政区地理科学理论必须讨论和研究的重要问题。

第一节　政区形成与发展的主要影响因素

前面我们已经指出,行政区划作为上层建筑,是国家的产物,是阶级社会政治、经济、社会、文化等综合的反映。随着人类社会的进步,经济的发展,政权的变更,行政区划的结构体系和行政区划各要素的内容、形式等也将发生或多或少的变化。本节着重对行政区划形成发展的若干因素进行分析,这对我们认识行政区划发展演变的规律,了解行政区划科学理论体系的内容,从而推进行政区划体制的改革具有重要理论与实践意义。

1. 政治因素与行政区划

行政区划是国家、阶级的产物,行政区划的性质取决于一国的国体与政体。所谓国体,是指国家的阶级性质,即社会各阶级在国家中的地位。人类有史以来,经历了四种国体,即:奴隶主阶级专政,封建地主阶级专政,资产阶级专政和无产阶级专政(在我国为人民民主专政)。政体是指一个国家的政治体制,是国家政权的组织形式。任何国体都有与之相适应的政体,同一国体也可以有不同的政体。如资产阶级专政的国家,可以实行民主共和制,也可以实行君主立宪制。社会主义中国是人民民主专政,实行的是人民代表大会制。

一国的国体对该国的行政区划性质有决定性影响。行政区划作为国家实行分级管理的统治方式,总要体现统治阶级的利益,并通过各级行政区政权机构的有效管理来巩固和维护国家的统一。因此,一个国家一旦国体改变,一个新的阶级掌权之后,总要对原有的行政区划,特别是各级行政区的政权机关进行必要的调整。例如,原苏联,在设立苏维埃政权初期,即"取消农奴主专制国家的农奴主-地主和官僚所规定的俄国原来的行政区划"[①],代之以高度的中央集权制,形成加盟共和国-州-区-村镇的行政区划等级新体制。同样,中华人民共和国建立后,从根本上改变了我国行政区划的性质,根据加强无产阶级政权建设的需要,逐步形成了从中央到地方新的行政区划体制,从而保证了我国无产阶级

---

① 《列宁全集》,第19卷第238页,人民出版社,1985。

政权的巩固和经济的不断发展。

国体、政体因素统称为政治因素,其对行政区划的具体影响主要表现在以下几方面:

其一,政治因素决定着某些行政区划的撤并和区域界线的调整。在我国历史上,最明显的是元、明两代,有许多政区划分都不太合理,即主要考虑政治统治的需要。如秦岭-淮河是我国重要的南北自然分界线,元朝之前的宋代,这条线的南北基本上是分属两个省级行政区。元朝,北方的蒙元军队为达到军事上控制南方之目的,将秦岭以南的汉中盆地划归陕西,这就使四川行省失去了北方的天然屏障,难以形成一个完整的割据区域,有利于统治阶级对四川的统治。明朝,朱元璋建都金陵,设江南行省,其范围包括淮北、淮南和江南三部分,后又分为苏、皖两省,界线也不合理;与此同时,将太湖流域分江、浙两省;南四湖分属苏、鲁两省,洞庭湖分属两湖(湖南、湖北)等,均出于政治统治的目的。解放前夕至解放初期,我国设置的六大行政区,并设有大行政区人民政府(军政委员会),其目的也是"为实施军事管制,建立革命秩序"的需要,是我国解放初过渡时期在行政区划方面所采取一项重要措施。而随着政治、军事、经济形势的变化,为加强中央和省级政府机构的权限,这种过渡性质的行政区划体制也即撤销了。

其二,政治因素影响行政区划的层次与幅度。行政区划的层次与幅度是衡量一个国家行政区结构体系合理与否的重要标志。从政治因素考虑,一级政区的幅度过大,不仅不便于管理,而且往往容易形成地方割据,影响中央政府的政权稳定。一级政区幅度大小的确定,既要有利于中央集权,也应有利于地方的合理分权。地方分权是民主政治的基本原则之一,但分权过多则会削弱中央的集权统一,中国历史上也有不少这样的事例。宋朝以前大多实行三级政区体制,但其一级政区多为虚化的,或仅为监察区,其目的是加强中央集权;元朝的行省制,为加强中央政府的统治地位,防止地方割据,实行中央的高度专制、集权,并采取省区之间在地理上的相互牵制手段;但明、清时代过度的中央集权,对调动省级政府的积极性带来了巨大影响。即使在解放后,中央集权与地方分权的关系问题同样是我国区划体制改革的重要因素,需要认真研究。

此外,政治因素还影响行政区划等级的确定。我国的许多边境口岸城市,规模虽小,但其政治、军事地位重要,行政等级往往大大高于同规模的一般城市。出于政治和经济的某种特殊需要而设置的特别行政区(如1997年回归祖国的香港特别行政区和1999年回归祖国的澳门特别行政区),在一个国家内实行"一国两制"的构想,这也是政治因素对行政区划影响的一个表现。

总之,行政区划作为一级政府行政权力等级规模的空间尺度的界定,它体现了中央与地方之间对于政治权力分配和再分配的关系,我国是中央集权的社会主义国家,在考虑地方行政建制与行政区划工作中,必须确保其社会主义的性质,确保与中央在根本利益上的一致性。也就是说,地方行政区划的设置、变更,都要服务于政治发展这一根本要求。

2. 经济因素与行政区划

行政区划的根本目的是在巩固统治阶级的政权前提下,在各级地方政府的指导下,努力发展行政区域内的经济,从总体上增强国家的经济实力。我国各级行政区政府都把发展经济作为其主要职能之一,这也是长期以来上级政权机构衡量、考核辖区内各级政府政绩的最重要的指标之一。在我国由计划经济体制向市场经济体制转轨的过程中,在中央确定的以经济建设为中心的战略思想指引下,行政区的经济功能显得尤其重要。我国几十年的建设经验表明,作为上层建筑的行政区划必须适应经济的发展,理顺不适应经济发展的某些行政区划体制,正是我国现阶段行政区划改革的重大任务。

经济因素对行政区划的具体影响主要表现在以下几个方面:

第一,经济发展水平对行政区划的影响。主要表现为,在经济发展的不同阶段,地方行政建制的数量和区划模式的选择上有较大的差别。从我国的情况看,一般在经济发达地区,行政区划变动较大,城市型政区的比重不断增加;而在经济较落后地区,行政区划变动小,多以传统的地域型行政区划为主。20世纪80年代中期以来,我国经济发达地区,随着生产力水平的提高,农业人口非农化、城市化进程的加速,其行政区划体制呈现由地区辖县→市管县→市管市演变的规律。

第二,区域经济联系,特别是经济区域内中心城市的吸引范围(经济腹地)和联系走向,在一定程度上影响行政区范围的调整。在我国特定的政治与经济体制下,这种影响的表现十分突出,尤其是地级政区范围的确定,要适当考虑经济联系范围。

第三,与以上两点相联系,特定区域的经济中心往往也是相对应的行政区的行政中心所在地;从经济中心的等级体系来看,不同等级的区域经济中心一般也是相对应行政区的不同行政等级的行政中心。

由此可见,经济区域与行政区域,经济中心与行政中心之间存在着相互作用、相互对应的关系。区域经济发展是行政区划建立的基础,行政区划的设置又将促进区域经济的发展。经济中心往往是行政中心选择的主要依据,而行政中心的设置,不仅其本身具有巨大的经济集聚作用,而且通过各种法律、政策与行政手段,使行政中心的经济功能得以强化。

最后,还应当指出,在行政区划界线的调整、范围的确定中,经济因素是十分重要的原则。这是因为经济因素对行政区域影响的实质反映了各级政府和人民群众经济利益的相互关系。协调各种利益关系,是行政区界线调整、范围确定的重要原则。我国近年来,在市场机制作用下出现的个别基层行政区的相互"兼并"现象,即是不同地区之间经济利益协调的产物。1993年8月18日山西省榆次县城关镇城关村打破行政区划界线,"兼并"了相隔15公里的东汇乡杏秦村,这两个村一个位处城关,经济富裕,进一步发展受土地因素的制约;一个远离县城,地广人少,经济落后,想发展缺帮手。两个村引进市场机制,大胆尝试"兼并",实行资源互补,合理配置,利益共享,这种自然组合给两个村的人民都带来经济实惠(张振业,1994)。尽管从行政区划角度看,由于"兼并"而出现的"插花地"、"飞地"现象可能会带来一些新的矛盾,但它足以说明,经济因素对行政区划调整的巨大影响。

3. 民族因素与行政区划

中国是一个多民族的国家,在行政区划的形成、发展中,民族因素是一个极为重要的因素。这是因为自古以来,中国行政区的划定都是各民族共同完成的。行政区域划定的过程就是统一的多民族国家形成的过程。2 200多年前的秦朝统一中国,将其版图分为36郡以治之,即包括了北方和西方的许多民族。汉朝被认为是中国统一的、多民族国家疆域基本奠定的时期,同时,也为我国的一级行政区打下了坚实基础。此后,在1 500多年中,中国虽经历了统一、分裂、再统一的曲折过程,但多民族的国家仍得以发展与巩固,其行政区划亦相应不断完善。可以认为,我国的行政区划、国家的统一始终是与民族关系问题联系在一起的。行政区划在我国多民族国家的形成、发展与巩固中起着极为重要的作用。而民族关系又是行政区域划分、调整中不可忽略的因素。民族因素对行政区划的影响具体表现在以下几个方面:

第一,历史上民族之间的战争直接导致行政区域界线的频繁改变。古今中外,民族战争使行政区划的边界不断改变,而占统治地位的民族,在战争中拓展疆域,相应地设置了行政建制和机构。中国七世纪中叶以后,唐、蕃之间旷日持久的战事,使民族活动区域不断改变,双方边界议谈多次,直至821年,唐蕃会盟、汉藏关系缓和,其行政区才相对得以稳定,国家的统一也得到巩固。东欧许多国家行政区域的划定,也都是二次大战的产物,两伊战争、波黑战争等同样说明民族关系因素在国界和一国内部行政区域划定中的重要作用。

第二,由于政治军事原因而形成的历史上的民族迁徙,改变了民族分布格局,同时也使行政区划发生相应改变。如新疆维吾尔自治区,即是唐时期,回鹘族的大量西迁,在西域定居,建立政权,征服天山南北,与当时民族融合同化,逐渐形成新的民族共同体,并形成相对稳定和独立的省级行政区划单元,这种情况在国内外都大量存在。

第三,统治阶级实行的国内民族政策对一国内部行政区划的稳定起重大影响作用。我国唐朝前期的唐太宗汲取前朝的教训,制定了羁縻州府统治、德化改革及和视政策,同时实行武力征伐手段,从而成功地使许多民族区域与中原地区紧密结合在一起,全国多民族的行政区划保持了相对的稳定。中华人民共和国成立后,对少数民族地区实行民族区域自治制度,在中央统一领导下,以少数民族聚居区为基础,普遍建立民族自治地方,设立自治机关,行使自治权,使少数民族地区的行政区划保持相对稳定。从而保证了国家的统一、民族的团结、经济的繁荣、人民生活的安康。

4. 交通建设与行政区划

人类社会的一切活动都是与交通运输这一特殊的生产部门分不开的。毫无疑问,行政区域的划分也要受到交通运输因素的影响。

首先,交通运输作为国民经济的命脉,从整体上影响国家和地区的经济发展水平,从而间接地影响行政区域的划分。一般来说,交通运输越发达,经济水平越高,人口越密集,城市化水平越高,行政区划的性质与结构可能发生相应变化:城市型政区比重大,地域型政区相对减少;而由于人口增多,经济发展,行政区往往不断细分,使同级政区的数量相应增加。中国省级政区从元朝确立"省"制(1294年)以来,由初期的11个行省,逐步增加到民国时期(1947年)的35个省。改革开放以来,广东省经济的迅猛发展,交通运输条件的改善,地级单位不断细分,数量不断增加。1996年底,地级市达到21个,是我国设地级市最多的省。

第二,交通线路和枢纽的布局,影响行政区域内经济、人口的流向和行政联系的距离及其便捷性,因而是行政区划划分的一个重要因素。人类社会以来,一切的政治、经济、社会、军事活动都是建立在交通运输的基础上进行的。随着经济的发展,科技的进步,交通线路和枢纽(港口、站场)布局发生相应变化,则人们的经济社会活动范围也必将发生变化;行政管理的空间距离也会相应增加,行政区划格局就有可能改变,特别是行政中心区位的选择有可能变动。河南省省会城市由开封迁至郑州最能说明交通运输线路、枢纽的影响作用。早在3000多年前,周文王之子毕公高就筑城于开封,为我国七大古都之一,北宋时期(时称东京)人口多达100万,为世界城市之最,是全国的政治、经济、文化中心。然明崇祯15年(1642),官府为灭闯王军,开决黄河随将城淹没,后逐渐衰落,但清代、民国时期仍以开封作为河南省会,直至解放后的1954年。而西距60余公里的郑州,虽历史也较悠久,但因位置险要,为兵家必争之地,城市屡遭破坏。至清中叶城区只有2.2平方公里,人口2万左右。但京汉(1905)和陇海(1912)两大铁路相继建成通车后,郑州逐渐成为交通枢纽和经济中心。1954年河南省会从开封迁往郑州。开封也随之衰落。可以说交通因素起了主要作用。同样,河北省会石家庄市,在80多年前还是河北省获鹿县的一个小村庄,人口仅600余,京汉(1902)和石太(1907)铁路修通在此交汇,又为燕晋之咽喉,石家庄迅速发展为城市,1925年5月设立石家庄市,为直隶省会;1940年又修筑了石德(州)铁路,城市迅速扩展。1968年河北省省会由天津迁至石家庄,今天已成为一个有217万人口的特大城市。全国各省都有这样的例子。改革开放以来,1995年通车的京九铁路线对沿线经济发展,城市型政区格局也产生了重大影响,沿线许多城市(如安徽省阜阳市)得以飞速发展。

我们在考虑省、地级行政区划改革方案时,必须充分考虑交通运输条件,尤其是综合交通运输枢纽及其网络的作用。跨省区的交通枢纽和交通网络状况是考虑设置新省的重要条件之一。省内的交通中心和网络系统,往往与省内经济区的形成发展有很大关系,从而成为省以下地级政区划分的主要因素。前者如徐州市,素有"五省通衢"之称,有两条铁路干线——京沪、陇海线在此交汇,兼有公路、航空、水运(京杭大运河)和管道运输,交通十分发达,经济发展迅速,形成以徐州为中心的跨省经济区,人口和经济规模都较大,地理区位十分优越。以徐州为中心,以跨省经济区为范围,组建新的徐淮省,其条件十分优越。后者如安徽省池州地区,受地形、水系和交通的影响,历史上就是一个行政区与自然-经济区相协调的地级行政单元,区内交通系统与经济联系形成相对独立的地域单元。然而,这一合理的行政区划,却在80年代初期人为地撤销了,将其所属的贵池、东至、石台、青阳、九华山等五个县级行政区划单位分别划给长江以北的安庆地区和皖南的原徽州地区(现黄山市)及宣城地区管辖,从而给该地区的经济发展、城市建设与管理带来严重的消极影响,并在一定时期内成为一个不安定的因素。直至1988年才恢复了其地级建制。这从反面提供了一个传统交通、经济联系,城镇体系、省内经济区与行政区划相互关系的生动案例。

5. 区域文化因素与行政区划

广义的文化包括与自然界相对应的一切,包括人类社会实践中所创造的物质和精神财富的总和。一般可分为物质文化和精神文化两大类。狭义的文化是指非物质文化。文化的发展既有时间变迁,也有空间差异。由于人文地理学的发展与学科分化,本来作为广义文化组成部分的人口、产业、城市与乡村以及政治组织与制度等,都形成人文地理的分支学科,如人口地理、城市地理、乡村地理、经济地理、政治地理等,因而,现今的文化地理主要涉及语言、民族、宗教、风俗习惯等领域。

文化的产生、发展与经济、社会乃至政治的关系十分密切。物质文化是经济社会发展的基础,而精神文化又支配着人们认识世界和改造世界的行动。文化是人类活动的产物,受地理环境的影响很大。不同的自然与人文社会地域,形成不同的文化区域。如果从文化与行政区划的关系来分,则可以分为行政文化区和非行政文化区两大类。前者是按不同层级的行政区域划分文化区,有人称之为机能文化区;后者是打破行政区域界线而划分的一种非行政文化区,亦称自然文化区,也有人称为形式文化区。按单一文化因素(如民族、语言、宗教、教育、民俗等)的地域分布特征而划分的文化区为要素(或单一)文化区域;而如果将各文化要素进行空间组合而划分的区域则为综合文化区。

  文化区与行政区虽是两个不同的概念,但无论是单一文化区或是综合文化区,它们作为不同类型的区域文化与行政区划之间存在密切的互动关系。一方面文化的形成、发展与传播受行政区划的影响,不同的行政区域表现有不同的文化组合特征。如长江下游的吴越文化,山东的齐鲁文化,广东的岭南文化,河南、陕西等省的中原文化,边疆地区的少数民族文化等等,都表现了行政区划对区域文化的影响。反之,中国历史上行政区划的发展、演变,也深深打上了区域文化的烙印,现今行政区域的划分调整,应适当考虑区域文化因素。我们可以从各单一文化区与行政区划的关系清楚地看出它们的相互作用与互动关系。

  首先,民族的发展、迁移和分布对行政区划的影响。民族的形成和发展是在一定的地域空间进行的。一个民族是"人们在历史上形成的一个有共同语言、共同地域、共同经济生活以及表现于共同文化上的共同心理素质的稳定的共同体"。[①] 由于自然、经济和政治的原因,任何一个民族在历史上都会发生规模不等的迁移现象。这种迁移总体来看对经济社会发展是有利的,但也有一些民族迁移为这些民族带来灾难。经过历史时期的民族迁移,所形成现今的民族分布格局,是一个国家确定地方行政建制和行政区域划分的重要依据。从我国55个少数民族的分布来看,在高度集中或相对集中的聚居区,都实行了民族区域地方自治制度,建立了自治区、自治州、自治县,甚至民族乡。各少数民族分布状况是民族地区行政区划的主要依据之一。最明显的例子是内蒙古自治区,从东北到西南长达3 000公里,跨越东北、华北、西北三大自然-经济地域,区内东西交通与经济联系十分不便,管理也很困难,如果从自然特征、经济联系交通与管理因素考虑,应将东三盟(呼伦贝尔盟、兴安盟、哲里木盟)分别划入东北的黑、吉、辽三省,将西部的阿拉善盟划入甘肃省,解放后也曾这样划分过,但不过几年,又划回内蒙古自治区。其决定性因素则是民族因素,它尊重了蒙古族人民的意愿,从政治上看是合理的,对这一地区的社会稳定起了重大作用。

  第二,宗教文化区与行政区划。宗教是一定政治结构与经济基础的反映,也是文化的组成部分。在特定的自然地理与社会环境下形成不同的宗教文化区。宗教文化对行政区划的影响,一是宗教与某些民族的不可分割性,在空间上表现为民族与宗教的同一性而对行政区划带来的影响。如藏民族与喇嘛教、回族与伊斯兰教、印度民族与印度教、犹太民族与基督教等等。这些民族-宗教聚集地区往往是划分民族区域自治的主要依据。中国的西藏自治区和宁夏回族自治区等即为明显的例子。二是我国的陵县制度也是宗教文化对行政建制影响的重要例证。所谓陵县是在皇帝陵墓旁设置的特殊类型的县。其目的是

---

① 《斯大林全集》,第2卷,294页,人民出版社,1953。

专为奉祀陵园,以提高对祖先崇拜的地位。从汉高祖12年置长陵邑起正式建立了陵县制度,此后,每个皇帝都相继营造自己的陵墓,为此,专门划出一定地域和民户设置陵县。在西汉一代即有7个皇帝陵县①。各陵县都有特殊的行政与宗教地位。在行政上统由中央专掌宗庙礼仪的官署——太常管辖。陵县不管其民户多寡均置县令,其户口并非都为原住,大多从外地强迫迁来,促进了以长安为中心的陵县地区社会经济的发展。当时在长安东西50公里、南北30公里的范围内集中了包括陵县在内的11个县城,总人口达到130万人(周振鹤,1997),见图5.1。但由于陵县的形成纯由人为因素造成,元帝宗教政策发生变化后,原有陵县的政治地位也随之下降。东汉由长安迁都洛阳,长安及各陵县也逐步衰落。三国之后,七个西汉皇帝陵县全部被取消。此后,中国历史上再未出现过陵县制。

图 5.1 西汉陵县分布图
引自周振鹤《中国历史文化区域研究》附图 2-1-1

第三,方言地理与行政区划。地理环境对方言的形成、发展都有很大影响。这里的地理环境包括自然地理环境和社会政治经济地理环境两个方面。一个长期相对稳定的政区环境是方言地理分布的十分重要的因素。特别是统县以后(历史上的府州级政区)与方言的分布有很大的相关性。其影响表现为两个明显特点。特点之一是县府政区的稳定性对方言的影响远远大于省级政区。这主要是由于历史上的县府政区,特别是县政区稳定性较强,如果从秦始皇统一中国实行郡县制算起,县制在中国已实行2 200多年了,现今2 000多个县市中绝大部分县级政区的辖域范围未发生大的变化。州府从东汉灵帝中平五年(188年)算起至辛亥革命胜利内地废州止,也经历了17个世纪。如此长期稳定的政区,必然使政区内的语言、风俗等文化的趋同性得到加强。以吴语方言为例,表5.1表明,中国吴语区内行政区划的稳定性较强。从唐至清的1 000多年时间里,除苏州、常州有所变化外,其余各州均无变化。当然,方言的形成发展与历代移民有更大的相关性,但稳定的政区也是一个重要因素。由此,我们可以从方言的形成发展和地理分布状况大致了解

---

① 7个陵县为高帝长陵、惠帝安陵、文帝霸陵、景帝阳陵、武帝茂陵、昭帝平陵和宣帝杜陵。

某些地区历史上政区的演变过程。如分布在今广西壮族自治区东北部与湖南相邻的全州、资源、灌阳、兴安四个县市属湘方言区,是由于历史上较长时期(长达十五六个世纪)归属为长沙为中心的政区辖域(湘江、资水流域)之内而形成的;而反之,湖南西部的沅水、澧水流域为湖北官话区,表明这一地区在历史上有较长时期属湖北为主体的政区范围。方言与政区的关系在一定程度上反映了语言的社会本质属性。但我们应当指出,语言分布与政区分布有本质上的差异,语言是渐变的,而政区则是突变的(王友三,1993)。某一时期的行政区划与某种语言的分布范围常常会有很大出入。如江苏省现靖江市与其所属的泰州市分属两个方言区。前者属苏南吴语,泰州则为苏北方言区。浙西山区杭州市郊县的建德、淳安属徽语方言区等等。

表 5.1 吴方言区的政区沿革及方言分片表

隋	唐	北宋	南宋	元	明、清	方言分片	
毗陵郡	常州	常州	常州 江阴军	常州路 江阴州	常州府	太湖片	常州小片
吴郡	苏州	苏州 秀州	平江府 嘉兴府	平江路 松江府 嘉兴路	苏州府 — 嘉兴府		苏、沪 嘉小片
余杭郡	湖州	—	—	湖州府	湖州府		湖州小片
	杭州	—	临安府	杭州路	杭州府		杭州小片 和 临州小片
会稽郡	越州	—	绍兴府	绍兴路	绍兴府		
	明	—	—	庆元府	庆元路	宁波府	明州小片
东阳郡	婺州	—	—	婺州路	金华府		婺州片
	衢州	—	—	衢州路	衢州府	丽衢片	龙衢小片
	括州	处州	—	处州路	处州府		处州小片
永嘉郡	温州	—	—	温州路	温州府		东瓯片
	台州	—	—	台州路	台州府		台州片

资料来源:周振鹤《中国历史文化区域研究》第43页,复旦大学出版社,1997。

特点之二是政区行政中心和方言权威土语分布的一致性。由于行政中心在物质与精神文化方面起着一定的引导潮流的作用,所以行政中心所用的方言土语也就成为当地具有权威性的方言土语,而一旦行政中心转移,权威土语也会发生相应变化(周振鹤,1997)。如包括苏州、嘉兴地区在内的上海地区,其权威土语最早当属与嘉定方言关系密切的松江语(华亭语),明嘉靖《上海县志》记载有"方言视华亭为重"。这是因为上海县是从华亭县分置的,而明代的华亭土语与嘉兴话十分接近。当时的松江府人们崇尚嘉兴话。这是因为华亭县是元初至元年间从嘉兴府分出而升为松江府的。直至清代,松江府与苏州府同属江苏省,而与嘉兴所属的浙江省分离,苏州的政治、经济地位使这一地区的权威土语转移为苏州话。现今的上海话的权威地位则是民国之后随上海大都市的发展,行政、经济地位的提高,才逐步建立起来的。由此可见,行政、经济中心的地位与权威性土语的分布有密切关系。

6. 历史社会因素与行政区划

行政区划是一个动态的历史范畴,具有历史继承性特征。据学者的研究,世界各国一级行政区划的更替一般要50年左右。我国自秦郡县制始已有2000多年的行政区划史,从元设"省"开始至今也有700多年了。当今的行政区划体制,尤其是地域型行政区划,就是在长期的历史发展中逐渐演化、不断发展形成的。因此,现今的行政区划调整,包括行政区规模与区界的确定、上下级行政区之间的隶属关系,乃至行政建制的名称、等级等都应尊重历史事实。同时,历史因素也是社会因素,因为人们在长期的社会联系中相互影响、融合,形成了社会的共同性,包括共同、特殊的风俗习惯,经济联系和感情信仰等。行政区划变更考虑历史因素,也就是承认和巩固在历史发展中形成的特定区域的共同的社会经济联系和地方心理。

7. 自然因素与行政区划

自然因素是指一个国家的国土空间的自然地理环境,包括地形、气候、水文、土壤、植物、矿产资源等自然要素及其综合(组合),它是行政区域划分的重要影响因素。对于像我国这样的地域辽阔、自然条件复杂多样的大国来说,自然条件的影响尤为明显。其主要有:

第一,山脉、河流、海洋、湖泊、沙漠等自然界线,由于其对于人类经济、政治、文化活动的阻碍作用,使之往往成为行政区域划界的重要依据。世界上许多国家之间的国界都有天然的自然要素屏障,特别是山脉、河流常常成为国家之间的天然分界线。一国之内的地方行政区域的划分,也多考虑自然界线。如我国一级政区以山脉分界的有:南岭分湖南、江西与广东、广西,武夷山分闽赣两省,长江中游南北分鄂、皖与赣三省,金沙江分川、藏两省区,嫩江上游东西分内蒙古和黑龙江两省区等等。此外,海峡、湖泊、沙漠等自然要素也是影响行政区划的因素。

第二,综合的自然地理单元,如高原、盆地、岛屿,特别是水系流域,也是行政区域划分的重要因素。上述综合的自然地理单元(即自然区),在许多情况下,由于其往往具有区域经济的内部联系性,社会、文化、语言的同一性,交通网络与城镇体系的完整性,乃至人文景观的相似性特征,因而往往也是一级较完整的行政区单元。如江西省主要由鄱阳湖水系构成,浙江的钱塘江、瓯江水系,辽宁的辽河水系,山西的汾河水系,黑龙江的黑龙江水系等,内蒙古高原构成内蒙古自治区的主体,四川盆地构成四川省的主体部分等。我国是多山国家,相当多的地区级政区的范围与河流的流域相一致。

第三,区域自然资源的丰度及其开发利用状况也是行政区划设置和边界划分的重要因素。建国以来,中西部地区大批新兴工矿城市的设置及其发展,即与其自然资源的丰度、组合状况及开发利用程度有很大关系。如甘肃省的金昌市,四川的攀枝花市,内蒙古的包头市,新疆的奎屯市,贵州的六盘水市,安徽的马鞍山市、淮北市,湖南的冷水江市等等。

同时,由于许多行政区之间未进行严格的勘界工作,随着社会和科技的进步,某些行政区边境地区新资源的发现及其开发利用,往往成为不同行政区争夺的对象,从而引发了边界争议。这也是行政区域界线划分中应当注意研究解决的问题。

8. 行政组织、管理因素与行政区划

行政组织管理是上层建筑的重要组成部分。一个国家的国体、政体不同,行政管理的性质有本质区别,但管理的目的都是为各自的统治阶级服务的。行政组织管理的成败、好坏,关系到一个国家民族的兴衰、经济的繁荣。而行政区域划分的一个极重要的目标即是通过各级政府有效的组织管理,使上令下通,下情上达,从而有利于加强中央政府统治与领导。无疑,合理的行政组织管理应是行政区域划分的重要因素。其影响主要表现为:

第一,行政管理的层级、幅度与行政区的层级、幅度之间呈相互对应的关系。一个国家行政区的层次级别多少,各级行政区的范围大小、人口多少,与该国的行政组织管理的层级与幅度完全是相互对应的关系。层次多,则管理幅度小,反之,管理层次少,则幅度大。现代行政管理要求减少层次、幅度适中,以保证国家的政令统一,机构及人员的精干,行政效率的提高。行政区的层级与幅度要在方便行政组织与管理,有利于提高行政管理效率的原则下,合理地加以确定。

第二,行政管理手段的进步影响行政区划的幅度。由于科学的进步,交通、通讯的发达,管理的现代化,从而使行政管理效率大大提高,行政区的管辖幅度增大,管辖下一级行政区的数量可以适当增加,管理机构也可以精简。这将有利于从整体上适当减少管理层次,有利于推行"小政府、大社会、大服务"的管理思想。

第三,由于推行政企分开,政府管理功能的归位,即行政区经济功能的逐步淡化,加上干部管理制度的改革可以使行政区划的敏感程度大大降温,从而保持地方行政区划的相对稳定性。

以上是影响行政区划的主要因素。实际上任何行政区划的调整都是上述诸因素综合影响的结果。但就具体的行政区划的设置与变动来看,则有其主导影响因素。不同地区、同一地区不同时期行政区划的变动因素是有差异的,要因地制宜,具体分析。

第二节 政区划分的基本原则

1. 古代政区划分原则的经验

中国是世界上行政区划史最丰富的国家。从秦汉时期基本形成的行政区划体系至新中国成立,大致经历了郡县制、州(郡)县制、道州县制、路州县制、省州(府)县和省县乡制五个发展时期,这在本书第二编的各章中将有详细论述。我国漫长的行政区划史积累了丰富的行政区划分的经验。最基本的有以下几条:

(1)加强以中央集权的一元统治体系为核心的政治统一是历代行政区划的主要功能。所谓中央集权制是指从中央到地方的政治统辖体制。我国的中央集权制是在社会大变革中废除奴隶分封制的基础上产生的。历史的发展证明,中央集权在很大程度上是加强统一国家的稳定因素。因此,历代统治阶级都力图建立从中央到地方的有层次的政治统治体制,作为其中心的政治目标,以巩固其政权。历代王朝的中央作为军政统治中枢机关,在秦汉时期为三公宰相制,隋唐形成三省六部制度,中书省掌进奏、诏敕,为皇帝的内侧机构;门下省掌审议,是贵族豪强势力之代表机构;尚书省是执行机构,统领六部。唐宋时期三省制逐步向一省制演变,金朝海陵王正隆官制改革,正式废除了中书、门下二省,只存尚

书省。元代改设中书省,确立了一省制。明代废省制,由皇帝直接掌管六部。清代虽设内阁,但行政、经济、军事大权都在皇帝手中。

历代皇朝的地方政权机构从秦郡县制到元代的行省制变化虽然很多,但无论是中原还是边疆,它都反映了中央对地方的统辖越来越严密。作为地方行政建制的空间投影的行政区划,其首要目的无疑是政治目标,即服从或有利于中央政府的集权统治。

应当指出,中国的中央集权在封建时代是与君主专制紧密相伴而存的。君主专制的实质是君主独裁的专制政治。中央集权与君主专制的结合,形成君主权力至上的封建王朝的国体和政体。中央集权与君主专制结合的不断强化,使中央权力集中到皇帝手中,从而也必然进一步强化了作为上层建筑——行政区划的政治功能。

(2)促进中央和地方的经济发展是历代行政区划分的重要因素。中国历史上,包括行政区划体制在内的每一次社会大变革都伴随着新旧两种政治势力的斗争,而不同的政治势力是不同经济利益集团的代表,因而政治斗争说到底是经济斗争的表现。任何一个封建王朝的统治者在加强其君主专制式中央集权制统治的同时,也都要通过社会变革推动经济的发展,以巩固其政治统治地位。不仅居住在中原地区的、拥有高度古代文明社会的汉民族如此,居住在周边地区的各少数民族也是如此。如拓跋鲜卑经过社会改革由原始游牧经济飞跃发展为封建制农业经济;居住在北方的女真族几经改革由原始农业经济逐步发展为封建农业经济,并由中原推广到边疆地区,为后来建立全国统一的整体经济结构奠定了基础(张博泉,程妮娜,1994)。中国国土辽阔,古代封建王朝也都是通过各级行政区的地方政府的主要长官所负有的诸如劝课农桑、催督赋役的重大责任来实现中央政府在经济上的控制和整个国家的经济运转的。为此,在各级地方政府中都设有专门的官吏和管理机构。这说明中国封建社会各级行政区的经济职能相当强大。尤其是作为统治社会基层的县级政区对经济管理的职能尤为具体。国家通过加强地方政府对经济社会的控制实现其政权的统治。

古代经济发展对行政区划的具体影响主要表现为地方经济发展水平差异所带来的影响。一般来说,经济较发达的地区,行政区地位较高,划分也较细;而在经济较落后地区,除军事、政治的需要之外,行政区的地位相对较低,划分较粗。如历代京都地区的行政区的地位都高于其他地区,划分也较细。国家经济重心和人口的迁移也对行政区的数量和地位带来很大影响。古代,黄河流域中下游是中华经济文化的核心地带,人口稠密,行政区的数量大大超过南方。秦朝36个郡,72%分布在北方,且每个郡的人口较多,面积相对较小,行政区划分较细,今山东省境当时设有5个郡;而在江南,人烟稀少,设郡的数量也较少,当时一个郡相当于今一个省乃至几个省。西晋末开始人口大规模南迁,江南经济迅速发展,唐初已超过北方,行政区的数量开始超过北方。明代,南方占全国省数的67%,府和直隶州占全国79%,散州占63%,县占全国近60%,大多越分越细。由此可见,古代经济发展是行政区划分的十分重要因素,经济发展水平及其空间变化从整体上影响行政区的数量和分布。

(3)户口和财赋多寡是历代行政区划分的主要依据。在中国封建社会,各地户口和赋税的数额,直接关系到国家的财政收入,关系到政权的巩固,同时也是显示政区经济实力地位的决定性因素,无疑这也是划分行政区数量和确定规模等级的主要依据。社会发展,经济繁荣,人口增加,行政区的数量就要增加或进行细分。特别是作为社会基层统治单位工具的政区,历代王朝大多都以人口和财赋多少作为政区划分和确定其规模等级的主要依据。不同时期,人口和财赋指标的地位有所不同。明朝以前,以户口指标为主。如唐开元十八年(730年),将全国的州分为辅、雄、望、紧、上、中、下七等,前四等是按政治指标而定,但数量不多,后三等则以户口多少而定。唐朝的县分为赤、畿、望、紧、上、中、下七等,其中赤为京都所在,畿指首都、陪都周围各县,其余绝大多数的县也是以户口数而划分的。明朝开始改以交纳粮赋的多少作为划分行政区等级的标准。明初分府州,各为上、中、下三等,其依据即为钱粮数额。

(4)"山川形便"和"犬牙交错"是古代行政区界线划分的两个重要原则。所谓"山川形便"就是以天然的山脉、河川作为行政区划的边界线,"州郡有时而更,山川千古不易",正表明山川对于政区的重要标志作用。在古代,由于高山大川两侧不同的自然地理环境,形成不同类型的农业经济区和社会文化地域单元,用"山川形便"作为政区界线划分的重要原则是十分科学的。山川形便原则的应用以唐朝最为典型。唐建国后对全国政区进行了调整,使州一级界线大多与自然地理界线相一致。在此基础上,又因"山川形便","分天下为十道"(《新唐书·地理志》)。十道是:关内道(潼关以西的河套地区)、河南道(黄河以南,淮河以北)、河东道(黄河以东)、河北道(黄河以北)、山南道(秦岭以南)、陇右道(陇山以西)、淮南道(长江以北,淮河以南)、江南道(长江以南)、剑南道(剑阁以南)、岭南道(五岭以南)。十个道基本是十个自然地理区域。以后由十道演化为十五道进而40多个方镇(也称道),也大都遵循"山川形便"的原则,这对后代的行政区划界产生了重大影响。如今天南方一些省区,如皖、浙、闽、赣、湘、粤、桂等有相当部分省界,甚至全部省界都是唐代方镇的界线。以山川形便划分行政区,有利于经济发展和抗御灾荒,有利于行政管理。山川形便不仅是我国古代行政区划界的原则,国外绝大部分国家的行政区划分也都是以山川为界的,在现代行政区界线的划分中,"山川形便"仍然是一条重要原则。

然而应当指出,以"山川形便"原则划分行政区也有其不利之处。在古代,由于生产力水平低,战争工具简陋,崇山峻岭、长河大川不仅是交通发展和经济交往的障碍,而且也是天然的防御工事,军事上易守难攻。因此,以山川为界的一个完整的自然-经济-行政区,如果幅员较大,且政区的首领又有较大权力的话,则极有可能出现凭险割据,形成独立王国,而与中央政府抗衡,威胁中央政权。如四川盆地、山西高原、岭南山地等都曾出现过封建割据。由此可见,山川形便是促成地方割据的一个重要地理因素,以山川形便划分行政区存在重大缺陷。为此,中国历代封建王朝都有意识地采用与"山川形便"相背离的"犬牙交错"原则作划分行政区域的另一条重要的原则。

所谓"犬牙交错"是与"山川形便"相对立,人为地打破完整的山川自然地理界线而进行政区划界的原则。它虽然不利于地区自然经济的发展,对区内的地区交往带来不便,但却有利于削弱地方经济实力,防止在政治上出现地方割据的分裂局面,有利于中央政府的集权统治,因而为历代封建统治者所青睐。秦代在实行"山川形便"划分政区界线原则的同时,在局部地区设计了犬牙相间的原则,使郡界和山川的走向不完全吻合,如将长沙郡的桂阳县归入岭南,象郡的镡城县越过岭北等,这对后来汉武帝军队能在短时间内一举击败南越国,而将岭南地区统一于汉王朝中起了重要作用。元朝运用"犬牙交错"的原则达到极端化地步。元代的省完全无视历代所重视的几条高山大川——秦岭、淮河、南岭、太行山的存在,使各行省都不能成为完整的形胜之区。如陕西行省越过秦岭领辖汉中盆地,湖广行省跨越南岭兼有广西,江西行省越过南岭而有广东,河南、江北行省则合淮水南北为一体,中书省则跨太行山东西,江浙行省则从江南平原直达福建山地,就连原来封闭的四川行省也由于北面屏障秦岭被划给陕西而难以形成长期割据的局面。显而易见,元代的行省划分完全出于军事、政治统治的需要。

综上所述,除少数朝代外中国古代政区划分的原则是"山川形便"和"犬牙交错"兼而有之,相互结合的。只是不同朝代侧重点有所不同。"山川形便"实际上是一条自然-经济原则,而"犬牙交错"则是一条政治军事原则。了解这两条原则对认识中国古代行政区界线的演变特点与规律是十分重要的。同时,借鉴历史的经验,遵循政治和经济这两条行政区划最重要的原则对于我国现今行政区划的调整改革也是有积极意义的。

2. 现代行政区划原则

根据行政区划的性质和理论基础,及以上对行政区划主要影响因素的分析,借鉴我国古代与国外划分行政区的经验,我国现阶段行政区划应遵循以下基本原则。

(1)有利于巩固和加强工人阶级为领导的以工农联盟为基础的人民民主专政的政治原则。我国是社会主义国家,人民是国家的主人,各级行政区的划分,都要保障人民群众切实享有管理国家和社会事务的民主权利,有利于公民行使其基本的权利与义务,便于人民群众参加管理国家和监督国家机关工作,有利于加强人民民主专政的政权建设。按照政治原则的要求,首先,要科学地划定各级政权的辖区范围,改革地方制度,加强政权建设,特别是基层政权建设。这是因为基层行政单位是连接国家政权机关与人民群众的纽带,也是人民群众实现当家作主权利的桥梁。从我国现阶段的情况看,县及县以下基层政权的建设是现阶段我国政权建设的重点。第二,合理地确定行政区划的层级。一般层级不宜太多,以利于上情下达,下情上通,减少官僚主义,提高行政管理效率。但我国国土广大,人口众多,各地政治、经济情况差异较大,管理难度大,行政区划的层级也不宜过少。目前我国在有自治州和实行市管县体制的地方为四级行政区制,其余为省(区、市)、县、乡三级层次。在省、县之间和县、乡之间设立了派出机构的行署和区公所[①];在不设区的市和市辖区下,设有作为其派出机构的街道办事处,在各级政府监督下工作,但不作为一级政权组织。这一行政区划层级体系基本符合我国国情,有利于贯彻实行在中国共产党领导下的人民民主专政,保证国家机器的正常运转和民主集中制的实行。

(2)有利于合理组织区域经济运行,促进社会主义生产力发展的经济原则。行政区的划分必须服从社会主义经济建设的需要,尽可能地与自然形成的经济区相协调,以便于组织经济运行,促进区域生产力的发展。经济区是以城市为中心,依据经济发展的内在联系,中心城市与周围地区经济联系极为密切、形成经济网络的地区,它与行政区相区别,但又有密切的联系。经济区的划分要保持一定层次行政区的完整性,以便于管理经济活动;同样,行政区的划分也应考虑与经济区的一致性。目前,我国省级行政区就基本上是一级完整的经济区,各省都有一个较大的经济中心(一般都是行政中心),工、农、商业通过交通运输与流通渠道组成一个自成体系的经济网络,构成为省级行政-经济区。我国2 000多

---

① 大部分省(区、市)已取消了区公所。截止于1996年底,全国尚有544个县辖区。——引自民政部计划财务司编《中国民政统计年鉴》,1997。

个县级行政区(含县级市),实际上也都是一级基层行政-经济区,它以县城为中心,通过交通、流通环节将县域内工、农、商业与广大城乡联结在一起,形成一个规模较小的经济地域单元。省、县级行政-经济区具有政治、经济、交通、文化等综合性职能,就经济而言,一般也具有自成体系的综合性特点。

在社会主义计划经济体制下,这种行政-经济区具有"传递"和"发动"的双重功能。一方面,它通过行政系统把中央的经济运行指令向下传递,也把下面的经济情况反馈给中央政府;另一方面,它通过行政手段发动其所辖区域内的经济运行,包括地方经济计划的制定与执行。无疑,这种行政-经济区对推动我国社会主义生产力的发展起着主导作用。然而应当指出,正是这种行政-经济区,在地方分权体制下,往往使省级、县级地方经济追求"大而全"或"小而全",导致区域经济的封闭性特点,从而对整体经济发展带来消极影响,这是需要进一步研究和解决的问题。

(3)有利于加强民族团结、促进民族平等与繁荣,发扬历史文化传统,尊重各地习俗的社会原则。民族、历史、文化和民俗等都属于广义的社会范畴,是行政区域划分的重要因素,实质上这也是一个政治原则问题。首先,我国是一个拥有56个民族的多民族国家,汉族分布较广,少数民族分布具有小聚居、大杂居的特点。为维护各族人民的团结、统一,在经济、文化等方面逐步缩小各民族之间的差别,实现各民族平等、繁荣,在《宪法》中明确规定了实行民族区域自治的基本国策。行政区划要保证民族区域自治政策的切实贯彻实施,尽可能按各民族聚居的区域划分为自治区、自治州、自治县(旗)和民族乡。第二,我国又是一个历史悠久的文化古国,各地的社会、文化、历史、民俗等都有差异,人们在长期的社会联系中互相影响、互相融合形成了社会的共同性,从而给行政区打上了深深的社会、文化、历史烙印,因而,现行行政区划一定要有历史观,要尊重历史,照顾各地的文化、民俗习惯,尊重民意,在一定的历史发展阶段,保持行政区划的相对稳定性。在处理行政区域的边界纠纷中,尤其要注意尊重历史原状,实事求是地解决问题。

(4)有利于区域国土资源的开发、保护和环境综合整治的自然-生态原则。国土是人类生存空间,它是由自然要素(水、土、气候、生物、矿藏等)和人文要素(人口、建筑与工程设施、生产的物质技术基础等)所组成的物质实体,包括资源和环境两个不可分割的方面。行政区划的一个重要任务就是建设和治理好国家,合理开发利用区域国土资源,而保护和治理环境是建设和治理好国家的重要前提。我国国土面积广大,又是一个多山的国家,各地自然条件和国土资源组合特点和环境生态状况有很大差异,各级行政区域的划分应尽可能地考虑与国土自然-生态区域保持一致。首先,这有利于充分利用行政手段,合理开发利用区域国土资源,协调区内资源开发利用中的各种矛盾;第二,有利于区域内国土环境的综合有序整治,协调区内人口、资源、环境与社会经济发展的矛盾,促进和改善区内的自然-生态环境,实现可持续发展。事实上,在我国现行的省级行政区中,有不少是与自然区相一致或接近的。如南方的江西、湖北、湖南、广东、广西、福建、贵州、海南、台湾,北方的黑龙江、辽宁、山西、河北、内蒙古等省(区);在广大丘陵山区,地级行政区和行署也大多与水系的自然流域相一致,是一级较完整的地域单元。这种与自然-经济相一致的行政区,即自然-经济-行政区,大多比较稳定,历史上的区界变化较小,是我国行政区划的一个重要特点。

上述行政区划的政治、经济、社会与自然-生态原则之间是相互关联的。行政区划属上层建筑范畴,社会主义国家行政区的划分,首先要有利于人民民主专政政权的巩固,因而政治原则始终是居于主导地位的;上层建筑受经济基础的制约,行政区划经济原则的实施,有利于促进生产力的发展和人民生活水平的提高,这正是社会主义制度优越性的重要表现,也有利于国家政权的巩固;历史、民族、文化等社会原则是与政治、经济原则紧密联系,也是为政治、经济原则服务的;自然-生态原则直接服务于经济、社会原则,是我国特定的自然环境下十分重要的原则。在实际工作中,各级行政区的划分不可能都做到上述四条原则的完全一致,在区界发生矛盾时,经济、社会、自然原则必须服从于政治原则。

第六章 政区组织管理

现代社会是高度组织化的社会,人们的政治、经济、文化、教育等方面的社会活动都是通过一定的组织形式完成的。从某种意义上看,管理过程本身就是一种组织过程,行政区划管理也不例外,它是通过行政区组织进行的。因此行政区划的组织与管理是一个问题的两个方面,也是我国行政区划理论体系研究的重要内容。本章在简要介绍行政区划组织与管理内容的基础上着重讨论以下问题:①行政区组织与管理体系的形成;②中国行政区划的组织管理体系及其相关问题;③中国的市县分等问题;④中国行政区划组织与管理的法律规范问题。

第一节 政区组织管理的概念与内容

行政区划组织管理是政府公共行政组织的一个重要组成部分。它是在宪法和相关法律范围内具体实施行政区划事务管理的正式组织实体或组织系统。行政区划的上层建筑性质决定行政区划组织是国家权力机构的组成部分,是统治阶级维护本阶级利益、巩固其统治地位的工具,这就决定了它的阶级性和政治性;同时,与其他各种政治、军事组织不同,行政区划组织不仅具有政治目的,而且要履行国家的行政区划管理职能,是负有政府公共事务管理职能的政权组织,政治-行政二重性是其重要特征。行政区划组织与政府其他公共行政组织一样不仅负有管理公共事务——行政区划的职责,而且具有行政权力,它是行政区划管理的实施者或执行者,在实施过程中具有权威性和某种强制性,但必须在宪法和有关法律范围内实施,即依法行政。

从行政组织学的一般概念看,行政区划组织应包括组织的目标、职能范围、机构设置、岗位设置、权责关系、规章制度、物质因素、人员构成等相关要素,实际上是一个复杂的社会有机体和组织系统。

任何一个行政组织系统都有其明确的程序化结构,以便确立其等级制度、领导体制及上下责权关系明确的运行机制,从而实行科学管理。行政区划的组织结构是指一个国家或地区的行政区的排列组合系统与方式。包括上下级行政区的纵向结构和同级行政区之间的横向结构。前者实际上是一种垂直分工,后者是水平分工。纵向结构是指行政区划的层次结构,即在行政区划组织体系中划分的等级层次,合理的组织层次,对实现组织目标具有关键性作用。在当今世界各国的行政区划组织中,层次结构的数目相差较大,有的只有二级,有的多达六七级。但绝大多数国家为二三级。这当然与一个国家的规模有关,但受政体、国体的影响较大。横向结构是一种水平分工,是指同一级政区的管理幅度,即组织管理的规模和数量多少。管理幅度小,意味着控制范围小,其控制能力也越强;反之,管理幅度大,其控制能力也就相对减弱。管理幅度过大或过小都会影响管理的效能,科学地划分行政区的管理幅度十分重要。事实上在规模不变的同一行政区划组织系统内部,管理层次与管理幅度是密不可分的,二者之间表现为反比例关系,层次多则幅度小,而层次少则控制的幅度较大。两者的关系如图 6.1 所示,其中图(1)有 5 个管理层次,平均控制幅度是 2,图(2)有三个管理层次,平均控制幅度为 5。第一种结构为"高耸结构",其优点是指挥链条严密,控制严格,直接领导与协调作用强;缺点是领导层次多,信息沟通时间长,领导决策易走样,中下层管理自主性较差,影响积极性和创造性。第二种结构为"扁平结构",优点是上级人员少,信息沟通快,下级有较大自主性;缺点是上级直接领导的作用较弱,控制较松散,上下协调性较差。由于管理层次与控制幅度对组织效率和管理效果有重要影响,必须根据一个国家的国情,合理地确定其行政区划组织体系的层级和幅度。总的原则是便于国家的行政管理,有利于加强政治上的统一,有利于经济建设,同时要照顾历史因素,实事求是,因地制宜,实行分类指导,做到整体管理效能的优化。

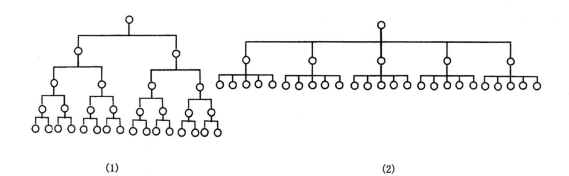

图 6.1 管理层次与控制幅度之间的关系(引自彭和平,1995)

行政区划的组织管理是通过相应的组织机构实施的。在中国漫长的封建王朝时代,行政区划的变更、管理一般是由中央最高领导层决策负责,由皇帝诏书形式颁布实施的,直到清代才开始设定专门主管行政区划的机构。光绪 33 年(1906)清政府变传统的 6 部为 11 部,首次设立了民政部,下设疆里司,掌管核议地方行政区划、统计土地面积、核办测绘、审定图表等事宜。民国时期,只设内务部,后改内政部,下设民政司掌管地方行政区划等事项,1946 年 10 月在行政院下设方域司主管全国行政区划。中华人民共和国成立之后,主管行政区划的机构几经变化,先后由内务部民政司、户政司,国务院秘书厅、办公厅,公安部,民政部等主管。直到 1988 年国家机构改革,在民政部成立了行政区划与地名管理司,专门管理全国的行政区划与地名事务。其主要职责是:①制订行政区划和地名管理的政策法规,监督检查全国县以上行政区划和地名政策法规执行情况;②承办县以上行政区域的设立、撤销、更名、界线变更及县级以上人民政府驻地迁移的审核报批;③负责省际边界线的勘界工作,调处省际边界争议,向国务院提出仲裁建议;④调查研究全国行政区划的战略布局及相关问题,开展行政区划规划;⑤管理和指导全国的地名工作,代表国家参加联合国地名标准化活动等。中国行政区划与地名专门管理机构的设立,为行政区划与地名的组织管理逐步走向科学化、法制化、规范化轨道提供了组织保证。

第二节　政区组织管理体系的形成

我们在前面已经谈过,按行政建制设置目的的不同,可以把行政区划分成以下四种主要的政区类型,即一般地域型政区、城市型政区、民族区域自治型政区、特殊型政区。从地域组织与管理的角度来看,在特定的社会发展阶段和国家政治制度下,这些政区类型在一个国家范围内或相对单一存在,或合理并存,就构成了这个国家行政区划的地域组织系统,并在国家的统一管理下,形成了该国的行政区划地域组织与管理体系,简称行政区划组织与管理体系。

从某种程度上讲,整个人类历史就是一部城乡对立与统一的辩证发展历史。因此,城乡之间的对立与统一过程就是贯穿于整个行政区划地域组织演变中的一个主导过程。就此意义上理解,任何一个国家的行政区划组织与管理体系的形成与发展,都可以按这种城乡对立统一关系,将它分成以下不同的发展阶段:

1. 传统的城乡合治,并形成以地域型政区组织为唯一标志的相对单一发展阶段

前已述及,行政区划是社会生产力发展到一定阶段国家的产物。如果从地域组织的角度分析,行政区划还可以理解成生产力发展到一定阶段,随着地缘关系逐渐取代血缘关系而产生的一种上层建筑。也就是说,行政区划是在国家出现以后,由于国家对其所属臣民不再按血缘关系,而是按地缘关系进行分区分级的统治与管理形成的一种国家制度。在人类社会发展早期,地缘关系从纯粹的经济和地理意义上看虽已有"城乡"之分,但从行政区划地域组织的角度看,仍主要采取"城乡合治"的方式,只设置一般的地域型政区。以我国为例,尽管我国古代城市的萌芽可上溯到夏商时代,战国时期的文献《吕氏春秋》即有"夏鲧作城"的记载,到了明清时期,更是我国封建社会城市发展的鼎盛时期。但是,这些古代城市,都只是作为一定地域范围内的政治、军事、文化中心,虽也设立了一些专门的管理机构,不过总体上看,并不具备独立政区的基本特征,除京畿一般隶属于中央政府,其他城邑、重镇都隶属于县,城乡合治,是地域型政区的"附属物"。在这一时期,西欧某些国家虽然出现过"自由城市",毕竟为数很少。因此,在整个封建社会,城乡合治只设置一般地域型政区,是行政区划组织管理体系表现出来的一个共同的特征。究其原因,显然和特定生产力发展水平低下,自给自足的自然经济一直占绝对主导地位,各城镇在各个行政区域里的中心地位不突出有密切关系。

2. 近代的城乡分治,并以城市型政区的出现为标志,构成地域型政区与城市型政区合理并存格局的发展阶段

随着近代工业文明的产生和发展,出现了一批又一批的近代工商业城市。这些近代工商业城市一改过去消费性质的城市为生产性质的城市,对近代的社会政治、经济生活产生了巨大影响。在地缘关系上,城乡分异的现象与规律愈发成为一种居主导性质的社会组织关系。因此,作为反映地缘关系的行政区划,也必然发生相应的变化。为了加强对在国家政治经济生活中地位日益重要的城市的政治统治及有效管理,城市型政区也就应运而生了。城市型政区的出现,打破了几千年封建社会行政区划组织与管理体系的单一地域型政区格局,使行政区划组织与管理体系由此进入一个重要的发展阶段,也就是地域型政区与城市型政区的合理并存阶段。当然,由于不同的生产力发展水平和社会政治背景,城市型政区的发展速度与地位也不尽相同。在西方资本主义国家,城市型政区的发展明显较快,而我国则因种种政治、经济、社会、历史等因素的影响,表现出明显的滞后性。不过,从总体上讲,这一时期的地域型政区仍占有主导性的地位。

3. 现代城乡分治,并以城市型政区地位的逐渐提高,同时多种政区类型并存为主要特征的多元化发展阶段

进入现代社会以来,城市化的加速发展已成为一个普遍的趋势。毫无疑问,与城市化的加速发展趋势相适应,城市型政区无论在数量上还是在规模上,都比过去有了更进一步的发展,尤其是城市型政区的规模已出现了人口超千万的特大型城市政区。近年来,随着城市化国际进程的加快,一些"世界城市"的出现,使得现代大城市的政治经济地位得到空前提高,由此也对城市型政区的发展和地位的提高起了极为重要的推动作用。在西方一些发达的资本主义国家,城市型政区已有渐居主导地位之势,从而有可能改变千百年来一直是地域型政区居主导地位的格局。不仅如此,在城市型政区地位普遍得到提高的同时,其他两种政区类型,即民族区域自治型政区与特殊型政区也已不再是一种个别现象,而是成为各国解决民族地区行政区划以及一些特殊地区行政区划所采取的一个通常做法。其中民族自治型政区如原苏联的加盟共和国,美国、巴西的印第安人保留地,意大利的自治特区以及我国的少数民族自治区等。特别行政区如美国的哥伦比亚特区,法国的大巴黎市,日本的都市特别区以及我国的行政特区,如香港、澳门特别行政区等。总之,现代行政区划组织与管理体系,已是一个多元化的发展格局。

第三节 中国政区的组织管理体系及相关问题思考

1. 中国政区组织与管理体系的基本结构

我国行政区划历史悠久,若是以秦朝在全国正式推行郡县制为起点,那么至今已有2 000多年的沿革史。2 000多年以来,我国行政区划的变化既纷繁复杂,也有规律可循。如果从政区组织与管理的角度来分析,则经历了由单一的地域型政区管理到地域型政区与城市型政区并存管理再到多种政区类型并存的多元化管理这一总体演变过程。但就全国第一级政区这一管理层次而言,至建国前夕,我国仍是单一的地域型政区管理体系。据1947年国民政府公布资料,全国有35个省,12个院辖市,57个省辖市,209个行政督察区,2 016个县,40个设治局,1个管理局,1个地方。新中国成立后,我国公布的第一部宪法将全国划分成省、自治区、直辖市,从此奠定了我国行政区划的三大组织管理体系。之后我国行政区划组织与管理体系的发展演变,都是在这三大管理体系的基础上进行的。到目前为止,除香港、澳门两个特别行政区之外,我国行政区划组织与管理体系的结构如图6.2所示。

如果进一步分析我国上述行政区划组织与管理体系的内部结构,我们可以得出以下几点基本看法:

(1)就纵向管理而言,我国行政区划管理体系主要按省、自治区、直辖市三种组织类型

展开,并由此构成我国行政区划纵向管理的三大组织体系,这种纵向管理是通过层级的划分来实现的。目前,我国行政区划纵向管理层级是三级、四级并存,但由于实行州管县和市带县体制,实际上已发展成以四级制为主。

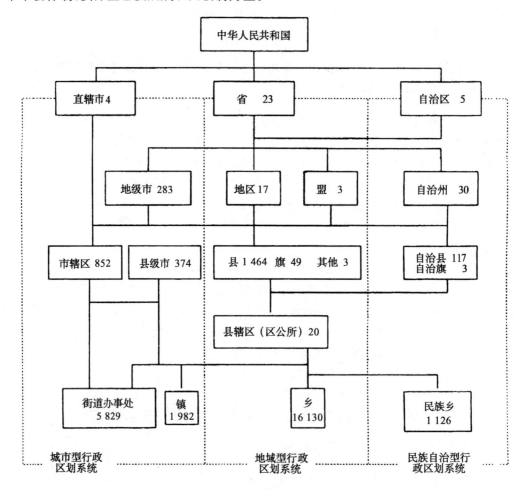

图 6.2　全国行政区划组织与管理体系结构图示
(图中数据截止至 2004 年底)

(2)就管理类型而言,我国目前行政区划组织管理体系除香港、澳门两个直属中央政府的特别行政区之外,主要按地域型政区、城市型政区、民族自治型政区三大地域组织类型展开,并由此构成我国行政区划类型管理的三大组织体系。在我国,类型管理体系本身并不是独立运行的管理系统,而是与上述三大纵向层级管理体系相结合,从而构成我国行政区划错综复杂的组织管理结构。

(3)我国行政区划组织管理体系不仅表现出类型管理与纵向层级管理相结合的特点,而且类型管理还会对层级管理产生直接的影响。如我国实行的"市带县"体制,就是在一个较大的范围内用城市型政区来管辖地域型政区,由此带来的后果则是使我国原来行政区划管理层次由"虚"的四级制转化成实的四级制,并因此而导致一系列社会、经济以及行政管理上的矛盾。从这个意义上讲,我国今后进行行政区划组织与管理体制的改革,应该综合考虑,处理的层级管理与类型管理以及两者之间的关系。

(4)在我国行政区划类型管理的三大组织体系中,构成地域型政区类型的主要政区层级是:省、地区(行署)、县、乡;构成城市型政区类型的主要政区层级是:直辖市、地级市、县级市、镇;构成民族自治型政区类型的主要政区层级是:自治区、自治州、自治县(旗)、民族乡。就现阶段而言,我国行政区划的类型管理从总体上表现为以地域型政区占绝对主导地位的特点,至2005年底,我国共有市建制661个,而县(含自治县、旗、自治旗)的建制数是1633个。这说明我国目前的城市化水平还不高,地域型政区逐步转化成城市型政区的道路还相当漫长。

(5)无论是从纵向管理角度还是从类型管理角度看,我国的民族自治型政区都是一个较为重要的管理体系。对民族自治型政区实行民族区域自治制度,是一项适合我国国情的重要政治制度,这一制度的本质特征正如周恩来同志所指出的是"民族自治与区域自治的正确结合,经济因素与政治因素的正确结合"。我国的民族区域自治制度,既不同于原苏联东欧实行的民族共和国制,也不同于国外如美国、巴西的保留地制度。

(6)在我国的政区组织类型中,还有一种特殊建制的政区,只是为数不多,并且其行政隶属关系一般归各级地方政府领导,因此没有构成一个独立的管理体系。目前,我国的这类特殊建制政区(也称行政特区)仅有3个,即湖北省的神农架林区、贵州省的盘县特区、六枝特区、万山特区。另外,1997年和1999年,香港和澳门先后回归祖国,分别设置了两个特别行政区,也属于特殊建制的政区。

由上可见,我国行政区划的组织与管理体系,牵涉到两种管理思想,一种是纵向的层级管理,还有一种是横向的类型管理(也可以说是功能管理)。在过去,我们较多地只注意到纵向层级管理的优化问题,如层次与幅度的关系,却往往忽视了类型管理的优化问题,需要引起重视。

2. 中国政区组织与管理问题的进一步思考

根据前面分析,我们可以发现,就类型管理而言,行政区划的组织与管理体系发展演变到今天,有两个基本的发展趋势:一是从城乡合治到城乡分治,再到城乡合治的客观发展趋势;二是城市型政区逐步取代地域型政区的发展趋势。毫无疑问,我国今天的行政区划组织与管理体系基本格局,也正是在这两种基本发展过程的基础上形成的。如果进一步从着眼于未来发展看,必须思考以下两个更为重要的相关问题:一是在今后城市化、区域经济一体化、城乡一体化的推动下,城市型政区能否完全取代地域型政区并重又走上一种新的城乡分治?二是在城市型政区取代地域型政区以前,两者又如何合理并存?这两个问题的实质就是我们上面所说的行政区划组织类型管理的优化问题。

首先,就前一个问题而言,我们认为,未来城市型政区能否完全取代地域型政区,由于受种种复杂因素的影响尚难以预料,但有两点却是可以肯定的:

其一,假如人类在短期内还不能从技术、经济上完全摆脱对农业土地的直接依赖,那么,尽管随着城市化的近域和广域推进,农业土地会逐渐地减少,但维持适度或最低限度的农业土地仍然必要。而且,对于我国这样一个拥有13亿多人口,农业人口还占大多数的发展中大国来说,粮食生产始终是一个关系到国计民生的大问题,因此,长期的、较多的保留以农业土地为主的农村地区是不可避免的。也就是说,在相当长一段时期内,地域型政区的作用仍具有不可替代性,地域型政区与城市型政区的长期合理并存是我国今后行政区划组织与管理体系的一个重要特点,对此我们必须有足够的认识。

其二,虽然就总体上讲在短期内城市型政区还不能完全取代地域型政区,但是,在城市化、城乡一体化的强有力推动下,一些局部地区,尤其是城市化高度发达的城市密集地区,实行一种新的行政区组织与管理制度却是必要的,也是可能的。这是因为,在城市化高度发达地区,城市的空间组织结构发生了新的变化,大都市区以及连绵城市密集带的出现,已使得这些地区的城乡分异日益模糊,原来单一的城乡分治模式显得越来越不适应这类地区的一体化发展趋势。因此,实行一种新组织管理制度势在必然。60年代以来,西方一些国家在大都市区就进行了一系列的改革实践,实行了不同的行政组织管理模式。概括起来,主要有:①通过疆域调整与地区合并,形成大市制,以传统的组织形态发挥都市政府的功能;②通过机构合并与职权调整,建立各种行政管理特区,如美国的给水区、学校区,英国大伦敦的警区等;③建立都市联合政府,如加拿大的多伦多、蒙特利尔,英国的大伦敦、曼彻斯特,美国的旧金山,澳大利亚的墨尔本等;④建立都市区域建设委员会,由都市区内各级有关政府,包括上级有关政府组成,共同制定都市区发展的大政方针。以上几种模式都显示了一种城乡合治的趋势。在我国,此类地区及暴露出来的相应问题也已不同程度地存在,如何来解决这类地区的相应问题,必须引起我们足够的重视并加以研究。

就后一个问题来看,我们认为,今后相当长一段时期内,城市型政区与地域型政区如何合理并存,在很大程度上是通过市县关系表现出来的。因此,如何正确处理市县关系,就成为解决问题的关键。

一般情况下,解决市县关系的传统方式不外乎两种:一是沿用传统的城乡分治模式,实行市县分离,"切块设市";二是市县合并,通过调整市县区划边界,将整县或部分划归市管辖,使城市型政区与地域型政区合二为一。实践证明,这两种方式都不是解决市县关系的最根本途径。

近几年来,我国推行的"市管县"体制,可以说是处理城市型政区与地域型政区并存的一种新的尝试。但由于我国特定的体制以及社会经济文化背景,这种用城市型政区来管辖地域型政区存在问题很多,不宜普遍推行,而且也非长久之计。至于实行的整县改市模式,虽说是找到了城市型政区与地域型政区两者的较好结合方式,但正如上面所述,对于我国这样一个具有12亿多人口的大国来说,整县改市后所造成的对农业生产的冲击,对农村发展所带来的负面影响,无疑应引起我们足够的重视。因此,推行整县改市模式也要十分慎重,必须从严掌握。从这个意义上讲,整县改市似也不应成为我国解决城市型政区与地域型政区合理并存的最佳方式。我们认为,借鉴我国古已有之的政区分等办法,将作为城市型政区的市和作为地域型政区的县分别划成若干等级,实行差等管理,使市县这两种不同的政区类型自成体系、自有等级、合理并存,这样既可以有效地抑制盲目的升等设市,也可以扫除因行政级别和行政隶属关系所造成的设市障碍,因而不失为我国今后处理城市型政区与地域型政区合理并存的一个新思路。

第四节 市县分等:中国政区组织管理的新思路

一、中国市县分等必要性的进一步分析

以上我们仅从我国行政区划组织类型管理的角度,把市县分等作为一个解决我国城市型政区与地域型政区合理并存的新思路提出来。实际上,实行市县分等的必要性还和市县本身社会经济发展的不平衡以及行政区划组织管理其他方面的要求有密切关系。现进一步分析如下:

1. 市县分等是市县本身社会经济发展不平衡规律的客观要求

我国现有的1 633个县(含自治县、旗、自治旗),在面积、人口、经济实力等方面均有较大的差距,如江苏省原南通县(现改设通州市)人口在150万人以上,而内地许多县则不足10万人,西部少数民族地区的有些县则不足1万人。在现有的661个市中,除4个直辖市外,地级或县级市之间的差距也很悬殊。以江苏省为例,1993年无锡市与淮阴市同为地级市,市区非农业人口相差3.3倍,国民生产总值相差更多;江阴市与新沂市同为县级市,1993年江阴市工业生产总值达201.8亿元,而新沂市只有14.34亿元,江阴是新沂的14.1倍。全国各省区都有类似的情况。这种差距导致同一类别的县市之间在行使政治、经济、文化等行政管理的工作量严重不平衡。这种不合理的状况不利于调动各级政府职能部门的积极性,强县(市)大县(市),管理任务繁重,往往力不从心,而且一行政级别的小县,则往往任务不足,导致管理资源浪费。

解决上述矛盾的一种途径是实行市县分等,即根据人口多少、面积大小、经济实力与水平、战略地位等综合要素,将市县分成若干等级,对不同等级的县、市配备不同级别的干部,设立相应的机构和规定不同的编制,实行相应的政策,以便根据不同的情况分类指导,调动各方面的积极性,推动社会、经济的发展。

2. 市县分等是优化我国行政区划层级管理的客观要求

综观我国行政区划的层级管理体系,我们认为主要存在以下两个缺陷:

其一,层级设置混乱。即同一级政区所辖的下属政区级别不同。例如,我国省政府同时管地级市、县级市以及相当一部分县。其中县级市大多只是由地级市代管,而隶属"地区"管辖的那一部分县,因地区行署只是省政府派出机构,实际上也是代管性质。这种状况给省级政府工作带来一定困难。

其二,行政区划层次过多。若横向比较,我国是世界上为数不多的实行行政区划多级制(指三级以上)国家之一。纵向来看,几十年来各国行政区划层次普遍呈减少趋势,而我国由于全面推行市带县和州带县体制,行政区划层次却呈增多之势,即由三级制向"虚"四级制再向实四级制发展。

进一步分析不难看出,造成上述状况的关键问题是出在"地区"建制和"市带县"体制上。在这里我们姑且不论这两种体制本身所产生的社会经济矛盾,仅就优化我国行政区划层级管理的角度出发,则改革并逐步取消地区和市带县体制也是十分必要的。然而,在

我国现有条件下,直接取消地级建制并实行由省政府直接管市县的体制尚有一些不容忽视的障碍性因素:一是从管理上看,省政府直接管理县政府有较大难度,因为较长时期以来,省政府已经习惯于通过地区、地级市管理市县工作,并且在不少地区这种习惯还在不断强化,一旦撤销地级建制而不同时改革省级政区,省政府将很难管辖如此众多的市县,进而也就很难保证行政管理体制运行的高效统一性;二是地级机关工作人员安置困难。据统计,至1992年底,我国地区机关行政工作人员有32万,若把地级市也包括在内,地级建制行政人员总数可达70万人左右;三是目前某些省区直接管县的条件也不完全具备,如健全的市场体系、完善的法律体系和有效的宏观调控手段等。而若通过市县分等,实行省管市县分等制,则是一个可行的途径。从实质上讲,市县分等也是撤销地区级建制的过渡性措施,但它不仅是撤销地级建制,其可行性就在于:第一,从理论上讲分等有利于实现省政府对县市的分类管理,通过省政府内部机构改革,能够增强省政府的管理能力,客观上为省直接管县提供了可能性;第二,不同等级的县市编制有多有少,这为吸收消化原地级机关工作人员创造了条件,有利于实现新旧体制的平稳过渡。

3. 市县分等是深化我国行政管理体制改革的客观要求

建国后,我国行政管理体制领域的几次改革之所以收效甚微,主要有两个原因:

第一,政府职能不明确。职能是构建行政组织的基础性因素,组织的重大变革往往根植于组织职能的转变。同样,组织职能的转变也必然会推动组织内部部门结构和权力体系的重大变动,组织职能不变,则部门和权力体系的任何改革都只能是有限的调整。建国以来,我国几次机构改革之所以效果不佳,问题就在于政府职能没有相应转变,原有的机构撤销了,但工作仍然要有人做,结果只能是再设一个类似的机构或者干脆恢复原机构。因此,机构改革必须以职能确定为前提,职能不定,机构膨胀就不可能避免。

第二,行政管理体制法规不健全。行政管理体制法制化已成为行政管理学界人士的共识,所谓行政管理法制化就是要建立健全行政法规,将行政管理体系及其活动用法律形式固定下来,其前提条件是行政主体内部管理法制化,它包括政府机构设置、公务人员任用和管理等内容。行政主体内部管理法制化是建立编制管理约束机制的主要途径,没有法制化政府组织建设在运行过程中就难免受到来自条条块块多方面的干扰,最终打破原有组织结构,导致机构反复膨胀的局面。可见,行政主体内部管理法制化非常重要。那么我国行政主体内部管理法制建设状况到底如何呢?观察我国编制管理的法律制度基础,明显存在着以下缺陷:

(1)现有法律和国家有关部门的政策规定都比较原则,伸缩性较大,例如1993年3月中共十四届中央委员会二次会议通过的《关于党政机构改革的方案》将全国476个市分为三类,规定一类市机构控制在60个左右,二类市50个左右,三类市30个左右,由各省、市、自治区根据分类标准提出后报批。我们知道,法制化是建立在精确缜密的基础之上的,对于机构设置层次、人员编制和各机构之间关系都应当有严密的规定,过度的灵活性在执行过程中不可避免地成为随意性,破坏法规的约束力。上述规定恰恰违背了这一原则,无论定编方法还是审批程序都是有文章可做的,以至于这些规定在执行的过程中常常被当作参考依据,失去其应有的约束力。我国机构改革的历史也说明这种定编方法是不能形成机构设置的约束机制的。

(2)现有的政策规定不能为有效的监督检查提供科学依据和衡量尺度,原因同样在于这些政策规定过于含糊。

那么,怎样才能完善现有法律政策,建立编制管理的约束机制呢?我们认为,有效途径之一就是市县分等。其根据如下:

第一,分等是确定地方政府职能的前提条件。我国各地区市县自然条件、经济基础、科技社会发展水平相差很大,它决定了不同地区市县职能不同。如西部边远地区商品经济落后,自然经济在社会经济生活中占相当重要的地位,在这种环境中成长起来的政治文化远远落后于沿海地区,一方面公民的权力主体意识和参政意识较弱,"民主"常因带有血缘宗法制度和专制主义色彩,给政府的社会选择带来很大困惑,客观上要求建立一个开明高效廉洁的政府;另一方面,这些地区经济发展往往缺少创新因素和创新机制,在这种情况下,地方政府不能只用"看不见的手"调控区域经济,还要用行政、经济、法律等手段直接干预地方经济和社会发展。因此,落后地区政府所担负的职责应当比发达地区更为广泛。一般地,我们可以把地方政府划分为若干等级,由于同一等级的地方政府所面临的社会经济文化环境大同小异,政府功能基本相似,因此依照县市等级就可以较精确地确定地方政府职能。

第二,分等为编制管理提供了法律依据和保障。市县等级划分是建立在科学周密的分析调研及统计基础之上的。与分类相比,分等结果更能反映各地实际情况,因而更具科学性和可靠性,从而为编制管理奠定了科学基础。同时,由于市县等级本身受法律保障,因此,与分等有关的措施包括编制管理也就具有了同等的法律效力。

第三,分等建立了行政管理体制运行的激励机制。激励机制的建立是以需求理论为基础的,双因素激励理论认为,外界对人之行为有两种起不同作用的因素(它们分别满足人们不同需要),一类是保健或维持因素,这种因素构不成对人们行为上的激励,但它是人们正常工作的必要保证;第二类是激励因素,即能够激发人们工作热情和积极性的因素,建立激励机制关键就在于形成这类激励因素。我们认为,激励有两个层次:一是行政主体的个体需求,建立途径是公务员制度;二是行政主体整体的需求,包括集体荣誉和单位利益两个方面,荣誉可以激发行政主体的自豪感,形成一种奋发向上的内部文化环境,而利益差别是完善激励机制的必然结果,它既可以影响行政主体的正常运行,又可成为推动行政运行的重要动力,在我国行政管理实践中所缺乏的恰恰是这类激励因素,以致于发达地区市县率先提出了分等要求,他们认为分等通过等级升降和与等级挂钩的级别工资等政策可以激发行政主体的集体荣誉感,满足部门利益需要,从而建立行政管理体制的竞争机制和激励机制。

二、中国市县分等方案的基本构思

1. 市县分等的原则

一般来说,在进行市县分等时应当遵循以下原则:

(1)因地制宜原则。我国疆域广袤,各地自然条件、历史进程不同,社会经济发展极不平衡,一种措施适合于沿海未必适合于内地,适合于市建制未必适合于县建制。因而在分等时,我们不能不考虑各地特点和实际需要,不同地区的不同建制的等级划分标准及相关政策应有所差别。

(2)动态分等原则。周期性地调整市县等级是建立行政激励机制的主要途径之一。

(3)分类管理原则。或叫差等管理,是分等的主要目的。

(4)提高行政管理效率,保证行政管理体制科学化、法制化原则。

2. 市县分等方案的基本构思

市县分等是按照一定标准对市县进行的等级划分,那么市县到底应当分为几个等级、等级调整周期应当是多长时间呢?在此,我们依据上述原则,借鉴古今中外分等之经验,对市县分等作出如下具体规定与解释:

(1)等级数量。县分一二三等。历史上我国大多数时期县域等级为二或三等,如两汉两晋(二等)、元明(清)及民国(三等)。唐宋金三代名义上县分七至八等,事实上特殊县数量极少,并不具有普遍性。如唐朝前期赤县有6个,次赤县只有奉先一个,故此三代之县实际上也只有六等左右,所以我国历史上县域等级以三等最为典型和普遍。此外,从进化论的观点来看,制度选择是优胜劣汰的结果,县分等的历史本身也是一个逐步完善的过程,在这个过程中,县等级由二等增至七等八等最后在三等上稳定下来,这充分说明三等是历史的必然选择。我们感到,等级过少难以达到分等目的,过多必将带来诸多技术及操作问题。综合权衡,县以三等为宜。

市的等级序列是直辖市、一等市、二等市、三等市、县辖市,共五等。长远地看,我国将出现处于三个不同行政区划层次的市建制,一是省级的直辖市,二是乡级的县辖市,三是处于省乡之间的市建制。这三种市建制本身就是三个等级,因此我们有理由将直辖市和县辖市抛开,把市分等问题集中于现有的地级市和县级市之间。一般地级市实力较强可列为一个等级,县级市又是一个省(区)之中的发达地区,其内部差异当不致于太大,两个等级足以将它们区分开来,因而我们设想在撤销地级建制后,将现有地级市和县级市分为三等,共五等。一、二、三等市都为省辖市在法律地位上是平等的,并不存在上下隶属关系。

(2)调整周期及其权力隶属关系

• 调整周期。对于一个地方行政长官而言,假如在其任期之内市(县)等级得到提升,那么,他本人留任和升迁的可能性就大。所以应当将市县等级调整周期与地方政府组织法中有关地方政府任期的规定相一致。1993年修改后的地方政府组织法将县、自治县、不设区的市的人民政府任期由三年延长到五年。依据组织法的这些规定,我们认为市县等级调整周期以五年至十年为宜。

• 等级变更的审批权限。等级调整从性质上讲属于变更范围,1985年国务院制定的《关于行政区划管理的规定》中有如下条文"自治州、县、自治县、市、市辖区的设立、撤销、更名和隶属关系的变更及自治州、自治县等人民政府驻地的迁移由国务院审批。"依据这项规定,我们认为市县等级变更的审批权限应当归属于国务院(民政部),至于等级调整的具体工作可委托各省(区)相应部门(民政厅)完成。

• 调整方式,由国务院以行政法规形式予以分布。行政法规是国务院根据宪法和有关法律制定的规范性法律文件,它和法律一样具有同等的法律效力和约束力。但行政法规修改方便,寿命可长可短,灵活性强,不像法律制定那样过于繁琐复杂,所以市县等级的调整与确认以行政法规形式最为恰当。

(3)差等管理的具体内容

- 依照市县等级确定地方编制。定编包括两个方面内容:确定机构和确定编制。从行政职能的角度来看,机构可分为三类:承担必备性职能的必设机构,如公安、财政等;承担地方性职能的可设机构,如民政、工商、教科文卫等;承担一些纯属本地方经济发展和为本地公共事务管理服务的自定机构,如水产、畜牧等。在这三类机构中,必设机构是各市县都有的,可设机构是同一等级市县共同设置的机构,分等的作用就在于确定各等级市县可设机构的范围,达到缩小地方自设机构数量和范围的目的。

影响地方编制的因素除了人口、区划之外,最重要的就是地方经济发展水平。在前面我们已经强调,越是落后地区越是需要一个强有力的政府,从这一思想出发,在确定不同等级市县编制时应当坚持两个原则:一是同一级地方政府编制基本相同,二是等级高的市县编制未必多,应视实际需要而定。

- 依据市县等级确定地方政府职责权限。在许多国家中,处于同一行政区划层次的不同规模的地方政府常常担负着不同的职能。例如在日本,人口超过50万人、比较发达并由内阁通过政令指定的城市为指定都市。对这些城市中央赋予它们一部分都道府县职能。与一般城市相比,指定都市享有城市规划、举办各类福利事业等17项特别权限。在美国,许多州设市时都采用"分类法案制",按人口多少和经济教育发展情况把市划分为几类,每一类市制定一种法律,以规定该市的组织与职权。我国政治生活中也存在着类似现象,如计划单列市等。我们设想在市县分等之时,根据不同等级市县的发展状况,赋予它们有差别的职权。

- 市县分等与省政府组织建设。市县分等客观上要求改进省政府组织机构,撤销地级建制后,应当在省政府中增加一些对市县分类指导的机构,它们可以是研究性质的也可以是担负特定功能的机构,以便帮助省政府管理下属市县,解决某些专项社会事务问题。

- 市县分等与地区级差工资制度。以精神鼓励为主的激励机制并不能达到理想效果,因此必须将市县等级与公务员待遇挂钩,完善现行地区级差工资制度。

通过上述分析,我们可以大致勾勒出市县分等的法规文件框架,它至少应当包括以下内容:①县市名称及其等级;②县市管辖地域范围;③县市组织机构与编制;④县市职责与权力范围;⑤县市政府任期及其官员选用程序。

(4)市县分等的实施步骤。推行市县分等的过程实质上就是行政区划体制重塑的过程。从方法论的角度来看,重塑有三种方式:一是渐进式重塑,即在部分地区以新体制取代旧体制,而在另外一些地区旧体制存在并起作用,在新体制运行成功和旧体制所在的领域改革条件成熟后再行并吞旧体制。二是注入式重塑,即先不从根本上触动旧体制,而是在旧体制中注入新机制,在新机制成长过程中对旧体制进行蚕食,从而使新体制成长起来。三是断裂式重塑,将旧体制一次性全部取缔,代之以新体制。从理论上讲,断裂式重塑最为理想,但在实践中风险很大,极易造成体制真空和机制缺塑,导致社会动荡,因而一般应当予以避免。注入式重塑比较适合于中小型组织建设,不适合于行政区划体制改革,它要求地区级建制虚化,极易陷入虚实轮回的怪圈。因此对市县分等而言,只能选择渐进式重塑方式,这种方式有利于实现新旧体制的平稳过渡,不会造成体制脱节和出现社会动荡局面,而且它还有利于及时纠正方案的不足之处,增强分等方案的科学性和可行性。

渐进式重塑的具体实施可分二个阶段：

试点阶段：在管辖幅度较小省区，率先撤销地级建制，实行省直管市县分等体制。

我国各省（区）下辖市县数目差别很大，如四川省下辖138个市县（不含地级市，2005年底数据，下同），而宁夏回族自治区仅有13个市县，二者管理幅度差别很大。目前，宁夏回族自治区设有5个地级市，平均每个地级市只辖个市县，管理幅度明显偏少。这只能说明，在地级建制设置上缺少一定的原则性。对于这类省区而言，完全可以撤销地级建制，实行省直管市县分等体制。

全面推广阶段：即在全国范围内撤销地级建制实行市县分等。该阶段的开展应当与以下改革同时进行：

- 特大省区划小。我国省级行政区划差别很大，大者过大，小者过小，撤销地级建制后，一些省（区）可能出现管理困难的现象。故此在撤销地级建制的同时，应当依据地理环境、民族分布、文化结构等因素适当调整省级行政区划，并将重点放在特大省区划小之上。
- 县域扩大。在许多省（区），县的布局很不合理，主要表现在地域面积和人口两个方面。如河北省定州市面积为1 274平方公里，人口104万，而与其处于同一个地区、同一环境内的望都、容城、博野等县都是20多万人口，这三个县的面积加起来仅1 030平方公里。还有像香河、三河、大厂三县市毗邻，人口总和仅60万，而在河北，人口60万人以上的县就有12个。大县过大，小县过小，但在管理机构设置和人员配备上却相差无几。这势必导致县域太大不利于管理，只好增加编外人员；县域太小又显得机构过剩，提高管理成本，更何况县市越多省政府管理难度越大。所以在重新划小省区的同时，应对县级区划作适当调整，将少数过小的县市合并为一体，减少县市数量，当然县之规模大小应以能够实现有效管理为原则。

第五节　中国政区组织与管理的法律规范

以法学观点来讲，行政区划是"国家行政机关实行分级管理的区域划分制度"，具有严格的法制原则性。古今中外，行政区域的划分，行政建制的名称及其行政地位，都是由有行政立法权的国家机关根据《宪法》和有关法律条款作出具体规定的。行政区划的撤销、调整，也必须按有关法律程序依法审批才具有法律效力而依法实施。

一、中国行政区划的法律依据

中国建国以来行政区域划分、地方国家机构和派出机构的法律依据主要是《宪法》、《地方组织法》和有关规定、法规。

1. 关于行政区域划分

中国1954年9月颁布的第一部《宪法》第53条规定："中华人民共和国的行政区域划分如下：①全国分为省、自治区、直辖市；②省、自治区分为自治州、县、自治县、市；③县、自治县分为乡、民族乡、镇。直辖市和较大的市分为区。自治州分为县、自治县、市。自治区、自治州、自治县都是较大的民族自治地方。"

1975年1月制定的第二部《宪法》对行政区划未作明确的规定,只是在第一章第1条规定:"农村人民公社是政社合一的组织",从而以法律形式肯定了人民公社作为农村的基层行政区。

1978年3月制定的第三部《宪法》第33条:中华人民共和国的行政区域划分基本上与第一部《宪法》相同。只是第(三)款第一段将"乡、民族乡"改为"人民公社",其第二段将"区"改为"区、县"。

1982年12月制定的第四部《宪法》第29条,复又将第三部《宪法》中的"人民公社"改回为"乡、民族乡",从而使第四部《宪法》中关于行政区域划分的条款与第一部《宪法》完全相同。但在第30条中增加了"特别行政区"的条款,即规定:"国家在必要时可设立特别行政区,在特别行政区内实行的制度按照具体情况由全国人民代表大会以法律规定"。

2. 关于地方国家机构与派出机构

我国的《宪法》规定,地方各级人民代表大会、人民政府、人民法院和人民检察院分别是地方国家权力机关、地方国家行政机关、地方国家审判机关和地方国家检察机关,统称为地方国家机关。地方国家机构是地方行政区域和行政建制的集中表现。在各级各类行政区域内设立的地方行政建制的地方国家机构相对应地可以分为如下四种类型:

(1)传统地域型行政建制的地方国家机构,包括:省、县、乡。地方各级人民代表大会是地方国家权力机关。各级人民政府既是地方各级国家权力机关的执行机关,又是地方各级国家行政机关。

(2)城市型行政建制的地方国家机构,包括直辖市、市、市辖区、镇。在各级市、区和镇增设有地方国家权力机关——人民代表大会,和权力机关的执行机关及行政机关——城市(区、镇)人民政府。

(3)民族型行政建制的地方国家机构。按照《宪法》规定,在民族地区实行民族自治。这类自治机关包括有:自治区、自治州、自治县、自治旗的人民代表大会和人民政府。民族地区的自治机关既要行使《宪法》规定的地方国家机关的职能,又要行使自治权。

(4)特别行政区的地方政府。即按照《宪法》规定,国家在必要时设立的特别行政区。在特别行政区建立什么样的地方国家机构是由全国人民代表大会依据具体情况规定的。如1997年香港回归祖国后设立了香港特别行政区,直辖于中央人民政府。除外交、国防属中央人民政府管理外,香港特别行政区享有高度的自治权,即行政管理权、立法权、独立的司法权和终审权。特别行政区政府是一定时期内在中央政府管辖下建立的不同于社会主义制度的地方政府,在澳门也建立了这种性质的特别行政区政府。

以上是地方国家机构设立的法律依据。我国的《宪法》和《组织法》还规定"省、自治区人民政府在必要的时候,经国务院批准,可以设立若干行政公署,作为它的派出机构。县、自治县人民政府在必要的时候,经省、自治区、直辖市批准,可以设立若干区公所,作为它的派出机构。市辖区,不设区的市人民政府,经上一级人民政府批准,可以设立若干街道办事处,作为它的派出机构"。可见,地区行署、盟、区公所、街道办事处是一级政府的派出机构。

地区行署作为省的派出机构,实际上是一级准政府,是一个重要的行政组织,其行政地位、职权与机构编制不断扩展。80年代中期以来,随着市管县体制的执行,越来越多的地区行署与市合并,即实行地市合一体制,从总体上看,地区行署数量在逐渐减少。

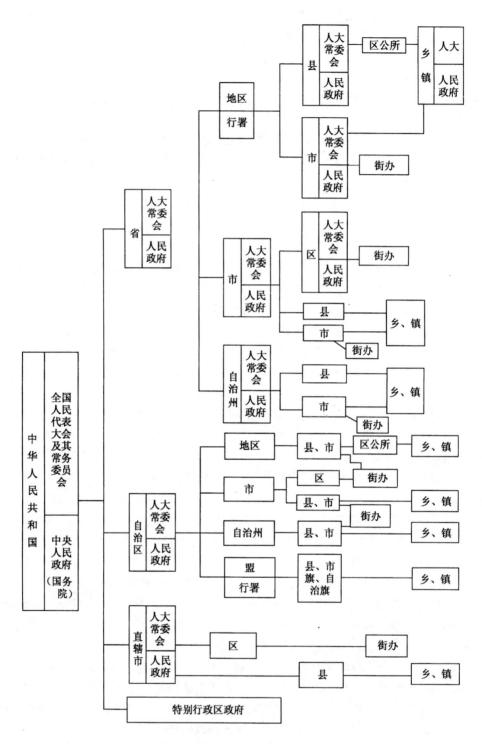

图 6.3 中华人民共和国行政区划与国家机构系统图

说明:①以上图式不包括台湾省在内;②新疆维吾尔自治区伊犁哈萨克自治州为副省级,下属伊犁、塔城、阿勒泰三个地区;③海南省实行省直接管市、县体制。

区公所从法律上讲,是县人民政府的派出机构。主要是受县人民政府的委托,在本辖区内执行县人民政府的部分权力。但由于历史和各地具体条件,在实践上有两种情况:一是大乡基础上设置的区。乡级规模大,力量强,为一级实体,区往往处于不稳定状态,为县的派出机构性质;二是小乡基础上设置的区,乡规模较小,力量薄弱,而区公所力量强,权力大,实为一级管理乡政府的政权机构。1986年10月,中共中央、国务院《关于加强农村基层政府工作的通知》规定,除边远山区、交通不便利的地区外,县以下一般不设区公所,自此,全国绝大多数省区市都撤销了区公所。

关于城市街道办事处,依据《城市街道办事处组织条例》的规定,应是市辖区人民政府的派出机关,不设区的市和一些较大的镇也可设置街道办事处,其目的是加强城市的居民工作,密切政府和居民的联系,负责办理区人民政府委托办理的多项事务,指导居委会工作,反映居民的意愿。但实际上目前其职责、任务已远远超出了上述范围,应从城市市区行政区划改革总体要求的角度,对街道办事处的功能、机构性质进行定位和作合理的调整。

根据我国的《宪法》和《组织法》,我国行政区划与国家机构系统如图6.3所示。

二、中国行政区划变更的法定程序

行政区划是国家一项大政,各级行政区划的确定,是经过有关机构审核批准、颁布实施的,有其严密的法律程序。同样,各级行政区划的变革,包括行政区名称的更改,行政建制机构驻地的变动,行政地位、级别的升降,隶属关系的变化,行政区域范围的缩小与扩大,行政界线的改变等,也应由行政区划的最高管理部门——民政部,省、区(市)民政厅(局)具体办理,按照法定的程序申报、审批。

《宪法》有关条款规定:全国人民代表大会行使批准省、自治区、直辖市的建置和决定特别行政区的设立及确定其制度的职权。国务院行使批准省、自治区、直辖市的区域划分和批准自治区、县、自治县、市的建置和区域划分的权限。而乡、民族乡、镇的建置和区域划分则由省、自治区、直辖市人民政府决定。《组织法》还规定了地区(盟)、区公所及街道办事处派出机构设置与变更的审批权限。

1985年1月,国务院又颁布了《关于行政区划管理的规定》,进一步明确了行政区划变更的审批程序和权限,为加强行政区划的管理提供了法律依据。其具体内容如下:

(1)关于省、自治区、直辖市、特别行政区的设立、撤销、更名。由国务院组织牵头,民政部及有关部委参加,经过调查、论证,提出方案,经国务院讨论同意,以国务院总理名义提出议案,报请全国人民代表大会审议决定。

(2)关于省、自治区、直辖市的行政区域界线变更和省、自治区人民政府驻地的迁移以及自治州和地区(行署)的设立,由所在省、自治区、直辖市提出变更方案,请示国务院,转经民政部审批并征求有关部、委意见后报请国务院批准。

(3)关于自治州、地级市和地区的撤销、更名及其机构驻地的迁移,自治州行政区域界线的变更及地级市行政区域界线的重大变更,由本级政府提出变更方案,请示所在的省、自治区人民政府,经讨论同意后上报国务院,转经民政部审核并征求有关部、委意见后上报国务院批准。

(4)关于县、自治县、县级市、市辖区的设立、撤销、更名、隶属关系的变更,和县、自治县、县级市政府驻地迁移、县级市升格、自治县行政区域界线变更,县、县级市行政区域界线变更。其中设立县、市辖区和以部分行政区域析置自治县、县级市,由所在的上一级政府机关制定变更方案,请示所在的省、自治区人民政府,其余的由本级政府机关提出变更方案,请示所在的上一级政府机关,经同意后转呈省、自治区人民政府(其中省、自治区、直辖市直接管辖的县、自治县、县级市直接请示省级政府机构)。省、自治区、直辖市政府同意后上报国务院,转经民政部审核并征求有关部、委意见后报请国务院审批。

(5)关于涉及海岸线、海岛、边疆要地、重要资源地区及特殊情况地区的隶属关系或行政区域界线的变更。由所在的县、自治县、市人民政府制定变更方案,最终报国务院审批。

(6)关于县、自治县、市、市辖区的部分行政区域界线的变更。由所在的县级政府制定变更方案,国务院授权省、自治区、直辖市人民政府审批,批准变更时,同时报送民政部备案。

(7)关于县、自治县、市、市辖区的设立、撤销、更名,乡、民族乡、镇行政区域界线的变更和乡、民族乡、镇人民政府及区公所驻地的迁移。其中设立区公所、乡和增设民族乡、镇由所在的县、自治县、市、市辖区人民政府提出变更方案,其余(包括乡及镇和民族乡)由所在的乡、民族乡和区公所制定变更方案,转经报请所在省、自治区、直辖市人民政府审批。

(8)关于街道的设立、撤销、更名、其办事处驻地的迁移。其中设立街道由市辖区,不设区的市则由市人民政府制定变更方案,其余由街道办事处制定变更方案,设区的市报请市政府审批,不设区的市政府报请其所在的省、自治区或自治州人民政府审批。

行政区划是一种行政法律行为。我国行政区采取的是严格的分级管理体制。重大的行政区域设置与变更,应集权在中央;同时,由于我国幅员辽阔,人口民族众多,各地情况差异大,发展不平衡,为了因地制宜地理顺行政区划问题,又必须适当分权给地方。凡属行政区划的重大事项,本级政府都无权决定,必须逐级上报审批。在审批之前,按照《组织法》的规定,报请本级人民政府代表大会常委会通过;同时,应分别情况与有关部、委洽商,并征求干部与群众的意见。

本篇主要参考文献

靳润成,1996,中国城市型政区的历史透视,华东师范大学学报(文科版)。
林涛,1997,美国大都市区行政组织与管理问题的回避与冲突,中国方域,(6)。
刘君德,郑麦主编,1992,中国行政区划文献目录,华东师范大学出版社。
刘君德、张玉枝,1995,国外大都市区行政组织与管理的理论与实践,城市规划汇刊,(3)。
刘君德主编,1996,中国行政区划的理论与实践,华东师范大学出版社。
民政部行政区划与地名管理司编,1996~1997,行政区划与地名,1996~1997年各期。
民政部行政区划与地名管理司编,1949~1996,行政区划与地名文件选编,1949~1996各期。
民政部编,1997,中华人民共和国行政区划简册,中国地图出版社。
宁越敏,张务栋,钱今昔,1994,中国城市发展史,安徽科学技术出版社。
彭和平,1995,公共行政管理,中国人民大学出版社。
浦善新等,1995,中国行政区划概论,知识出版社。
舒庆,1995,中国行政区经济与行政区划研究,中国环境科学出版社。
王恩涌等,1998,政治地理学,高等教育出版社。
王沪宁,1989,行政生态分析,复旦大学出版社。
王友三,1993,吴文化史丛(上),江苏人民出版社。
吴传钧,侯锋,1990,国土开发整治与规划,江苏教育出版社。
张博泉,程妮娜,1994,中国地方史论,吉林大学出版社。
张文奎等,1991,政治地理学,江苏教育出版社。
张振业,1994,兼并给行政区划带来的新思考,中国方域,(5)。
中国行政区划研究会编,1995,中国行政区划研究,中国社会出版社。
中国设市预测与规划课题组,1997,中国设市预测与规划,知识出版社。
周振鹤,1991,中国历代行政区划的变迁,中共中央党校出版社。
周振鹤,1997,中国历史文化区域研究,复旦大学出版社。
周定国等,1993,世界行政区划图册,中国地图出版社。
H. V. Saviteh et al. ,1996,Regional Politics,SAGE. Publication,USA.

中 篇
演变与发展

中国是个古老大国,是世界上行政区划历史最悠久,内容最丰富的国家,作为《中国政区地理》,理应对中国政区的沿革进行较系统的介绍。行政区划本身有继承性、延续性的特点,系统了解中国政区的演变和发展过程,其目的之一是把握历代各级政区发展演变的规律,取历史之精华,古为今用,这对研究和探索在新时期我国政区改革的方向和趋势是十分重要的。

第七章 中国古代政区地理(上)

中国古代政区产生早,变化大。为叙述便利,以唐朝为界,唐朝以前为一阶段,唐朝以后为另一阶段。下面先叙述第一阶段。

第一节 行政区划的产生

1. 分封制概况

(1)国家与地域。按照马克思主义的原则分析国家的产生,主要的一个特征便不是按照血缘关系,而是按地域关系来划分自己的国民。按地域划分国民实际上有两重意义:一是从整个国家范围来讲,二是从国家内部的管理方式来讲。一般说来,国家形成是从第一个意义上来认识的;第二重意义是在国家初步形成以后,在不断完善过程中逐渐显现的。在中国,这一特点尤为突出。中国的国家产生,史学界通常认为是在夏朝(约公元前21世纪)。当时奴隶制的国家虽已产生,但其内部却没有完全按照地域来管理国民,换言之,血缘关系还占有很重要的位置。

(2)分封制。以后的商周时代,实行的是分封制,即在地方上采用"封邦建国"的办法进行管理。商朝和周朝的王除了在王畿附近有自己直接管理的一块土地之外,在国家疆域内的其他地方,均采用层层的分封制进行统治。即王把土地和人口封给诸侯,诸侯把土地和人口封给他们的下属。各级领主除去对天子有贡纳和服役外,在自己的领地里有相当大的自主权。分封制是行政区的先河,是在当时生产力和阶级部族关系条件下,国家在广袤土地上进行统治的适当的形式。

2. 行政区划分的萌芽

春秋中叶以后,有些诸侯国开始强大,再加上中国固有的统一事权的传统,有的诸侯国开始发展中央集权,对新开拓的土地或从私家夺来的土地不再进行分封,而改由君主派遣官员直接统治,血缘关系开始让位于行政区划。

(1)县的出现。最早出现的行政区划是县。出现的时间约在公元前7世纪初期,地区。在当时南方的楚国和西方的秦国。大概是这两块地区处于中原的边缘,容易开拓疆域,也较利于把新得来的土地采用新的方式进行管理。例如楚文王时(前689年~前677年)灭申(今河南南阳)、息(今河南息县西南)二国,设置了两个县。秦武公时(前697年~前678年)灭邽戎、冀戎等部落,在其旧地设置了邽县(今甘肃天水)和冀县(今甘肃甘谷东)。

以后,晋、齐、吴等国也开始设置了县这种行政区划,而且不仅设在新开拓的土地上,还要设在经济发达、交通要冲等地。至春秋时代的后期,各国的县数量已不少,仅晋国平公二十一年(前537年)一次见于记载的县就有49个。到了战国时期,县已经成了比较普遍存在的行政区划了。

需特别指出的是,早期的县与秦汉以后的县性质有所不同,还带有若干不规范的成分。如有的保留着分封制的痕迹:县可以分赐给臣下,县的长官可以世袭,两个县的主人可以对换县等等;还有的县大小差别悬殊:大到一个中等国家被攻灭后可置一县;小的一邑之地可以为县。

县的长官有的称尹、称公,也有的称大夫,后来又称令。

(2)郡的出现。郡的出现次于县,大约是在春秋时代。初期设置于边远之地,经济开发程度不如县,而且在郡县两种政区间也没有统辖和被统辖的关系。战国时的郡多设置在各国的边地,如魏国的西河、上郡,赵国的代、雁门、云中郡,燕国的上谷、渔阳、右北平、辽西、辽东郡。

郡的长官称守,一般由军事将领充当,这样可以集中一郡之兵力进行征伐。

第二节　秦汉三国的政区

1. 秦朝的政区设置与地方行政管理体制

秦统一六国之前,以郡统县的行政区划体制逐渐实行,这种制度可能在魏、赵、韩三国内先实施,以后秦、楚、燕等国相继效法。不过,整个战国时期郡县制和分封采邑制始终并行,至秦统一六国后,郡县制才正式成为全国划一的政区体制。

(1)秦朝的政区。公元前221年秦始皇统一六国,在全国推行郡县制,除京畿附近的关中平原地区由中央的内史直接管理外,其余的疆土分为36个郡。36个郡名目如下:

上郡、巴郡、汉中、蜀郡、河东、陇西、北地、南郡、南阳、上党、三川、太原、东郡、云中、雁门、颍川、邯郸、巨鹿、上谷、渔阳、右北平、辽西、砀郡、泗水、薛郡、九江、辽东、代郡、会稽、长沙、齐郡、琅邪、黔中、广阳、陈郡、闽中。

秦始皇三十三年(前214年),向南开拓疆土,又增设南海、桂林、象郡、九原。又有东海、常山、济北、胶东、河内、衡山诸郡是秦始皇统一六国后陆续析置的,具体设置时间不详。

总之,秦朝立国之初,设36郡加一内史,共37个郡级政区。秦朝末年,约有近50个郡级政区。秦朝的县具不完全统计,有近千个。秦朝的政区实行两级制,即以郡辖县。

(2)秦朝的地方行政管理体制。秦朝在郡级政区中,设郡守主持民政,设郡尉主持军事,设郡监主持监察事务。另外,在郡守之下设置郡丞,作为守的副职。

秦朝在县一级设置令或长作为主要的官员。一般是大县长官称令,小县长官称长。县令或县长之下,也设有县丞、县尉等佐属官员。

2. 西汉的政区设置与地方行政管理体制

总的来说,西汉承秦制。西汉的政区设置和地方行政管理体制是继承秦朝而又有自己的特点,所谓的特点,最突出的就是郡、国并行的政区体制。

(1)西汉的政区。西汉政区体制仍然实行两级制,即郡(国)、县(侯国、邑、道)两级。在郡之上,自元封五年(前106年)始,又设了13个行部,每个行部管辖若干个郡(国)。但此时的行部(又称刺史部)是监察区,还不是真正意义上的行政区。

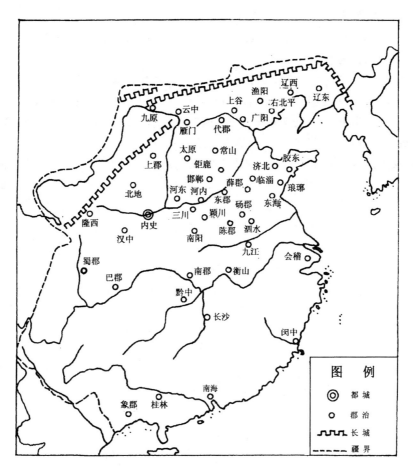

图 7.1 秦朝郡图
(转引自程幸超,中国地方政府,第 18 页,中华书局香港分局,1987)

西汉的一级政区是郡或王国。西汉初年约有 60 多个郡,大部分是在秦郡的基础上析置的。西汉实行与郡并行的分封王国制度,是根据当时形势的需要。秦朝统治的时间较短,分封制的观念在西汉人的心目中仍然很深刻。在建立西汉的过程中分封了不少异姓王,以后在消灭异姓王的同时,又封了不少同姓王。这些诸侯王国管辖区域很大,往往管好几个郡,独立性很强,对中央政权造成了相当大的威胁。以后经过文帝、景帝、武帝时多次镇压诸侯叛乱的战争,再加上推行了一系列削弱诸侯王国封地和特权的政策,使王国的辖地逐渐缩小。到了汉景帝平定了吴楚七国之乱后,西汉中央规定,一个王国只能领一郡之地,王国和郡在行政区划级别上完全相同。汉武帝又实行封侯国(县级)要从王国中析出,别属于与王国相接壤的郡的政策,这样王国的土地越分越小,郡的辖域不断加大,王国的特权也被取消,至武帝以后,在一级政区中往往是郡、国并称,两者没有实质性的区别。

西汉的郡、王国依时代不同也时有变化。前面说过,西汉初年有 60 多个郡,至西汉末年(以公元 2 年,《汉书·地理志》所据年代为准)共 103 个郡、国。

西汉的二级政区主要是县。另外,与县同级的除去前面提到的侯国之外,还有邑和道。邑是皇太后、公主所封的食邑;道是设在少数民族地区的县级政区。仍以公元二年为准,西汉有县、邑、侯国、道等县级行政区共 1 587 个。

西汉在县以下,又划分乡和亭两级,作为基层的行政区划。大约方圆十里之地,就可划为一乡,乡再细分为亭。

在今甘肃敦煌古玉门关、阳关以西,帕米尔高原以东的新疆地区,西汉时代称"西域"(此指狭义的西域)。在张骞两次通西域的基础上,当地几十个绿洲国家纷纷脱离匈奴的统治,归附西汉。至公元前60年,天山南北两路完全摆脱匈奴,西汉建立西域都护府管辖当地。西域都护府相当于西汉的一个郡级政区。

(2)西汉的地方行政管理体制。西汉的郡级行政长官最初也叫郡守,西汉景帝时,改称太守。太守的副职为郡丞。边疆地区的郡,还设有长史,其职责是协助太守管理军务。郡的其余属吏,可以分为"阁下"和"诸曹"两个组织系统。太守通过上述两个系统来行使职权。太守的职权主要包括人事、统县、举荐、财政、司法、军事等方面。

西汉的郡级政区,除设郡太守主管民政以外,仍设有主管军事的郡尉。在汉景帝改郡守为太守时,也改郡尉为都尉。都尉的地位比太守要低,受太守节制。都尉也有属吏。都尉的驻地多数不与太守同城。边疆地区的郡,都尉不止一人,往往将一郡划分为两部分或几部分,每部分管辖几个县,分设几个都尉带兵守卫。

秦代的京都地区设置的特区称"内史"。西汉时,把内史地区一分为三,称为京兆尹、左冯翊、右扶风,合称"三辅"。三辅就是三个郡,仅是因为地区特殊,才使用了特殊的名称。京兆尹、左冯翊、右扶风,与秦代相同,也是以官名作地区名称。三个地区的行政长官除了地方长官的身份外,还具备中央官员的身份,地位比一般郡的长官要高一些。

郡级政区中还有王国。王国与郡是同级的,都在中央的统一管辖之下。在经过上述的变革之后,王国的政务完全由相来主持,国王不得干预,只能"衣食租税"。而相则是由中央派遣的。总而言之,西汉在汉武帝之后,王国与郡完全相同,其行政长官并称"郡守国相"。王国的相与郡太守一样,也有一批属吏。王国也有主管军事的官员,只是不称都尉,而称为中尉。

西汉的县级政区如前所述,有县、邑、道、侯国等各个种类,以县为例,其行政管理体制如下:长官与秦一样,万户以上的县称令,万户以下的县称长。令或长都有佐官,县丞和县尉。县丞主管文书及粮食、监狱事务;县尉则主管一县的治安。县丞和县尉与县令长一样,都是由中央任命的。

西汉县以下的乡和亭,也设置管理人员。乡置三老,亭设亭长。

西汉的西域都护府行政管理体制与内地不同,设都护为当地军政最高长官,驻乌垒城(今新疆轮台东),管辖西域各国。

3. 东汉的政区设置与地方行政管理体制

东汉的政区设置与西汉相比,变化主要在东汉末年,明显的特征是行政区划体制由二级制转变为三级制,即由郡、国—县、邑、道、侯国制变为州—郡(国)—县(邑、侯国、道)制。行政管理体制与西汉相比,也是有沿有革。

(1)东汉的政区。东汉一代绝大多数时间,仍然实行两级制。只是东汉建立之初,由于战乱,人口锐减,以致于郡、国和县邑的数量也有所减少。以后随着社会经济逐渐恢复和发展,人口又有所增加,行政划区又随之变更,至东汉末年,据《续汉书·郡国志》的记载,共有 105 个郡、国,其中郡 78 个,王国 27 个。有县、侯国、邑、道 1 180 个。

东汉县级以下,也划分为乡和亭,与西汉无异。乡、亭之外,又有里的组织,按当时的规定是:每 5 家编为一伍,10 家编为一什,百家编为一里。

东汉在西域地区仍然维持西汉的政区体制,设西域都护府或西域长史府进行管理。

东汉与西汉不同的行政区划,主要有以下两种,兹分述之:

1) 州。东汉末年州成为郡、国之上的行政区划,有一个演变过程。战国时期人们把所知的地域范围划分为 9 大区,虽不是行政区划,但却为以后成为政区打下了地理基础。关于九州的说法不一,最有代表性的有以下 4 种:

《尚书禹贡》,雍 梁 冀 豫 青 徐 荆 扬 兖
《周礼职方》,雍　 冀 豫 青　 荆 扬 兖 幽 并
《尔雅释地》,雍　 冀 豫　　 荆 扬 兖 幽 并 营
《吕　　览》,雍　 冀 豫 青 徐 荆 扬 兖 幽

至西汉时,初期中央直辖仅仅 15 个郡,因此便撤去秦朝的郡监,吏治问题由中央委托丞相直接管理。这个办法在郡数量少时还可实行,但后来武帝时增至 110 个郡(国),事务繁杂,丞相无法管理。为便于控制地方,加强监察,汉武帝元封五年(前 106 年),西汉将首都地区以外的郡国划分为 13 个区,区的正式名称为部。每部派刺史 1 人,巡视吏治,称为行部。刺史所负责的那个区域,称为刺史部。西汉划分刺史部并且为每部起名称时,参考了战国九州的说法,又创造了两个名称,共 13 个刺史部,又称 13 州,即为冀、兖、青、徐、扬、荆、豫、凉、益、幽、并、朔方、交趾。至公元前 89 年,又把首都长安附近的 7 个郡划为一区,置司隶校尉部,至此共为 14 个区。此时的刺史部(或称州)只是监察区,刺史每年有固定的时间巡视,岁末向丞相奏事。刺史平时无固定的驻扎地。

东汉初年州又有所变化。因匈奴族南侵,北方部分地区失陷,遂将朔方省并入并州,又改交趾为交州,加上司隶校尉部,共 13 个监察区,俗称 13 州。此时,刺史部的职权也加重了,每年岁末不再赴京师奏事,改为下属官员替代。刺史也有了固定的驻地,除去监察权之外,对官员的升迁降黜也有权力,成了郡国守相的上级。但无论如何,此时的州仍为监察区而非政区,只管官不管民,不能干涉地方行政。

东汉末年,是州由监察区向行政区转变的关键时期。公元 184 年,黄巾起义爆发。为了应付紧急的局势,加强地方权力是首要的任务。公元 188 年,东汉以中央九卿(中央的九位高官)出任州牧,掌一州军、民、财权,其余 4 个州的长官称刺史,职权与州牧大体相同,只是地位比州牧略低。由此,州正式成为郡国之上的另一级行政区,开始了中国历史上州一郡一县三级制的新的政区体制。据《续汉书·郡国志》所载,东汉共有 13 个州部:司隶校尉部(驻雒阳,今洛阳市东)、冀州刺史部(驻高邑,今河北柏乡北)、徐州刺史部(驻郯县,今山东郯城北)、青州刺史部(治临淄,今山东淄博市临淄故城)、兖州刺史部(驻昌邑,今山东金乡西北)、豫州刺史部(驻谯县,今安徽亳州市)、幽州刺史部(驻蓟县,今北京市西南)、并州刺史部(驻晋阳,今山西太原市西南晋源镇)、凉州刺史部(驻陇县,今甘肃张家川回族自治县)、荆州刺史部(驻汉寿,今湖南常德市东北)、扬州刺史部(驻历阳,今安徽和县)、益州刺史部(驻雒县,今四川广汉北)、交州刺史部(驻龙编,今越南河内东)。

2) 属国都尉。东汉安帝时期将一些边疆地区郡的土地从郡中单独划出来,形成一种类似于郡的行政区。这种行政区相当于郡,但不设太守,而由属国都尉来管辖。属国都尉

既管军事,也管民政。这种行政区即称为"某某属国"。东汉一朝共有6个属国:犍为属国、广汉属国、属郡属国、辽东属国、张掖属国、张掖居延属国。

(2)东汉的地方行政管理体制。东汉的地方行政管理体制多与西汉相同。小有变化的是西汉将首都长安及其附近地区划分为京兆尹、左冯翊、右扶风三个地区。东汉将首都迁往洛阳,但长安地区的原制度没有改变,只是官员的地位略有降低。同时,首都洛阳所在地的河南郡不设太守,而设河南尹为最高长官。

另外,前面提到的属国都尉也需略作说明。属国都尉是西汉时各种特种都尉的一种,都设在边疆地区的郡内,原为管理边疆少数民族,当时的职责就比其他都尉宽泛,即除去掌管军事之外,也兼管民事。东汉时的属国都尉就是从西汉演变而来的。

4. 三国的政区设置与地方行政管理体制

三国时期——即魏、蜀、吴三国鼎立时期,其政区设置与地方行政管理体制一是因袭东汉,与东汉大同小异;二是三个鼎立政权内的体制亦为大同小异。

(1)三国的政权。三国时期的政区体制,一言以蔽之,就是以魏、蜀、吴三国的疆界为各自的范围,对东汉的州、郡、县三级政区重新筹画。以下分别叙述:

1)魏国。三国之中,魏的疆界最大。占有黄河流域的司、豫、冀、兖、徐、青、雍、凉、并、幽、荆、扬等12州。其中的雍州是公元194年(东汉献帝兴平元年)从凉州分置的;其中的荆州和扬州仅为西汉两州的北部地区,并不是全部。荆、扬二州的南部被孙吴政权占据。

魏国州之下设有郡、国,郡、国之下设县、县王国、公国、侯国。县王国与郡级的王国相比,主要是受封者的地位低。魏国大部分时间设有90个郡国,700多个县和县级其他政区。邑和道在三国时期已经取消了。

2)吴国。孙吴政权占有长江中下游和珠江流域,占有荆(南部)、扬(南部)、交3州。吴国末年,分交州之地另设广州,至此共有4州之地。

吴国在州之下设郡,并无王国,但设有与郡同级的典农校尉,掌管屯田区内的生产和民事,这种屯田区相当于较为特殊的郡。吴国在郡之下仅设县,还设有县级的典农都尉。吴国设县310多个。

3)蜀国。蜀国占有今四川和陕西汉中盆地,据有益州一州之地。蜀国有郡22个,县100余个。

(2)三国时期的地方行政管理体制。三国时期的地方行政管理体制在东汉的基础之上有沿有革。魏国的司隶校尉职权与东汉略同。蜀国的司隶校尉则只监察京都百官而不管京师所在地益州所属各郡的官员。吴国不设司隶校尉一职。

三国时期军事纷争频仍,军权相当重要。因而魏国的各州刺史多带有"将军"的名号,但不一定带兵,只是表明地位。不带将军称号的刺史地位较低,被称为"单车刺史"。蜀国的州,有时设刺史,有时设州牧;州牧的地位比刺史高。吴国的州均设刺史。

三国时期还有另外一种地方行政体制,称为"遥领"。原因在于魏、蜀、吴三国虽然各有领域,但又都以统一天下为己任,所以有时任命官员担任不属于本土的地方的州刺史。例如益州属蜀国,魏国却也任命过本国官员担任益州刺史,吴国也委派过益州牧。这种任命只是一种虚衔,是因特定的政治目的而产生的。

三国时的郡,魏国设太守一人,为行政长官。与州刺史类似,魏的郡太守往往也加将军名号。太守的佐官为郡丞,每郡一人,边疆地区称为长史。各郡除去太守,还设有都尉,掌管兵马,每郡一人,大郡设二人充任。蜀国的郡,同样设有太守和都尉。因蜀国地处西南,与西南少数民族杂处,故有的郡设置一般都尉之外,还设有特殊的都尉:如犍为郡有蜀国都尉,群柯郡有五部都尉,等等。吴国的郡也设有太守和都尉。

三国时期与郡同级的王国,其管理体制分两种情况:一种有真实的封地,另一种类似于"遥领",即把某个王封到不属于本国疆域内的封地上,这被称为"虚封"。与遥领一样,虚封也是三国时期的特殊制度。魏国的王国有实在的封地,吴、蜀两国的王只是虚封。

至于三国时期县级地方行政管理,与东汉相比无明显差异。此时的县,大县置县令一人,县丞二人,县尉二人;次一等的县设丞、尉各一人;小县置县长一人,丞、尉也各一人。魏国与县同级的还有县王国、公国和侯国,这三种国均由中央派遣来管辖,职责等同县的令、长。

县以下的基层管理体制,以魏国为例,大乡设有秩、三老;小乡设置啬夫。

第三节 西晋南北朝政区

1. 西晋的政区设置与地方行政管理体制

西晋的行政区与地方行政体制,由于历史原因,多因袭魏国。

(1)西晋的政区。西晋实行州—郡—县三级制的政区体系。西晋国祚较短,据《晋书·地理志》记载,西晋有司、冀、兖、荆、豫、扬、青、幽、平、并、雍、凉、秦、梁、益、宁、交、广、徐19个州。晋惠帝时,又割荆州和扬州各一部分置江州;晋怀帝时又分出荆州、广州各一部分土地另设湘州。故至西晋末年,有州21个。

西晋的郡国数目,据《晋书·地理志》载,共有1 723个,县共有1 232个。

西晋的王国分两种,一种与郡相当,一种与县对等;另外,西晋的县级行政区中还有公国和侯国。

与前代不同的是,西晋的郡和县开始划分等第。郡分为三等,以人口为标准:万户以上的为上郡,5 000户以上的为中郡,不满5 000户的为下郡。县分为五等,也是以人口为标准:1 500户以上的为一等县,1 000户以上的为二等县,500户以上的为三等县,300户以上的为四等县,不满300户的为五等县。西晋这种政区的分等方法,对后代的影响是相当大的。

(2)西晋的地方行政管理体制。西晋的州级政区,最高行政长官称刺史。但京城周围仍用旧法,设司隶校尉统辖。刺史此时已完全演变成为地方最高的行政长官,他的佐属主要有别驾、治中从事、诸曹从事、部从事、主薄、门亭长、录事、记事书佐、诸曹佐、守从事、武猛从事、都水从事等分管各类行政事务。边疆地区的州,又设置分管军事边防的弓马从事。某些州还设有专门分管某类特殊事务,如水利、屯田等等事务的从事官。

西晋的王国与西汉以来的王国又有不同。王国的权力又有所增强。这是因为,西晋的开国皇帝看到前代皇室孤立,政权就很容易丧失。因此他大封皇族为王,希望一旦有事,这些王国可起拱卫作用。西晋初年封27人为王,各自建立王国,最重要的是赋予王以兵权,其中平原、汝南、琅邪、扶风、齐等王国都是人众兵强,面积广大的大王国。以这些大的王国为例,国中组建上中下三军,中军2 000人,上下军各1 500人。在王国中设置傅、友、文学、郎中令、中尉、大农等官吏。这些官员与前代不同,均由国王自己选用。王国的民政权属内史掌握,其另置属吏,规模大致与郡的太守属吏相当。至于与县相等的王国、公国或侯国,则仍由相来管理,其职权与县令、县长略同。

西晋县的行政管理体制与前代相比变化不大。大县仍设令,小县亦设长。不同的是县令、长的属吏。西晋县令、长之下不设县丞,而是设主薄、录事史、主记室史、门下书佐、功曹、户曹、法曹、全曹、仓曹、贼曹、兵曹、吏曹等各曹掾史等官吏。洛阳为首都所在之县,设六个部尉负责地方治安的治理。

2. 十六国时期的政区设置与地方行政管理体制

西晋末年永嘉之乱以后,中国历史进入一个特殊的时期,即中国在100年左右的时期里,先后在20几个由汉族或匈奴、鲜卑、羯、氐、羌等少数民族建立的割据政权控制之下,史称十六国时期。此时的行政区划特点就是多且滥。十六国一般指的是先后出现的前、后两个赵、前后西三个秦、前后南北四个燕、前后南北西五个凉以及成、夏诸国。北方各国因为是割据政权,疆域与统一时期的王朝不能相比,为了显示地域广袤,这些政权在自己有限的控制范围内往往随意分置许多州、郡,从而使州、郡数量大大增加。另外,各个割据政权,特别是少数民族建立的政权,出于复杂的心理,往往在政权的设置方位上效法前代中原王朝,但其疆域又往往局促一隅,由此造成传统州、郡等区划位置的倒错。州、郡两级政区自此开始发生极大的混乱。例如,汉国在平阳(今山西临汾西南)设置雍州,在离石(今山西离石县)又设置了幽州,方位与传统背离。前赵在洛阳(今河南洛阳市)周围设置荆州,方位与荆州传统地域根本不合。又如,北燕疆域仅为晋平州的一半加上幽州的一小部分,却分置了五个州。北凉仅占据今甘肃张掖、民勤、山丹数县之地,却设置三个州,滥置现象非常严重,州、郡、县的比例也发生了很大的变化。

此时期地方行政制度从体制上没有大的变化,只是随着政区的滥置,官员和职能更加冗余、混乱。

3. 东晋的政区设置与地方行政管理体制

东晋疆域仅及前代中原王朝南部地区,此时北方人口大量南迁,北部中国处于以少数民族为主的各个割据政权分治之下。在这种背景之下,东晋的政区设置和地方行政管理体制有前代不曾出现过的许多特点。

东晋仍实行州、郡、县三级制。东晋疆域仅及南部中国,但仍设置十来个州,郡的数量也大为增加,由此造成三级政区比例不协调。

东晋还存在着一种前所未有的政区史上的新体制,即侨州、郡、县制度,明确一点说就是在新的地点将旧的政区移植过来,重新设置。侨置制度的产生主要有三种原因:其一是少数民族的贵族在北部中国建立割据政权之后,汉族人民难以忍受更加残暴的统治,纷纷南逃。当时的门第之风相当盛行,中原人民南迁之后,往往以原政区为单位,聚集而居,东晋政府为了安抚流民,安置当时势力很大的世家大族,对大批流民按原籍贯州郡县名就地安置。其二是东晋初年,原在北方地区担任州、郡长官的人,其原辖政区虽然早已沦陷,但其所率军队尚且存在。为了笼络这些人,东晋政府往往把这些人安置在何处,就在当地设置一个与原来北方的政区同名的侨置州、郡或县。其三是因南北政权交界地区的政区,经常处于拉锯争夺状态之下,因此侨置政区不断变更。

据现有资料证明,东晋第一个侨置的政区为怀德县。这个县于晋元帝大兴三年(公元320年)建立。起因是琅邪国(约在今山东临沂、蒙阴一带)的大批居民南迁至丹阳郡(今江苏省南京一带),为便于管理,故设怀德县以安置流民。此举开创了侨置州、郡、县的先河。有一点需指出的是这个最初的侨县,并未使用原来政区的名称,而是另取了一个寄托怀旧感情的县名。以后随着侨置政区的增多,情形就大不一样了。

东晋的地方行政管理体制仍然承袭西晋的旧制,但随着政区析置和侨置制度的出现,越来越呈现出紊乱的局面。

4. 南北朝的政区设置与地方行政管理体制

自公元420年至公元589年,史称南北朝时期。南朝为宋、梁、齐、陈四朝更替;北朝由北魏分裂东、西魏,东魏为北齐所代,西魏为北周所代。北周统一北部中国,后又为隋所代,隋又南进灭南朝之陈,进而统一中国。地方行政管理体制的紊乱越演越烈,至南北朝末年已达到极点。

(1)南北朝时期的政区。为叙述方便,我们先看南朝,然后再及北朝。南朝的政区体系,从根本上仍然保持汉、晋以来的州、郡、县三级制,其特殊之处主要有:

1)政区滥置,比例失调。仅举下列数据为例。州级政区:东晋设10余个州;南朝宋、齐时增至20余个州;梁天监十年(公元511年)有23个州,至大同年间(公元535～545年),猛增至107州;陈朝疆域最小,也有42个州。郡级政区:宋大明八年(公元464年)有270个郡;齐时有370个郡;梁天监十年有350个州。

州、郡的滥置造成政区比例严重失调,东汉末年实行州、郡、县三级制时,其比例大约是一州辖十来个郡或七八个郡,一郡辖十来个县。至南朝后期时,竟然出现了一州只领一二个郡,一郡只率一二个或三四个县的现象。这个状态发展至极限,就出现了所谓无属县的州郡或"双头州郡"。后者即两个州或郡共辖一个县的畸型体制,实行了400多年的州、郡、县三级制至此已完全丧失原本的意义。

2)侨置州郡,诸多演变。前面提到的侨置制度此时也出现了新的变化。应当说明的是,当时的侨置州、郡、县南北均有,但以由北向南迁移的人口最多,故侨置制度以东晋南朝最有代表性(东晋最盛);以两点三线侨置政区最为集中。两点即荆州(今湖北江陵)、扬州(今江苏南京),分别把守长江中游和下游。三线指汉中至成都、重庆,襄阳至江陵、武昌,当涂、扬州、镇江至常州以及沿运河的淮阳、扬州。这三条交通线分西、中、东三路贯穿中国南北。侨置政区所造成的政区体系紊乱还表现在另一方面。以东晋末年为例:东晋失去北部中国土地后,曾北伐收复失地,这样,在恢复的土地上当然要再设州、郡、县。但以前侨置江南的并未废掉,只是在再设政区之前加一个"北"字,以便于和侨置区别。但时至南朝宋文帝以后,中原再次失陷,失陷区的政区再次侨置于江南。为了和先前侨置的政区相区别,又在前面加"南"字。如此"南""北"相杂,混乱至于极点。

侨置州、郡、县的本意是有朝一日恢复故土,所以侨置政区不向中央政府交纳赋税提供劳役。但后来南部的政权不能卷土重来,侨置政区反而成为政府的累赘。为作长远打算,从东晋成帝咸和年间(公元326～334年)始,至南朝陈天嘉元年(公元560年)止,200多年的时间里,共实行了九次"土断",以解决侨置政区不负担赋役的问题。

土断顾名思义,即以土为断。换言之,就是把侨置的政区进行一番整理,以侨置政区的所在地为根本,使侨置政区与当地原有的政区结合起来。采取的措施一般有三条:侨置政区与原有政区并存,省侨置政区入原有政区,省原有政区入侨置政区。总之,对于侨置州、郡、县无辖地的给予辖土地,统辖关系不明的给予明晰,户籍制度不完善的予以完善,目的在于使大批侨置的人口为国家提供赋役。侨置州、郡、县制度的出现以及演变,对后代行政区划产生过较大的影响。

3)民族地区,特殊体制。南朝宋、齐时期,在边疆少数民族地区设有所谓的"左县"。南齐还设有"狸郡"、"僚郡"。"左""僚""狸"都是对少数民族的蔑称,一方面反映了当时的民族压迫现状,另一方面也透露出南朝各政权在少数民族地区,特别是西南少数民族地区实行有别于其他地区的政区体制。

北朝的政区体系与南朝一样,基本上也保持着汉晋以来的州、郡、县三级体制,但北方少数民族入主的现实,也给行政区划带来了一些变化。总的来说,南朝政区滥置,侨置州、郡、县的现象北朝都存在,例如,北魏孝文帝太和年间(公元477～499年)设置38州,至北魏末年,竟达80余州。以后分裂为东西两魏时,共有110余州。至北周大象二年(公元580年),居然州数达211个。郡的设置与州大体相同,不但滥置,而且程度超过南朝。北周末年就有500多个郡。又如侨置制度,北朝同样存在,但不如东晋南朝兴盛。

北朝比较独特的行政区划模式,首推镇戍制度。此制度北魏实行较为典型,故以北魏为例。北魏初年,在边境要地建立镇戍,由武将率军守卫,正式的行政区反退居次要地位。以后随着镇戍越设越多,为便利管理,遂以镇将兼理当地民事。至魏明帝(公元516～528年)以后,州、郡、县设置渐密集,真正的行政区才发挥出越来越突出的作用。

北朝政区的第二个特点,是将政区分等。仍以北朝为例,当时将州、郡、县各分为三等,每等又各分为上、中、下三个层级,共为九等,以其政治、军事、经济地位为分等依据。

北魏也实行分封制,但仍然没有实土。所封的王、公、侯、子四个等级,王食大郡租税,公食小郡租税,侯、子两级则分别食大、小县。

(2)南北朝时期的地方行政管理体制。南北朝时期的地方行政管理体制与前代相比较,并未出现大的变化。现仅以北朝的北魏为例,择其特异者,略述如下。

北魏在州、郡、县三级,均同时设三位首长。即刺史、太守、县令各为三职。这是因为北魏是北方少数民族——鲜卑拓拔氏建立的政权,故其特色明显。各级政权的三个职位中,拓拔宗室、非宗室的鲜卑族、汉人各占其一。不同民族联合执掌地方政权,颇为奇特。

在县以下政区中,北魏一改沿用的乡里旧制,而实行宗主督护制。即在地方基层居民自我保护、管理的坞堡组织的基础上,委派豪族地主作为首脑——宗主进行管理。后至北魏孝文帝太和十年(公元486年),孝文帝又废宗主督护制,改行"三长制"。即五家一邻,五邻一里,五里一党。各设邻长、里长、党长。这种制度与汉代仍然相似。三长的职责主要是检录户口,征收租赋,征发徭役和兵役。

由于北魏实行州、郡、县首长各设三职的管理体制,随之在孝文帝时又实行另外一项制度,即县令能靖一县者,兼治二县;能靖二县者,兼治三县,三年可升郡级首长。同样,郡太守能治理二郡的,兼理三郡,三年亦可升为州级首长。

第八章 中国古代政区地理(下)

第一节 隋唐五代的政区

1. 隋的政区设置与地方行政管理体制

南北朝时期的160余年,中国的行政区体制和地方行政管理体制之混乱已达极点。其要害是三级制比例失调,已失去实际意义,故有必要进行彻底调整。这就是隋朝面临的最为迫切的任务。

(1)隋朝的政区。前文已叙及,北周末年,有州211个,郡500余个,县1 100多个。这仅是北部中国的州、郡、县数。如加上南方陈朝的30个州,100个郡,400个县,中国全部疆域内共有241个州,608个郡,1 524个县。可见,此时与东汉州郡县三级制初具规模时相比,一二级政区的数目是大大增加,而且从比例来看郡级政区实无存在的必要。

隋朝建立之后,于开皇三年(公元583年)撤销郡级建制,直接以州领县,实行两级制,589年南下灭陈朝,统一南北,遂将州县两级制推广至全境。

隋炀帝大业(公元607年)又将州改称为郡(仅是变换名称),从此州即是郡,郡即是州。据《隋书·地理志》(标准年代为公元609年)记载,当时共有190个郡(即过去的州),1 255个县。与南北朝时期相比,县的数目无大变化,但县以上政区却大大减少,每个郡(即州)约辖七八个县,比例恢复合理的状态。

隋朝变三级制为二级制,是中国行政区划变迁史上的重大改革。

隋朝初年州、郡、县三级俱全时,曾依前代旧例,将州、郡、县各分为9个等级。隋文帝开皇十四年(公元594年),州仍为9等,县则简化为上、中、中下、下4个等级。隋炀帝时,郡(即州)、县分等进一步简化为各分三等。划分的依据是境域大小、人口多寡、事务繁简。

隋朝县以下的基层政区,以百家为里,五里(500家)为一乡。

隋朝在实行二级制后,又曾在二级政区之上,效法西汉的州制,重新设置过一种监察区,这种监察区据记载共有14个。对京都周围地区,则派司隶台大夫一人,别驾二人分别负责巡察。但由于记载不详,14个监察区如何划分,则不得而知。

(2)隋朝的地方行政管理体制。伴随着行政区划的改革,地方行政管理体制也发生了比较大的变化。郡州级政区的行政管理体制变化主要有以下内容:各郡置太守一人(称州时设刺史一人),主持一郡政务。太守之下设赞务(后改称郡丞)一人。后又在太守之下、赞务之上,增设通守一人。再向下又设东、西曹掾、主薄、司功、司仓、司户、司兵、司法、司士等辅佐官员分担各项事务。设州时,军事要地的州,由刺史兼理军务。改郡之后,郡太守不再兼理军务,而是每郡另设都尉、副都尉专理军事。

在京都和陪都地区(即京兆、河南两郡),不设太守而另设尹,以示异数。

隋朝的县级政区无论大小,均设县令一人。县令之下有县丞、主薄,佐助县令处理政务。再向下设有户曹、法曹分别办理人口、司法事务。

大兴、长安、河南、洛阳4个县,分别为京都(大兴和长安)和东都(河南和洛阳)驻地,四县中除上述二曹外,增设功曹,以加强对首都、陪都事务的管理。

前面提到的14个监察区的长官亦称刺史,职责是代表中央政府,每年分区定期巡视全国各地州、县,监察官吏有无违法事例,不办理民事,并将实况上报,与西汉刺史部极为相似。

2. 唐朝的政区设置与地方行政管理体制

唐朝继隋朝之后,对行政区划体系进行了新的改革,创造了前代未曾有过的政区形式,地方行政管理体制也出现新的模式。

(1)唐朝的政区。唐朝大部分时间,实行的仍然是州(郡)县两级制,在州级政区中又创造了新的形式。唐朝后期在州之上又设置"道",作为第一级政区(图8.1)。

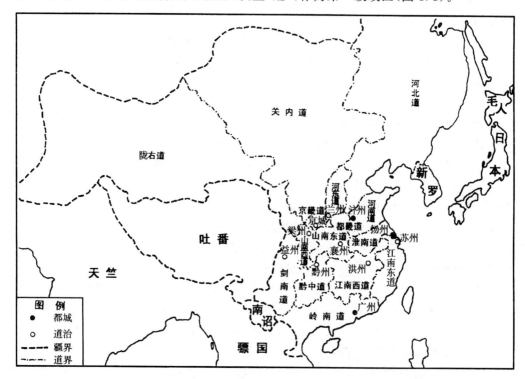

图 8.1　唐朝道图
(转引自程幸超,中国地方政府,第85页,中华书局香港分局,1987)

唐朝与隋朝相似,建国之初,于武德元年(公元618年)又将隋朝的郡改称州,实行州、县制。唐玄宗天宝元年(公元742年)又改州为郡。26年后,即乾元元年(公元758年)再次改郡为州。至此,郡这种先秦时期就曾率先出现的政区模式和名称,基本退出了历史的舞台。唐朝的州根据地理位置,幅员大小,经济繁荣程度和人口多少,分为七个等级,即辅、雄、望、紧、上、中、下。县也大体依据上述条件,分为赤、畿、望、紧、上、中、中下、下八个等级。

在州一级的行政区划中,唐朝还创造了府。首先是在首都和陪都设府,以后凡重要地区和皇帝驻跸过、或与皇帝有密切关联的地方陆续升为府,以突出皇帝和封建专制的权威。最先设置的府是京兆府和河南府,时间为唐开元元年(公元713年)。因首都长安位于当时的雍州,陪都洛阳位于当时的洛州,故同时升格为府。以后设的府有:太原府(公元732年,原并州)、凤翔府(公元757年,原岐州)、成都府(公元757年,原益州)、河中府(公元760年,原蒲州)、江陵府(公元760年,原荆州)、兴元府(公元784年,原梁州)、兴德府(公元897年,原华州)、兴唐府(公元909年,原陕州)。有唐一代,共设置过10个府。

唐朝共设300多个州级政区,1600多个县。在疆域如此广大的国家,由中央政府直接统辖300多个州,确实存在困难。但鉴于历史的教训,决策者又不愿意在州之上再设一级政区,加大地方与中央的抗衡力。因此,历史上曾采用的、虚一级的旧制就顺理成章地提上议事日程。唐朝所谓虚一级的政区不再是州,而改称为道。道的产生有一个较长的过程,而且一经产生,便逐渐向完全的行政区转化,最终成为州以上的一级政区。道的演变要从两个方面分别阐述。

唐朝初年依"山河形便",划分10道,即关内道(潼关以西,秦岭以北,含河套)、河南道(黄河以南、淮河以北)、河北道(黄河以北、太行山以东)、河东道(黄河以东、太行山以西)、陇右道(陇山以西)、山南道(秦岭以南、长江以北)、淮南道(淮河以南、长江以北)、江南道(长江以南)、岭南道(五岭以南)、剑南道(剑阁以南)。当时这10道仅为自然地理区划,不存在任何政区的意义。

唐中宗神龙二年(公元706年)始,曾将10道改造成为临时的监察区,派官员巡察。

唐玄宗开元二十一年(公元733年)又将10道分为15道。即从关内道中析出京畿道(辖区为首都长安周围);从河南道中析出都畿道(辖区为洛阳周围);江南道分为江南东道和江南西道两个道;山南道分为山南东道和山南西道两道;又增设黔中道(辖贵阳附近)。此时的道在向监察区转化的道路上大大前进了一步。其基本标志是,每道有了固定的治所和官员,监察官吏有无违法行为,一如汉代的刺史。

以上是第一个方面。道的形成,还存在第二条途径:

唐朝中期以后,又出现了所谓的节度使辖区。唐朝初年,沿用北朝以来的军事制度,在军事要地设置总管,不久又改称都督,管辖数州军事。唐高宗永徽(公元650～655年)年间以后,为了加强军事防务,给边境地区的都督带使持节,以示权力之重。这种带使持节的都督又称节度使。唐睿宗景云二年(公元711年),正式任命凉州都督为河西节度。此后成为定制。天宝年间(公元742～756年)北部及南部边防地区共设置了9个节度使和一个经略使,合称十节度。即:范阳节度使、平卢节度使、朔方节度使、河东节度使、河西节度使、陇右节度使、剑南节度使、安西节度使、北庭节度使和岭南经略使。

开元年间(公元713～742年)节度使的权力逐渐加大。除军事权外,民政、财政、监察权渐集于一身。唐肃宗至德(公元756～758年)年间以后,不但边疆,而且内地也遍设节度使,辖区大、小不等,位尊权重。节度使兼辖管区内的本州刺史。节度使所驻之州称都府,其他所辖各州称"支郡"。节度使的全部辖区又称道、镇、方镇、节镇等等。在相对不太重要的地区不设节度使,而设观察使或防御使,其性质与节度使大同小异。

至此,由地理区划向监察区划渐变的道与总管府、都督府辖区向节度使辖区渐变的镇或道合而为一,于唐朝后期形成了州(府)以上的真正的行政区划,道(镇)—州(府)—县三级行政区划体系形成。

唐朝后期共有四五十个道(镇),分别管辖除首都、陪都地区之外的全国各地。

唐朝在边疆少数民族地区也实行特殊的行政区划体制,主要有两种:一种是都护府,另一种是羁縻府州。都护府是中央对各羁縻府州实施管理的中介与纽带。

唐朝自太宗贞观年间(公元627～649年)开始设置都护府,以后经过调整,至开元、天宝年间,共设六个都护府分布在边疆少数民族地区,它们是:安东都护府(辖东北地区)、安北都护府(辖漠北地区)、单于都护府(辖漠南地区)、安西都护府(辖天山以南西域地区)、北庭都护府(辖天山以北西域地区)、安南都护府(辖今越南北部及今云南东南、广西西部地区)。上述各都护府的辖域因政治形势变化亦有盈缩。

唐朝在北部、西北部和东北部、西南部诸地区,先后建立过800多个羁縻府州。这些府或州由当地的少数民族首领任首长,实行与内地不同的管理体制。各羁縻府州分别由六大都护府统辖。

唐朝县以下基层政区体系,比隋朝有进一步的发展和完善。最重要的一点在于,按城市和乡村形态的不同,分别设置两套体系:在城区,以4户为一邻,5邻设一保,5保置一村;在城市的郊区,以4户为一邻,5邻设一保,5保置一坊;在乡村,以4户为一邻,5邻设一保,5保置一里,5里为一乡。

(2)唐朝的地方行政管理体制。唐朝的中央集权制度进一步强化,体现在对地方行政管理方面,亦有新的举措。

唐朝的州,设刺史为最高长官。(设郡时则改称太守)下设别驾、长史、司马为副职,但与前代不同的是,副职的副署权已被取消,职权完全局限于一些具体的政务,不能再对刺史起牵制作用。刺史本来是文职官,但沿袭东晋、南北朝以来的旧制,刺史多带将军称号,故此刺史的下属官吏也多用"参军事"或"参军"来作为官名。唐朝刺史最重要的属吏当为"录事参军事",其职责相当于秘书长,总揽州刺史衙属的一切政务。刺吏衙属中的工作部门,一般设有司功、司仓、司户、司兵、司法、司士六类,分管教育、财政、民政、军事、司法、工程等事务。为了管理市场交易,唐朝在各州设有市令一人专司其事。

唐朝的府为数不多,每府设府尹一人为最高长官,设少尹二人为副职,府尹的衙属中,分设六曹,即功曹、仓曹、户曹、兵曹、法曹、士曹。各曹各置参军二人负责办理分管事务。唐朝的县无论等第高低,均设县令一人。其下设县丞、主薄、县尉。县丞是县令的副职,主薄则主管文书,县尉主管治安。县令衙属的主要办公机构,因县的等第不同略有差别。以最全的为例,要设司功、司仓、司户、司兵、司法、司士等六个部门。其余等第较低的县,也大同小异。

唐朝后期的最高一级行政区——道(镇)的行政管理体制,有些特殊之处。

首先,节度使的佐属官吏按规定只有副使、行军司马、掌书记各一人,判官二人,随军四人,参谋数人。但各节度使往往突破规定,自行增设若干佐官。如负责军事方面的官吏有:都知兵马使、都虞侯、都指挥使、都教练使、都押司等等。

另外,节度使还要兼任所驻本州的刺史及都督府的长官,所以在节度使的衙署内,也要相应设置以上两套管理机构。

节度使的属吏,往往被派往该节度使辖区内的各州县充任巡察官员,还有的甚至兼任下辖州县的某些官职,如此一来,节度使辖区实际上就成为一个个大小不等的独立王国了。

唐朝的羁縻府州,其长官称都督或刺史,一般由原部族首领担任,并且可以世袭。这些官员都必须由中央任命,同时还取消了这些少数民族首领原有的"可汗"的称号,以削弱其独立于中央之外的倾向。

都护府是中央管理羁縻府州的机构,主要负责边防、行政和民族等事务的管理。都护由汉人担任,必须经中央任命,不能世袭。其属官设置与内地的府州大体相同,有长史、司马、录事参军事和功、仓、户、兵、法等曹的参军事,这些属吏分管行政、人事、民政、财政、军事、司法等各方面的事务。这些属吏亦需由中央任命。

唐代的县以下区划组织,邻设邻长,保设保长;村、坊、里各设村正、坊正、里正负责管理。

3. 五代十国的政区设置与地方行政管理体制

五代十国时期指的是公元907～960年50多年的时间。五代指的是占据黄淮地区的梁、唐、晋、汉、周五个政权;十国指的是先后于四方出现的十个割据政权:前蜀、后蜀、吴、南唐、吴越、楚、南平、闽、南汉、北汉。五代十国是唐末割据局面的继续,此时期的行政区划和地方行政管理体制也是唐末割据状态的继续。同时也是结束割据,国家重新走向统一的过渡时期。五代十国的行政区划与地方行政管理体制和唐末基本相同,仍然实行三级制。其变化之处有以下三点:

(1)府的数量增多。因此时呈分裂状态,各割据政权并立,为适应各自需要,府的设置数量大为增加。例如,黄河流域的开封府、大名府、太原府、河南府、京兆府、凤翔府等等;长江流域及其以南地区的江都府、江宁府、长沙府、成都府、兴元府、兴王府等。

(2)军的设置。军在唐代为单纯的军事单位,属军事系统管辖,只管军队,不管民事。将领称"使",且多设在边疆地区,本与政区无关。五代时因局势混乱,军事行动频繁,军的统一事权作用成为客观需要,逐渐不仅管兵马,同时也管土地民事,设于当地的行政区划和地方行政系统反而不显其作用,被军所替代。

(3)监的出现。监本是当时管理由国家经营的矿冶、铸钱、牧马、制盐等行业的机构。这种机构对国家的财政税收关系极大,因此机构所在地的行政区及地方政府,无法对它进行管理。为便于财政收入顺利达于中央,采取划出一块区域,由监直接管理的方法。监在这块区域内,既行使专业职权,又监管所在地的民政。监的长官称"知监事"。

第二节 两宋、辽、金、西夏及南诏、大理和渤海国的政区

1. 北宋的政区设置与地方行政管理体制

北宋的政区设置与地方行政管理体制有两个特点,一是中央集权高度发展,政区设置和地方行政管理形式与之相配合;二是统治者鉴于唐末五代割据局面的教训,在政区和行政管理体制上采取了特殊的防范措施。

(1)北宋的政区设置。与唐朝大部分时期一样,北宋采用二实一虚的政区体制,即州(府)、县二级为实,路一级为虚。

北宋建国之初,仍在很短时间内实行过道、州(府)、县三级制。不久,为防止地方专权割据的局面再次发生,遂收回节度使的权力,撤销道一级政区,由中央直接辖州(府)级政

区。北宋的州分为辅、雄、望、紧、上、中、中下、下8个等级,依据仍然是政治经济地位和人口数量。此外,还有所谓节度使州、防御史州、团练史州、刺史州等名目,这些只为武将升转而设,与州的实际等第并无多大的关系。北宋共设过250多个州。

北宋的府与前代相比,数量再增。府分两大类:一类是京府,即首都或陪都所在之地;二类是次府,主要是皇帝即位前的居住地,政治、军事、交通要地等等。北宋有4个京府,即东京开封府(首都,今开封市)、西京河南府(今洛阳市)、北京大名府(今河北大名)、南京应天府(今河南商丘)。次府共设30个。

北宋州(府)级政区中也设有军和监,其性质和形式与五代略同。但宋代的军和监有领县和不领县的两种,领县的与州(府)同级,不领县的与县同级。如广济军(今山东定陶)、桂阳监(今湖南桂阳,冶银)均领县,与州(府)同级。北宋共设过近60个军、监。北宋的县级政区以县为主。同时如前所述,设有与县同级的军和监;还设有与县同级的城、镇、堡、寨等军事单位,但一般集中设在西北边防地区。北宋的县分为两大类,京县畿县和普通的县。京畿两种县就是首都或陪都所在及附近的县,政治地位比普通县要高;普通的县又分为望、紧、上、中、下五等。4 000户以上的为望县,3 000户以上为紧县,2 000户以上为上县,1 000户以上为中县;不满千户为下县。

北宋县级以下的组织,改行保甲与乡里并行的制度。保甲制基本内容是:10家为一保,50家为一大保,10大保为一都保,同时以纳税户30家为一甲。保甲与原来的乡、里制度存在着重叠。北宋后期,又改为或实行乡里制或实行保甲制,不再两者并存。

北宋新创造的政区是路。路的产生和演变有一个过程。宋朝末年,吸取唐末军阀割据的教训,革除了各藩镇的权力,所谓节度使只成为一个空衔,不再管辖州的事务,诸州直属中央。北宋虽疆域较小,但府、州、军、监总数也有300多个,县级政区也有1 200多个。这样多的政区中央不便直接管理,但又十分不愿意在州(府)之上再加一级政区,怕地方权限大了以后与中央抗衡,重蹈唐朝的覆辙。两者权衡,于是设计了一种新的政区制度——路。

作为北宋行政区的路,主要指的是转运使路。北宋将全国划分为若干个区域,每个区域置转运使负责征收和转输各地财赋到中央。这种区域称路。以后转运使权力逐渐扩大,监管边防、治安、刑狱、监察、财政各种事务,俨然成为州(府)之上的高级行政区。至宋真宗(公元998~1022年)时,恐怕转运使和路的权力太大,故采取措施,将一路权力一分为三,分掌财赋民政,刑狱,军事。三种权力分设三个机构和三个长官,三个机构的行使职权的区域也不尽一致,但都称为路。北宋作为行政区的路以转运使路为主。

初置这种路时极不稳定,析并盈缩频繁,充分显示了非正式行政区的特征。时至太宗至道三年(公元997年),定为15路:京东路、京西路、河北路、河东路、陕西路、淮南路、江南路、荆湖南路、荆湖北路、两浙路、福建路、西川路、峡路、广南东路、广南西路。

至北宋真宗咸平四年(公元1001年),将西川路分为益州路和利州路,将峡路分为夔州、梓州二路。此时北宋共分为17路。

至天禧四年(公元1020年),江南路一分为二,设江南东路和江南西路,至此为18路。

以后又有所变更。熙宁五年(公元1072年)又分京西路为京西南路和京西北路,分淮南路为淮南东路和淮南西路,分陕西路为永兴、秦凤二路。翌年,将河北路分为河北东路和河北西路。熙宁七年(公元1074年)又将京东路分为京东东路和京东西路。截至元丰

八年(公元1085年)定为23路,名目如下:

　　京东东路(治青州,今山东青州)　　　京东西路(治兖州,今山东兖州)
　　京西南路(治襄阳府,今湖北襄樊)　　京西北路(治河南府,今河南洛阳)
　　河北东路(治大名府,今河北大名东)　河北西路(治真定府,今河北正定)
　　永兴军路(治京兆府,今陕西西安)　　秦凤路(治凤翔府,今陕西凤翔)
　　河东路(治太原府,今山西太原)　　　淮南东路(治扬州,今江苏扬州)
　　淮南西路(治寿州,今安徽凤台)　　　两浙路(治杭州,今浙江杭州)
　　江南东路(治江宁府,今江苏南京)　　江南西路(治洪州,今江西南昌)
　　荆湖南路(治潭州,今湖南长沙)　　　荆湖北路(治江陵府,今湖北江陵)
　　成都府路(治成都府,今四川成都)　　梓州路(治梓州,今四川三台)
　　利州路(治兴元府,今陕西汉中)　　　夔州路(治夔州,今四川奉节)
　　福建路(治福州,今福建福州)　　　　广南东路(治广州西,今广东广州)
　　广南西路(治桂州,今广西桂林)

　　至崇宁四年(公元1105年)又将首都所在地开封府改为京畿路。宣和四年(公元1122年)以预计可以收回(自辽朝手中)的燕云十六州之地(今山西,河北北部地区),预先设置了燕山府路和云中府路。不料后来此事未果,故北宋末年号称26路,实际只有24路。从时间而言,以18路和23路实行的时间最长。

　　需要重申的是,此18路或23路以及其他的分合盈缩,均指转运使路。另外两种路——宪司路(管监察刑狱事务)和帅司路(管军事)则与转运使司路分区不尽一致。举例说明,河北地区转运使司的路分为河北东路和河北西路时,帅司路在此地区则分为大名府、高阳关、真定府和定州等四路;宪司路则仍为河北地区一个路。又如,陕西地区分为秦凤、永兴军二转运使路时,帅司则分为秦凤、永兴军、环庆、鄜延、熙河6个路。另外,北宋全国普遍设置转运使司路,另外的宪司路和帅司路则未必全设。

　　北宋的路因权力分散,尚构不成一种完全的行政区,府州有事仍可直达中央,这是北宋的特殊之处。

　　(2)北宋的地方行政管理体制。北宋的各级地方行政管理体制的最突出的特点,就是分权。

　　州的长官称"知州事"。下属官吏则根据州政务繁简不同而数量不等。满20 000户的州,设有录事参军、司法参军、司户参军各一人。不满20 000户的州,只设前两种,司户参军的事务由司法参军兼理。不满10 000户的州,只设后两种,而录事参军的事务由司户参军兼理。不满5 000户的州,则只设司户参军一职,由其兼理所有事务。

　　府的长官最初称"尹",后因宋太宗即皇位前曾任过开封府尹,故后来别人不敢再擅用此官名。一般说来,府的长官称"权知府事",简称"知府"。府长官的下属主要有司录参军、户曹参军、法曹参军等。只是开封府为首都所在地,设官较多。在司录参军之下,又分设功、仓、户、兵、法、士六曹,各置参军,分理诸项事务。还设有判官、推官等,辅助知府审理案件。

　　军的长官称"知军事"。其属吏设置,凡有辖县的军(即州一级的军),按州的官衙规模配给;凡不辖县的军(即县一级的军)按县的官衙规模配给。监与军相似,其长官称"知监事"。因为监也分为两个层级——州级或县级,所以知监僚属的设置,也参照知军的方法办理。

北宋的县,无论哪一等级的,最高行政长官均为"知县事",简称知县。其佐属官吏主要有主薄和县尉。主薄主管全县的户籍和税收;县尉的职责是维持治安。知县、主薄、县尉的设置与否,依各县户口数的多少而不同:1 000户以上的大县,主薄、县尉均设;1 000户以下的县,只设县尉,主薄职责由知县兼管;400户以下的县,只设主薄,由他代行知县事,并兼理县尉职责。

北宋县级以下的组织,每保设保长一人,大保设大保长一人,10大保为一都保,设都保正一人,另设一人为都保正的副贰。同时,以税户30家为一甲,设甲长主管放贷青苗和税收事宜。

至于北宋的路,前文已提及,共设三种路。其行政管理体制也很特别:转运使的衙署简称"漕司",提点刑狱使的衙署简称"宪司",安抚使的衙署简称"帅司",各司互不统摄,直接对中央负责。漕司主管民政和赋税征收,帅司掌管一路的军事,宪司掌管司法、监察。三司总称为"监司",都对府、州有监管之权。需要特别说明的是,宋代吸取唐末五代军阀割据的教训,极力削弱地方的权力。因此,宋代的府、州、县的长官,从理论上说是以京官的身份到地方上代皇上行使权力,故其京官的本职始终不去掉,其官名也称为"权知府事"、"权知州事"或"权知县事"。这种以中央政府官员的身份办理地方政府事务的体制,是宋代与各朝代最大的差异所在。另外宋代还在府、州、军、监首长之外另设通判为副长官,凡长官批发的公文都要经过通判附签,才可执行,有意造成正副职互相牵制的局面。

前文提及,北宋作为行政区的路,主要指转运使路。其最高长官称转运都使或转运使。另设副使或判官为副职,与府、州、军、监、县一样,正副职彼此是相互制约的关系。

路的长官与其他行政区长官一样,也是中央派遣的,以中央官员的身份在地方行使权力。

2. 辽和西夏的政区设置与地方行政管理体制

辽和西夏的政区设置(包括金朝)和地方行政管理体制,其显著特点是,既保留了本民族所各自具有的传统,又大力吸取了汉民族的传统特色,并把两者结合,将中国的政区演变推向了新的阶段。

(1)辽朝的政区设置和地方行政管理体制。辽存在的时间为210年(公元916~1125年),是契丹族建立的国家。辽朝在政区上因袭唐朝,但也有自己的特色。

辽实行三级政区制。辽朝将全国分为5个道,每个道有一个政治中心,称为京,并以京的名称为道来命名。每个道均与辽国土组成的政治、民族渊源有关。五京道如下:

上京道:辖以西拉木伦河流域为中心的契丹本土。治上京临潢府,即今内蒙古巴林东南波罗城。

中京道:辖原奚族本土,约今内蒙古老哈河上游和英金河、锡泊河流域,辽宁的大小凌河流域、河北省长城以外的滦河流域。治中京大定府,即今内蒙古宁城西大明城。

东京道:辖原东丹国地区,约今辽河、嫩江以东,外兴安岭以南地区。治东京辽阳府,即今辽宁省辽阳市。

南京道:辖今海河、大清河以北,及长城以南,河北、北京、天津部分地域。治南京析津府,即今北京市西南。

西京道：辖今山西和内蒙古交界处。治西京大同府，即今山西大同。

辽朝道下设府、州、军、城四种政区，为同一级别。

府分为两类。一类即京府，如上所述的临潢府、大定府、辽阳府、析津府、大同府。另一类为普通府。即在五个京府之外，又设率宾、定理、铁利、安定、长岭、镇海、兴中(公元1041年升霸州置，今辽宁朝阳)七府。这七个府的地位比京府略低。

辽朝的州分等，节度州最高，观察州次之，防御州再次，刺史州殿后。

另外，辽朝还设有与县同级的州、军、城，这样体制前代罕见。

辽朝较为特殊的行政区划还有三种：

一种称为"投(头)下军州"。是贵族、功臣在战争中掠夺烧杀人口所建立的州、县。这种州、县属于他们的私产。按照人口的多少，分为头下州、军、县、城、堡等各种政区。据不完全统计，这种政区辽代共设置30余个。

另一种称斡鲁朵制。斡鲁朵是皇帝、皇后宫殿、行帐所在地，这些地区也以皇帝的私奴设立州县进行管理。这些州县属于皇族系统管辖。辽代共有12宫一府所在地采用这种政区制度。

第三种为部族制。辽代对其北边的游牧民族不采用以州、县等传统行政区管理的方法，而是将这些民族分为部族和属国两类。部族属于东北路招讨司、东北路统军司、东北路兵马司、东京都部署司、西北路招讨司、西南路招讨司、黄龙府都部署司、乌古敌烈统军司等机构管辖。属国则与辽朝保持朝贡关系。严格来说，第三种不是正式的行政区。

据《辽史·地理志》记载，辽朝共有5京，6府，156州、军、城，309县，52部族，60属国。

辽朝的行政区划系统大体上是道、府(州)、县三级。但也存在不少例外：如有的县或辖于府，或辖于与府同级的州，也有的辖于与县同级的州；州一般要统辖县，但也有的地区州要统军、统城或统州(州又辖州)。

辽朝的地方行政管理体制杂揉唐、宋制度，而且对本族和其他少数民族采用因俗而治的方式。大体可分为三种体系：

以管理民政为主的京、府、州、军、城、县系统。辽代以五京(即五府)带五道，故设留守司管理本府事务，长官称府尹。另设有警巡院、府学等官署负责本府各项具体事务。其他非京府之府，主要长官称知府。州的长官因其地位高下，分别设有主要长官：节度使、观察使、防御史、刺史。各州除设上述主要长官之外，还设有钱帛司、转运司等机构，行使征收赋税和输送财、物的职责。每州另设有滞狱使、采访使等官员进行不定期的巡察。辽朝的县以县令主持县政，为最高长官。其下，亦设有县丞、县尉、主簿等官吏为僚属，一如唐、宋旧制。

以管理部族和属国为主的军、政兼理系统。这类系统主要是管理契丹族和除汉人以外的非契丹族。主要分两个地区：一个地区是辽内地的各部族以及松花江和黑龙江一带的王国部。这一地区的各部族首领被辽朝任命为节度使，依本族习惯进行自我治理。另一个地区为辽腹地及边远地区的部族。这些部族分别设大王府，大王由辽朝廷任命。辽称此类部族为"属国"和"大部"。以上两类管理体系，颇似唐朝的羁縻府州。

以控制各民族为主的军事管理系统。这类管理系统即前文所述的招讨司、节度使司和统军使司、都部属司等等，主要监视各民族的活动，负责各重要地区的防卫。

(2)西夏的行政区划设置及地方行政管理体制。西夏是党项族建立的国家，由于民族特点及吸取各民族所长,其政区体系和地方行政管理体制比较复杂。

首先,西夏设有州、县二级政区,这是西夏政区的主体。据研究认定,西夏约设置过36个州。西夏的县与唐宋的县基本相似。西夏的州规模一般不大,人口稀少。

另外,西夏还有郡和府的政区模式。郡兼理军事和民政,一般置于边防要地。如五原郡、灵武郡、蕃和郡、镇夷郡等,从西夏的郡军事色彩较浓,又设于边地这一特点来看,西夏颇有模仿先秦时期郡的倾向。西夏的府应与州同级,但地位较高。如设置的兴庆府、西平府,分别为西夏的东京和西京,无疑是今银川平原上的两个重要的政治中心。

第三,西夏还将全境分为12个军区,设12个监军司。名称和驻地如下:

左厢： 神勇军司(驻夏州弥陀洞)　　祥佑军司(驻石州)
　　　 嘉宁军司(驻宥州)　　　　　静塞军司(驻韦州)
　　　 西寿保泰军司(驻狼柔山北)　卓罗和南军司(驻兰州)
右厢： 朝顺军司(驻兴庆府的贺兰山区) 甘州甘肃军司(驻甘州)
　　　 瓜州西平军司(驻瓜州)　　　黑水镇燕军司(驻肃州)
　　　 白马强镇军司(驻盐州)　　　黑水威福军司(乌加河北)

西夏的地方行政管理体制与政区相对应。大略来说,州设刺史,县设县令。府的主要长官称尹。郡的长官则多由皇帝宗亲出任镇守。州、县、郡均依事务繁简及地理位置的重要程度分为上、次、中、下、末五个等级。

西夏的监军司设都统军、副统军和监军使为长官,一般由贵戚出任。监军司的长官实际上是一个地区的军政最高首脑。其下又分设指挥使、教练使、左右侍禁官等分管各方面的事务。

3. 金的政区设置与地方行政管理体制

金朝是女真人建立的国家。与辽和西夏相似,金朝的行政区划和地方行政管理体制既吸取唐、宋的某些形式,又保持本民族的特点。

(1)金朝的政区设置。金朝的政区为路、府(州)、县三级制。

路的设置与辽极为相似,但数量较多。金初年,也设五京:上京(今黑龙江阿城南)、南京(今辽宁辽阳市)、中京(今内蒙古宁城西)、西京(今山西大同市)、北京(今内蒙古巴林左旗南)。上京为首都,其余是陪都。金朝迁都燕京(今北京市)后,改为以中都(今北京大兴)、南京(今河南开封市)、北京(今内蒙古宁城西)、东京(今辽宁辽阳市)、西京(今山西大同市)为五京。金世宗即位(公元1161年)后,又恢复上京名号,至此共有六京。金朝的路分为两类,一类以六京带六路;其余的还有13个路,两者相加,共计19路,即:中都路、上京路、东京路、南京路、西京路、北京路、咸平路、河北东路、河北西路、山东东路、山东西路、大名府路、河东北路、河东南路、京兆路、凤翔路、鄜延路、庆原路、临洮路。

金朝的府亦分两类,一类是京府,另一类为散府。京府即以五京或六京周围之地设府。以六府时为例,计有中都大兴府、南京开封府、北京大定府、东京辽阳府、西京大同府、上京令宁府。其余均为散府,地位比京府低而比州高。

金朝的州亦分为节度、防御、刺史三个层级,每级又分为上、中、下三等,细分起来,共有9个等第。

金朝的县分等与唐、宋有相似之处,分为赤、京、剧(次赤)、次剧、上、中、下七等。首都所在地的县为赤县,其余各京府的县为京县。另外,25 000 户以上的县为剧县(次赤县),20 000 户以上的县为次剧县,10 000 户以上的县为上县,3 000 户以上的县为中县,3 000 户以下的县为下县。

金朝县以下还设有城、镇、堡、寨等等。

金朝共有 19 路,179 府州,683 个县。

(2)金朝的地方行政管理体制。金朝的路,各置总管一人为主要长官。需要说明的是,各京府的路的总管,由留守兼任府尹和总管;京府以外的路,亦由路驻地所在府的府尹兼任总管。也就是说,实行的是留守(各京的长官)、府尹、总管三位一体或府尹、总管两位一体的行政管理体制。

金朝州的主要长官,节度州设节度使,防御州设防御使,刺史州设刺史。

县的行政体制为,无论何种县,均置县令一人,并置县丞、县尉、主薄等属吏;但下县不置县尉,由主薄兼理县尉职责。

县以下的城、镇、堡寨,也分别由知城、知镇、知堡、知寨为主要长官。

4. 南宋及南诏、大理、渤海国的政区设置与地方行政管理体制

(1)南宋的政区划分及地方行政管理体制。南宋疆域北界秦岭淮河,在北面金朝及西夏的军事压力之下,政区划分也有所变化,从北宋的以转运使路为主,改为以安抚使路为主。以绍兴十二年(公元 1142 年)为准,全国划分为 16 路:

两浙西路(治临安府,今杭州市)　　两浙东路(治绍兴,今绍兴市)
江南东路(治建康府,今南京市)　　江南西路(治洪州,今南昌市)
淮南东路(治扬州,今扬州市)　　　淮南西路(治庐州,今合肥市)
荆湖南路(治潭州,今长沙市)　　　荆湖北路(治江陵府,今湖北江陵)
京西南路(治襄阳府,今湖北襄樊市)　福建路(治福州,今福州市)
成都府路(治成都府,今成都市)　　潼川府路(治潼川府,今四川三台)
夔州路(治夔州,今四川奉节)　　　利州路(治兴元府,今陕西汉中市)
广南东路(治广州,今广州市)　　　广南西路(治静江府,今桂林市)

以上的路均为安抚使路,转运使路和提点刑狱使路的划分与上述路基本相同,但也有例外,如两浙地区安抚使分为东、西两路时,转运使路仍为一路。还有另一点解释,即:三司路界的划分尽管一致,但三司的治所却时有不同。这一点不再举例。

各路分辖府、州、军、监;各府、州、军、监又分辖县。与北宋无多大差异。南宋共有府 27 个,州 132 个,军 34 个,监 2 个。

地方行政管理体制也一如北宋。只是路一级的主要机构由转运使司变成了安抚使司,路级的主要长官也由转运使改为安抚使。这样的行政体制主要是为了抗御北方军事压力。

(2)南诏、大理和渤海国的政区设置与地方行政管理体制。南诏国于公元 7~9 世纪建立于今云南地区。其政区划分为 10 个赕(即州),6 个节度辖区和两个都督辖区。10 赕为:

云南赕(驻今云南祥云的云南驿)　　白崖赕(驻今云南弥渡)
品澹赕(驻今云南祥云)　　　　　赵川赕(驻今云南大理凤仪)

蒙舍赕(驻今云南巍山) 蒙秦赕(驻今云南漾鼻)
邆川赕(驻今云南洱源南邓川) 大厘赕(驻今大理喜洲)
苴咩赕(驻今云南旧大理县) 太和赕(驻今云南大理太和村)
六节度辖区为:
弄栋节度(驻今云南姚安县) 永昌节度(驻今云南保山)
银生节度(驻今云南景东) 拓东节度(驻今云南昆明)
丽水节度(驻今伊洛瓦底江上游) 剑川节度(驻今云南剑川)
二都督辖区为:
会川都督(驻今四川会理) 通海都督(驻今云南通海)

十赕是带有地方民族特色的政区模式。节度辖区与都督辖区都是借鉴唐朝而设,实际上是军政合一的地方行政区。

大理国也是以今云南地区为中心建立的国家。存在于公元937~1245年。其行政区划演变可分为两个阶段:前期基本与南诏国同;后期除了首府大理(今云南阳苴咩城)同时为一个行政区之外,还设有善阐、威楚、会川等15个行政区。在此之下,还辖有赕、部、郡等各色名目的政区。

渤海国于8~16世纪上半叶建立于今东北地区。渤海国的地方行政区划基本上采用唐制,设5个京、15个府、62个州。五京为:

上京龙泉府(首都,治龙州,今黑龙江宁安西南东京城)
中京显德府(治显州,今吉林敦化敖东城)
东京龙原府(治庆州,今吉林珲春西南八连城)
南京南海府(治沃州,今朝鲜咸兴)
西京鸭绿府(治神州,今朝鲜慈江道鸭绿江东南岸长城里)

15府除去上述京府之外还有:长岭、扶余、鄚颉、定理、安边、率宾、东平、铁利、怀远、安远10个府,共计15府。

另外,在州级政区中,渤海国设立了郢州、铜州、涑州三个"独奏州",地位相当于府。府之下设州、县两级。

第三节 元、明、清政区

1. 元朝的政区设置与地方行政管理体制

元朝为蒙古族所建立,它的疆域面积为中国封建时代历代皇朝之冠。统治这样广袤的国土,统治者本身又是人数远比汉族人为少的游牧民族,因而元朝的行政区划和地方行政管理体制与前代相比,又有许多为适应新的实际情况而创造的新模式。

(1)元朝的政区。元朝的政区体系相对复杂。从层级上说,因地区不同,层级有三级、四级、五级之别;从类型上说,内地与边疆地区政区模式亦不相同。

行省作为高级政区,是元朝综合前代实践结果的一种创造。为了说明问题,不妨从行省的起源说起。

所谓省(或台),原是汉魏以来中央机构的名称。如中书省、尚书省等等,一般设在首都。行省(或行台)就是中央省(或台)向地方上的派出机构。一般是为地方临时有事而派,事毕即撤,这种制度起源于魏晋南北朝。最初的行省(或行台)没有明确的施政区域,东魏北齐时,因地方政区设置过多过滥,中央不便管理,曾分道设置过行省(或行台)。现在能够查找到的设过行省的道有:河南道、河北道、西南道、山南道、淮南道、东北道、东南道等等。

后代金朝初年曾在开封设过行尚书省。金朝晚期受到西夏、蒙古、南宋三面夹击,国内矛盾也日趋尖锐。为了加强对地方的控制,又实行行省制度。金朝决策者实行行省的本意在于应急,但事与愿违,内外交困的局面长期没有转机,行省一经设置不但无法撤销,反而屡有增加。到了金朝末年,行省数量已不少,应急措施几乎成了定制。

元朝的行省是直接从金朝那里学来的。但也有区别:金的行省范围小,元朝的行省范围大;金朝的行省是"行"尚书省,元朝的是"行"中书省;金朝的行省为中央派遣的机构,元朝的行省初期具有军管区的性质。

元初设行省时,本意也是因军事行动的需要。由于元朝建立后经历的军事行动时间很长,从攻打金朝到统一中国,时间长达70年之久,占领一地之后,往往又遭到顽强的抵抗,因而行省制度就被保留了下来。又由于行省的官吏是中央的官吏,位尊权重,也在相当程度上促进了行省官员地方化和行省区域固定化,最后终于形成了最高一级的行政区划。元朝的行省从萌芽到形成,大致经历了几个阶段:

1)元世祖中统(公元1260～1264年)年间以前,元的行省只管军事;

2)至元(公元1264～1294年)初年开始行省官员的系衔为"(中央官衔)××行省事于××××等处"。可见此时是以中央官员身份到地方行权。另外,当时除了省外,与行省同级的还有宣慰司、行枢密院、都元帅府、王相府等等,名目繁多,很不统一;

3)至元十三年(公元1276年)灭南宋以后行省官员系衔有了重大变化。例如,以前是"平章政事×××行省事于××××等处"现在则改为"××××等处行中书省平章政事×××"。这一变化看似简单,实则证明此时的××××等处行中书省已成为地方行政机构,平章政事×××也已经成为地方官了。随之而来的是,与行省同级的机构,有的降级,有的撤销。全国除西藏另有管理体制外,绝大部分地区都实行了行省制;

4)至元成宗大德(公元1297～1307年)年间,行省已趋于稳定,全国划分为11个最高的行政区,中书省直辖一块地区,其余均为行省。

中书省　辖区相当今北京、天津二市及山西、山东、河北、河南(部分)、内蒙古(部分)地区。

辽阳行省　辖区相当今辽宁、吉林、黑龙江三省以及黑龙江以北,乌苏里江以东地区。省会辽阳(今辽宁辽阳)。

陕西行省　辖区相当今陕西、甘肃东南部和内蒙古部分地区。省会奉元(今陕西西安)。

甘肃行省　辖区相当今甘肃河西走廊,宁夏大部以及内蒙古部分地区。省会甘州(今甘肃张掖)。

河南江北行省　辖区相当今河南省黄河以南部分以及湖北、江苏、安徽三省的长江以北地区。省会汴梁(今河南开封)。

江浙行省　辖区相当今上海市以及安徽、江苏两省的长江以南地区,浙江、福建、江西三省部分地区。省会杭州(今浙江杭州)。

江西行省　辖区相当今江西省大部分地区及广东省。省会龙兴(今江西南昌)。

湖广行省　辖区相当今湖南、广西二省区以及贵州省大部分地区和海南省。省会武昌(今湖北武汉市武昌)。

四川行省　辖区相当今四川省甘孜、阿坝、雅安以东地区以及湖南、湖北二省部分地区。省会成都(今四川成都市)。

云南行省　辖区相当今云南全省,四川省部分地区及缅甸、泰国北部地区。省会昆明(今云南昆明市)。

岭北行省　辖区相当今蒙古国以及俄罗斯西伯利亚地区和我国内蒙古、新疆部分地区。省会和林(今蒙古国鄂尔浑河上游哈喇和林)。

另外,元朝还设置过征东行省、日本行省、占城行省等等,其性质与上述行省完全不同。元朝末年,为了镇压农民起义的爆发,又曾析置过不少行省和分省。例如:从江浙行省中析出福建行省;从江西行省中析出广东行省;从中书省辖区中析出山东行省等。如:从中书省辖区中分出济宁分省、彰德分省和保定分省,从福建行省分出建宁分省、泉州分省和汀州分省等等。

元朝在行省以下设路、府、州、县。

路一般是把宋、金时代较重要的府升格而成的。分上、下二等:户数在10万以上的为上等;以下的为下等。但也有人口不足10万户,因地势冲要而列为上等的路。

府亦分为两种:一种隶属于路,称为属府;另一种直隶于行省。府一般都领州、县,也有个别不领州县的府。

州有的隶属于府,有的隶属于路,有的甚至直接隶属于行省。有的州领县,也有的不领县。从另一个角度,州又依人口数量分为三等。至元初年规定,15 000户以上者为上州,6 000户以上者为中州,不及6 000户的为下州。以后江南平定,江南地区的州人口繁盛,原来的规定不符合实际了。于是在江南地区改为:50 000户以上者为上州,30 000户以上者为中州,不及30 000户者为下州。

县与前代相同,仍是比较稳定的、最基本的行政区。县也分为三等。至元初年,以6 000户以上为上县,2 000户以上为中县,不及2 000户者为下县。约20年以后,又确定江南地区30 000户以上者为上县,10 000户以上者为中县,不足10 000户者为下县。

前面已讲到,元朝的政区层级比较复杂,有的地区实行三级制,有的地区实行四级制,还有的地区实行五级制。兹表示如下:

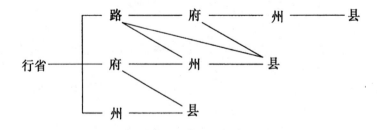

元朝的比较规范的政区体系如上所述。比较特殊的政区还有以下几种:

元朝还有一种介乎于省和路、府、州、县之间的道。道又分为两种,一种是宣慰司道,为中书省或行省的派出机构,协助行省分理一部分离省会较远的地区的事务。这种道变动频繁。在延佑(公元1314～1320年)以后至正(公元1314～1370年)以前,较为稳定的有11道。另一种为肃正廉访司道,是主管刑名监察的区划,属于中央御史台和行御史台管辖。在大德(公元1297～1370年)年间定为22道。中书省、辽阳行省、河南江北行省共有8道,隶属于御史台,称为"内八道"。江浙行省、江西行省、湖广行省共有10道,隶属于江南行御史台,称为"江南十道"。陕西行省、四川行省、云南行省、甘肃行省共有四道,隶属于陕西行御史台,称"陕西四道"。

在边疆地区,元朝设有军、安抚司、长官司、招讨司等等,而且隶属关系也不一致。有的隶属于路,有的隶属于省,还有的相当于当地的下等州。

对于都城和各路驻地的城镇区域,元朝首创了专门的管理机构。在大都和上都,设警巡院管理城镇地区居民;在其他城镇也分别设置一个或几个录事司进行管理。

元朝对西藏地区的管辖特别值得一提。西藏地区在元朝都被称为吐番,该地区由元朝中央的宣政院直接进行管理。宣政院掌管全国的佛教事务,还要管理西藏地区行政。在吐番地区,元朝设有宣慰使司都元帅府,又将吐番地区划分为13个"万户"。

在元朝县级以下的地方,划分为乡都和村社,这是地方基层组织。

(2)元朝的地方行政管理体制。元朝的统治者为蒙古族,因而其地方行政管理体制多带民族特色。

行省制是元朝的一大创造,在我国地方行政管理史上占有重要的地位。元朝把首都周围大片地区称为"腹里",由中书省(中央的重要决策机构)直接管辖。其他各个行省的权力也非常集中,举凡钱粮、军事、屯田、交通等事一齐包揽。各行省的最高长官为丞相,下设平章、左右丞、参知政事等长官为副职。又设有郎中、员外郎、都事等官员分掌行省内各种事务。丞相、平章等重要官职大多由蒙古亲王充当,权力极大,除中央直接任命的官吏以外,有自选官吏之权。

元朝路级政区,其行政管理机构称总管府,最高长官称达鲁花赤。之下又设总管、同知、治中、判官等主要长官。还设有学校、司狱司、织染局、东造局、录事司等机构分管全路的各项专门事务。

达鲁花赤是蒙古语,意为总辖官。达鲁花赤主要由蒙古族担任,以此来达到蒙古贵族在地方政府中执掌大权的目的。达鲁花赤不但在路一级政府中设置,而且府、州、县的最高长官均为达鲁花赤。

府设达鲁花赤、知府或府尹为主要长官,又设有同知、判官、推官、知事、提控案牍等官吏分管各项事务。州的最高长官仍为达鲁花赤。同时又设州尹或知州为主要长官,其他行政体制一如府制。

县最高长官也是达鲁花赤。以下设尹、簿、尉、典史等主要官员。典史的主要职责是管理刑狱。元朝的县级政府,往往在离县治较远,而且又冲要的地方设置地方巡检司来行使管辖权力。这方面最有名的是澎湖巡检司,管辖澎湖、琉球等地,属同安县管辖。

元朝介乎于行省和路、府、州、县之间的宣慰使司道,从行政管理上讲是双重的:既从属于中央的宣政院,又是行省的派出机构。其机构中往往设置宣慰使,以下又设同知、副使、经历、都事等官吏。也设置达鲁花赤为最高长官。其他的安抚使司、招讨使司和宣慰使司都元帅府等等从行政体系上分析,也属于宣政院系统,其管理机构的长官与宣慰使司大体相同。只是其下又辖都万户府、千户府、百户府,各设万户、千户、百户为长官,并设有副职和负责具体事务的官吏。

2. 明朝的政区设置与地方行政管理体制

明朝的行政区划与地方行政管理体制,经过了一个由承袭元朝到自创体系的演变过程。随着中央集权的不断加强,明朝在政区和地方管理方面也采取了一些特殊措施,这些措施对后世影响较大。

(1)明朝的政区设置。明朝于公元1368年建立,最初的政区设置基本因袭元朝。如行省的设置,与元朝旧制几乎没有区别,只是以朱元璋的老家凤阳和江宁为中心,划出一个江南行省,后来又以其地直隶中书省,故又称直隶。

但明朝与元朝不同。元朝是以北方游牧民族南下入主中原;明朝则是以反对、推翻异族压迫而由汉族统治者建立的王朝。基于此,开国皇帝朱元璋认为,元朝的行省制既违背汉族的传统,又嫌其权力太重。洪武九年(公元1376年),朱元璋废除行省,改设布政使司。但是因原行省的地名、辖境均未大变,故从官方到民间一般习惯上仍称布政司为行省。洪武十三年(公元1380年)明朝废除中书省。中书省既废,行中书省当然就无从谈起。所以至此年,行省制应当是彻底寿终正寝了。但是由于习惯势力,地方上仍然习惯称布政使司为省。此时,明朝共设12布政司,名目如下:

山西布政使司	治所为太原府	辖境大略相当今山西省。
山东布政使司	治所为济南府	辖境大略相当今山东省。
河南布政使司	治所为开封府	辖境大略相当今河南省。
陕西布政使司	治所为西安府	辖境大略相当今陕西省。
四川布政使司	治所为成都府	辖境大略相当今四川省和重庆市。
江西布政使司	治所为南昌府	辖境大略相当今江西省。
湖广布政使司	治所为武昌府	辖境大略相当今湖南、湖北二省。
浙江布政使司	治所为杭州府	辖境大略相当今浙江省。
福建布政使司	治所为福州府	辖境大略相当今福建省。
广东布政使司	治所为广州府	辖境大略相当今广东、海南二省。
广西布政使司	治所为桂林府	辖境大略相当今广西壮族自治区。
北平布政使司	治所为北平府	辖境大略相当今河北省和北京、天津二市。

至此,明朝共设12个布政使司和一个直隶。所谓直隶即中央六部的直辖之地,将首都周围地区直属中央,是历代王朝通行的作法。不过,明朝的直隶地区相当大,约相当于今天的江苏、安徽二省之地。

洪武十五年(公元1382年)增设云南布政使司,治所为昆明府,辖区大体相当于今云南省。明成祖即位之后,将首都自南京应天府(今南京市)迁到顺天府(今北京市)。故将原北平布政使司也改为"直隶"。至此明朝有了两个直隶,即南直隶和北直隶。明永乐五年(公元1407年),在安南(今越南)建立交趾布政使司。明永乐十一年(公元1413年),建贵州布政使司,治所为今贵阳市,辖境大体相当今贵州省。明宣德二年(公元1427年),撤销交趾布政使司。至此,明朝共有二直隶(二京)13布政使司作为有明一代高级行政区的主体,并且至明亡不再更改。这15个高级行政区单位,又习惯上称为15省。

明朝的高级行政区除了布政司(即省)之外,还有一部分国土属于实土的都指挥使司

(简称都司)或行都指挥使司(简称行都司)管辖。

明朝的都司或行都司是军区性质的区划。早在洪武三年(公元1370年),明朝就在每省设置一个都卫,洪武八年(公元1375年)改为都指挥使司,主管各省的军户卫所,属中央兵部和五军都督府管辖。一般来说,一个省设一都司。但边疆地区军户多而民户少,有的地区一个都司管辖不便,于是便增设都司或行都司。在明一代,共设有16个都司、5个行都司、2个留守司,16个都司中有13个是与布政使司名称、治所完全相同的,另外还有万全都司(治所在今河北宣化)、大宁都司(先前治所在今内蒙古宁城西,永乐年间后迁于今保定市)、辽东都司(治所在今辽阳市)。5个行都司均与布政使司不同治所,它们有:陕西行都司(治所甘州卫,今甘肃张掖)、四川行都司(治所建昌卫,今四川西昌)、湖广行都司(治所郧阳府,今湖北郧县)、福建行都司(治所建宁府,今福建建瓯)、山西行都司(治所大同府,今山西大同市)。所谓留守司指的是明朝洪武年间于凤阳府(开国皇帝朱元璋的家乡,今安徽凤阳)的中都留守司,嘉靖年间置于承天府(嘉靖皇帝即位前的封地,今湖北钟祥)的兴都留守司,其职能与都司略同。

明朝的都司、行都司有实土和非实土之分。所谓实土,就是指都司下辖的卫、所,军户多而民户少,卫所的土地与州县土地判然有别,自成区域。13个与布政使司同名称同治所的都司,仅陕西、四川、湖广、云南、贵州5个都司有少量实土的卫所。5个行都司中,陕西、四川、山西行都司是实土卫所。辽东都司全部辖实土卫所。万全都司绝大多数为实土卫所。大宁都司内迁前为实土,内迁后不再辖实土卫所。两个留守司均无实土卫所。

以上所说的实土的都司、行都司所辖的卫所,既管军事,又兼管民事,实际上起到的是行政区的作用,实土的都司、行都司其地位也相当于布政使司。

明朝的一个省分为三个管理机构:即前文提到的布政使司和都指挥使司,还有管刑狱、监察的提到按察使司。所以明朝每个"省"的辖区并非和每个布政使司辖区完全相对应,换言之,都司行都司、按察使司的辖区不一定与布政司辖区完全一致,这一点与宋代的路制有相似之处。以山东为例,不仅包括山东布政使司、山东都司(与布政司辖区一致)辖区,还包括了辽东都司辖区(因为辽东都司的监察事务由山东按察使司管辖,山东按察使司的辖区扩及辽东)。又如,广义的北直隶包括狭义的北直隶(仅辖府州县的区域)和万全、大宁都司辖地。再如,陕西辖地除去陕西布政使司之外,还要包括陕西都司(少量实土卫所,与布政司辖区不尽一致)和陕西行都司(全系实土卫所,与布政使司辖区截然不同)辖区。

两直隶13布政司及各实土都司、行都司都是明朝直辖的版图。另外,明朝前期曾在西北部今甘肃、新疆地区还设置了哈密、赤斤蒙古、沙州等羁縻性质的卫所;曾于永乐年间设奴尔干都司(治所在黑龙江口,今俄罗斯境内塔赫塔)管辖今外兴安岭以北、乌苏里江以东广大地区;又在今西藏、青海及四川西部地区对当地僧俗首领授以都指挥、宣慰使、招讨使、元帅、万户等官衔,或封王,由此行使管辖之权。

布政使司下往往划分若干道。这种道是布政司的派出机构的辖区,不是正式的行政区划。按察司下也划分若干道,是按察司的派出机构的辖区,当然更不是行政区划。

明朝布政司以下设府、州、县等行政区划。

府分为三等:年纳粮20万石以上的为上府,20万石以下的为中府,10万石以下的为下府。以纳粮数额而不是以人口数额作为划分政区等级的标准这是明代首创的。

州分为两种：一种直隶于布政使司，另一种属于府所管辖。前一种称为"直隶州"，与府同级；后一种称为"属州"，地位与县相当。明代的州无论何种，除去管辖若干县（比府要少）之外，还要直接管理一个县的政务。

县也分为三等：纳粮10万石以下的为上县，6万石以下的为中县，3万石以下的为下县。

明朝除去府、州、县、卫、所等中级和县级政区之外，在有的少数民族聚集地区设有土府、土州、土县等特殊政区，由布政使司统辖；另外，还设有宣慰司、宣抚司、安抚司、长官司等土司，隶属于都司。

终明一代，共设有159个府，234个州，1 171个县。

明朝在县之下，推行里甲制度作为县下的基层区划。规定以110户为一里，每里设10甲。又以每纳粮万石设一区。

至明代中后期，高层政区体制发生重大变化，其标志是总督、巡抚辖区的形成。如上所述，明代初始，实行的是一省之内都、布、按三司并存的分权体制，但由于阶级矛盾和民族矛盾的激化，三权分立已经不能适应新的形式需要。于是自明宣德年间（公元1426～1435年）始，开始由中央派出部、院大臣巡抚地方。至正统（公元1436～1449年）、景泰（公元1450～1456年）年间，又开始派总督统辖地方事权。一般地说，总督地位在巡抚之上，较偏重于军权；巡抚则统辖一省及几省的都、布、按三司。巡抚和总督都有一个发展过程，至明嘉靖（公元1522～1566年）到万历（公元1573～1620年）年间，巡抚和总督的治所和辖区开始相对固定下来，几乎成了取代省的高层政区。而且巡抚、总督的辖区与布政使司辖区大相径庭，有的大于布政司，有的与布政司大体相等，又有的小于布政司，还有的辖几个布政司搭界之地。

至明朝末年，共设30多个巡抚、总督辖区。以下分别试举几例。

巡抚：

南赣巡抚　驻赣州，辖区相当今江西、广东、福建、湖南四省交界之地。

北直隶巡抚　驻蓟州，辖区相当今河北省及北京、天津二市之地。

辽东巡抚　初驻辽阳，后移驻广宁，再后驻山海关，明末驻宁远。辖区略相当今辽宁省。

偏沅巡抚　先于沅州、偏桥镇轮流驻扎。明末迁驻长沙。辖区变化较大。先辖今湖南、贵州交界之地，明末辖区已相当今湖南全境。

天津巡抚　驻天津卫。辖区相当今天津市武清、宝坻二县及河北滦县、乐亭、河间一带。

总督：

蓟辽总督　明前期驻蓟州，后迁驻密云。辖区略相当今河北省及辽宁省之地。

两广总督　驻地变化较多，明末驻广州抚。辖区略相当今广东、广西两省区之地。

宣大总督　驻地变化较多，明末移驻大同府和宣府镇。辖区相当今河北、山西北部之地。

(2)明朝的地方行政管理体制。明朝的地方行政管理体制处处体现了中央集权加强以后的态势，高层政区的行政管理机构尤为突出。

明朝为防止元朝行省权力过大的局面再次发生，将省的权力一分为三，都、布、按三司同为省级行政机构,三司长官同为省级的封疆大吏。

布政使司全称为承宣布政使司,主管一省的民事。设左、右布政使各一人,为布政使司的最高行政长官。布政使之下,设左、右参政;左、右参议。参政与参议的职掌便是分守前面提到的各个"道"。参政与参议除了驻守各道之外,还要管理粮储、屯田、水利、驿站等各项事宜。参政、参议之下还有若干官吏分掌布政使司的各项民事。

按察使司主管监察、刑狱。设按察使一人,为按察司的最高长官。以下又设按察副使、佥事,同布政司的参政、参议相似,也要驻守各道,但这种按察司的道是分管一省司法的区划。北直隶和南直隶因不设布政使司和按察使司,直隶中央六部管辖,故其境内有关两司的各项事宜均由临近布政使司代理。

都指挥使司为省或一个地区统领军队的机构,也是与布、按平级的省级机构。下辖有若干卫所。如前所述,卫所中有若干为管辖地面和民事的实土卫、所。都司设都指挥使一人,都指挥同知二人,都指挥佥事四人,还根据需要设置若干僚属。

各府均设知府一人,京府(首都、院所在地的府)则设府尹一人。知府或府尹的属官主要有:同知、通判、推官。知府或府尹的属吏主要有:经历一人(主管经历司)、知事一人、照磨一人(主管照磨所)、检校一人、司狱一人(主管司狱司)。

无论何种州,均设知州一人主持州的政务。其属吏主要有:同知、判官、吏目。但较小规模的直隶州不设同知;较小规模的属州同知、判官均不设置。

县设知县一人,为县级行政机构主要长官。知县的属吏主要有:县丞一人、主薄一人、典史一人。县丞、主薄主管粮储、马匹、巡捕等事务;典史主要负责收发公文。

县级以下基层区划行政管理制度也很完善:110户为一里,设里长一人,推选交粮多的地主任职。每年轮流任职,10年轮一过;每里设10甲,甲设甲长一人。每区设粮长一人,以交粮最多的地主为粮长,以负责田赋的催征。

明朝各土府、土州、土县及各宣慰司、宣抚司、安抚司、长官司分别安排当地民族上层与明廷关系密切的贵族担任主要长官,主官之下各设同知、副使、佥事等佐官或佐吏协助治理。

明朝的巡抚和总督行政管理权的运作,有一个逐步完善的过程。以下以较成熟时期为例,分别予以叙述:

巡抚一般要带中央都察院、都御史或副都御史的衔,其职权可以概括为征收赋税劾属吏、提督军务,但其主要职权范围还是以民事为主,兼理军务。从行政隶属关系来说,巡抚居于地方都、布、按三司之上,并且统驭三司。但由于下列情况的存在——即三司的辖区有的不尽一致,而且南北直隶又不设三司,有的一个布政司辖区内设几个巡抚,还有的两个或几个布政司各析一块辖境组成巡抚辖区。因此巡抚统驭三司的路径更多地表现在法理和大事上,而日常集所抚地区民事、军事、监察之权于一身的目标,则主要通过巡抚直接指挥所抚地区的道、府的行政管理机构来实现。

总督与巡抚相同,一般也要带督察院都御史的衔,与巡抚不同的是,还要带中央兵部侍郎的衔。其地位在巡抚之上,有时一个总督要管辖两个以上的巡抚。总督的职权可以概括为节制巡抚,调度军队。简要言之,总督以军务统辖为主,兼理民事。

3. 清朝末年以前的政区设置与地方行政管理体制

清朝是中国历史上最后一个封建王朝。按照我国史学界的一般看法,以1840年为界,以前纳入中国古代历史的范畴,以后归入中国近现代史的序列。反映在行政区划设置和地方行政管理体制的变迁方面,1840年也确实是一座界桩。本书所指的清朝末年以前,时间界限也以1840年为标志。

(1)清朝末年以前的政区设置。清朝的封建专制主义中央集权发展到了中国古代史上的顶峰。因此,各级行政区设置也围绕着加强中央集权这一中心,采取了一些前代未曾采用过的措施。

清朝的高层政区为省。如前文所述,明代的省是在元代基础上改造形成的,严格来说,明代大部分时间不存在省这一级政区,只存在布政使司,但无论民间还是官方,都按照习惯,仍把布政使司称之为省。明代的"省"由都、布、按三司划分治权,中期以后,才由巡抚和总督(主要是巡抚)将各省的三权归一,巡抚和总督也俨然成为凌驾于三司长官之上的封疆大吏;督、抚辖区(特别是巡抚辖区)几乎取代了布政司辖区,成为实际意义上的最高级政区。但需要说明的有两点:其一,终明一代,督抚辖区没有成为真正的高层政区,督抚也未能成为真正的地方行政长官。其二,明代的督抚辖区与布政司辖区迥然不同。这两点都是在清朝才得以最终解决。明确地说,清朝最终将督、抚辖区(主要是巡抚辖区)与省的辖区调整为一致,同时督抚(主要是巡抚)也成为真正的地方最高行政长官。

清朝对明代省级政区进行了一系列的调整:至康熙元年(公元1662年)时,清朝内地共设15个省,但巡抚却有23个,明朝遗弊尚未完全清除。江南省(即明朝的南直隶)原设有江宁(驻苏州)、安徽(驻安庆)、凤阳(驻凤阳)三个巡抚,左、右两个布政使司(左司驻江宁、右司驻苏州)。康熙四年(公元1666年)撤销凤阳巡抚,六年(公元1668年)将左司改为安徽布政使司,右司为江苏布政使司,为江南省一分为二作好了前期准备。康熙二十五年(公元1686年)改江宁巡抚为江苏巡抚,至此巡抚与布政使司辖区统一。至乾隆二十五年(公元1760年)又将安徽布政司驻地从江宁迁至安庆,两者驻地也合而为一。陕西一省之内原设有陕西(驻西安)、甘肃(驻兰州)、延绥(驻榆林)、宁夏(驻宁夏镇)四个巡抚。康熙元年撤销延绥巡抚,四年撤销宁夏巡抚。在此之前,于康熙三年,陕西始分为左右两个布政使司,左司仍驻西安右司移驻巩昌。康熙七年(公元1669年)又改右司为甘肃布政使司,并移驻兰州。至此陕西省一分为二,成为陕西、甘肃二省,两巡抚也分别成为省的最高长官。又如湖广省,原有郧阳、南赣、湖广、偏沅四个巡抚,均为明代的遗存。康熙三年撤销郧阳,四年撤销南赣。康熙三年时,湖广始分左、右两布政使司,左司仍驻武昌,右司迁往长沙。康熙六年,改左司为湖北布政司,右司为湖南布政司。以后,又于雍正(公元1723~1735年)初年改湖广巡抚为湖北巡抚,改偏沅巡抚为湖南巡抚。至此,又将湖广省一分为二。到雍正初年为止,清朝内地18省与18巡抚驻地、辖区完全一致。乾隆十三年(公元1748年)撤销四川巡抚,改设总督,但四川仍为一省。乾隆二十九年(公元1764年)撤销甘肃巡抚,由陕甘总督兼理巡抚事,甘肃仍为一省。直隶巡抚早在雍正二年(公元1724年)已撤销,改设总督,但直隶一省的规制不变。至乾隆中期,全国确定为8个总督15个巡抚。

总督辖区与省级政区形成有关,下面略作陈述:清朝在内地遍设总督。清初一省设一督,康熙四年时改为二省或三省设一总督,共九个总督:直隶、河南、山东、两江(即江南省和江西省)、山陕、福建、浙江、湖广、四川、两广、云贵。后几经变迁,至乾隆二十五年(公元1760年)长期固定为直隶、两江、陕甘、四川、闽浙、湖广(湖南省和湖北省)、两广、云贵 8 个总督。山东、山西、河南三省无总督,由巡抚兼理总督职责。

总而言之,经过一番调整,清代的省共有 18 个,名目如下:

直隶省　　总督驻保定,辖区比今河北省及北京、天津二市之和略大。
江苏省　　巡抚驻苏州,辖区与今江苏省略同。
安徽省　　巡抚驻安庆,辖区与今安徽省略同。
山西省　　巡抚驻太原,辖区与今山西省略同。
山东省　　巡抚驻济南府,辖区与今山东省略同。
河南省　　巡抚驻开封,辖区与今河南省略同。
陕西省　　巡抚驻西安,辖区与今陕西省略同。
甘肃省　　陕甘总督兼陕西巡抚驻兰州,辖区与今甘肃省略同。
浙江省　　巡抚驻杭州,辖区与今浙江省略同。
江西省　　巡抚驻南昌,辖区与今江西省略同。
湖北省　　巡抚驻武昌,辖区与今湖北省略同。
湖南省　　巡抚驻长沙,辖区与今湖南省略同。
四川省　　巡抚驻成都,辖区与今四川省、重庆市略同。
福建省　　巡抚驻福州,辖区与今福建、台湾二省略同。
广东省　　巡抚驻广州,辖区与今广东省略同。
广西省　　巡抚驻桂林,辖区与今广西壮族自治区略同。
云南省　　巡抚驻云南(今昆明市),辖区与今云南省略同。
贵州省　　巡抚驻贵阳,辖区与今贵州省略同。

清朝内地以省为高层政区,但是在边疆地区和政治统治特殊需要的地区,却实行不同于内地的高层政区形式。

在今东北地区,设置三个将军辖区进行管理,称为盛京三将军辖区,以加强对清朝发祥地的控制:①奉天将军(一称盛京将军)辖区。此地约相当于明朝的辽东都司辖地。奉天将军驻盛京(今辽宁省沈阳)。②吉林将军辖区。此地即明朝辽东都司以外女真族诸卫所至的奴儿干都司辖地。清朝初年设宁古塔将军,后改设吉林将军管辖。吉林将军驻吉林城(今吉林省长春)。③黑龙江将军辖区。此地原为明朝辽东都司辖地外野人女真及东蒙古地。清朝康熙二十三年(公元1699年)迁驻齐齐哈尔。

西北二将军辖区:①新疆等地,于乾隆二十七年(公元1762年)设伊犁等处将军管辖。将军驻惠远城(今新疆霍城县东南)。②乌里雅苏台,于雍正十一年(公元1733年)设定边左副将军,统辖外蒙古地区。将军驻乌里雅苏台(今蒙古国扎布汗省会扎布哈朗特)。

内蒙古地区各蒙各旗等政区由中央里藩院统管。青海等地由西宁办事大臣统辖,大臣驻西宁。西藏地区由中央策命的达赖喇嘛驻拉萨,掌全藏的政令,班禅额尔德尼驻日喀则,掌管后藏的寺院。全藏地区由中央派遣的驻藏办事大臣全权管辖。

综上所述,清朝长期以来内地设置 18 个省,边疆地区设置或由将军或由办事大臣统辖的 8 个地区,共计 26 个省级政区单位。参见图 8.2。

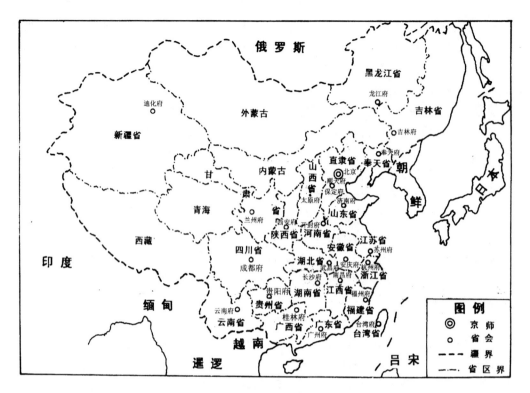

图 8.2 清代政区图(转引自程幸超,中国地方政府,中华书局香港分局,1987)

省级政区之下,清朝在内地设有府、州、厅、县等统县和县级政区。清代的府、县与明朝略同。

州与明朝相比有所不同。清代的州分为直隶州和散州。直隶州地位与府略同,仍然领若干县,而且直接管辖一个县;散州地位基本与县同,且不再管辖县。

清代的厅是个创造。一般设在边远的开发程度较低地区。亦分为两种:直隶厅地位与府略同。但绝大多数不管辖县;散厅地位与县略同。

在边疆地区,除高层政区形式采用将军、大臣辖区等管辖体制之外,中层、基层政区形式也与内地有极大的不同,而且因地因人而异,采用灵活的办法进行管理。如在边疆汉族、回族聚居的地区,因其居民主要从事农业生产,故采用内地方法,设府、厅、州县等管辖。在内外蒙古、东北、青海、新疆等地游牧民族聚居区,大部采用盟、旗制度。盟的地位与府相当,旗的地位与县相当。新疆的大部分地区除去盟旗制度之外,还设有回庄制度。西藏地区则设置不少城、营作为基层管理单位。清朝与明代一样,在西北、西南设置了不少宣慰司、宣抚司、安抚司、招讨司、长官司和土府、土州、土县,统称"土司"。仍由当地少数民族的首领充当土司的首领。

清代县以下的行政组织为里甲制和保甲制。在农村,里甲制规定110户为一里,里下为甲。在城镇,里甲制则变通为坊和厢。里甲制主要是便利于征收田赋的组织。同时,清朝还实行保甲制。以每户为单位,门牌写明户籍情况。以10户为一牌,10牌为一甲,10甲为一保。保甲制与里甲制相配合,但主要是监视人民群众的组织。

清代在省与府之间,也设置过准政区性质的道。与明代一样,清代的道仍然有分守道和分巡道的区别。

(2)清朝的地方行政管理体制。清代的地方行政管理体制基本与明朝相似,只是在使地方克服权力分散、应变不力的同时,又大大加强了中央对地方行政权力的控制力度。

清朝的省,以总督或巡抚为最高长官。总督的地位比巡抚高,最初既设总督又设巡抚的省份(即督、抚同在一城内),巡抚形同虚设,一切大权均掌握在总督手中,故后来将巡抚撤掉,采用由总督兼理巡抚职责的体制。在总督或巡抚之下,最主要的佐官有主管民事、财政的布政使和主管司法的按察使。一般情况下,布政使和按察使各一人,均驻省城,但也有例外。江苏省置布政使二人,一个驻江宁,主要负责江宁、淮安、扬州、徐州四府和通州、海州两个直隶州;另一个驻苏州,主要负责苏州、松江、常州、镇江四府和太仓直隶州、海门直隶厅。这是因为江苏省民丰物阜,设两个布政使便于征收赋税。江苏省的按察使也不在省会江宁,而在苏州。除了上述最重要的佐官之外,督、抚之下还设有提督(高级武官)、学政(主持教育科举)、粮道(主管粮食)、盐道(主持一省盐政)、河道(主管水利)等等属官。

清代的道仍有两种:分守道和分巡道。前者由布政使系统派员驻守,后者由按察使系统派员巡察。两者都是省里的派出人员,不是正式的地方官。

府是清代重要的地方政权机构,起到承上启下的行政职能,长官为知府,清朝规定,知府对所属官员的犯罪行为,负有不可推卸的责任。其佐官有同知和通判等等。

厅这种政区模式,是从府衍生而来的。清朝原本规定,同治和通判办公地点可分两种:一种是与知府同衙,当然就是完全意义上的知府的佐官;另一种不与知府同衙,而是因府所辖地域较为广阔,同治或通判自己另设官署,在府辖区内府治之外的地方办公。这种与府治异地的地方,称为"厅"。由此厅也演化为一级正式的政区。但厅的最高长官却保留旧名,凡直隶厅其长官仍称作同知;凡散厅其长官称通判。

清朝的县,最高长官为知县,主持该县政务。以下设县丞、主薄、典史、巡检等官员,分掌全县政务、赋役、户籍、巡捕、诉讼、文教。有些小县不设县丞与主薄,由典史兼理所余事务。一般的情况下,县丞与知县同署办公,但也有的人口众多的县或地域较大的县,知县与县丞分署办公。例如,福建的晋江县,县丞的官署不在县城,而在石狮镇。

清朝的州有直隶州和散州之分。无论哪种州,最高长官均称知州,主持一州的政务。

清代在少数民族地区行政管理体制,与内地不同。如在新疆地区,伊犁将军为最高长官,下设参赞大臣为辅佐,在各地分派都统和副都统、大臣镇守。在内外蒙古及青海地区,设将军、都统、副都统大臣管辖。在西藏,设办事大臣、帮办大臣各一人。办事大臣是中央派驻西藏的最高长官,又称驻藏大臣,其地位按照乾隆五十八年(公元1793年)的有关西藏的《二十九条章程》规定,应与达赖和班禅平等,一切政务均由驻藏大臣全权办理。

清代少数民族地区行政管理体制,还有两点需特别指出:一是在某些少数民族地区,总体虽由将军大臣管辖,但将军大臣之下还设有一部分府、州、县,这些政区则由相邻的高层政区代管。如新疆地区,前文提及,曾在回族和汉族的聚居区设有一部分府、州、县,这些政区由甘肃省代管,而不由伊犁将军管辖。二是在西南少数民族地区清朝设置的土府、土州、土县,清朝对其实施"改土归流"。所谓"改土归流",就是逐步取消不利于中央集权的世袭制的土司制度,而改由中央委派官员前去治理(流官),在这些地区实行与内地大体相同的行政管理体制。总的说来,这种改革是有进步意义的。

清代县级以下基层组织的行政管理比过去严密得多。110里户为一里,设里长一人;里下为甲,设甲长一人。城镇地区设坊、厢长。另外,还以每收税够一万石的地域为一区,以交粮最多的地主当粮长,负责催征田赋。

基层组织的另一套系统——保甲系统管理也很严密。保设保正,牌设牌头,甲设甲长,对人民实行监督统治。

第九章　中国近现代政区地理

按照史学界的通常看法,中国近代史的起始应定在1840年,下限有的划在1919年,有的划在1949年。也有的将1919年至1949年30年的时间算作中国现代史时期。行政区划史阶段的划分与中国通史有密切关系,但也不能完全等同。基于以上考虑,本书将1840年至1949年百多年的时期统称为中国近现代时期。本章所叙述的就是这段时期中国政区地理的概况。

第一节　晚清及北洋军阀政府时期的政区

1. 晚清时期的政区及地方行政管理体制

这里所谓晚清时期,指的是1840年至1911年清朝灭亡所经历的70余年。鸦片战争之后,中国开始逐步沦为半殖民地半封建的社会,封建传统的政治体制与在外来势力压迫下封建统治者采取的某些变革措施相结合,必然会对政区设置及地方行政管理体制产生较大的影响。

(1)晚清的政区演变。1840年鸦片战争之后,清朝的行政区划发生了若干变动,主要采取了两项措施:

第一项措施,在新疆和东北地区建省。光绪九年(公元1883年),设置新疆省。新疆内部的基层管理体制也发生变化,普遍设置道、府、厅、州、县,与内地相同。全省共分为镇迪、伊塔、阿克苏、喀什噶尔四道,迪化、伊犁、温宿、焉耆、疏勒、莎车六府,库车、和阗两个直隶州,镇西、吐鲁番、哈密、库尔喀喇乌苏、塔尔巴哈台、精河、乌什、英吉沙尔八个直隶厅,另外设一个州,21个县。新疆巡抚驻迪化(今乌鲁木齐市)统辖镇迪、阿克苏、喀什噶尔三道地区,同时伊犁将军仍然保留,驻惠远城(今新疆霍城县东南)统辖伊塔道。光绪十一年(公元1885年),从福建省中析置台湾省。下设台湾、台北、台南3个府,台东直隶州,另设3个厅,11个县,巡抚驻台北。1895年《马关条约》签订后,全省割让给日本。

光绪三十三年(公元1907年),设置奉天、吉林、黑龙江三省,同时又设东三省总督统辖。三省各自设置道、府、州、县等政区。奉天巡抚驻奉天府(今辽宁沈阳市)、吉林巡抚驻吉林府(今吉林省吉林市)、黑龙江巡抚驻龙江府(今黑龙江齐齐哈尔市)。

第二项措施,在外蒙古部分地区采用新的管理体制。光绪二十二年(公元1906年),设阿尔泰办事大臣,统辖科布多西南阿尔泰乌梁海、新土尔扈特、新和硕特三部之地。

(2)晚清地方行政管理体制的变化。晚清地方行政管理体制的变化主要集中在四个方面:

1)设置南、北洋大臣。南洋大臣和北洋大臣全称为南洋通商大臣和北洋通商大臣。前者由两江总督兼任,驻上海;后者以直隶总督兼任,驻天津。两大臣仍为地方最高行政长官,但职权大为扩大,举凡外交、通商、海防、军备、关税等事务,无不在其管辖之内。

2)各级行政管理机构的新职能。比如,原在总督巡抚之下,设置布政使司和按察使司。现改设三司,增加了提学使司掌管教育行政。另将按察使司改为提法使司,除去原有职能之外,新增加了统辖本省的地方审判厅和初级审判厅。在有的省里还增设了巡警道来推动警察管理体制改革,设置劝业道来推动工商等实业发展。

3)推行地方自治。1909年1月,清政府公布《城镇乡自治章程》,规定府、州、县以及城、镇都可设置自治机构,在官府监督下推行所谓自治。

4)设置单独的城市管理机构。随着通商口岸的开辟,沿海沿江一些传统城市性质开始发生变化,随之城市管理体制也发生变化。最初是各资本主义列强在上海、天津、汉口等城市设置租界,同时设置具有地方政府性质的"工部局"、"工巡局"等管理机构。以后清政府在华界(中国人居住的非租界区)也设置上述名称的管理机构。这些行政体制上的微妙变化,为以后城市型行政区的出现打下了基础。

2. 北洋军阀政府时期的政区设置及地方行政管理体制

1911年10月10日辛亥革命爆发,清朝的统治被推翻,持续了几千年的封建帝制也一去不复返。按照资产阶级三权分立原则,建立了南京临时政府。由于中国民族资产阶级的软弱,几个月后,革命的成果被代表帝国主义和封建买办利益的袁世凯所篡夺。1912年4月,袁世凯就任中华民国临时大总统,到1928年张学良在东北易帜,承认国民党政府,这17年在中国历史上被称之为北洋军阀政府时期,简称北洋时期。这个时期的政治特征一言以蔽之:在民主共和旗帜下,行封建军事独裁之实。此时期的行政区划和地方行政管理体制也明显地表现封建传统与所谓民主共和表象杂糅在一起。

(1)北洋时期的行政区变化。北洋政府对行政区划的调整可概括为删繁就简四个字,具体的有以下几个方面:

1)省级政区调整。中华民国沿袭了清朝的疆域。北洋政府初期,共22个省:直隶省(省会天津)、奉天省(省会沈阳)、吉林省(省会吉林)、黑龙江省(省会龙江)、山东省(省会历城)、河南省(省会开封)、山西省(省会曲阳)、江苏省(省会江宁)、浙江省(省会杭州)、安徽省(省会怀宁)、江西省(省会南昌)、福建省(省会闽侯)、湖北省(省会武昌)、湖南省(省会长沙)、广东省(省会番禺)、广西省(省会邕宁)、云南省(省会昆明)、贵州省(省会贵阳)、四川省(省会成都)、陕西省(省会长安)、甘肃省(省会皋兰)、新疆省(省会迪化)。

另外顺天府(即北京附近)仍然沿袭清朝的旧制,称京师。

1914年10月,顺天府区域改称京兆地方,政区地位相当于省。

1914年4月,自四川省析出川边道及金沙江以西原昌都府等地区,设置川边特别行政区,治所在康定。特别行政区地位相当于省。

1917年7月,自内蒙古、直隶省、山西省中析置热河特别行政区、察哈尔特别行政区、绥远特别行政区。热河治承德、察哈尔借治万全(万全在直隶境内)、绥远治归绥(今呼和浩特)。

1924年,苏联归还原沙皇俄国占据的中东铁路及沿线的地方行政权。北洋政府在沿铁路两侧——即以哈尔滨为中心,东起绥芬河,西达满洲里,南达大连、旅顺,15公里范围内,设置东省特别行政区。管理机构驻哈尔滨。这也是一种特殊的相当于省级的政区形式。

2)边疆少数民族地区管理体制调整。北洋政府初期,内外蒙古、青海、西藏等地方仍维持清朝的原来管理体制,台湾省仍由日本侵占。

1911年12月,外蒙古宣布独立,1913年11月,北洋政府与俄国签订中俄《声明文件》,采取了妥协态度。1915年6月又签订《中俄蒙条约》。这些文件在认为外蒙古是中国领土一部分的前提下,承认了外蒙古的自治。随后外蒙古又取消了独立。

1914年6月,俄国出兵侵占康努乌梁海地区。

民国初年,青海改设办事长官。1915年10月裁撤青海办事长官,改设甘宁海镇守使,隶属甘肃省。

清朝由理藩院管辖的内蒙古西套二旗,1914年改归甘肃省节制。

1914年8月,撤销阿尔泰办事大臣辖区,改设阿尔泰地方,直属中央管辖。至1919年6月,又撤销阿尔泰地方,将原辖区归入新疆省管辖。

3)省以下政区调整。1913年1月,北洋政府公布《划一现行各省地方行政官厅组织令》,实行废府、厅、州,并对道、县二级区划进行调整。经过调整之后,北洋政府实际实行的是省、道、县三级政区制度。

1914年6月,北洋政府重新公布道的名单和区域,全国共设93道,与清末道的辖区相比变化不大,但名称更改的较多,同年8月,河南省的河北道治所由武陟移至汲县。10月,安徽省的安庆道与淮泗道辖境互助调整。1920年,黑龙江省增设绥兰道;新疆省增设塔城道、焉耆道、和阗道;四川省增设川边道;湖南省撤销武陵道。北洋政府时期的道与清朝的道最大的不同,是由非正式行政区变成了正式行政区。

从1914年起,北洋政府取消府一级政区;同时将原来的厅和州一律改为县。对于盟、旗制度和土司制度仍予保留。在一些新开发或改土归流的地区,准备设县但条件尚不完全成熟者,先行设置"设治局",作为县级正式政区的准备。另外,对于县级政区还进行了合并。在县级政区调整过程中,出现了大批重名的县。1914年1月,北洋政府公布更名的决定,清除了重名的现象,对后世影响较大。北洋政府时期的县,根据人口多少,地域大小,位置轻重分为三等。

至1926年底,全国共有23个省,5个特别行政区,4个地方,98个道,1 800多个县。

(2)北洋时期地方行政管理体制的变化。此时期为了适应形式的变化,地方行政管理体制与封建王朝时期相比,有了一些新的内容。

清朝省级最高长官为总督或巡抚。中华民国成立后,省级行政管理机构及其体制又发生了几次变化:

首先,实行军民分治,专门设立所谓"行政公署",作为主管省内行政的机关,由民政长作为公署的长官。但实际情况并非如此,除少数省份实施分治之外,大多数省份仍由都督兼任民政长。如果按照规定,省行政长由大总统任命,综理全省的政务,下设总务处以及内务、财政、教育、实业4个司。

1914年,北洋政府为加强集权,重新颁布了省行政管理制度的规定。将行政公署更名为"巡按使署",行政长官称"巡按使"。巡按使依据法律和规定可发布省内有效的单行的章程。巡按使设政务厅,厅以下分设总务、内务、教育、实业4科,分掌省内政务。

1916年,北洋政府又改巡按使署为省长公署,省长为省内最高行政长官。原行政公署内设的教育、实业两科予以撤销,代之以教育厅和实业厅。两厅受中央政府教育、实业两部领导,受各省省长的监督。各厅设厅长一人。

1921年6月,北洋政府又在各省设立参事会,以作为省行政的辅助机构。参事会由省长及参事12人组成,省长任参事会长。

省级行政管理机构的变革,必然使一些机构和职官退出历史舞台。撤销的职官主要有:布政使、按察使(由省级审判厅和检察厅取代)、提督、学政(由教育厅取代)、盐道(由盐业局取代)、粮道、河道(由水利局取代)、巡警道(由省会警察厅取代)、劝业道(由实业厅取代)等等。

道级行政管理机构的变化。北洋政府初期,道级行政管理机构称"观察使公署",最高长官"观察使",执掌一道的政务及省长委派的事务。公署内设秘书一人,下设内务、财政、教育、实业4科。1914年5月,改观察使为道尹,机构亦改称"道尹公署"。道尹对本道的各县长官有监督之权,但任命县的最高长官,其权力在于省长。

县的行政管理机构称"县知事公署",县的长官称"知事"。县知事之下,设秘书一人,综理全公署的政务。在一等大县,还可增设助理秘书一人,协助秘书工作。另外,分设民政、财政、教育、实业各科。在县知事公署内,还设有协助知事统领全县警察的警佐,协助知事审查案件的承审。代表县知事监督学校的视学。

比较特殊的政区类型中,其行政管理机构比较特殊。如,为正式设县而设置的设治局,其最高长官就称局长,局内也酌情设置几个科,负责当地的各项政务。

在前边提到的京兆地方,管辖北京附近的20几个县,实际上相当于一个直属中央的特别区。其最高长官援引古名,称"京兆尹"。

川边、热河、察哈尔、绥远等特别行政区,其最高长官称"都统"。都统是特别行政区的最高军政长官。

京兆地方和特别行政区的行政管理机构与省大体相同。

第二节 国民政府时期的政区

1. 国民政府统治区的政区设置及地方行政管理体制

1927年4月至1949年9月,是中国国民党以蒋介石为首的南京政府统治全中国的时期。南京国民政府,是在帝国主义和封建、买办势力扶植下建立的政权,因此,这个政权一经建立,必然要强化其反动的专制统治。但是另一方面,毕竟时代在发展,受当时世界进步潮流的冲击,南京国民政府在统治形式上不得不作一番表面的进步文章。这个政权的两面性,在行政区划和地方行政管理体制上都有不同程度的体现。

(1)国民政府时期的政区设置。此时期的政区变更,主要有以下几个方面:省级政区的变更,城市型政区的创立,其他层级政区的调整。

省级政区的变更比较复杂,可分四个阶段来叙述:

1)南京国民政府建立至抗日战争爆发前夕。1928年9月,撤销热河、察哈尔、绥远三个特别行政区,改设热河省(省会承德)、察哈尔省(省会万全)、绥远省(省会归绥)。同时撤销川边特别行政区,设置西康省(暂未实行)。1928年11月,以甘肃省宁夏道以及归属该道节制的内蒙古西套二旗(阿拉善额鲁特旗和额济纳旧土尔特旗)设立宁夏省(省会宁夏,今银川);以甘肃省所属的西宁道旧地以及原青海地方设立青海省(省会西宁)。省级政区的界线及省会所在地也作了一些调整,省级政区名称有所更换。1928年7月,撤销京兆地方,以其所属的20个县划归河北省。9月,原察哈尔特别行政区所辖的兴和道(辖丰镇、兴和、凉城、陶林4县)划归绥远省;原直隶省辖口北道(辖宣化、赤城、万全、龙关、阳原、怀安、怀来、蔚县、延庆、涿鹿等10县)划归察哈尔省。以后还有一些零星调整。1927年7月,直隶省更名为河北省;1929年2月,奉天省更名为辽宁省。1928年9月,河北省省会由天津迁往北平(原名北京,1927年7月更名),1930年12月又迁回天津,1935年6月又由天津迁往清苑。1928年江苏省省会由江宁迁往镇江。1936年10月,广西省会由邕宁迁往桂林。参见图9.1。

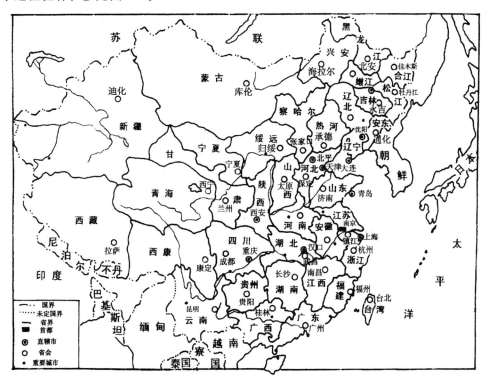

图9.1　民国政区图
(转引自程幸超,中国地方政府,中华书局香港分局,1987)

2)抗日战争时期。1938年7月,原已设立建省委员会的西康省正式设置,省会康定(最初建省委员会驻雅安,1936年10月迁该地),辖区包括先前已定的川边特别行政区及金沙江以西原昌都府等地外,又补充了四川省建昌道地区。

3)抗战胜利后至中华人民共和国成立前。1945年9月,在原伪满洲国的辖区内(详情见本章第九节第四部分)重新设置辽宁(省会沈阳)、安东(省会通化)、辽北(省会辽源)、吉林(省会吉林)、松江(省会牡丹江)、合江(省会佳木斯)、黑龙江(省会北安)、嫩江(省会齐齐哈尔)、兴安(省会海拉尔)9省。先前设置的东省特别行政区及1930年10月设置的威海卫行政区(1898年山东威海卫地区被英租借,1930年9月中国政府收回此地,设置直属中央的威海卫行政区)撤销。此期间省会亦有迁移现象:1946年,安徽省省会由怀宁迁往合肥。

4)南京国民政府时期,行政区划方面最大的变化是城市型行政区的正式确立。几千年来中国封建时代的行政区划体系之中,并无城市型行政区的地位,城市只是受传统的地方政府管辖,是传统行政区的组成部分。在南京国民政府建立以前,中国的城市型行政区仅有萌芽。

除去本书前面提到的清政府于1909年1月18日公布的《城镇乡自治章程》之外,1911年11月,辛亥革命后的江苏省临时参政会制定了《江苏暂行市制》,继续实行城乡分治。其中有关条文的规定与《城镇乡自治章程》基本相似。北方的北洋军阀政府于1914年初设立了"京都市政公所"(即北京市)。后几经反复,北洋政府于1921年公布了《市自治制》和《市自治施行细则》,其中较重要的条文是市为自治团体,为"法人";市可分为特别市和普通市。1922年6月17日和11月8日,北洋政府先后设立京都(北京)和青岛两个特别市。

尽管如此,清末至北洋政府时期的市制,还没有取得与省、县等行政区完全对等的地位,还属于市制的萌芽状态。需要特别说明的是,在北伐战争以前,孙中山领导的革命政府于1921年曾在广州市设立市政厅。1925年,广州设市。在北伐战争期间,国民政府于1926年秋也曾确定汉口为特别市。

南京国民政府建立后,城市型行政区(即建制市)最终得以确立,取得了与省、县等政区完全同样的地位。此时期城市型行政区的演变,可分为4个时期:

第一个时期,1927年6月至1928年7月。1927年6月,设置南京特别市;同年8月,设置上海特别市。1928年7月,设置北平特别市,同时撤销京兆地方(参阅前文)。同月,设置天津特别市。

第二个时期,1928年7月3日至1930年5月20日。1928年7月3日,南京国民政府公布了《特别市组织法》和《市组织法》,初步确立城市型行政区的地位,此法规定城市型行政区分两种:特别市和市(即普通市)。特别市地位相当于省,市的地位相当于县。根据此法,于1929年4月增设武汉特别市,同年6月设汉口特别市,同年5月,增设青岛特别市。1930年1月,设广州特别市,各地也增设了一批普通的县级市,如:四川的成都市,浙江的杭州市,江西的南昌市,河南的开封市等等。

第三个时期,1930年5月20日至1943年5月19日。1930年5月20日,南京政府公布了重新修订过的《市组织法》。其主要内容是:市分为两种,直属行政院的市和省所辖的市。院辖市的条件是:①首都;②人口在百万以上;③政治、经济有特殊情形的。如果已具备了后两项条件,但为省政府所在地的市则仍然应隶属于省政府,不能升为院辖市。设立省辖市的条件是:①人口在30万以上;②人口虽在20万以上,不满30万,但所收取的营业税、牌照税、土地税,每年合计占该市收入1/2以上的。市一律设市政府。市内划分内部基层区划。此法公布后不久,1930年6月12日,内政部又公布了《省市县勘界条例》,具体规定了城市型行政区与省、县等行政区划分辖界的办法。这两部法的公布,标志着中国城市型行政区正式确立。

根据这两部法,1930年6月,南京、上海改为院辖市。1930年8月,改广州为省辖市。同年12月,北平改为院辖市(1930年6月至12月为河北省辖市)。1935年5月,重庆改设院辖市。同年6月,天津改为院辖市(1930年12月以后,曾为河北省辖市)。各地均有一批城市设为省辖市。还有相当一批城市筹备设市,成立了市政筹备处等机构。

第四个时期,1934年5月19日至1949年9月30日。根据各地城市型行政区设置过程中的经验与教训,内政部重新修订了市组织法,于1943年5月19日由国民政府颁布。这次修订的内容主要集中在两个方面:一是降低了省辖市的最低人口要求;二是市行政区为一级制,即市内基层区划要么取消,要么虽保留,但不是一级政府辖区,改为市政府辅助机关的辖区。

根据新的市组织法,南京政府又对全国的市制进行了调整:如1945年9月,将从日本手中收回的旅顺口、大连湾地区改设为大连市(院辖市);将从法国手中收回的广州湾地区改设为湛江市(广东省辖);山东的威海卫行政区改设为威海卫市(山东省辖)。1947年6月,汉口、广州、西安(1932年曾公布为院辖市,但未正式成立)、沈阳均改设为院辖市。各地院辖市、省辖市的辖区有的也进行了调整。

南京国民政府对其他层级的行政区划也作了调整。南京政府初期,取消了北洋政府原先设置的道一级政区,实行省、县两级制。1930年,南京国民党政府为了围剿苏区根据地,设置了若干行政督察员,督察员的辖区称行政督察区。此制先在江西实行,以后逐渐推向全国。行政督察区是介乎于省与县之间的区划,还不能算作一级正式的行政区,其性质相当于明、清时期的道。县在此时期仍然是基本行政区,数量及性质没有大的变化。在西藏地方,其基层政区称为宗。在内蒙古基层政区仍称盟、旗。南京国民政府在一些地方(主要是比较落后的少数民族聚居区)设有设治局;在少数有特殊意义的地方设管理局(如四川省的北碚管理局)。

在县以下,视情况划分为区、乡、镇,再向下分为保、甲。县以下一般情况下划分为镇和乡,区只是在县面积过大时才将其施加于乡、镇之上。一般情形之下,每区辖15乡、镇至30乡、镇。每个乡或镇辖6至10个保,最多不超过15个保。每保辖6至15个甲。

按照1930年市组织法的规定,城市型行政区的内部,也可以划分基层政区,一般来说可分为区、坊、闾、邻4级。5户为一邻,5邻为一闾,20闾为一坊,10坊为一区。每个市可视辖区大小划分为若干个区。以后关于市内部基层政区划分又曾多次修订。

(2)南京国民政府时期的地方行政管理体制。南京国民政府时期,地方行政管理体制有了较大的变化,此时期的地方政府,一方面贯彻国民党的"党治主义",另一方面形式上也吸取了西方资产阶级民主制的形式,以便对其专制主义的实质加以遮掩。

省级地方政府为省政府委员会,委员由国民党中央简任,由7至11人组成,任期不定。省政府主席也是委员之一,最初由省政府委员中互相推选产生,后改为由国民政府任命。

省政府主席的职权如下:召集省政府委员会;代表省政府,执行省政府委员会的决议案;代表省政府监督各行政机关执行职务的情况;处理省政府日常及紧急事务。

省政府委员会会议应对下列事项作出决议:①关于发布命令事项;②停止或撤销省各机关及县市政府的决定;③建议中央变更人民负担事项;④关于地方区变更;⑤关于省内的预算或决算;⑥关于省内公产或公营事业的处理;⑦关于省内行政设施变更;⑧关于省政府所属全省一定级别公务员和其他机关主管人员的任免事项;⑨关于省内治安及军事防务事项;⑩关于地方自治监督;⑪关于提出省参议会的议案事项;⑫关于主席或其他委员提议事项。

省政府的组织机构,据《省政府组织法》规定,大体上设有以下诸项:秘书处、民政厅、财政厅、教育厅、建设厅、保安厅、卫生厅、社会处、人事处、会计处、统计处、水利局、地政局、粮政局等等。还可根据具体情况设置其他临时机构。各厅、局、处之下一般分设科、室,分别办理各项行政工作。秘书处的秘书长或由省政府委员兼任或不由委员兼任。各厅厅长均由委员兼任。各厅、局长中,厅长的地位较高,可单独向上、下机关行文,不必经过省政府主席。后因政府主席对此制度不满,有的省改行各厅、处、局合署办公的办法。这种办法最重要的变更就是,所有机关(各厅、处、局)不能直接对外,凡对上级机关的呈文或对下级机关的命令一律以省政府主席的名义发出,各厅、处、局长只能副署。这种体制当然又引起了各机构长官的不满,主张改革,直至国民党政权被推翻,问题也未得以完全解决。行政督察区的行政管理体制,曾经过一番演变,根据1934年颁布的《行政督察专员公署暂行组织条例》,行政督察专员区的名称,以数目来表示,管理机构称"××省第×区行政督察专员公署",为省政府的派出机构。专员兼任本区保安司令及驻地县长(1937年11月又重新规定不兼县长)。公署中设秘书室、民政科、财政科、教育科、建设科,与省政府厅、局、处一致,各科设科长。公署专员的职权主要有以下数项:①辖区各县行政计划或中心工作的审核和统筹;②辖区内各县的预算和决算的审核;③各县单行法规的审核;④辖区内各县地方行政及自治工作的巡察和指导;⑤各县行政人员业绩考核及奖惩;⑥处理辖区内各县之间的权限纠纷;⑦执行省政府交办的事项;⑧制定本区内实行的法规。

根据1939年9月19日国民政府公布的《县各级组织纲要》,县的行政管理体制如下:县为地方自治单位,为法人。县长为最高行政长官,由上级政府指派。县长在省政府的监督下办理全县自治事项及受省政府指挥执行中央及省委托办理的事项。县政府秘书及民政、教育、建设、军事、地政、社会、粮政等科,各科设科长一人。县政府的县政会议每两周开会一次,由县长任主席,秘书及科长等出席,议决有关县政的重大事项。

关于市行政管理体制,根据1930年公布的市组织法,市设市政府,负责执行上级政府委办的事项,办理地方自治,并可在不与中央和上级政府法令相抵触的前提下,单独颁布在市行政辖区内实行的法令。市长为市政府最高的行政长官。下设若干局或科,分掌民政、财务、教育、建设、警察、卫生等事务。设局或科,由中央行政院根据市的行政事务多寡而择定。行政院辖市设秘书长一人,参事一至二人。省辖市则设秘书主任一人。市政府会议由市长、秘书长(秘书主任)、参事、局长(或科长)、主办会计人员组成,由市长任主席。

县、市以下行政区的行政管理体制简述如下:

区公所或称区公署是县政府的辅助机关,代表县政府督导各乡(镇)的各项行政、自治事务。公所设区长一人,按规定应由区内民选,县政府呈报省民政厅备案,但实际是由省民政厅委任。之下设指导员2至5人,分掌民政、财政、建设、教育、军事等事项。所在地的警察机构,受区长指挥。另外还聘请区内较有声誉的人士组成建设委员会,由区长任委员会主席,作为区内的研究、设计、咨询机构。

乡或镇公所为县下的基层行政组织。设乡或镇长一人至二人,副乡(镇)长一至二人。正副乡(镇)长均由选举产生。下设民政、警卫、经济、文化等股,各股设股长主任一人。另设乡(镇)务会议,以乡(镇)长为主席,各股主任、干事为成员。

保甲制度是国民党政府设于最基层政权组织,以户为单位,设户长一人;10户为一甲,设甲长,10甲为一保,设保长。相邻各保设"保长联合办公室"(联保),一个联保单位设主任一人和秘书一至二人。保甲制度是国民党政权最基层的统治网。

城市型行政区内部基层区划的行政管理体制,依照1930年市组织法的规定,区设区公所,设区长一人,由区民大会选举产生。区公所负责行使各项行政权。坊设坊公所,坊长由坊民大会选举产生。闾或邻亦设居民会议,选举产生闾长或邻长。闾长或邻长负责执行上级交办的事务及闾、邻内的自治事务。

其他地方行政管理体制不是此时地方行政管理体制的主体,这里择要叙述如下:设治局是此时期设于边远落后地区的县级过渡性质的政府机构。据1931年6月公布的《设治局组织条例》,可看出设治局组织形式比一般的县政府简单。只设局长一人,佐理员若干人。不设县民大会以及地方基层组织。盟、旗制度仍在内蒙古实行。盟直属于行政院,下设若干旗。盟设盟长、副盟长,管理所辖地区事务。旗隶属于盟(特别旗直属行政院),旗政府设"扎萨克"(执政官)处理地方事务。

2. 革命根据地以及其他地区的政区划分及行政管理体制

南京国民政府执政的22年,实际上没有真正统一过全中国。为了反抗国民党的反动统治,中国共产党领导的各个时期的革命根据地始终存在,并构成了此时期中国行政区划及地方行政管理体制的重要组成部分。另外,在日本帝国主义扶持之下,1932年3月至1945年8月存在于我国东北地区的伪满洲国,在行政区划方面也进行过若干变更。因此,在叙述南京国民政府统治时期的行政区划及地方行政管理体制变迁时,似不应忽略这些事实。

(1)革命根据地的政区设置及内部基层行政管理体制。这里分土地革命时期,抗日战争时期和解放战争时期三个历史阶段叙述革命根据地政区设置及内部基层行政管理概况。

1)土地革命时期。以蒋介石为首的国民党反动派背叛革命后,中国共产党人在十几个省份不断发动武装起义。从1927年8月1日南昌起义到红军长征北上至陕北,共产党人先后建立大小10余块革命根据地。先后建立政权的有江西省、福建省、湘赣省、闽浙赣省、湘鄂赣省、闽赣省、粤赣省、鄂豫省、川陕省、湘鄂西省、陕北省、陕甘省苏维埃政府,建立过湘鄂川黔省革命委员会,建立过东江、右江、琼崖、闽东等苏维埃政府,还建立过左江革命委员会。

1931年11月还曾在中央苏区成立了工农民主政权的中央政府。下面仅将中央工农民主政府成立后工农民主政权的地方行政区划及管理体制略作介绍。

工农民主政权管辖下的各革命根据地行政区划分为省、县、区、乡(市)4级。省级政区如上所述,县级政区名目不再一一列举。省、县、区三级政区的政权机关组织形式基本相同,均设有执行委员会,由同级苏维埃代表大会选举产生,再由执行委员会选举主席团以及正副主席。执行委员会下设土地、财政、劳动、军事、工农检察、内务、文化、卫生、粮食、裁判等部以及总务处。各部亦设委员会,部长为委员会主席。每部委员会设委员3至9人,由政府执行委员会委任。

市和乡苏维埃是工农民主政权的基层政权组织。由选民选举产生。乡苏维埃只设主席一人,大乡可增设副主席一人。主席之下不再分科,由乡苏维埃全权处理乡内各项事务。

城市苏维埃与乡不同,最初规定,要由苏维埃代表会选出主席团,再由主席团选出正副主席各一人。城市苏维埃之下还要分设内务、劳动、文化、军事、卫生、粮食、工农检察、土地、裁判等科以及总务处,分管各项工作。

1933年12月,颁布了《中华苏维埃共和国地方苏维埃暂行组织法(草案)》,对基层政权建设作出了若干新的规定,主要有以下几项:

市之下可以划分若干"市区"(不包括人口在4 000以下及区属的市)。市区设立苏维埃。市苏维埃开始设置执行委员会,执行委员会再选举主席团作为执委会闭会期间全市的最高的政权机构。

乡苏维埃也增设了主席团,作为乡苏维埃代表会议闭会期间全乡的最高权力机关。

在地方苏维埃政权机构方面,规范了各级执委会的工作部门以及上下级的关系,健全了地方苏维埃政府的职能。

对于新区临时政权机关的革命委员会,在建立方式、方法、组织机构及其职能等方面也得到了进一步的规范。

2)抗日战争时期。抗日战争时期,中国共产党取得了合法的地位,党所领导的各抗日根据地也随之取得了合法的地位。抗日民主根据地的行政区划,一般划分为以下各个层级。

边区。是各抗日根据地最高一级的行政区划。边区只是一种泛称。整个抗战时期共设置有陕甘宁边区、晋冀鲁豫边区、晋察冀边区、山东战时行政委员等等。边区相当于省一级政区。

行署。是边区之下的政区层级。行署又分为两类,一类是边区之下的真正的一级政区;另一种则是作为边区政府代表机关的辖区。第二类行署可以晋察冀边区为例。这种行署最初称政治主任公署。1938年4～5月间,先后设置冀西、冀中两个政治主任公署。不久,因形势变化,冀西政治主任公署撤销,改建专署,冀中则改为行署。后来逐渐发展为晋察冀边区共划分为冀晋、冀察、冀中和冀热辽四个行署。

专署。全称"行政督察专员公署"。作为边区政府代表机关的辖区,各抗日根据地都设置这种区划。专署依据边区(晋察冀边区之下还设有行署,多一层级)的指示,指导辖区内各县(市)的政务。专署的辖区大小不等,陕甘宁边区规定,两个县以上的地方便可设置专署。专署也有作为正式行政区划的,如山东的鲁南区的专署就是作为县之上的正式行政区。专署也有别称,如山东的滨海、华中的鄂豫皖等地就称"某某办事处"、"某某区各县联合办事处"。

县。各抗日根据地均把县作为基本的行政区划。与县级政区相当的,还有联合县、市、行政委员会等等。

区。是县或市政府派出机关的辖区,一般不是正式的行政区划。但是在晋察冀边区、山东区和华东等地的一些根据地中也曾设置过作为正式行政区划的区。在有些地区不称区,而称"联乡"或"中心乡"。

乡。在各抗日根据地均为县以下的一级政区。

另外,在陕甘宁边区,乡之下还设有行政村,行政村下为自然村。

下面对抗日战争时期各根据地的行政管理体制分级简述:

边区政府仅以陕甘宁边区为例。该边区设政府委员会,由13人组成,并选举正、副主席各一人。主席对外代表政府,对内主持边区政府委员会会议,执行委员会的决议,监督边区行政机关执行政务。边区政府设秘书处、民政厅、教育厅、建设厅、保安司令部、保安处、审计处等等。

边区以下的共分行署、专署、县、区、乡(市)等级政府。

行署可分两种,作为正式行政行署的行政管理机构,其组织和行政体制与边区政府略同。另一种则作为边区政府的派出机构。后一种行署设正、副主任,由边区政府任命。工作部门与边区政府大体相对应,不同的是工作部门一般称处。

专署设专员一人,必要时可设副专员。专署工作部门一般称科,如民政科、财政科、教育科、建设科、粮食科、保安科等等。

县设县长1人。工作部门与上级政府机构相对应,如民政科、财政科等等。也有的地区以数字排列,如陕甘宁边区的县,设第1至第5科,分别管理民政、财政、教育、建设、粮食等各方面的事务。

区的管理机构称区公所或区公署,设区长1人,另设助理员3至5人,人民武装大队长、教导员各1人,治安员1人。区公所或区公署在县政府领导下综理全区政务。

乡(市)的政权机构各地不同。如陕甘宁边区设乡(市)政府,政府由政府委员组成。设乡(市)长1人。政府下设优待救济、文化促进、经济建设、锄奸、卫生保育、人民仲裁等委员会,必要时还可设置其他临时性的委员会。各委员会主任及委员由乡(市)政府聘任。

3)解放战争时期。解放战争时期各解放区的政区划分以及所实行的行政管理体制,是抗日战争时期各根据地在新的条件下的发展。这个时期的特点是,战争进程很快,因此各解放区的范围也处于不断变动之中。这里仅介绍1946年以后东北、华北、西北、中原、内蒙古等地解放区的政区划分及行政管理体制。

东北解放区。抗战胜利后,东北成为中国共产党与国民党反动政府争夺的战略重地,该地区行政区划变动较大。至1949年4月,全地区划分为辽东、辽西、吉林、黑龙江、松江、热河6个省和沈阳、抚顺、鞍山、本溪4个直辖市。

华北解放区。1948年5月20日将原来的晋察冀边区和晋冀鲁豫边区合为一体。据1949年8月统计,该地区共有河北、山西、察哈尔、绥远、平原5省和北平、天津两个直辖市。

西北区。1949年2月8日,将陕甘宁边区与晋绥边区合并,仍称陕甘宁边区。晋绥边区行政公署撤销,分设晋南、晋西北两行政公署,直属边区政府。据1949年4月统计,陕甘宁边区(西北解放区)共辖有晋南、晋西北、陕北三个行署。

中原解放区。至1948年底,中原解放区共辖有豫皖苏、豫西、鄂豫西、桐柏、江汉、陕南7个行署。1949年3月3日,将全解放区改划为河南省和鄂豫、江汉、陕南3个行署区。

内蒙古自治区。中国共产党自成立之日起,一贯关心少数民族地区的革命斗争。抗战胜利之后,1945年底,内蒙古人民在张家口成立了内蒙古(西蒙)自治运动联合会;1946年初,在东蒙成立了东蒙古自治政府。在东西蒙代表同意联合的基础上,于1947年5月1日,成立了内蒙古自治区,成为中国人民民主政权辖区的组成部分。自治区之下,设盟、县、旗、市和努克图(意为"农业区")、苏木(意为"牧业区")、嘎查、巴格(两者均意为"行政村";在农业区称嘎查,在牧业区称巴格)。

随着人民解放战争的胜利,在解放了的城市中,最初一律采取军事管制制度,这对于稳定居民情绪,恢复生产和社会秩序,起到了积极的作用。

(2) 伪满洲国的政区设置及地方行政管理体制。伪满洲国自1932年3月"建国",到1945年8月灭亡,存在了14年,管辖我国东北大部分地区。其地方行政设置在1945年以后,还产生了一定的影响。

1932年3月伪满洲国建立后,日本帝国主义十分惧怕地方势力发展,因而实行高度的"中央"集权。在它的版图之内,辽宁、吉林、黑龙江以及热河4省,还仍然保留,但是在体制上也作了一番变动。一是由伪满中央机构的汉奸总长兼任各省省长,如根据1932年3月9日公布的任命,民政部总长兼任奉天(辽宁)省省长,财政部总长兼任吉林省省长,军政部总长兼任黑龙江省省长,参议府副议长兼任热河省省长。二是模拟伪中央机构的作法,各省省长之下设总务厅,由日本人任厅长,这是真正的实权机构。

伪满政府还把原省政府改为省公署。

1934年10月1日,伪满政府对省制进行了改革,将原来的4个省析为14个省,即奉天省、滨江省、吉林省、龙江省、三江省、间岛省、安东省、锦州省、热河省、黑河省、兴安东省、兴安南省、兴安西省、兴安北省。

"七·七"事变后,日本帝国主义对伪满洲国进一步实行"分治"政策,于1937年增设通化省和牡丹江省,1939年增设东安省和北安省,1941年增设四平省。

伪满洲国省最多时为19个。

伪满洲国初期设置了新京(今沈阳市)和哈尔滨两个特别市。还设置了中东省特别区专门管理中东铁路沿线地区。后哈尔滨改为普通市。

省之上的区划为"总省",这在伪满洲国政区体系中颇为特殊。其原因是,太平洋战争爆发后,日本帝国主义把伪满洲国作为进一步扩大战争的基地,特别是其北部和东西两面边境,更是战争准备的第一线。为了加强统治,协调地方事权,伪满洲国设置两个总省,省长由日本人担任。两个总省为:东满总省,辖牡丹江、间岛、东安三省;兴安总省,辖兴安东、兴安西、兴安南、兴安北四省。

省之下的政区为县(旗)、市。这些政区一般仍袭其旧,没有大的变更。

在1936年以前,伪满洲国县、市之下仍然沿用民国时期的街、村制度,街和村分别是城镇地区和乡村地区的基层政区。自1936年始,开始实行经过改造的所谓"暂行街村制度"。街成为次于市的城镇型政区的通名,村是所谓部落的结合。两种基层政区和过去相比,在性质和划分两方面都有了很大的变化。

第十章　中国当代政区地理

当代政区地理的概念,指的是1949年10月1日中华人民共和国成立之后,至1997年底的中国行政区划和地方行政管理体制的演变过程及其主要特征。中国当代的行政区划,经过几十年的不断发展和完善,已经形成完整体系。从行政区划管辖的地域性特征来划分,可分为地域型政区和城市型政区;如果从行政区划的政治性特征来分,又可分为普通型政区和特殊类型政区;如果从行政区划管辖的民族性特征来分,还可分为民族自治型和非民族自治型政区。我国的行政区划体系在发挥着巨大作用的同时,还在随着社会主义市场经济体制的确立而不断调整,以便更加适应社会经济基础的需要。本章仅从地域政区、城市型政区、民族自治型政区和特殊类型政区4个方面简述我国当代政区的演变及其特征。

截止到1996年12月31日,中国行政区划体系简况见本书上篇表2.1。

第一节　中国当代的地域型政区

1. 地域型行政区及地域型行政区的行政管理体制的演变

在行政区体系之中,中国当代地域型行政区和它的行政管理体制,是变化比较大的一类。

(1)当代地域型政区的演变。地域型政区的演变大致可分为4个时期:

1)建国至1954年6月前。建国以前至建国初期,先后建立了东北、华北、西北、华东、中南、西南6大行政区,大行政区是在省级政区之上的最高一级行政区划。

东北行政区是1949年3月设置的,下辖辽东、辽西、吉林、黑龙江、松江、热河6个省和沈阳、抚顺、鞍山、本溪4市以及旅大行署。

华北行政区是在全国解放前即已合并的晋冀鲁豫边区和晋察冀边区的基础上形成的。华北行政区下辖河北、山西、察哈尔、绥远、平原5省和北平、天津两个市。

西北行政区设置于1950年1月,下辖陕西、甘肃、宁夏、青海、新疆5个省和西安市。

华东行政区设置于1950年2月,下辖山东、浙江、福建、台湾4个省和苏北、苏南、皖北、皖南4个行署区以及上海、南京两个市。

中南行政区也是1950年2月和华东行政区同时设置的,下辖河南、湖北、江西、湖南、广东、广西6个省。

西南行政区设置于1950年7月、下辖西康、贵州、云南3个省和川东、川西、川南、川北4个行署区以及重庆市。

6大行政区在1952年以前为最高级正式行政区域,1952年以后,不再是正式行政区域,而改为中央政府派出机关的辖区。

此时期,还将省级地域型政区进行了一番调整。建国初,设30个省(含台湾省)、一个地方(西藏)、一个地区(昌都)、一个自治区(内蒙古)、5个行署区(旅大、皖南、皖北、苏南、苏北)。1950年,撤销四川省。同时设立川南、川北、川东、川西4个行署区;撤销旅大行署区。

图10.1　中华人民共和国政区简图
(根据中华人民共和国民政部编,1998,中华人民共和国行政区划简册,中国地图出版社)

1952年,撤销了上述8个行署区,重新设立江苏、安徽、四川三省。

省级以下地域型政区主要有县和乡。至1952年底,全国共设有2 039个县;至1954年,全国共有21.8万个乡。另外,省和县之间,又设有省政府派出机构的辖区——专区。1949年底,全国共有195个专区,1951年增至201个,1952年又减为163个。县与乡之间,又设置区。区分为两类:一类为正式的行政区;另一类为县政府派出机构的辖区。至1952年底,全国共设有18 144个县辖区。

2) 1954年6月至1966年5月。此时期的地域型政区经过调整后进入基本定型的阶段。

1954年6月,中央决定撤销大行政区。同年,配合撤销大行政区,对省级政区作了调整。撤销宁夏省,将其原辖地并入甘肃省;撤销绥远省,将其原辖地并入内蒙古自治区;将辽西、辽东两省撤销,把两省原辖地合并设置辽宁省;撤销松江省,将其原辖地并入黑龙江省。

1955年7月,撤销热河、西康两省,其原辖地分别并入其他省。

此时期省以下的地域型政区也有所变化。首先,专区的数量增减不定,1957年底减为140个,1958年底121个。至1965年底,又增到168个。区在1954年以后,全部明确定为县政府派出机构的辖区,1955年底,县辖区降为14 959个。后因推行县直接辖乡(镇)制,乡的规模随之扩大,区的数量骤减。至1957年底,全国共有县辖区仅8 505个。1958年以后,全国大部分地区取消了县辖区。

乡在1954年以后,被确定为农村的基层行政区域。1955年至1956年,在全国范围内对乡进行了调整(主要是合并)。至1957年底为止,全国共设95 843个乡。1958年以后,推行人民公社制度,实行政社合一,遂在全国范围内取消了乡级政区,以人民公社替代原来的乡。1958年底共设有26 593个人民公社。

3) 1966年5月至1976年底。行政区划处于不正常状态。此时期属于省级地域型政区的变化,是辽宁、吉林、黑龙江、甘肃、宁夏5个省区分别与内蒙古自治区调整了辖界,1969年7月,内蒙古东部3个盟、西部3个旗分别划归上述各省区。另外,自60年代末始,各地纷纷将原来的专区改为地区,并设立地方政府,地区开始演变为与县之间的一级正式行政区划。1975年的宪法对此予以确认,明确地区为一级正式政区。至1975年底,全国共设有173个地区。

4) 1977年至今。行政区划工作逐步进入正常发展阶段。此时期,省级地域型政区的变更主要涉及辽宁、吉林、黑龙江、甘肃、宁夏、内蒙古、广东、四川、海南等省区。

1979年5月30日,经党中央和国务院批准,内蒙古自治区恢复1969年7月以前的辖区,同时,辽宁等5个省区辖界亦恢复原貌。1984年5月,为适应海南岛的建设开发需要,将原来广东省政府派出机构——海南行政公署管辖区改为正式行政区,属广东省管辖,其地位介于省与县之间,为副省级。1988年4月,经全国人大批准,设立海南省,原海南行政区撤销。1997年3月14日由于重庆直辖市设立,四川省原辖的重庆市、万县市、涪陵市和黔江地区不属四川省所辖。

此时期省级以下地域型政区的变化主要涉及地区和人民公社。1978年颁布的宪法规定地区不再是一级正式行政区域。自1983年开始,随着地、市合并的推行,地区数量骤减,至1994年底,全国地区为89个,1996年底,全国共设地区79个。1982年,五届全国人大第五次会议通过的宪法规定,人民公社不再是一级政区,其地位仍被乡取代,至1985年2月,全国范围内撤社设乡的工作全部完成。

在这里值得一提的是镇。镇作为与乡同级的一级政区,广泛分布于全国的农村和城乡结合部,是农村商业、手工业和工业较为集中之地。1949年10月1日以来,镇的变化相当大。1953年以前,相当于县、区、乡的镇同时存在,1954年宪法明确了镇与乡并存的体制。1958年以后,镇的演变与乡大致相同。

(2) 当代地域型政区行政管理体制的演变。以下对各级行政区的行政管理体制演变过程依据由高层到低层的顺序予以简述。

解放初期的6个大行政区分别设立人民政府或军政委员会。设人民政府的大区仅有东北,其余均设军政委员会。无论是人民政府还是军政委员会,均设主席1人、副主席若干人、委员若干人,均由中央人民政府任命。各大区工作机构的设置不尽相同,一般设有民政、公安、财政、商业、工业、农业、水利、交通、邮电、劳动、人事、文教、卫生、司法等部,体育运动、民族事务、人民监察等委员会。

华北行政区情况特殊,自1949年10月1日中央人民政府成立,华北人民政府即告结束。1950年,中央政府成立华北事务部,负责处理该行政区的各种事务。

自1952年11月5日始,各大行政区一律改设行政委员会,作为中央政府的代表机构,不再是一级地方政权了。其行政机构相应缩小,只设民政、公安、财政等局。

省级政区在建国初期一律设省政府。省政府设主席1人,副主席一般2人,均由中央人民政府任命。省人民政府不实行委员制。省人民政府除设秘书处外,一般还设有民政、公安、财政、工业、商业、农业、水利、交通、司法、教育、卫生等厅,文化、劳动、人事等局,新闻、出版等处,另外还设有体育运动委员会、民族事务委员会和人民监察委员会分管全省行政事务。

与省相当的行署区,不设人民政府而设行政公署。公署设主任、副主任,其余机构均与省同。

1954年颁布的《中华人民共和国宪法》规定,地方人民政府无论哪一级,一律改称"人民委员会"。此时省政府即改称省人民委员会。人民委员会由省长1人、副省长若干人组成。其余职能部门均无大的变化。

在文化大革命中,各级地方政府改称"革命委员会"。这种名称在1975年的宪法中得到确认。宪法规定革命委员会就是各级地方政府,如省革命委员会就是省政府。革命委员会由主任1人,副主任若干人,委员若干人(可设常委)组成。各个政府工作部门一般称"某某组"。1982年修订的宪法取消了"革命委员会",各级地方政府的组成及名称又恢复了1954年宪法的规定。

解放初期的县设县人民政府,置县长1人,副县长1至2人。以下设秘书室、民政、财政、教育、卫生、农业、水利等科以及公安局。1954年始,县亦设人民委员会,其组成与省大体相同。文化大革命中及1982年以后的变化与省略同。

解放初期乡政府设乡长、副乡长。政府的工作干部按一人一职的原则设立,一般设有民政、司法、财政、文教卫生、计划生育、生产建设、村镇建设等助理员和文书各1人。1958年后全国普遍撤销乡政府,而改设政社合一的公社管理委员会,公社既是基层政权组织,又是集体经济组织。1982年宪法重新规定乡为农村基层政权组织,至1985年2月,全国范围内完成了重建乡政权的工作。

从行政体制看,镇政府的职权与乡政府基本一致,但是镇政府对经济的管理权,尤其是对工商业管理权的运用较乡政府表现的更为突出。

2. 地域型行政区及其管理体制的特点

中国地域型行政区的特点与行政管理体制的特点是相互联系的,现分述如下:

(1)地域型行政区的特点。中国当代地域型行政区最突出的特点有两个,一是实、虚结合,二是动、定结合。

1)实、虚结合。在地域型行政区体系中,省、县、乡为实级,地区(省的派出机构的辖区)、区(县的派出机构的辖区)为虚级。实级为正式的行政区,虚级为准行政区。

2)动、定结合。中国的地域型政区中县是相对稳定的,新中国成立以来,县级政区在辖界、名称(改为县级市的除外)两方面均比较稳定。除此之外,其他各级政区均变化较大。解放初设置的大行政区不久即行撤销,省级政区也纷纷合并。省县之间先是称专区,后又改称地区,现在地区又逐渐与地级市合并为一体。县乡之间的区现在也趋于衰落。乡在解放初期存在,后与人民公社合并,1985年后又重新设置乡,置罢合分变化相当大。

(2)地域型行政区管理体制的特点。地域型行政区管理体制最为突出的特点是虚实难分。所谓的实,如前所述,指的是省、县、乡(镇)。其行政管理体制与虚级的地区、区相差不明显。两级虚级行政区无论从机构设置、管理职能、管理范围等方面都与实政区没有多少差异。以省和地区为例:

省人民政府的各个行政机构大约在50个左右。除办公机构外,其他行政机构可分为几类:①政治与行政综合管理机构,如监察、民政、公安、司法、国家安全、外事、人事、编制、民族事务、宗教事务、侨务、机关事务等机构;②财政经济综合管理机构,如计划、经济、外贸、审计、财政、劳动、税务、统计、物价、城乡建设、环境保护等机构;③财政经济行业管理机构,如冶金、化工、机械工业、机电工业、纺织工业、物资、农业、林业、水利、粮食、商业、工商行政等机构;④科教文卫管理机构,如科技、体育、计划生育、教育、卫生、文化、广电、新闻出版等机构。

地区是省级人民政府的派出机关,但在实际中地区的行政公署大多发挥着一级行政组织实体的作用,并且也拥有一级行政组织实体的工作机构。工作部门也在40～50个之间,多与省级政府的工作部门相对应,完全具备了一级行政组织实体的规模。

第二节　中国当代城市型政区

1. 城市型行政区及其行政管理体制的演变

中华人民共和国成立后,社会经济面貌发生了翻天覆地的变化,城市化有了很大的发展,因而城市型行政区也随之有了较快的发展。划分其演变过程,可按5个阶段叙述。

(1)当代城市型行政区的演变。5个演变阶段如下:1950至1957年为健康发展期;1958至1965年为起伏发展期;1966至1976年为停滞期;1977至1985年为恢复发展期;1986至1997年为迅速发展期。

1950至1957年是中国社会经济制度发生根本变革的时期,城市在经济制度变革时期的作用尤为巨大。1955年6月国务院颁布了《关于设置市、镇建制的决定》,这个文件强调了城市设置与人口、经济、政治、军事诸方面因素的关系,同时还特别强调了市的行政地位和隶属关系。自1949至1957年9年中,累计新设各级城市(建制市,下同)71个,主要分布在湖南、四川、河南、云南、甘肃、黑龙江、内蒙古、山西、河北、安徽、福建等广大中西部省区。1958至1965年实际可以再分为两个小阶段:1958至1960年由于大炼钢铁和人民公社运动的影响,3年中增设44个城市。第二个阶段指3年自然灾害及其以后的恢复时期。1962年国务院作出了调整市镇建制的决定,1963年又颁布了新的市镇设置标准。此时期中国城市人口比重下降,至1965年底城市总数下降为169个,与1957年相比还减少了7个城市。

1966至1976年是中国"文化大革命"时期,城市体系处于停滞不前的状态下,11年中累计新城市仅21个,撤销城市1个,合并城市1个。

1977至1985年随着改革开放的进展,中国的经济形势发生了深刻的变化,城市设置也进入恢复发展时期,市领导县的新体制也形成了。1977至1985年底,累计新城市139个,其中湖南、山东、新疆、浙江、湖北、四川、甘肃等省区城市较多。至1985年底,中国已有设市城市324个。

1986至1997年是中国城市型行政区迅速发展时期,原因主要在于东部沿海地带经济持续发展,特别是1992年国家由计划经济向社会主义市场经济转型,资本、土地、劳动力和技术等生产要素发挥越来越重要的作用,农村剩余劳动力大量转移到非农业生产领域,因而设市标准扩大了非农业人口的范围,设市模式也改为以整县改市为主。广东、山东、江苏、浙江、河北等沿海等省区新设的城市数量最多。至1996年底,全国设市城市达663个。1997年7月,又增设重庆直辖市。

(2)当代城市型行政区行政管理体制的演变。在中华人民共和国成立前后一段时期,为了把旧城市改造成人民的新城市,城市的行政管理体制一律实行军事管制体制。实行军事管制的城市,设立军事管制委员会。军事管制委员会在中国人民解放军总部或军区及前线司令部的领导下,作为该管区内军事时期统一的军政最高领导机关。军事管制委员会的组织机构一般设正副主任各1人,委员会下设警备司令部、纠察总队部、市政府、物资接管委员会、文化接管委员会。此外还设秘书长,秘书长下设秘书、行政两个处和供给部,负责处理军管会对内对外一切日常工作及联络供给事项。军事管制委员会在建国后还保存了一段时间,直至秩序稳定后市政府开始行使权力为止,军事管制委员会才完成了它的历史使命。

以后,城市型行政区的管理体制分别与省、专区(地区)、县等政区的行政管理体制大致相同,只不过任何行政等级的城市,其行政管理机构均为国家正式的地方政府,不存在作为上级政府派出机构的现象。

2. 当代城市型行政区及其行政管理体制的特点与作用

城市型行政区是作为地域型行政区的对立面存在的,所以毕竟在政区模式、体系及行政管理体制上具备与地域型政区不同的特点。

(1)当代城市型行政区的特点。中国当代城市型行政区的特点主要集中在以下二方面。

1)多角度分类。中国当代城市型行政区的地位可以有几种划分的方法。

按法律地位分为3类:直辖市,设区的市,不设区的市。

按行政地位分为3类:直辖市,相当于省级;地级市,相当于自治州或地区一级;县级市,相当于县一级。

按市内的最高行政机构分为5类:首都(即北京市);省级机关所在地的市;副省级机关所在地的市(即新疆维吾尔自治区伊犁哈萨克自治州首府伊宁市);地级行政机关所在地的市;县级行政机构所在地的市。

按市所隶属的行政机构可分为3类:国务院直辖的市;省、自治区管辖的市;自治州管辖的市。

按特殊行政地位划分可分为6类:①国家计划单列市,国务院先后批准沈阳、大连、长春、哈尔滨、南京、宁波、厦门、青岛、武汉、广州、深圳、成都、重庆、西安14个市为国家计划单列市,赋予上述市相当于省级的经济管理权限;②较大的市,1984年12月15日,国务院批准河北省唐山市,山西省大同市,内蒙古自治区包头市,辽宁省大连市、鞍山市、抚顺市,吉林省吉林市,黑龙江省齐齐哈尔市,江苏省无锡市,安徽省淮南市,山东省青岛市,河南省洛阳市,四川省重庆市共13个市为较大的市,这些市的人民代表大会可以依法拟定本市区域内需要的地方性法规草案;③经济特区市,1980年8月,第五届全国人民代表大会第15次会议决定,福建省厦门市,广东省深圳、珠海、汕头市为经济特区市,这4个城市均为地级市;④沿海对外开放市,中共中央和国务院于1984年5月批准辽宁省大连市,河北省秦皇岛市,山东省青岛市、烟台市,江苏省连云港市、南通市,浙江省宁波市、温州市,福建省福州市,广东省广州市、湛江市,广西壮族自治区北海市,以及上海市、天津市共14个城市为沿海对外开放市。以后国务院又陆续批准山东威海市等一批市为沿海开放市;⑤管县的市,由4个直辖市和一批地级市构成,分别领导县、自治县、旗和特区;⑥经济体制综合改革试点城市,1981～1989年,国务院和各省、自治区先后批准72个城市为经济体制综合改革试点城市,其中国务院批准的8个:沙市、常州、重庆、武汉、沈阳、南京、大连、青岛,各省、自治区批准的有石家庄、邯郸、唐山、秦皇岛等64个城市。

2)辖区结构多为广域型。主要是指城市型行政区范围内市区面积(含郊区)在市行政区总面积中所占比例较低。

以直辖市为例。上海市行政区域总面积6 341平方公里,市区面积749平方公里,其中中心区面积278平方公里。市区面积占市行政面积的11%强。中心面积占总面积的0.4%。重庆市行政区域面积82 000平方公里,市区面积1 534平方公里,占总面积的1.08%。以地级市为例。浙江宁波市行政总面积9 365平方公里,其中市区面积1 033平方公里,占总面积的11%。以县级市为例。河南濮阳市行政区总面积4 263平方公里,其中市区面积270平方公里,占总面积的0.63%。

(2)当代城市型行政区行政管理体制的特点。当代城市型行政区行政管理体制的最突出的特点就是程度不同地拥有城市和农村两套行政系统。

直辖市以城市为中心,兼顾属县的行政管理,其行政管理机构大部分是因城市管理而设置的,但也需设置管理郊区、属县的机构。但是直辖市对县的管理,也是把县作为城市发展的腹地和基础来实施的,所以说直辖市的行政管理体制具有向心性。在设区的市内部,市辖区人民政府是城市的基层政府,协助市政府承担城市的部分管理和服务任务。街道办事处是市辖区的派出机构,由区政府指派主任、副主任和科室负责人组成。办事处主要为了加强城市的居民工作而设置。居民委员会是城市居民的自治组织,也承担一部分行政工作。

地级市情况复杂。既有不管县的单一的城市,又有管县的市,还有管县也同时管市(县级市)的市。即使是不管县的市,也有相当大的非市区的行政辖区。因此,地级市必须根据各地的特点,为便于综合管理,提高行政效率,设置若干个机构,管辖本市所辖城乡的经济、教育、科学、文化、卫生、体育、城乡建设以及财政、公安、民政、计划生育等各方面的工作。一手抓城市,一手抓农村,并根据实际情况决定行政管理体制的侧重点是在城还是在乡。县级市的行政范围涉及城、乡两个部分的情况更为明显,与直辖市和地级市相比,县级市更直接地管理着乡村。因此县级市拥有更为完整的农村行政管理系统,如农业局、林业局、水利局、水产局、畜牧特产局、农机管理局、乡镇企业局、农业区划办公室、土地管理局等等。

第三节 中国当代民族自治型政区

1. 民族自治型行政区及其行政管理体制

中国当代民族自治型行政区是中国共产党运用马克思主义基本原理解决民族问题的基本政策之一,也是当代中国政治制度中的一项重要内容。民族自治型政区及其行政管理体制,指的是在国家统一领导下,各少数民族聚居区实行区域自治,设立自治机关,行使自治权的一种制度,是民族自治和区域自治的结合。

(1)民族自治型行政区的形成过程。民族自治型行政区在中华人民共和国成立之前就已存在。如1946年在陕甘宁边区根据地内建立的蒙、回民族自治区;1947年5月建立的内蒙古自治区等等。这些都是在中国共产党领导下,贯彻民族区域自治原则的实例。中华人民共和国成立后,民族自治行政区走上了新的发展历程。

1949年9月制定的《共同纲领》确定了新中国在各少数民族聚居地区,实行民族的区域自治原则。1952年国务院通过了《中华人民共和国民族区域自治实施纲要》,对民族区域自治作了具体的规定。按照《纲要》,全国建立了一批民族自治区域,其行政地位分别相当于专区、县、区和乡,但是统称为"自治区"(内蒙古自治区除外,该区为省级)。如西康省的藏族自治区相当于专区级;甘肃省的天祝藏族自治区相当于县级;如归绥的回族自治区相当于县以下的区级,等等。

1954年新中国制定的第一部宪法,第一次以根本大法的形式确定了民族区域自治制度,同时对自治区域作了新的规定:民族自治地方分自治区、自治州、自治县三级。县以下的区、乡级少数民族聚居区不再被称为自治区,而改称民族乡。

依据宪法,中国民族自治型行政区加速发展,省一级先后成立了新疆维吾尔自治区(1955年10月1日)、广西壮族自治区(1958年3月15日)、宁夏回族自治区(1958年10月25日),原来省以下的各级自治区也依据宪法改为自治州、自治县,并新增加了一批民族乡。需要说明的是,自治州在行政地位上虽然与专区相等,但两者性质却不同。专区是省的派出机构的辖区,不算作正式行政区;自治州却是正式的一级行政区。

截至1958年底,全国共有4个自治区,29个自治州,54个自治县(自治旗),共计87个自治区域,分布在17个省或自治区中。

1958年以后直至1976年,民族自治型行政区的建设受到了干扰。虽然在1965年9月9日成立了西藏自治区,但其他自治区域有的被取消(如河北省的大厂、孟村两个回族自治县),有的被重新划分了辖界(如内蒙古自治区)。

党的十一届三中全会以后,民族区域自治工作重新走上了正轨。1984年5月31日,第六届全国人民代表大会根据新宪法的规定,正式颁布了《中华人民共和国民族区域自治法》,使中国的民族区域自治制度得到进一步完善。截至1996年底,全国共有自治区5个,自治州30个,自治县(自治旗)121个。

(2)民族自治型行政区行政管理体制的演变。民族自治型行政区的管理体制,与我国非民族自治型行政区基本相同。在中华人民共和国成立以后至1954年中华人民共和国宪法颁布之前,各级民族自治型行政区的通名均称"自治区"。其行政管理体制依其行政地位不同,分别与省、专区、县、乡等行政区相似,但也有例外。如内蒙古自治区,其地位在

1954年宪法颁布之前,行政管理体制相当于大区,自治区政府分设民政、军事、财政经济、文化教育、公安等部,而当时大区一级设部,省级设厅。

1954年宪法公布之后,自治区、自治州、自治县(自治旗)、民族乡等民族自治型行政区的管理体制分别与省、专区、县、乡等基本相同。不同的是自治区政府的首长称自治区主席;自治州的政府首长称州长。文化大革命中各级民族自治型行政区的行政管理体制均与省、地、县等相同,政府改称各级革命委员会。党的十一届三中全会后,陆续恢复了原先的体制。

2. 民族自治型政区及行政管理体制的特点和意义

民族自治型行政区及其行政管理体制,既有与一般的行政区及其地方人民政府相同之处,更有其特点之处。

(1)民族自治型行政区的特点及其意义。民族自治型行政区的特点简要说来有以下几条:

1)以少数民族聚居区为基础。民族聚居区是少数民族相对集中、人口较多的地方,这样的地区作为建立民族自治型行政区的基础,有利于少数民族自主地管理民族内部事务和地方性事务,促进民族自治地区的社会繁荣。所谓少数民族聚居区,可以是一个民族,也可以是几个民族。

2)层级、类型涵盖面较宽。从层级看,如前所述,共有自治区、自治州、自治县(自治旗)3级;从类型看,民族自治型政区内部,可以划分为地域型政区和城市型政区。如内蒙古自治区下辖的盟和旗、县、市;新疆维吾尔自治区下辖的州、地区、县、市等等,都是例子。在民族自治区域内的下级行政区划,本身已是民族自治型行政区,不必再冠"自治"字样。如内蒙古自治区下辖的呼和浩特市,不必称"呼和浩特自治市";下辖的五原县,也不必称为"五原自治县"。只有在一个自治区域内,另有其他少数民族的聚居区,那才有必要另建自治地方。如四川阿坝藏族自治州内有茂汶羌族自治县,贵州黔南布依族苗族自治州内有三都水族自治县等等,均为实例。

3)行政辖境基本稳定。民族自治型行政区的区域界线一经确定,即受法律保护,除非特殊情况一般不得轻易变更,如需变动,也必须严格按照法律规定的程序,与民族自治地方的自治机关充分协商拟定,最后报有关部门审核批准。

民族自治型行政区的基本特点,既照顾了地理和历史的条件,又兼顾了民族经济的特点,有利于少数民族地区人民的生产和生活,对促进这些地区经济建设和社会全面发展有着重要的意义。

(2)民族自治型行政区行政管理体制的特点及其意义。民族自治型行政区的行政管理体制具有以下主要的特点:

1)自治机关组成注重民族特点。自治区、自治州、自治县等自治区域的行政机构既作为国家的一级地方政权机关,具有和一般地方的政权机关相同的地方,更具有民族的特点。如自治区主席、自治州州长、自治县县长由实行区域自治的民族的公民担任,由他们分别主持各级人民政府的工作。民族自治地方的人民政府的组成人员,也要尽量配备少数民族干部。

2)自治机关自治权的特点。自治机关的自治权利包括:制定自治条例和单行条例的权利;变通上级某些决定的权利;自主管理和安排地方性经济建设的权利;管理地方财政的权利;自主管理本地区文化教育、体育、卫生等事业的权利;使用和发展本民族文字的权利;组织本地方公安部队的权利;大量培养本民族干部的权利,等等。

3) 上级国家机关与民族自治机关相互关系的特点。主要包括:上级机关有关民族自治地方的决议、决定、命令、指示要充分考虑当地的实际情况;上级机关从财政、经济上要给予少数民族地区照顾;上级机关要帮助民族自治地区培养干部、专业人员和技术工人;地方民族自治机关也是国务院统一领导下的国家行政机关,都要服从中央人民政府。

综上所述,民族自治型行政区的特殊行政管理体制,对于各民族自治机关加强同当地人民群众的联系,更好地代表少数民族群众的利益,切实贯彻执行民族区域自治制度无疑具有很强的现实意义。

第四节　中国当代台湾、香港、澳门的政区划分

1. 当代台湾的政区划分及其行政管理体制

台湾自古就是中国的领土。秦汉时大陆与台湾始有接触,隋唐后两岸人民往来更为频繁。南宋时,澎湖已隶属于当时的福建路晋江县。元、明两代,均在澎湖设置过管理机构——澎湖巡检司。明末荷兰人和西班牙人入侵台湾,后来郑成功驱逐侵略者,收复了台湾。清朝康熙二十三年(公元1684年)设台湾府,属福建省管辖。光绪十一年(公元1885年)设台湾省。《马关条约》签订,台湾省被日本侵占。1945年抗战胜利,台湾又返回中国。应当指出的是,1949年10月1日始,代表中国的唯一合法政府是中华人民共和国政府,台湾只是中国的一个省。但自1949年国民党政权逃往台湾后,继续打着所谓"中华民国"的旗号,继续沿用着统治大陆时期的政权机构。历史潮流不可阻挡,随着"一国两制"伟大构想的逐步实现,台湾一定会结束与大陆的隔绝状态,祖国的和平统一一定会实现。

(1) 台湾省的政区划分。台湾省的行政区划体系由省("行政院"直辖市)、县(市)、乡(镇、市)构成。1945年台湾光复之后,中国中央政府将日本侵占台湾时期的5州、3厅制地方政区划分予以撤销,改设8个县;同时将11个州辖市改为9个省辖市和两个县辖市。1950年是政区调整的关键一年,台湾当局又将原来的8个县、9个省辖市重新予以规范,设置了16个县、5个省辖市、1个管理局、227个乡、61个镇、21个县辖市、22个区(省辖市区),奠定了现今台湾省行政区划的基础。1967年7月台北市由省辖市改制为"行政院"直辖市,同时撤销原设"阳明山管理局",其辖地并入台北市;1979年7月,高雄市也由省辖市改为"行政院"直辖市。1982年7月,新竹、嘉义两县辖市升格为省辖市。后经过调整,至90年代初期,台湾行政区划为1省、2个直辖市、16个县、5个省辖市、20个县辖市、228个乡、61个镇、22个区。省政府办公地点为南投县草屯镇。

其中,16个县为:台北县、宜兰县、桃园县、新竹县、苗栗县、台中县、彰化县、南投县、云林县、嘉义县、台南县、高雄县、屏东县、台东县、花莲县、澎湖县;5个省辖市为:基隆市、新竹市、台中市、台南市、嘉义市。县下辖市(乡、镇级)、镇或乡,省辖市下辖区,其中新竹、嘉义二省辖市不辖区,省辖市的区地位相当于县所辖的市、镇、乡。"行政院"直辖市下划分的区,相当于县级行政划,现今台北市下辖松山、信义、大安、中山、中正、大同、万华、

文山、南港、内湖、士林、北投12个区;高雄市下辖盐埕、鼓山、左营、楠梓、三民、新兴、前金、苓雅、前镇、旗津、小港11个区。

(2)台湾省的行政管理体制。台湾省于1945年光复后,次年10月成立了行政长官公署,为最高行政机关。1947年5月将公署改为台湾省政府。现在的台湾省政府,设政府委员会,由委员23人组成,凡有关命令的发布、修正或废止,所属各机关及各县、市政府的命令、决定,均需经省政府委员会议决。省政府主席和委员由"行政院"议决,由"总统"任命。

省政府下设秘书、社会、警务、交通、卫生、地政、新闻、主计、劳工、环保、兵役、人事12个处,民政、财政、教育、建设、农林5个厅,粮食、住宅和都市发展等局。

台湾的"院"辖市,与省平级,受"行政院"指挥监督。组织形式与省政府相似。台北市和高雄市行政管理体制也不完全相同。台北市为"院"辖市初期,市政府设民政、财政、教育、建设、工务、社会、警察、卫生等8个局,秘书、新闻、主计、人事、安全等5个处及各下设的区公所等机构。1981年4月,公布了修订后的《台北市政府组织规程》,至此,市政府的机构调整为,设民政、教育、财政、建设、工务、社会、警察、卫生、环境清洁、地政、国民住宅、新闻、兵役、秘书、主计、人事等局、处,另设有都市计划委员会、研究发展考核委员会等机构。其市长和市政府委员由"行政院"议决,由"总统"任命。高雄市也是"院"辖市,高雄市政府为高雄市的行政机关,受"行政院"指挥与监督。市长和委员也由"行政院"议决,"总统"任命。根据1979年6月公布的《高雄市政府组织规程》,市政府下设民政、财政、教育、建设、工务、社会、警察、卫生等8个局,环境管理、地政、国民住宅、新闻、兵役、秘书、主计、人事等8个处及各种专门委员会。1982年,高雄市政府机构再次调整,将环境管理处升格为局。1989年资料表明,高雄市共设民政、财政、教育、建设、工务、社会、劳工、警察、卫生、环保等10个局,地政、国民住宅、新闻、兵役、秘书、主计、人事等7个处,还设有一些市政府直属机关。台北市和高雄市之下的区,都设有区公所,作为基层的政权机构。

台湾的县和省辖市政府组成如下:县政府设县长一人,综理全县行政事务,并指挥监督所属机关及员工。县政府设县务会议,每月举行一次。县政府设主任秘书一人,承县长之命佐理全县政务,并负责县政府行政事务。县政府设9局3科4室。即民政、财政、建设、教育、工务、农业、国宅、社会、环保局;兵役、地政、劳工科;秘书、计划、主计、人事室。县政府还要附设警察局、县税捐稽征处、卫生局、农地重划委员会、地政事务所等机构。市政府(省辖市)设市长一人,其职责、权限行政过程与县长略同。市政府设8局3科3室。即民政、财政、建设、教育、工务、国宅、社会、环保局;兵役、地政、劳工科;秘书、计划、主计、人事室。市政府附设机构与县政府大体相同。

台湾的县辖乡、镇、市行政机构组成如下:乡、镇设乡、镇长一人,综理政务。设乡或镇务会议,每月举行一次。行政机构称乡公所或镇公所。公所设秘书一人。另设5课2室为公所之下的主要行政机构,5课为民政课、财政课、建设课、农业课、兵役课;2室为兵役室、主计室。县辖市设市长一人,其职责、权限与行政过程与乡、镇长略同。市长之下设主任秘书一人。市公所下设5课3室。5课即民政、财政、建设、工务、兵役课;3室为秘书、主计、人事室。乡、镇和县辖市公所均可设置若干附设机构和根据需要设置事业机构。

2. 当代香港的政区体制和行政管理体制

1997年7月1日,中国对香港恢复行使主权,香港从此结束了近百年的英国殖民统治。根据《中华人民共和国香港特别行政区基本法》，香港是中华人民共和国的一个特别行政区。香港现今的行政区划和行政管理体制，有其历史的渊源。

香港自古就是中国领土，1840年鸦片战争之后，英国强迫清朝政府签订了《南京条约》，香港割让给英国。1843年英政府正式宣布香港为英国殖民地。至1997年7月1日香港回归祖国，中间经历了150多年的岁月。

(1) 香港政区的演变。几经演变，香港在1997年回归祖国之前，全境(包括香港岛、九龙和"新界"地区)共划分为19个区。香港岛4个区：中西区、湾仔区、东区、南区；九龙6个区：油麻地区、旺角区、九龙城区、观塘区、深水区、黄大仙区；新界8个区：荃湾区、沙田区、葵青区、屯门区、元朗区、大埔区、北区、西贡区；离岛自成一区：离岛区。香港回归之后，根据《中华人民共和国香港特别行政区基本法》，香港成为中华人民共和国的一个特别行政区。其内部行政区域并未改变。

(2) 香港行政管理体制的演变。1843年4月5日，英国颁发了《英皇制诰》，这是关于香港政治与行政管理体制的最早的文件。根据这个文件，香港在英国派遣的总督管辖之下，总督之下设行政局和立法局。香港总督由英皇委任，具有很高的权力，实际上是英国派往香港的代理人。港督在香港的正式宪法权力非常广泛，他要维护英国政府对香港的各项权益，向英国外交大臣汇报工作，还要以香港政府首长的身份主持行政局和立法局的会议。

行政局是港督决定政策的咨询机构，不享有独立的行政权。港督有权不接受行政局的意见。行政会议由港督主持召开，每周一次。

市政局于1936年由卫生局改组而成，它不是代议政制机构，但它管辖市区，行使一系列城市政府的职能，有较大的行政权力。市政局的行政首长为市政总署署长，市政局由40名议员组成。

区城市政局于1986年4月1日成立，管辖新界和新市镇地区。区城市政局由36名议员组成，主席和副主席均由各议员互选产生。区城市政区的职能与市政局大体相同。

1997年7月1日，中国恢复对香港行使主权。根据《中华人民共和国宪法》第31条的规定，设立了香港特别行政区，实现了"一国两制"的伟大构想。

根据《中华人民共和国香港特别行政区基本法》的规定，香港特别行政区直辖于中央人民政府；中央人民政府负责管理与香港特别行政区有关的外交事务；负责管理香港特别行政区的防务；中央人民政府依照基本法的有关规定任命香港特别行政区的行政长官和行政机关的主要官员。

行政长官是香港特别行政区的首长，代表香港特别行政区。行政长官与我国内地的省长市长不同，与过去的港督也不同。行政长官的职权主要有以下几类：①有关政府行政管理方面的职权；②有关执行基本法和立法方面的职权；③有关人事任免方面的职权；④有关执行中央指令和办理中央授权事务方面的职权。

香港特别行政区设立行政会议，作为协助行政长官决策的机构。行政会议制度吸取了过去行政局制度的经验，但行政会议制度与行政局又有重大区别，它取消了带有殖民地色彩的内容，体现了香港作为中华人民共和国的一个特别行政区域单位的法律地位。

香港特别行政区仍然设立非政权组织的区域组织。

3. 当代澳门的政区体制及其行政管理体制

澳门历来是中国的领土,原属广东省香山县(今中山市、珠海市)管辖。明嘉靖十四年(公元1535年)葡萄牙人取得在澳门码头停靠船舶、进行贸易的权利。1553年,葡萄牙人以曝晒水浸货物为由上岸居住。第一次鸦片战争后,葡萄牙人乘机扩大了在澳门侵占的地盘。1851年和1864年又先后侵占了氹仔岛和路环岛。1887年葡萄牙迫使清政府签订《中葡会议草约》和《北京条约》,塞进了葡萄牙"永驻管理澳门"的条款。1928年国民党政府外交部通告葡方,中葡条约已经期满无效,葡方不同意。经谈判双方当年又签订了《中葡友好通商条约》。此条约并未涉及澳门归属问题,此后葡萄牙占领并管理澳门的状况并未改变。1976年葡萄牙修改宪法,承认澳门为葡萄牙管治下的中国领土,并给予澳门政府行政、经济、财政和立法的自治权。1986年6月开始,中葡为澳门问题开始谈判,1987年4月13日正式签署《中葡联合声明》,规定1999年12月20日,中国恢复在澳门行使主权。1997年5月,澳门特别行政区筹备委员会成立,澳门的过渡期进入了最后的时段。

(1)当代澳门的行政区域。葡萄牙在1975年4月25日之前,对澳门的殖民统治是通过《葡萄牙海外组织法》和《澳门省政治行政章程》来实现的。1976年颁布的新宪法,不再把澳门列为葡萄牙领土,而是葡萄牙管辖之下的一个"特殊区域"。这个区域包括澳门半岛和氹仔岛、路环岛。澳门陆地总面积(含填海造陆)为23.5平方公里。

(2)当代澳门的行政管理体制。据葡萄牙宪法和葡政府于1976年3月颁布的《澳门组织章程》规定,澳门地区的管理机构为澳督和立法会。咨询会附属于澳督。澳督是葡萄牙主权机构的代表,地位相当于葡政府的部长,由葡萄牙总统任免。澳督的任期没有固定年限。澳督及政府的其他官员可以出席立法会,但无表决权。澳督还是咨询会的当然主席,兼保安部队的最高负责人。澳督是澳门现行政制中的最高行政长官。

政务司为澳督的主要助手和行政负责人。澳督下设5名政务司,分管行政、社会事务、经济协调、教育文化旅游、计划设备建设等各方面的行政事务。

市政厅共有两个,即澳门市政厅和海岛市政厅,分别负责管理澳门市区和离岛的市政。权力机构为市政委员会,由主席(市政厅长)及委员组成。主席及几名华人委员由澳督任命。自1999年12月20日起,中华人民共和国将对澳门行使主权,中国将根据"一国两制"的原则设立澳门特别行政区,建立澳门特别行政区政府。将来的特别行政区政府由当地人组成,行政长官通过选举或协商产生,由中央人民政府任命。担任主要职务的官员(相当于原"政务司"的高级官员、检察长及警察部门的主要首长)由特别行政区行政长官提名,报请中央人民政府任命。澳门特别行政区直辖于中华人民共和国中央人民政府,除去外交、国防事务外,享有高度的自治权,即行政管理权、立法权、独立的司法权和终审权。

第十一章 中国历代各级政区发展演变规律

无可否认,政区的发展演变涉及因素很多,变化也非常复杂,但就总体而言,仍会不同程度地表现出一些规律性的特点。一般来说,考察政区的发展演变规律,大致可以从两个大的方面进行:一是政区发展演变与外部地理环境因素相互作用的规律;二是政区本身内部结构要素的发展演变规律。

第一节 政区发展演变与外部地理环境因素相互作用规律

毋庸置疑,任何政区的产生与发展都是政治、经济、民族、历史、社会以及自然因素综合作用的结果。但就某种具体的政区类型而言,其与上述环境因素的相互作用程度是不同的。我们可以进一步从以下三个角度来分析政区发展演变与外部地理环境因素相互作用的规律性特点。

1. 经济因素对政区发展演变在总体上起主导作用规律

从整个人类社会的发展角度看,经济因素在总体上对政区的发展演变起主导作用,我们可以从以下两点加以说明:

首先,就政区的产生这个意义上讲,政区本身就是生产力发展到一定阶段的产物。众所周知,政区的产生是和国家相联系的,是随着国家的出现而产生,也将随着国家的消亡而消亡。而国家的产生和消亡都是和一定的生产力发展阶段相对应的。在原始社会,由于生产力发展水平低下,人类活动以血缘关系为基础,自然也就不可能产生反映地缘关系的政区。只是随着生产力的发展,出现了私有制,进入了阶级社会,产生了国家,尤其是中央集权制国家,国君出于统治需要,将自己所直接掌握的领土进行分层次的区划,采用集权的统治方式,派遣定期撤换的官员,才出现了真正意义上的政区。也就是说,政区是生产力发展到一定阶段国家的产物。

其次,就政区产生以后整个人类社会的政区发展演变过程来看,政区的型态归根结底是由生产力发展水平所决定并与之相适应的。我国第一次成为中央集权制国家的年代是秦朝,从秦朝推行的"郡县制"和"分天下为三十六郡"开始至清朝,我国的政区形态经历了纷纭繁复的变化,这些变化虽然可以说是中央集权与地方分权互为消长的表征,但从根本上看却是经济开发程度或生产力水平发达程度的标志,以及与一定生产力水平相对应的社会、经济、文化地域差异的体现。关于这一点,我们可以从我国历代南北政区数增减变化得到印证(表 11.1)。从秦末至西晋末年,我国北方经济、文化发展水平一直远远超过南方,因而其政区数亦远远地大于南方,始终占 60%以上(中国行政区划研究会编,1991)。西晋末年发生永嘉之乱,人口南迁,南方经济得到迅速发展,基本形成南北抗衡局面,因而行政区在隋代基本上也是南北对等。之后,随着我国经济重心南移,行政区数开始南多于北,特别是唐末安史之乱后,北方经济受到严重打击,南北差距逐步扩大,而行政区南多北少的局面日益明显,其中尤以明代为甚。上述说明,政区的变化虽然都是人为的,但归根结底是摆脱不了地理环境的制约作用,尤其是经济因素的最终决定性作用。

表11.1 我国历代南北政区数增减演变情况

时　代	政区名称	北		南	
		数量	%	数量	%
秦末	郡	34	72.3	13	27.7
西汉元始二年 (公元2年)	刺史部	9.5	67.9	4.5	32.1
	郡国	71	68.9	32	31.1
东汉永和五年 (140年)	州	8.5	65.4	4.5	34.6
	郡国	71	67.6	34	32.4
	县	770	65.3	410	34.7
西晋太康元年 (280年)	州	11.5	60.5	7.5	39.5
	郡国	97	56.1	80	43.9
隋大业五年 (609年)	郡	92	48.4	98	51.6
	县	650	51.8	605	48.2
唐开元二十一年 (733年)	道	7	46.7	8	53.3
	府州	141	39.8	213	60.2
唐元和八年 (813年)	府州	111	35.4	203	64.6
宋元丰八年 (1085年)	路	8	34.8	15	65.2
	府州军监	117	39.3	181	60.7
宋宣和四年 (1122年)	路	11	42.3	15	57.7
	府州军监	131	37.4	219	62.6
元	路、直隶府州	97	35.9	173	64.1
明 (万历末年)	省	5	33.3	10	66.7
	府、直隶州	41	20.9	155	79.1
	散州	80	37.2	135	62.8
	县	475	40.6	694	59.4

注:南北方以秦岭、淮河为界,汉、西晋徐州横跨淮河,故南北各计半州。
资料来源:转引自《中国行政区划研究》第224~225页,中国社会出版社,1991。

由上可见,经济因素对政区的发展演变有着决定性影响。当然,应当指出,经济因素并不是行政区发展演变的唯一决定性因素,我们之所以说经济因素对政区的演变起主导作用,主要是从整个人类社会发展的角度和最终起决定性作用的角度来理解的。在不同的历史时期以及对不同的行政区划结构要素来说,政区演变与外部环境因素的相互作用关系仍有较大差异,这就是下面我们所要阐述的其他两个规律性特点。

2. 不同政区结构要素与外部环境因素相互作用规律

从理论上讲,行政区的层级越高,该级行政单位就越少,其管理职能就越多、综合性越强,因而政治性也就越强;相反,如果行政区的层级越低,则该级行政单位就越多,管理职能就越少,单一性越强,因而行政性也就越强(陈嘉陵等,1991)。因此,对不同层级的行政区发展演变,其外部环境因素所起的作用也不同。一般地,对高层政区的调整,多以政治历史因素的作用为主,而对中下层政区的调整,多以行政、经济因素的作用为主。

上述理论推断,我们可以从各国的行政区发展演变得到证明。综观各国行政区的设置,可以发现,各国辖第一级政区的幅度与国土、人口、行政层次等多无直接关系,各国一级政区的面积、人口等也相差悬殊,如美国与我国的国土面积相当,但美国的一级政区数是51,而我国只有31;美国与日本的国土面积相差甚巨,但日本的一级政区数却达47,与美国极为接近。造成这种与行政管理原则大相径庭现象的一个基本原因,就是各国设置高层行政建制和划分行政区时,主要是考虑政治与历史因素,由于历史背景的多样化和政治需要的复杂性,才形成了这种千差万别的现象。此外,如果进一步从行政组织管理理论中的层次与幅度、层级与幅度的关系原理来分析行政区的管理幅度问题,则会发现,这两种变量关系主要适用于中下层行政区单位,而较少适用于高层行政区单位。按层次与幅度关系原理,一般地,如果层次越多,管理幅度越小,反之,则越大。但对各国中央辖高层政区的管理幅度分析表明,其与层次的多少并无明显的规律性特点,如法国、意大利、印度是三级制国家,其中央辖第一行政单位幅度分别达22、20、27,而加拿大、荷兰、澳大利亚为二级制的国家,其中央辖第一行政单位的幅度却分别只有12、11、8。若按层级与幅度关系,一般地,愈高的职位就具有愈大的管理范围,因而层级越高,管理幅度越大。但对大多数的国家分析表明,行政区划的层级越高,其管理幅度反而越小,也就是说,两者的关系是呈"金字塔"形的结构,如美国中央辖最高层行政单位幅度是51,而辖基层行政单位的平均幅度为400。由此可见,层次与幅度、层级与幅度这些行政管理中的原理一般较少适用于高层行政区单位,这种现象无疑也说明,各国在划分高层行政区时,考虑的因素是较为复杂的,往往并不是主要考虑行政管理的因素,而更多地是考虑政治与历史因素。相反,层次与幅度、层级与幅度这些行政管理上的基本原理主要适用于较低级行政区单位,则说明各国在划分较低级行政区单位时,较多地是考虑行政管理以及经济上的因素。

反观我国历代政权对高层政区的划分,也同样反映了上述规律性特点。中国历史上的四种高层政区,即州、道(方镇)、路、行省这四种政区的设置与消亡,无不是围绕着中央集权与地方分权这个基本的政治关系展开的。魏晋南北朝"州"的设置,是东汉末年统治者为了镇压黄巾起义而由原来的监察区形式转化而来。但由于州的区划很大,州的设置严重危及中央集权,容易形成割据,于是,魏晋南北朝陷入了长期分裂的局面。到了隋代及唐前期,统治者吸取了前代的教训,大举并省州县,并降州为郡,使我国行政区划进入二级制时代。但至唐后期,为了扑灭安史之乱,在原来州县二级制以上又设立了新的一级政区,也就是"道"。同样,由于道的存在,严重削弱了中央集权,造成了我国历史上第二次长期分裂局面。于是,宋代的统治者以此为鉴,取消道制,创立了"路"制。宋代的路制和以前传统的由中央向地方分权不同,它是"先设官分职,然后再体国经野"(周振鹤,1991),并且"路"以下的各州依然保留向中央的直接奏事权。因此,宋代路制的采用,中央集权高度强化,而地方却处于极度分权或无权状态,成为宋代积弱的表现。长期积弱的结果,就使得宋代王朝虽然没有灭于农民起义或地方割据,但最终却灭于外敌入侵。到了元代,降路为府、州一级的行政单位,设立"行省"制。省制的确立,是由于元代民族矛盾尖锐,为了"镇抚"地方而设立的中央机构的分治区域,从根本上讲,其作用是镇抚而不是牧民,也就是说,同样是出于政治上的考虑,而不是由于发展地方经济的需要。与上述情况不同,我国历代政权对基层政区的划分,则主要考虑行政管理因素。基层行政区是当时统治者"牧民"的最基层组织,在当时的生产力发展水平条件下,要维护正常的农业生产,从而保证中央王朝的长治久安,就必须实施有效的行政管理,因此,对基层政区的施政范围和数目不宜频繁变更。正因为如此,我国历代基层政区无论在数目上还是范围上都具有相对稳定的特点,其基本的原因也正是上述行政管理以及经济因素的影响。

综上所述,高层政区的划分主要侧重于政治历史因素,而较低级政区的划分则更多地考虑行政与经济因素,这是行政区划演变历史过程中客观存在的一个规律性特点。在当代我国行政区划的调整中,这个特点也一定程度上得到体现。如1988年海南省的设立以及香港特别行政区的建立,都是首先从政治和历史方面考虑,然后兼及其他因素的。而80年代以来进行的乡改镇、县改市以及市带县体制改革,则主要是从经济发展和行政管理方面着眼的。

3. 不同历史时期政区发展演变与外部环境因素相互作用规律

在不同历史时期,外部环境因素对行政区发展演变所起的作用也不同。一般地,在政权更迭时期,政治、历史因素起主要作用,在政权稳定时期,行政、经济因素起主要作用,这也是政区发展演变过程中与上述第二条规律相关的一个规律性特点。

显然,这一点和上面所阐述的特点有关。在政权更迭时期,统治者往往首先考虑的是如何维护和进一步巩固其中央集权统治的地位。然而,正如上面所分析的,高层政区的设置与划分是与此紧密相关的,因为中央集权与地方分权就是主要在这一级政区展开。一旦高层政区设置后,如果分权不当,就很容易造成分裂割据,最后遭到亡国灭朝之灾。对此,历代新政权的统治者很容易从其前代王朝的兴衰得到经验教训。因此,在政权更迭时期,高层政区的设置是统治者非常关心的问题,也是政区改革调整的重点,上述我国历代四种高层政区的发展演变过程就充分说明了这一点。除此,考察秦代秦始皇统一中国后推行郡县制的政治、历史背景,无疑也是政治、历史因素在政权更迭时期对政区发展演变起主要作用的一个典型事例。秦始皇灭六国、定天下,建立了我国历史上第一个强大的、统一的、多民族的、中央集权国家后,面临的一个很大问题就是实施什么样的地方行政管理体制。对此,有两种截然不同的选择,一是因袭前代的分封制,二是全面推行郡县制。以丞相王绾为代表的守旧派廷臣主张恢复分封制,理由是燕、齐、楚地方遥远,中央不易控制,应分王进行统治。而廷尉李斯主张实行郡县制,理由是周初分封的诸侯互相攻打,周王室控制不了,最后亡了国。现在国家统一,都成了直隶中央的郡县,宗室和功臣多给赏赐就行了,这是长治久安的好办法。秦始皇从加强中央集权统治的目的出发,采纳了李斯的主张,推行郡县制,由中央直接委派官吏实行有效的治理,在全国范围内建立起严密完善的以郡统县的行政区划体系,成为我国行政区划史上的一个重要里程碑。

与上述情况不同,统治者在建立一个新王朝以后,随着中央政权的逐步巩固,行政区划体制尤其是高层政区的设置亦趋于稳定。即使对行政区进行局部调整,也大多以基层政区的调整为主,如老县划小、新县析置、县制分等以及边界调整等。如上所述,这类政区的调整主要则是考虑行政与经济因素。以县制分等为例,我国从秦代起,历代都根据户口或赋税的多少,将县分为若干等级,目的就是由于行政管理上的需要,对不同等级的县配置不同品级的官吏,实行相应的政策,分类治理。这就是说,对于县的分等,其主要目的是出于行政管理的考虑,而影响县的等级因素则以经济因素为主。

第二节 政区内部结构要素发展演变规律

行政区的发展演变不仅表现出上述与外部环境因素的相互作用规律,而且,在与这些环境因素的相互作用过程中,其内部结构要素的发展演变也存在一定规律性特点。

1. 高层政区由高变低直至消亡的演变规律

一般来说,政区一经确定,其幅员变化一个总的趋势是逐渐变小,尤其是高层政区。显然,造成这种情况的最主要原因是上述政治因素的影响。因为政区尤其是高层政区的幅员一旦过大,如果再加上政区长官兼有财政和军政大权,是很容易形成地方割据,从而危及中央集权的统治。因此,历代统治者最重视和关心的问题就是这一级政区的设置,为了巩固中央集权,防止地方割据,一个简单的办法就是把这一级政区愈划愈小。这样做的后果,一是直接导致这一级政区数目的增加,二是造成政区层级地位的逐渐降低,最终难免走向消亡之路。这就是我国历代政区演变过程中,高层政区所表现出来的由高变低直至消亡的演变规律,其中尤以州的演变最为明显。

州是我国东汉末年统治者为镇压当时声势浩大的黄巾农民起义而设立的一级在郡以上的行政区划单位,当时仅有 13 州。但魏晋以后,州数逐渐增多,尤其是西晋以后滥封滥置现象更为严重,到了混乱的南北朝时期,州的设置数先后增加至 63 州、223 州、284 州,此时州所辖的郡数,已从西晋前期的平均辖八九个郡降至北周统一北方之后的大象二年(公元 579 年)的平均只辖两个郡。隋统一中国后,隋文帝从杨尚希之议废郡,使州级行政区划走向鼎盛时期,至贞观十三年(公元 639 年),州数已达 358 个州,辖 1 551 个县。从唐后期开始,道、路、省等新的区划单位的出现,州正式降为第二级政区,且地位呈日益下降之势。到了元代我国实行多级复合式区划体制时,大部分州已降为路或府以下的第三级政区,许多州只辖一县或不辖县,县州近似同级。至明清时期,大部分州已降为县一级,只有直隶州仍为县以上的政区,至于清代的散州,则完全与县同级。民国初年,废州为县,从此,州级行政区划单位退出全国性的建制,只是新中国成立以后,州才作为少数民族地方自治区域的一种名称,称自治州,为第二级建制。

除州以外,我国另外三个最高层政区即道、路、省也表现出近似的演变规律,只是不像州那样经历了完整连续的朝代更迭以后才退出历史的舞台。至于县以上的其他一些较高层政区,如郡和府的演变,其幅员逐渐减少并最终归于消亡的趋势同高层政区一样,但有一点不一样,就是其区划层级却没有逐级降低,而是直接消亡。表 11.2 基本上反映了上述演变规律。

表 11.2　我国历代政区沿革表

时期	高层政区	统县政区		县级政区
秦		郡		县、道
汉		郡、王国		县、道、邑、侯国
魏晋南北朝	州	郡、王国		县、国
隋、唐前期		州（郡）		县
唐后期、五代	道（方镇）	州、府		县
辽	道	府	州	县
宋、金	路	府、州、军、监		县
元	省	路	府　州	县
明	布政使司（省）	府、直隶州	州	县
清	省	府、直隶州、直隶厅		县、州、厅
民国初年	省	道		县

资料来源：转引自周振鹤《中国历代行政区划的变迁》第 61 页，中共中央党校出版社，1991。

2. 高层政区由虚向实转化规律

考察我国历代政区的发展演变，都设有各种各样的非正式行政区单位，如监察区、军区等。这类非正式行政区的设置，在中央集权制统治下，随着各类中央派驻监察官员逐步侵夺地方官员的权力，以及武人干政，军政不分这种趋势的发展，久而久之，也就自然转化为一级正式的地方行政区。我国历史上的四种高层政区，即州、道（方镇）、路、省，可以说都是由各类非行政区转化而来。

东汉末年州作为一级正式地方行政区划，是由西汉王朝设立的 13 个州级监察区域（亦称十三部刺史）转化而来的。刘邦窃取秦末农民起义的胜利果实后建立了西汉王朝，经过几代人的努力，到了汉武帝时代，国家日益富强，疆域辽阔，郡数增加。为了加强中央对地方的控制，汉武帝将京师附近的 7 个郡改设司隶部，把全国其余郡国按地理位置划分为 13 个区域，称十三州或十三部刺史，连同司隶部成为 14 个大的监察区域。此时，州作为中央的派出机构，以刺史为巡官，没有固定驻所，不能干预地方政事。东汉建立后，刺史参与地方政事，以后逐渐掌握一州内地方官的升降大权，但仍为中央的监察区。到了东汉末年，由于土地兼并、王朝内部争权以及自然灾害等，各地农民纷纷起义，尤以黄巾起义规模最大，对东汉王朝的冲击也最强烈，为了进一步联合各地军阀镇压黄巾起义，东汉政府改刺史为州牧，总揽一州军政大权，从而使州正式成为郡以上的一级行政区。

唐后期道作为一级凌架于州以上的正式行政区，也是由原来的监察区演变而来。唐帝国建立后，唐太宗为了加强中央集权，按地理形势、山川坐落把全国分为十道，类似于西汉的十三州，但只是作为一种地理区域名称。后来，鉴于州的设置数越来越多，实行州县两级管理很不方便，于是将十道改作中央的派出机构，正式成为监察区，设巡察使。唐玄宗时，根据地域、人口、财赋等因素，增析五道，使全国拥有十五道，改设采访使，每道一员，永为常式，执掌道内政务，并固定驻所，使道成为州、府以上的一级地方行政区划（徐学林，1991）。但是，这种道在历史上存在的时间并不长，主要是由于方镇的兴起造成的。方镇的设置,最初是由以军事目的为主的都督府加设节度使后形成的,在天宝年间,节度使兼任采访使,便逐渐取代了道的职能。安史之乱后,全国因此而遍设方镇,但平乱之后,这种战时区划及节度使兼任采访使制度也被固定下来,从此方镇正式取代道的职能,不过两者之间可以互称。

宋朝的路取代了道成为府、州以上的最高层政区,则完全是由一种因征收转运财赋所设转运使的辖区发展而来的。北宋期间,为了革除唐后期一些拥兵自重的节度使因同时兼任采访使而产生的藩镇割据并危及中央政权的弊病,在行政管理体制上将财、政、军等权实行分立。其中财赋的征收运转由各道转运使直接向中央负责,称为某某路,与道并存。之后,路遂正式作为府州军监以上的"监当使臣"机构(徐学林,1991)。再后来,宋太宗取消了节度使所领支郡,正式设转运使,以后随着转运使职权的增大,成为总揽地方政务的行政长官,而这时,作为地方行政区划的道已名存实亡,于是,宋太宗干脆废道存路,路就成为州、府、军、监以上的一级行政区名称。

至于省,原为一种中央机构名称,后来成为一种临时性中央派出机构,是由于临时性的军事行动而设立的代表中央的"省"行使权力的一种机构,所以也往往称之为"行省"。这种行省开始是因事而设,事毕即撤。隋唐时期行省主要以军事目的为主,金的行省则大部分为战争而设并兼管民政。到了元代,因为元是一个强大的军事占领国,每占领一个大的地区就往往增设行省,且又由于元朝在长期的征服统一战争中,行省这一中央派出机构一时难以撤销,并在固定的范围内干预路、府、州的地方行政事务,因此行省就渐成定制,发展成为路、府、州以上的一级最高行政区划单位。

3. 基层行政区相对稳定规律

与上述我国历代高层政区频繁、复杂的变化特点相反,我国的基层政区却表现出长期稳定的特点,成为我国行政区发展演变中一个较为显著的规律与特点。造成基层政区长期稳定的基本原因除了上述行政管理上的因素外,还和我国在长期的封建统治下,以血缘为纽带的宗族关系和以乡土为纽带的地缘关系作为两种民间重要的社会组织,紧密地与基层政区的政权组织结合在一起有很大关系。正是由于这种组织关系的整合所造就的内在凝聚力,加上中央政府对这一级政区的管理主要是出于实施有效行政管理和发展地方经济的需要,才使得基层政区在这种内外环境因素的交互作用下表现出异乎寻常的长期稳定。

反映我国基层政区发展演变的相对稳定规律与特点,我们可以县级政区的演变为例,从以下三点加以分析:

第一,从建制的角度来看,县作为一级地方行政区建制具有强大的生命力,它从产生之日起,经历了长达27个世纪的沿革史而长胜不衰,至今仍作为一级地方政权。并且,几千年来,县在我国历代行政区划体系中的地位或层级也基本稳定,大多作为一种基层的地方行政区。据不完全统计,我国现今的县名,仍有59个同秦代使用过名称完全相同,其稳定性由此也可见一斑。

第二,从幅员变化的角度看,2000多年来,县级政区的幅员也相对比较稳定。早在秦代,关于县的幅员就定下了一个基本原则:"县大率方百里,其民稠则减,稀则增"(周振鹤,1991)。历代基本上按此标准设置县,也就是大致百里见方为一县,然后再按人口的多少加以调整,人口稠密的地方县的面积适当划小,而人口稀少的地方则适当划大。古代有"百里之县"、"千里之郡"、"万里之州"的说法,其中这"百里之县"就是大致表示县的幅员。

第三,从县的数目变化角度看,从秦到清,时间虽然长达2000多年,但县级政区数目的变化却不大,始终维持在1 000～1 600之间(表11.3),也就是说历经2000多年的朝代更迭,县级政区的数量变化幅度却在60%以内,这无疑也说明了县级政区演变的稳定性。

表11.3 我国历代县级政区数目变化简表

朝代	年代	县数	县级政区数
秦		约1 000	
西汉	公元前8±	1 587	
东汉	140	1 180	
三国	265±	约1 190	
西晋		1 232	
南北朝	580	约1 590	
隋	601	1 253	
唐	740	1 573	
宋	1 102	1 234	
元		1 127	1 324
明		1 138	1 427
清	1 820	1 455	1 549

资料来源:转引自周振鹤,《中国历代行政区划的变迁》,第71页,中共中央党校出版社,1991。

本篇主要参考文献

薄贵利,1988,近现代地方政府比较,光明日报出版社。
陈嘉陵等,1991,各国地方政府比较研究,第85页,武汉出版社。
陈章干,何天华,1991,台湾统治机构概览,武汉出版社。
姜秉正,1992,澳门问题始末,法律出版社。
靳润成,1996,明朝总督巡抚辖区研究,天津古籍出版社。
刘国新主编,1990,中国政治制度辞典,中国社会出版社。
刘君德主编,1996,中国行政区划的理论和实践,华东师范大学出版社。
牛平汉主编,1990,清代政区沿革综表,地图出版社。
浦善新,陈德彧,周艺,1995,中国行政区划概论,知识出版社。
浦兴祖主编,1992,当代中国政治制度,上海人民出版社。
台、港、澳大辞典编委会,1992,台港澳大辞典,中国广播电视出版社。
谭广魁,孙立文主编,1995,香港法律浅谈,中国经济出版社。
谭其骧主编,1991,简明中国历史地图集,中国地图出版社。
王汉昌,林代昭,1985,中国古代政治制度史略,人民出版社。
韦庆远主编,1993,中国政治制度史,中国人民大学出版社。
徐矛,1992,中华民国政治制度史,上海人民出版社。
徐学林,1991,中国历代行政区划,第21页,安徽教育出版社。
中国行政区划研究会编,1991,中国行政区划研究,中国社会出版社。
周振鹤,1990,体国经野之道——新角度下的中国行政区划沿革史,中华书局(香港)。
周振鹤,1991,中国历代行政区划的变迁,第45页,67~68,中共中央党校出版社。
邹逸麟,1993,中国历史地理概述,福建人民出版社。

下 篇
改革与探索

当前中国的改革已经是一股不可逆转的发展潮流,在政治、经济、行政管理体制等领域的改革取得了世人瞩目的成就。正是在这一大背景下,中国的行政区划体制改革也应提到议事日程。如何进行这项改革,是本篇所要讨论的主题。应当指出,行政区划改革是一个十分复杂的系统工程,我们虽不可能在本篇中对所有问题进行深入论述,但仍按一定层次分别对中国行政区划改革的宏观构思,省级政区、县乡基层政区、直辖市和市制(地、县级)以及城市群区行政组织与管理改革问题进行了较深入的探索,提出了自己的见解,并对政区规划问题作了介绍。从中可以对中国行政区划改革的重点与方向有一个较为全面的认识。

第十二章　中国政区改革的理论认识与宏观思考

政区的发展演变具有历史承继性这一重要特征。由于历史承继性，使得一些政区能够长期延续，并在人们的心理上形成一种强烈的地域认同观念，具有无形的凝聚力。这对地区发展来说，是一种宝贵的人文资源，但同时也会带来另外一个问题，即一旦这类政区的设置从历史上承继了一些不合理的因素，那么受这种地域惰性的影响，往往也难以轻易改变，从而给改革带来阻力。因此，中国的政区改革，首先要克服这种来自社会文化心理的阻力。这一方面固然要靠深入细致的工作，而另一方面，加强和提高对政区改革的理论认识，也是必不可少。因为它有助于帮助人们充分认识改革的必要性，并为改革提供必要的理论指导，从而增加人们对改革的信任度。

政区的改革既是一个渐进的过程，更是一个庞大的社会系统工程，尤其是对我们这样一个具有2000多年政区沿革历史的泱泱大国来说，其改革所涉及的面之广、问题之多更是可想而知。因此，改革不仅要有理论指导，而且需要进行宏观的战略运筹，准确把握改革的方向、重点与步骤。只有这样，才能尽量促使我们的改革少走弯路，尽量降低我们的改革成本。

本章将主要围绕以上两方面的问题展开进一步的讨论。

第一节　政区改革的必要性

中国政区改革问题的提出，首先是立足在对以下两个基本事实的判断基础上：第一，总体上来看，我国现行的政区体系基本上还是元明清时代和民国时期所遗留下来的格局，由于历史的承继性，今天的政区不可避免地会从历史上遗传许多不合理的因素。而这些不合理因素的长期存在，在当今改革开放、以经济建设为中心的时代背景下，已越来越明显地表现出其不适应性的一面；第二，建国以来，特别是改革开放以后，我国在政区改革方面虽也做过一些工作，相继出台了一些改革措施，进行过某些局部性的制度创新，如推行"市管县"体制和"撤县建市"模式以及个别新省（海南省）和直辖市（重庆市）的析置等。但如果站在更高的层次上来宏观地系统地考察我国的政区改革，那么我们还会发现，这些改革在很大程度上只是一种局部改革，尚没有触及政区改革中一些深层次的和带有根本性的问题，如政区的层级和幅度问题、行政区与经济区的关系问题等。因此，改革似乎总有一种"头痛医头，脚痛医脚"之嫌，并常常带来新的矛盾与问题。可以说，以上两个方面因素的存在，就共同构成了我们这里所要讨论的中国政区改革必要性问题的基本出发点。

当然，要深入认识当前我国政区改革的必要性，仅仅基于以上这种事实的判断基础显然不够，还必须把它上升到理论的高度来认识。在当前社会转型期，政区改革同我国的政权建设、经济发展以及行政管理这三者之间，存在着极为密切的内在关联。

首先,从政区改革与我国政权建设的关系角度分析,政区作为一种国家权力再分配的空间投影,是当前我国社会主义政权建设最基本的空间组织载体,担负着我国政权建设过程中不可缺少的一种组织角色。在宏观上,政区的结构体系决定着国家政权的纵向结构体系,因而政区的结构体系是否合理,就直接关系到中央能否有效地统率、指导地方并同时发挥地方的积极性,也直接关系到各级地方政权能否合理、有效地在本行政区域范围内行使职权,维护社会稳定,巩固国家政权。从这个意义上讲,改革不合理的政区结构体系,包括政区的层级与幅度、政区的组织与管理等,是我国政权建设的一个重要组成部分。尤其在当前社会转型时期,如何处理好中央与地方的关系问题,使集中与分散、统一性与灵活性有机结合起来,从而构造一种新型的中央与地方关系,充分发挥中央与地方的两个积极性,不仅对经济发展和当前的市场经济改革至关重要,而且直接关系到国家的统一、民族的团结和社会的稳定。因此,改革不合理的政区结构体系,在当前我国政权建设过程中具有十分重要的战略地位。

其次,从政区改革与我国经济发展之间的关系角度分析,随着市场经济体制改革的逐步深入,作为我国国民经济重要组成部分的区域经济运行系统也将逐步由纵向运行转为横向运行为主。区域经济运行系统的这种转变,除了要求变革我国传统的区域经济内在运行机制外,还对我国的政区改革也提出了相应的要求,尤其要求行政区层次必须相对简化。这是因为,在传统体制下,中央政府对经济总量的宏观调控是通过层层控制投资规模来实现的,这一纵向系统的运行要求上下层次之间控制相对严格,从管理学的角度出发,只能延长这一系统的长度,才能确保系统的稳定性;另一方面,在传统体制下,我国的地方政府集管理经济、社会于一体,工作负荷大,也影响了每级地方政府的管理幅度;再者,大量的经济联系是由纵向管理系统完成的,从而在一定程度上也制约了行政区幅度的扩大。这三方面的因素共同决定了传统体制下我国的政区结构体系必然存在着层次多、幅度小的严重弊端。而由传统体制过渡到市场经济体制后,一方面中央政府宏观调控的方式转变为依靠经济政策、法律手段等,这就要求地方经济信息向中央的反馈要迅速准确;另一方面,地方政府的直接经济职能大大淡化,一级行政区管理幅度可以适当扩大;再者,区域经济运行转为横向系统,纵向系统的链条已经动摇。这三方面的相应变化,均要求行政区的层次系统发生相应变革。只有实现这一转变,才能适应市场经济体制下我国区域经济横向运行系统的发展要求。因此,改革我国现行的政区结构体系,也可以说是我国国民经济持续、稳定、健康发展的必然要求。

第三,从政区改革与我国行政管理之间的角度分析,建立和完善社会主义市场经济体制,是当前我国经济体制改革的最基本任务。然而,社会主义市场经济体制的建立,要求企业成为独立自主、自负盈亏的经济实体,要求地方政府的职能发生重大变化,要求宏观调控体系符合市场经济运行的需要等等。因此,市场经济体制下,地方政府负责的大量经济事务将交由市场来完成。在这种情况下,精简政府机构,改革现行行政管理体制就成为当务之急。但无论是精简政府机构还是改革行政管理体制,都必须与政区体制的改革特别是行政区层次的简化相互协调。这一点可以从80年代以来我国三次机构精简的教训得到反证。就这个意义上讲,改革我国现行的政区体制,是建立和完善社会主义市场经济体制,优化我国行政管理的客观要求。

第二节 政区改革的指导思想与基本原则

1. 改革的指导思想

政区改革的复杂性、综合性和高度敏感性,决定了当前我国开展政区改革这项工作,也决不能盲目和草率行事,必须要有科学的理论指导,尤其是要首先明确改革的指导思想,以便在宏观上和理论上为今后的改革工作提供一种最基本的决策基础。

我们认为,确定当前我国政区改革的指导思想,应该要有一种高屋建瓴的宏观意识和战略高度意识,既要充分认识和把握政区自身形成发展演变的客观规律,同时还要认真考虑如何正确处理当前的政区改革与我国的政权建设、经济发展以及行政管理这三者之间的关系。在此基础上,树立以下四种重要的改革观:

(1)系统观。所谓系统,是指互相依赖和相互作用的若干事物结合成的具有特定功能的有机整体。任何一个国家的政区结构体系,显然也是一个有机的整体系统。从表面上看,组成一个国家政区体系的各个结构要素都有各自的功能与地位,但其功能发挥的好坏、地位的高低以及存在的合理性问题,都与其他结构要素尤其是高一级政区的结构要素乃至整个系统结构的合理性密切相关。如当前我国政区改革中议论较多的"地改市"、"市管县"体制问题,就和我国一级政区的设置状况有关。由于我国一级政区数量偏少,幅员过大,在客观上就需要增加管理层次;而层次一多,必然造成每一级政区的管理幅度过小,进而影响到整个国家的行政管理效率,这种状况反过来又制约了每一级政区其功能的有效发挥。因此,政区的改革工作,固然可以从某个环节和某个结构要素的改革着手,但从长远的观点来看,如果缺少一种系统观,没有把局部改革放到整个系统结构优化的背景中去考虑,那么最终也就难免陷入我们前文所说的"头痛医头,脚痛医脚"的行为怪圈,从而给改革增加不必要的改革成本。

(2)战略观。政区改革除了要有系统观外,还应该要有一种长远的战略观,这是由政区改革的特殊性所决定的。一方面,政区改革的敏感性,决定了政区改革不能反复试验;另一方面,政区改革方案一旦确定下来并付诸实施,其所产生的影响往往十分深远,特别是一旦发生决策失误而造成的改革负面效应,更是在短期内难以轻易改变。这两方面因素的存在,都对政区改革方案的合理性提出了很高的要求。因此,我们在制定政区改革方案时,不仅要强调解决现实矛盾,讲究改革方案的现实合理性,而且也要充分考虑改革方案的战略合理性问题,尽可能使目前的改革方案与未来政区合理格局的有机衔接。此外,政区改革在很大程度上讲也是一个渐进的制度变化过程,往往很难一蹴而就,这一点无疑也对政区改革提出相应的战略要求,要求我们必须进行通盘的战略运筹,尽量避免前后改革的相互脱节,从而确保改革的整体效能不受破坏。

(3)整体观。众所周知,随着我国市场经济体制改革的逐步深入,利益关系的整合始终是一个无法回避的问题,并由此而构成我国经济体制改革的核心。与经济体制改革相比,政区改革所牵涉到的利益关系则更为复杂。由于政区改革涉及各种权力、地位、心态、机构以及各级干部的调整,因此,政区改革不仅意味着经济利益关系的调整,而且还意味着某种意义上的政治利益关系调整。在这种情况下,强调政区改革的整体利益观十分重要。因为只有在局部利益服从整体利益的前提下,我国的政区改革才能成为推动和维护国家长治久安的一项根本大计,成为不断增强国家凝聚力,充分发挥社会主义制度优越性的有效途径。同时,也只有在强调局部利益服从整体利益的基础上,才有可能协调好方方面面的关系,从而保证改革方案的顺利实施。

(4)综合观。影响政区改革的因素是十分复杂的,有政治的、经济的、社会的、历史的、地理的乃至人们的心理和行为等因素。在制定政区改革方案和具体实施改革方案的实际过程中,必须综合考虑各方面的因素,才能确保改革方案的科学、合理、规范,并具有较大的现实可操作性。否则,如果在实际改革过程中忽略了这一点,以偏概全,就很可能造成改革的片面性,给改革工作增加不必要的阻力。此外,政区改革综合观的另一层含义,还指改革方案有可能存在多方案的选择,必须进行多方案的比较和综合评价,从中选择最佳方案,从而促进改革的整体效能优化。

2. 改革的基本原则

从理论上讲,如何正确处理政区改革与我国的政权建设、经济发展以及行政管理这三者之间的关系,是对我国政区改革内涵的高度概括。但在实际改革过程中,如何将这种相对抽象的理论内涵具体化,并概括为今后改革的行动指南？这就是下面我们所要探讨的我国政区改革所应遵循的基本原则。

根据我国的具体国情,同时考虑到政区改革的特殊性,今后我国政区改革在坚持上述指导思想的前提下,还应遵循以下基本原则：

(1)相对稳定原则。政区改革是国家政权建设的重要组成部分,属于上层建筑范畴。因此,它一方面要适应经济基础,为经济基础服务;另一方面,由于政区改革是一项复杂的社会系统工程,其改革所涉及的面很广,波及社会生活、人们心理、干部安置等各个方面,敏感性很强,如果随意、盲目变更或频繁变更,不仅影响经济、社会发展,而且有可能造成政治上的不安定因素。在当前我国社会转型期,强调政区的相对稳定原则,具有重要现实意义。然而,应当指出,稳定并不意味着不变。事实上,我国现行的政区结构体系在很多方面已不适应当前我国发展社会主义市场经济的需要,必须逐步进行调整。因此,强调政区的稳定是相对的,调整是绝对的,要正确处理政区改革中稳定与调整的关系,坚持相对稳定原则,在实际工作中,有计划、有步骤、分阶段进行调整。

(2)方便管理原则。行政管理是政区设置的主要职能之一,科学合理的政区结构体系应该首先有利于提高行政管理效率。各级行政区的行政管理机构,应该有一个合理的管理幅度,以便更好地贯彻执行国家的方针政策,使上情下达,下情上通,提高管理工作效率,减少机构层次,减少官僚主义。根据层次-幅度关系理论,行政管理幅度与管理层次密切相关,层次少,管理幅度大;层次多,管理幅度小。但如果层次过少,管理幅度太大,则也会造成一定的管理难度,尤其是使边缘地区出现"鞭长莫及"、"山高皇帝远"的情况,不利于贯彻中央的方针、政策,不利于提高管理工作效率;反之,如果层次过多,就一个层次的行政管理来说是方便了,但总体上看,助长了官僚主义,不利于下情上达,也不利于提高行政管理工作效率。这两种偏向都不利于加强中央政府的统一领导。从我国的实际情况看,正如前面所说的,主要是层级过多,一级行政区管理幅度过大,且各省区相差悬殊,很不合理。今后的政区改革的一个重要方向,就是应该从方便行政管理的原则出发,制定出一个科学的管理层次和幅度的政区结构体系。

(3)行政区与经济区相协调原则。政区改革的基本目标之一是促进社会主义生产力的发展。国际与国内的实践都表明,在实行计划经济体制的国家,行政区的经济职能要明显大于市场经济国家。从当前我国的国情出发,由于正处在传统体制向市场经济体制转轨的过渡时期,行政区的经济职能淡化需要一个过程。因此,如何继续合理发挥行政区对我国经济发展的促进作用,仍然是一个必须加以重视的问题。在这种情况下,我国的政区改革就更应该突出行政区与经济区相互协调的原则。一方面,政区的设置与调整必须尽可能地与自然形成的经济区相协调,以便于组织经济运行;另一方面,经济区的划分也应该保持一定层次行政区的完整性,以便于实施经济区的规划,管理经济活动。实际上,我国目前的省、地、县行政区,大多已发展成为不同等级的行政经济区,行政中心也都是经济、文化、交通中心,具有综合性的职能。在现行体制下,这种行政经济区对推动我国社会生产力的发展还起着主导作用,即一方面,它通过行政系统把中央的经济运行指令向下传递,也把下面的经济情况反馈给中央政府;另一方面,也通过行政手段发动和组织区域内的经济运行,包括地方经济计划的制定与执行。因此,坚持行政区与经济区相协调原则,应该成为今后我国政区改革的一个基本原则。

(4)民族团结原则。我国是一个多民族的国家,政区的改革,要有利于维护各族人民的团结、统一,在经济、文化等方面逐步缩小各民族之间的差别,实现各民族的平等、繁荣和共同富裕。没有这一点,国家在政治上就不能实现安定、统一,社会经济就不能得到正常发展,国防也很难得到巩固。在我国宪法中明确规定了实行民族区域自治的基本国策,政区的调整与改革要保证民族区域自治政策的切实贯彻实施,并尽可能创造良好的条件,加速少数民族地区的社会经济发展步伐,尽快摆脱贫穷落后的面貌,缩小各民族之间经济水平的差距,共同走上富裕的道路。

(5)因地制宜原则。行政区划是政治、经济、社会发展的产物,是一项复杂的社会系统工程,受诸多因素的制约,其变动涉及政治、经济、人口、资源、环境、思想、文化、民族、干部安置、传统习惯等各个方面。我国是一个国土辽阔、拥有12亿多人口,自然环境复杂多样,社会历史和经济水平各地差异很大的社会主义多民族国家,行政区划的历史悠久,现有的行政区划体制又十分复杂。因此,政区的改革必须采取科学的态度,实事求是,进行周密的调查研究,根据各地区的不同情况、条件、特点与问题,因地制宜,采取不同的行政区划模式。如在大多数省区,特别是广大中西部地区,农村经济仍然是经济的重要部分,农业人口仍占有极大比重,经济水平相对较低,行政区划仍可保持传统的地域型模式;在东部较发达省市,城镇密集,城市化水平较高,非农业人口比重较大,积极而有步骤地推行城市型行政区划模式是有条件的;而在少数民族地区,继续实行民族区域自治的行政区划模式是完全必要的;港澳特别行政区则是特殊类型的行政区划模式。可以预料,在我国960万平方公里的国土上,从我国的国情出发,在相当长历史时期,仍将是多种行政区划模式的合理并存。这也是我国政区体制的一个重要特点。

第三节 中国政区改革的宏观思考

从宏观上讲,我国政区改革的最终目标就是要逐步建立适合中国社会主义国体和保证国家长治久安的科学的政区结构体系。根据上述我国政区改革的指导思想和基本原则,同时认真总结我国政区改革的经验教训,针对现行政区结构体系的存在问题,我们认为,以下几个方面是应该着重研究并逐步加以解决的。

1. 政区的层级与幅度问题

层级是国家政区体系的基本构架,是地方政府组织系统的基础。根据层次-幅度关系理论,层级的多少还直接影响到每级政区的管理幅度,进而影响行政管理工作效率。因此,层级改革是政区改革的一个核心问题。

从我国目前的实际情况看,政区的层级过多,而且比较混乱。若以乡为基层政区,大多数地区实行省—地区—县—乡(镇)虚四级制与省—市、自治州—县(县级市)—乡(镇)实四级制。少数地方在县与乡之间还保留有区公所,有些省份还有管乡的镇,实际上是五级。个别省区如新疆自治区还有辖地区的自治州,在这种情况下,政区层级便是六级。政区层级一多,极易造成行政机构臃肿,官僚主义、本位主义、地方主义盛行,不仅大大降低了行政管理工作效率,不利于加强中央的集中统一领导,而且助长和加剧了我国的"诸侯经济"倾向,对国民经济的健康协调发展构成严重阻碍。由于层级过多,因而总体上看,我国政区的管理幅度偏小。2005 年底的统计数字表明,我国大陆每个省级行政区平均管辖 11.1 个地、市(区),每个地级单位平均领导 8.59 个县级单位(含市辖区),每个县级单位平均辖 15.1 个乡级单位。管理幅度偏小,客观上造成各级地方政府的权力过分集中,人浮于事,地方政府职能泛化,政企不分,该管的没有管好,不该管的却事无巨细地管起来,既束缚了企业的活力,也影响了政府自身的形象,非常不利于当前我国市场经济改革的深入开展。

我们认为,政区层级改革的根本方向是应当尽量简化。综观世界各国政区的层级构置状况,可以发现,尽量简化政区的层级是一种世界性的趋势。据对 150 个国家和地区的初步统计表明,地方政区的层级大多为二级或三级制。如印度,实行邦—县—区三级制;美国国土面积与我国相近,也实行州—市二级制与州—县—镇三级共存制;日本是一个有 1 亿多人口的大国,也只有都、道、府、县与市、町、村二级制。从我国历史上政区层级的变化情况看,大多在二级与三级制之间变动(县以上政区),并且历代中央政府都力图采用最简单的二级制,只是在不得已的情况下才变更为三级制。如从秦朝到南北朝,政区的层次由郡县二级制变为州郡县三级制,到隋初又简化为州县二级制;从隋到宋,政区又从州县二级制转化为道(方镇)州县三级制,后来则退为路州县三级制;从元到今,政区从省路州县多级简化为省府县三级,20 世纪 20 年代末一度简化为省县二级制,后来又转化为虚三级制。

因此,总结国内外的经验,同时从我国的实际情况出发,适当简化我国的政区层级十分必要。而且随着科学技术的进步,社会经济的发展,尤其是办公手段的现代化、科学化,交通、通迅技术的高速化、网络化,完全也可以适当扩大管理幅度,减少管理层次。当然,我国政区层级的简化还必须与我国高层政区的改革紧密结合起来,因为两者有着密切的内在联系。就我国的情况而言,省区划小是一个带有根本性的解决办法。

2. 省区划小问题

"省"作为我国一级地方政区,已有 700 多年的历史。我国目前除了四个直辖市和香港、澳门两个特别行政区外,共有 28 个省与自治区。平均每个省区管辖县市 80 个,占地面积 35.4 万平方公里,人口 4 000 多万(不包括台湾省在内),省区范围过大,管辖县市过多。早在 30~40 年代,就有众多学者和政府官员提出过改革省区的建议,大多数学者主张全国一级政区划分为 60 个左右,但在当时社会政治背景下,政区改革的设想只是纸上谈兵,难于付诸实施。改革开放以后,随着我国政区改革研究的逐步开展,省区划小问题又一度为人们所重视。综合起来,主张省区划小这种观点所持的主要依据大致有以下几个方面:

(1)从历史角度分析,认为始于元朝的省制,在当时为了满足中央集权统治和防止军阀割据的需要,省界的划分人为地突破了"山川形便",割裂了经济区域内部的客观经济联系。以后各代不仅没有改变反而加剧了这种状况,严重影响了经济发展。

(2)从横向比较看,美国国土面积小于我国却还分成 50 个州,而我国作为一级政区的省、市、自治区、特别行政区却只有 34 个(含香港、澳门与台湾),使得我国大多数省区范围过大。

(3)从现实角度看,我国地区一级行政建制的存在尤其是市管县体制的实施带来的矛盾较多,为了减少区划层次,必须改革现行"地区"体制,逐步过渡到"省管市县分等制"①这种新型体制上。但目前我国省区范围过大所带市县过多,影响了这种新体制的实施,如果省区划小则可以解决这个矛盾。

(4)从未来发展趋势分析,普及地方自治是一个历史性潮流。对我国来说,确定适当的地方建制为自治体法人,是城市化、市场化、民主化的现实而又迫切的要求。如果以省为地方自治单位,其规模超过国外大多数中等国家,具有许多不可知的因素和相当大风险(华伟,于鸣超,1997)。

毫无疑问,在理论上,上述几个方面都是颇有说服力的。因此,"省区划小"这种观点设想就其理论意义上的必要性显而易见。然而,一旦涉及具体操作"省区划小"毕竟不是一件轻而易举的事,因为会遇到许多难以想像的障碍。如我国大多数省份已经有几百年的悠久历史,省籍本身已经具有一种人文价值,给予人们一种无形的凝聚力,要改变这种思想意识和价值观念决非易事。此外,高层政区的改革本身就更为敏感、复杂和带有较大风险。历史经验表明,历代统治者对于高层政区特别是一级区的改革都非常谨慎,因为它关系到国家的统一和分裂问题。在今天,我国作为一个单一制国家与联邦制国家实施高度地方自治制度不同,如果作为一级政区的省区数量过多,本身就增加了中央政府的控制难度,再加上地方自治问题一旦没有处理好,地方分立的危险性并非绝对不存在。这无疑是中央政府必须顾虑到的一个因素。事实上,在现行分权体制下,我国的省区是中央政府向地方分权的主要对象,尽管目前的省区不是一个地方自治体,但省级政府已经拥有相当广泛的地方自治权。照此发展下去,如果使省成为一级自治单位,那么正如上面所说的由于规模过大具有许多不可知因素和较大风险;而如果划小省区使其成为一级自治单位,那么同时作为第一级政区和地方自治单位的省区,虽然规模缩小但数量过多,同样存在中央政府不易控制的风险,这就会使中央政府陷入一种两难境地。另外,在我国中央政府向地方政府分权过程中,省级政府应该说是最大利益获得者,从而形成一种十分突出的以省为

---

① 刘君德等,1992,江苏省苏锡常地区行政区划改革研究综合报告。

单位的地区既得利益格局。一旦重划省区,势必牵涉既得利益调整,不仅难度大,而且涉及面广,甚至影响安定团结,这往往也是中央政府所不愿面对的。以上几个方面因素的存在,使得中央政府对于"省区划小"这种高层政区的改革不会轻易作出决策,特别是在上述风险因素没有解除和拿出具体可操作的方案之前。改革开放以来我国行政区划改革的实际动作主要以"地区"和县级政区体制调整为主,从一个侧面说明了这个问题。

因此,如何正确处理好上述矛盾,积极稳妥地推进我国高层政区的改革,科学地制定出一套适合我国国情并具有实际可操作性的"省区划小"改革方案,是我国政区改革过程中一个具有重要现实意义和战略价值的大问题。

3. 市镇制度改革问题

所谓市镇制度是指国家在一定历史时期为保证有效的行政管理和经济建设等需要,而为城镇制定的有关规程,以及所采取的组织形式。其主要内容有:市镇设置及其标准,市镇的行政等级结构及管辖范围。市镇制度改革是我国政区体制改革中的重大问题之一,也是我国政区体制改革步伐表现得最为突出的方面,尤其是 1984 年以来作了许多新的尝试,有力地推动了我国的城市发展,对社会主义市场经济的发展起到了良好的促进作用。但是,也存在许多问题,主要是缺乏总体市镇发展战略规划,使县改市、县级市升格为地级市、市管县(市)、乡改镇等出现了一些盲目性和随意性,且由于设市标准偏低,掌握标准不严,使有些地方设立的市、镇脱离经济发展的实际水平,出现"设市热",相互之间不顾条件,盲目攀比,有的地方甚至把不够县级市标准的镇,盲目升格为地级市,使机构升格,编制增加,非生产性开支大增,而且是"小马拉大车",根本无法发挥中心城市应有的作用,还大大加剧了市县之间的人为利益冲突,带来很多后遗症。归纳起来,对我国目前市镇制度改革的模式争议较多,迫切需要解决的主要是市镇设置模式、标准、省直管市分等等,应作为研究和改革的重点。尤其要加强小城镇的发展战略研究,制定小城镇发展规划,选择发达的县进行县下辖市试点。

4. 直辖市郊县政区体制改革问题

直辖市的政区体制改革问题也是市镇制度改革的一个十分重要的内容。1978 年的《中华人民共和国宪法》规定:我国的直辖市分为区、县,区县以下分别设街道办事处和乡(镇),从而确立了直辖市为辖县的省级行政单位。长期以来,县作为直辖市的郊区担负为大城市服务,尤其是在蔬菜、副食品基地建设中发挥了重要作用。然而,进入 80 年代中期以来,我国推行了撤县改市模式,在经济比较发达的长江三角洲、珠江三角洲、山东半岛等地区,大批县撤县改市,有力地推进了城乡经济的发展,城市总体布局得以合理调整,城市建设步伐加快,城市功能得到进一步发挥。而北京、上海、天津三个直辖市的郊区仍保留着县的体制,与毗邻地区相比(尤其是上海邻县与毗邻的苏锡常地区相比),无论是在总体经济实力,经济发展速度,或是在城市建设规模等方面都拉开了差距,相对落伍。其原因固然是多方面的,但现有法律的制约,应该是一个十分重要的原因。因此,我们认为,适当修改某些法律条款是必要的。这应该是我国政区体制改革的一项重要任务。

5. 政区边界争议问题

行政区域的边界是行政区的主要要素之一。我国各级行政区域之间都存在着比较严重的边界争议。以省级行政区而论,除国界和海岸线之外,30个省市自治区(不含重庆直辖市和台湾省)之间共有68条边界线,总长度6.2万公里,除广东省与海南省之间的边界线为法定线以外,其余67条边界线均为习惯线,其中存在争议的达50多条,长度达9 500公里。由于过去较长时期忽视对行政区域边界的管理,使边界不清,没有法定边界,加之随着社会经济的发展,人口大量增加,特别是改革开放以来,各地政府为发展经济,大量开发过去不被人们重视和认识的边界地区的资源,从而使边界纠纷急剧增加。

全面勘定行政区域的边界,由习惯线形成法定线,并加强管理,是解决边界争议的根本途径。1986年以来,在国务院统一布署民政部主持下,我国开展了省、县两级行政区域界线勘定工作,于2002年全部完成。国务院颁布的行政区域边界争议处理条例,为合理解决我国行政区域边界争议问题提供了重要法律依据。2002年7月,国务院公布了《行政区域界线管理条例》,我国的行政区域界线管理工作重点从全面勘界转向依法治界。

6. 政区名称改革问题

行政区的名称是各级行政区域的基本要素之一,它在国家生活中占有重要地位,关系到国家的领土主权,关系到内政外交、民族政策、交通通迅、公安户籍、新闻出版、城乡规划、经济建设、国防建设和人民生活等许多方面。加强行政区名称的标准化、规范化,是政区改革的一个重要内容。

一个行政区名称由二部分组成,一是专名,二是通名,比如,上海市的"上海"是专名,"市"是通名。我国现行政区名称中最大的问题是通名多而乱,如一级行政区有省、直辖市、自治区;二级政区有地区、地级市、自治州、盟;县级政区名称多达10种,有县、自治县、旗、自治旗、市、市辖区、特区、林区、工农区等,名目繁多。另一方面,从纵向来看,也较混乱,如同称"市",有直辖市、地级市、县级市之分;同称"区",有自治区、市辖区、区公所、特区、工农区、林区之别,极易混淆,给各方面带来不便。特别是实行市管县、县改市体制以来,这两类市已突破了国际通用的"城市"概念,即点状形态的概念,而变为包括大面积农村在内的"点""面"结合概念,导致许多误解和混乱。如有人曾称重庆市为我国人口最多的城市;只有30多万市区人口的江苏省扬州市被列为全国十大城市之列,并超过拥有80万市区人口的无锡市;青岛市被列为我国第一个实现城市化地区等等。

其次,在行政区专名方面也存在一些问题。一是市县同名过多,如黄山市与黄山区;有的甚至三个专名相同,如承德市、承德地区、承德县。据1988年统计,全国有57个市县专名相同。二是有些政区的专名不太科学,如江西景德镇与广东佛山镇同为我国历史上的四大名镇之一,佛山镇升格为市后称佛山市,而景德镇改市称景德镇市,为什么不可以去掉一个镇字呢;湖南省沙市市、湖北省津市市,都有两个"市"字,完全可以去掉一个"市"字。三是县(市)驻地专名通名化,据不完全统计,在全国约有30%(近600个)的县及县级市驻地缺少专名,都称城关镇、城厢镇等。

上述问题充分说明,我国政区的名称尚不很科学,需要认真调查研究,科学地命名,并采取切实有效的措施逐步理顺。

第十三章　中国的省制改革

省、自治区、直辖市同为中国地方行政建制和区划的最高层次。从元朝开始建立省制至今已有近700年的历史。作为国家最高层次的地域型政区——省（区）制的设立、调整是关系到国家稳定、地方发展、区域政治结构与权力分配关系的大问题，是国家政治、经济生活中的大事。本章主要分析中国现行省制对地方经济发展的影响及某些不合理性，论述改革和完善省制的必要性与可能性，从宏观战略高度探索中国省（区）制改革的方向与思路。

第一节　省制溯源与重划省区的研究评述

1. 省制溯源与发展大势

我们在中篇的第八章中较详细地介绍了中国省制的起源。省制的建立始于元朝，称"行省"。"行省"名称可追溯到东魏、北齐，距今约有1 400多年的历史（周振鹤，1991；徐罗林，1991）。那时"行省"是官署的名称。中央政府的权力机构分为门下、中书、尚书三省。地方若有事，中央政府派员前往处理，组成行台省。但多属临时性质，事毕即罢。其辖区、治所、职能变化很多，并未形成定制。史书曾记载南北朝末期已有河南、河北、山南、淮南、东南、东北、西南等诸道行台省的名称。隋唐时期因军事行动恢复过行省制。如隋开皇8年（公元588年）伐陈，在今安徽寿县（时称寿春）设置淮南道行台省，但隋平陈统一全国后即废除；唐在平王世充等割据政权时也曾设置过陕东道大行台省，统一后也撤销了；宋金对峙时期的全国，政局很不稳定，"行省"制运用也十分广泛。为加强对地方的控制，对付南宋、蒙古、西夏等政权的军事行动，在远离金都的新征服地区设置了许多行台省，如河南、陕西、河北、山东、河东等，但亦多是临时性军政合一的中央派出机构。

蒙元在征服北部中国军事行动中，采用了金朝的这一制度。每占领一个大的地区就设置一个行省（行中书省或行尚书省），作为征服地区的行政机构。但由于元对中原用兵时间长达七八十年之久，这种军管性质的行省制无法撤除，并在固定的范围内干预路、府、州的地方行政事务。因此，至平宋前后，"行省"就渐渐成为路、府、州以上的最高一级地方行政区划，从而成为定制通行全国。至元成宗大德（1297～1307年）以后，除东北和西藏地区归宣政院管辖，京师地区直隶中书省（又称腹里）之外，其余分设有河南、江浙、湖广、陕西、辽阳、甘肃、江西、岭北、四川、云南、征东[①]等11个行省。元顺帝为加强对农民起义的镇压，又增设了淮南、福建、山东、广西等行省。

明初沿用了元朝的行省制度，分设山东、山西、河南、陕西、四川、湖广、浙江、江西、福建、广东、广西、云南、贵州共13个行省和一个中书省。洪武九年（1376）改设"承宣布政使

[①] 征东省主要相当于今朝鲜和韩国范围，时设时撤。

司",全国分为15个大的行政区域,习惯上仍称行省或省。洪武十三年(1380)撤销了中书省,从此,省便成为地方行政区划的通名。清初沿明制,不久即改布政使司为省,初在内地设18个省,另将东北、蒙古、新疆、西藏等地区作为特殊区域。晚清时期,省制增加到23个,连同特别行政区在内,其最高一级的地方行政区划基本与现今的一级政区相类似。可以这样认为,元朝行省制的确立,是中国行政区划史上的一个重要创举,而清朝则基本完成了现代省级区划的设置。民国时期,省级政区有所增加,至民国36年(1947),全国除西藏设立地方之外,共设有35个省。从元至今,中国省制的创立已有近700年的历史。随着人口的增长,经济的发展,省级政权呈逐渐增多,而辖区范围有逐渐缩小的趋势。

2. 旧中国"缩省论"的回顾

中国省制之建立历经数百年,为各朝相沿而不改,国人也已经习惯,为什么在清朝末年有人提出要重划省区?主要是清末国势发生急剧变化,甲午战争后,中国由一个闭关自守的封建社会沦为半封建半殖民地社会。在"维新"思潮冲击下,长期沿袭下来的省制,遭众人之非议。著名"维新"运动改革家康有为首先提出重划省区论,以解决由于国内各省督抚拥有过多的军政实权,而使中央的实权受到削弱,国家积弱的问题。康氏上奏光绪,力主废除长期存在的省制,改省以下的"道"作为地方一级行政区划单位。康氏的主张为光绪帝所接受,虽遭顽固派之反对而未果,但由此拉开了国人关注、研讨中国省制改革大讨论的序幕,其影响十分深远。从清末至民国时期,直到新中国成立之后,许多学者和官员都参与重划省区问题的大讨论,至今长达近百年。仅据中国行政区划研究会编辑出版的《中国省制》一书就收录了1905～1990年部分公开发表的论著共69篇(张文范等,1995)。其中70%以上都是清末至民国时期的论著。虽然大部分是有关某些省区重划问题的讨论,但涉及全国省区调整重划、有相当份量的论著仍占26%,长达数十万字。从所发表论点来看,虽各家说法不一,观点各异,但认为中国省区要划小的观点却是基本一致的。

中国省区缩小问题的讨论可以大致划分为三个阶段:

(1)清朝末期以康氏为代表的"废省论"。清朝末年,在中国强邻压境、国内各省督抚争权的情况下,康有为力主废省,先以道为一级行政区,然后再改道存府。在遭顽固派破坏未果后,又提出"官制议"废省论。1913年康氏发表的《废省论》长达33 000字。该文在驳斥当时有人提出的"采美洲自立民举"论,"采普鲁士制民选与简用并行"论,"行去府存省道之虚三级制"论等议论的基础上,重点针对"撤废督抚"论进行了批驳,指出"省督之七大害",一是"省督挟兵以拒民吏,以图分立,不革省督之制,则兵无由治";二是"不革省督之制,则虽有财政良法,无自而行,且可亡国";三是"不去省督,则政府必不能统一,政必不行";四是"今都督自立以私意署群司,以喜怒专杀戮,体制类国君,僚属如臣仆。故不去省督之制,尽屈人才";五是"欧人笑吾中国内地设都督为野蛮。故不去省督,或总监之制,则官制致消野蛮";六是"旧督抚专权之弊,遂成今都督割据之害";七是"天下古今,军区未有挟省地之大者。不分削省地,不裁都督,而强欲行民分治,必不能行"。康氏继而又论证了行省之十大害,主张彻底铲除行省制,以资治本。康氏弟子梁启超在承其师说的基础上,提出了改革的具体步骤,主张先树一省(如直隶省)为改革之标识,然后总结推而广之,最终全部完成。此外,章太炎等也力主废省存道。主要理由是地域面积过大,民情各异,难以治理等。并提出全国所有60~70道均可直隶中央,以消除藩镇割据,避免分裂,更好地治理地方。此时期,部分仁人志士还提出了徐州建行省、西藏与蒙古改设行省、青海缓建行省、蜀西分省和江苏、福建的政区改革问题等。然而,应当指出,清末省制改革之争遭到顽固派的破坏未能实施,同时,对省制改革方案的论证也欠详尽。尽管如此,但在中国省制问题研究史上,这是一个重要时期。它开创了中国省制问题研究的先河。

(2)民国时期众多学者的"缩省论"。从民国初期至解放前夕,中国省制问题的讨论一直未间断过。与前一时期相比,其规模更大,上层人物更为重视,不仅有政府要员参与与支持,而且学术界广泛进行了研讨,发表大量论著。特别是对省制改革方案的研究论证上,其深度与操作性大大超过了第一时期。同时,一个显著特点是,在基本观点上由"废省论"逐步转向"缩省论"。即在共同主治缩小一级政区规模的前提下,前者提出"废省改道",后者则主张缩小省区而不是"废省",即保留"省"这一通名。

民国初期,国民党要员宋教仁发表《中央行政与地方行政之划分》一文,力主重划省区;民国二年(1913年),熊希龄组阁,曾列废省存道为施政三大方针之一;民国五年,孙洪伊向国会提出划全国为50省区,每省辖40县的建议;民国六年段祺瑞执政时,内务部曾发表《改革全国行政区域意见书》,规划54个一级行政建制。但都由于各省强烈反对,未能实施。1927年国民政府奠都南京后,重又提出改革省制问题。国民党中央委员伍朝枢、陈铭枢在"三届四中全会"上提出缩小省区之建议。大会通过决议,认为"省区应重新划定,并酌量缩"。1932年的国民党四届三中全会上,伍朝枢再次提出旧案,但均是议而不行。1937年秋,日本大举侵略中国之时,一些有识之士提出"抗战"与"建国"同时并进的口号,"缩省论"复又活跃。民国28年(1937年),行政院组织"省制问题设计委员会",聘蒋廷黻、傅斯年、胡焕庸等进行研究设计,于1940年4月提交了《设计报告书》。"在历来缩省论中,方案之具体,办法之周祥,以此为最。"民国33年(1944年),抗日战争胜利之前,缩小省区运动更趋活跃。国民党中央设计局成立区域计划组,聘黄国璋再次研究省区调整计划。提出了"迁就现实"与"通盘筹划"两个方案。后一方案强调了以自然地理区域为依据,考虑经济的长远发展,有一定进步意义。抗战胜利后又有不少学者纷纷发表论著,谈改革省制问题,其中洪绂和张其昀最具代表性。

洪绂于民国34年(1945年)在《大公报》①及《东方杂志》②先后发表了"新省区论"及"重划省区方案刍议"论文。认为元代以降的省区原为军界区域,不适民主自治;旧省区不尽适合当地居民的政治愿望;交通日臻发达,今昔形势大异,行政区域极需改革以便管理。中央大学教授张其昀于民国35年(1946年)在《大公报》③发表的"缩小省区方案刍议",认为现省区面积过大,施政不易贯彻,必须取消行政督察区这一中间环节,实行省、县二级制。

应当特别指出的是,在解放之前,对中国省区重划问题研究最为系统、全面的当数担任国民政府内政部方域司司长的傅角今。他主编的《重划中国省区论》(商务印书馆,1948)长达13.7万字,作者简要回顾了中国历代政区的沿革,对重划省区运动之演进过程

---

① 载1945年10月2日《大公报》。
② 载《东方杂志》第43卷第6期,1945年。
③ 载1946年2月《大公报》重庆版星期六论文。

与经验进行了总结。在此基础上,全面论述了重划省区之必要,对划省的原则、省区数量、规模(人口、面积)、省名与省界、省会与辖县、市与海军要塞区进行了系统研究论证,提出新省区划分的草案——56省、2地方、12直隶市。可以说是解放前中国省制问题研究的系统总结性成果,也是最详实,具有操作性的省制改革方案。

纵观旧中国几十年的重划省区运动,我们可以作如下简要评述:

第一,省制改革问题的提出是有其深刻的政治、时代背景的。它是政治制度变革时期一些仁人志士,把它作为有关国家民族的"根本"问题之一,通过变更省制,以达到振兴中华之目的。尽管在封建割据、腐败的旧中国这一改革未能得到实施,但改革省制这一思想应该说有其进步意义。它在客观上反映了广大爱国者对作为上层建筑的行政区划体制改革的迫切要求与愿望。

第二,省制改革的本质涉及中央政府与地方政府各种政治权力、经济社会利益关系的调整。所以尽管从清末开始至解放前中国省制问题讨论了40年,制定了许多很好的方案,也曾引起高层领导的重视与支持,但都未能付诸实施,其阻力主要来自于地方。这也足以说明中央政府的涣散和缺乏权威性。同时也说明历次中国省制改革的大讨论,尤其是在调整方案的设计中尚未从机制和政策上进行深入研讨和制定措施,实际上缺少可操作性。

第三,从"废省论"到"缩省论",省制问题的研讨中,尽管观点不同,方案各异,但在缩小中国一级政区规模上却是完全一致的。清末提出的"废省论",保存了全国六七十个道作为一级政区;胡焕庸主持的省制问题设计委员会方案为66省;黄国璋为首提出的中央设计局方案和洪绂提出的方案都为57省;张其昀的方案为60省;傅角今的方案为56省、2地方和12个直辖市。可见,基本上都在60~70个一级政区之间。省区划小是大势所趋,有其科学道理。

第四,对省区划小的依据和原则,不少学者都作了较精辟的分析研究。如胡焕庸提出了缩小省区的六项主张(张文范等,1995):①缩小省区当由已经开发的地区着手;②各省面积当以人口富力的乘除,不必求其完全相当;③各省形式当参照自然形势为依据,不必求其十分完整;④参照原省疆界,不必多事更张;⑤维持省、县两级制;⑥缩小省区当使组成一经济单位。并指出:"以上各省为缩小省区所应依据之原则,各情形彼此不同,轻重主辅之间,当斟酌实际情况,各别考虑,要亦不可以一概论耳。"傅角今认为,"元、明、清划省之目的在于统制及控制。故纵的方面,指挥系统务求严密,不惮皆阶层繁复;横的方面,区域分划,旨重牵制,不厌支离破碎,自难求其符於地理区矣。"重划省区必须考虑到历史背景、山川形势、经济发展、防卫需要、文化程度及人力、物力等综合条件,权衡其轻重,以符建省之目的。这些思想和原则对于当今的行政区划分原则仍有重要参考价值。

第五,政府重视,专家参与,并注意使两者结合,共同对我国重大行政区划问题进行分析研究与论证,提出切实可行的实施方案,是开展行政区划研究工作的一条极为重要的经验。这一经验对行政区划这一特殊研究领域来说尤为重要,在今天同样具有借鉴意义。

3. 建国后省制改革发展与研究评述

新中国建立后,党和政府根据不同时期政权建设和经济建设发展的需要,对我国传统的地域型政区作过多次重要调整,总体上看是正确的。这在本书中篇中已有详细论述。

与解放前夕相比,有以下几个明显特点:

(1)省级政区的数量由多变少。解放初期根据我国当时加强政权建设和恢复发展生产的需要曾设立六大行政区,省级单位最多时(1951)曾达53个(29省、8个行署区、13个直辖市、1个自治区、1个地方和1个地区),比解放前夕增加了5个。以后又逐渐减少到30个(1987)。但1988年海南设省以来,省级单位又有增加。1997年底连同香港在内,全国省级行政单位为33个。仍然大大少于解放之前的48个省市(区)。

(2)民族区域自治单位有很大增加。解放后在少数民族聚居区全面实行了民族区域自治制度,设立了自治区、自治州、自治县(旗)和民族乡。1996年底,全国共有5个自治区、30个自治州、118个自治县、3个自治旗、1383个民族乡,比民国时期有很大增加。这是新中国民族型政区改革的重大成就。对加强各民族的团结,确保我国的政治稳定具有重大意义。

(3)直辖市数量大大减少,但规模大大扩大。解放初期,直辖市数量曾有所增加,1953年达14个,比解放前夕增加2个。但从1954年起直辖市数量急剧减少,只保留了北京、天津、上海3个直辖市,余均回归各省。1997年增设了重庆直辖市,共4个直辖市,只相当于解放之前的1/3。但现有直辖市都实行了市管县体制[①],其市域面积和人口规模比传统的切块设立的直辖市要大得多。

由此可见,解放以来,我国省级政区呈现数量减少、规模增大、多种类型共存的特点。

由于省制问题的研究是个十分敏感而复杂的问题,所以解放后在相当长一段时期这一问题被视为"禁区",省区调整完全是一种政府行为。学者们很少去进行该领域的研究,若干年来也没有人在刊物上公开发表此类文章。改革开放以来,省制问题又重新引起专家学者和政府有关部门的兴趣与重视。在民政部主持下,1989年11月在江苏省昆山市召开的首届中国行政区划学术研讨会上,包括胡焕庸、谭其骧老一辈专家在内的众多学者与政府职能部门的领导同志共同探讨中国的行政区划体制改革问题。其中关于省制问题的研究是热点之一。中国行政区划研究会编辑出版的此次会议论文集——《中国行政区划研究》一书,涉及省制改革的有10余篇。1989年以后,涉及省制问题的讨论也在其他刊物发表,如国内外颇有影响的《战略与管理》杂志1994~1997年先后发表了舒庆、刘君德、马述林、周振鹤、华伟、于鸣超有关行政区经济与省区改革的论文。还陆续出版了有关著作。在社会上、政府职能部门乃至高层领导中产生一定影响。

20世纪以来,省制改革问题引起社会广泛关注,公开讨论较多,限于篇幅,本书着重介绍以下主要观点与人物。

胡焕庸从未来发展角度,提出了新的省区调整设想。包括:①以江苏北部的徐州、连云港及鲁西南的枣庄为中心,范围包括汶、泗、沂、沭四河流域,新建徐淮省;②安徽可分皖北、皖南二省;③河南的南阳可与鄂北、陕南、川东等地结合在一起建省;④陕南的汉中盆地可与河南、四川联合考虑建省;⑤新疆最好分为南、北两个政区;⑥湖北、湖南可考虑再分出2~3个省;⑦四川分设3~4个省;⑧广东、广西、云南、贵州可各分成2省;⑨内蒙古自治区地域差异大,从东到西可分为东、中、西三片。为了照顾其完整性,行政区划不作调整。但东部可与东北3省组建经济区,中部与华北地区的河北、山西和陕西联合,西部与

---

① 为保持区划的稳定性,重庆直辖市仍保留了原地县级的区划体制。

宁夏、甘肃兰州地区建立经济联系①。胡氏新方案突出了交通因素、经济区与行政区的关系。

谭其骧在"我国行政区划改革设想"一文中指出："我国现行的沿袭元明清旧制的一级行政区划极不合理,一是许多省区不符合自然、经济和人文区域,二是多数省区太大。这种区划状况不仅阻碍经济发展,并且也不利于社会和谐、政治稳定,有必要予以改变。"(中国行政区划研究会,1991)并强调应通过认真研究中国历史上和外国的各种划分政区制度的利弊得失,详细调查各地区的社会、经济、文化现状,然后制定出一套既适应于当前和近期、又有利于未来发展的社会主义的行政区划制度。

郭荣星在其《中国省级边界地区经济发展研究》(1993)一书中,通过计算省级行政区的规模,设想了中国一级行政区的调整方案：①在苏鲁豫皖边界地区组建新省；②以重庆为省会组建新省；③将河南信阳地区划入湖北省；④以襄樊为中心建立鄂豫陕边界地区一级行政区；⑤以厦门为中心,在闽赣边界地区组建新省；⑥湘黔桂三者区边界地区形成一级行政区；⑦蒙、黑、吉三省边界地区组建新省；⑧陕蒙宁边界地区组建一级行政区；⑨新疆、甘肃两省区行政区划暂时维持现状。待21世纪中国经济重心西移时,适时新增两个一级行政区。即新、甘边界地区组建新省,南疆、北疆各设立一级行政区。郭荣星的方案主要是从加强省区接壤地区的经济发展角度考虑的。有一定独到见解。

周振鹤则持与郭荣星相反的观点,在"行政区划改革的几个关键问题"一文中指出：我国的省界在历史上早已形成,各省的名称和范围已经深入人心,成为普遍存在的地域观念。划小省区组建新省的基本原则应是以现有的省区为基础,将其一分为二或三,同时进行有限度的省界调整,而不宜以几省的接壤地带重划一个新省,因为这样做缺乏历史地理基础,不易成功。解放后曾设立平原省,以河南、河北、山东部分地区为其省境,3年后即撤销(中国行政区划研究会,1991)。

针对多年来学者们一致赞同"缩小省区"这一基本的省制改革的观点,华伟和于鸣超1997年在《战略与管理》上发表"我国行政区划改革的初步构想"一文,提出了相反的看法。认为"缩省"无实际操作意义。作者从减少行政区划层次、普及地方自治这一世界性历史潮流的思想出发,主张在稳定现有行政区划的前提下,逐步推行地方自治。并提出"现阶段实行两级地方自治：将中央直辖市、计划单列市、省会城市、地级市和地区改组为都、府、州,确定为上级地方自治单位,简称地方自治体；以按新标准设立的市、镇、乡和坊(即现在大城市中的街道)为下级地方自治单位,简称社区自治体。省、县暂时保留为非自治的地方行政体,村作为准自治体。""实行地方自治后,省的作用将逐步削弱。未来的省不是自治团体,不是法人,而具有中央派出机构和地方自治体联合体的双重地位。"作者运用政治学、经济学与社会学的规律,从中国现实的行政区划格局出发,借鉴国外行政体改革的经验,结合公务员制度的改革,试图合理解决中央与地方各级政府相互间关系问题,从而提出了中国行政区划改革的新思路。这对推进包括省制改革在内的中国行政区划体制改革研究的深入是有积极意义的。

---

① 据胡焕庸"我国行政区划的过去、现在和将来"一文进行整理而成。原文载中国行政区划研究会编,《中国行政区划研究》,中国社会出版社,1991。

第二节 省制改革的必要性与可行性分析

我们在前面的章节里多次谈到,中国现行的行政区划体制基本适应了目前社会经济发展的需要。目前的行政区划格局也是在几千年发展历史的基础上经过解放后各个时期的调整改革而逐步形成的。但我们也应当指出,第一,目前的行政区划体制格局只是基本适应,也就是说,还有许多方面不适应现时政治经济发展的需要;第二,解放后行政区划虽经过多次调整,但缺少总体的战略考虑。中央领导曾指示:"对行政区划这个大问题,民政部要从战略上去考虑"。所谓战略上去考虑,就是要从全局和长远的高度去筹划和构思中国的行政区划改革的方向与总体格局,而不只是局部的调整,更不是头痛医头,脚痛医脚。省级区划是整个行政区划体系结构中最重要的一环,我们研究行政区划体制改革首先要讨论省制的问题及其改革方向;同时,我们在讨论省制问题时也一定要把它放在国家行政区划结构体系中去认识,明确省级政区在国家结构体系中的作用和地位及其与中央、地县的关系。只有这样,才能从战略高度认识目前省制存在的问题,把握省制改革的方向。

1. 中国目前省级政区存在的弊端

对于这个问题不少学者已经进行过详细分析(浦善新,1995)。其主要论述可概括为以下几点:

(1)省区范围偏大,导致行政管理层次繁多,加剧了行政机构的臃肿状况。中国现有31个省、自治区和直辖市(不包括香港和澳门),平均每个省级行政区的面积为309 677平方公里,相当于美国州平均面积的1.69倍;平均每个省级行政区的人口为3 700万,相当于美国州平均人口的7.8倍。中国一级政区的规模相当于一个中等规模的国家。美国前国务卿基辛格博士曾指出,中国几乎每个省的面积和人口都比欧洲一个国家要大,中央政府的统一控制无论如何也会放宽。省区规模过大不利于加强中央政府的宏观调控和集中统一领导,不利于国家的长治久安。同时,省区规模过大,导致省与县之间增加了一级中间层次——地级,使行政机构增加,从而不利于上下通达,容易助长官僚主义,不利于建立灵活高效的行政管理体系。

(2)省级政区大小过于悬殊,层次混乱,不利于统一行政管理。中国一级政区的面积、人口规模相差较大,面积最大的新疆维吾尔自治区达160万平方公里,而上海市面积仅为6 340平方公里;人口最多的四川省达10 998万人,而最少的西藏自治区仅228万人。悬殊的省区规模,必然导致行政管理层次的参差不齐。有的省"四实一虚",即省、自治区—地级市、自治州—县、自治县、县级市、市辖区—县辖区—乡、民族乡、镇、乡;有的省为"三实二虚",即省、自治区—地区—县、自治县、县级市—县辖区—乡、民族乡、镇;有的"二实一虚",即直辖市—市辖区—街道或省、自治区—地级市、县级市—街道;还有的"三实一虚",即省、自治区、直辖市—县、自治县、县级市—县辖区—乡、民族乡、镇或省、自治区—地区—县、自治县、县级市—乡、民族乡、镇;有的"四实二虚",即自治区—自治州—地区—县、自治县—县辖区—乡、民族乡、镇等等,层次比较混乱。这对建立国家统一的行政管理带来诸多困难与不便,同时也大大增加了编制,助长了官僚作风。

(3)省级行政区域边界犬牙交错,破坏了自然经济区域的完整性,不利于省内的商品流通和加强省内的行政管理;容易引起行政区域的边界纠纷。这是历史上封建王朝为防止军阀割据而人为地将一个完整的自然地域单元进行分割而成的。同时,由于一些犬牙交错的省界打破了完整的自然地域单元,使许多省区边界线不清,引起边界争议。在改革开放以来,省级边界争夺资源的纠纷愈演愈烈,严重影响安定团结。

(4)省区名称混乱,专名同名、同音、近音较多,通名概念含混,层次不清。如吉林省与吉林市专名同名,新疆维吾尔自治区与山西省新绛县同音等。特别是政区通名概念的含混带来许多问题。如"区"有"自治区"、"市辖区"、区公所、特区、林区、工农区等,"市"有直辖市、地级市、县级市、计划单列市等等,往往给社会生活、经济发展、军事政治、通讯邮电等等带来不便,造成许多麻烦。

以上的分析,可以充分说明,中国省级政区体制还存在许多问题与矛盾,需要进行改革。但我们认为这种分析还停留在就行政区论行政区的表面文章上,还没有从加强政权建设,有利于处理好中央与地方的政治经济关系的高度进行深层次的分析。因此,以下的补充分析是十分重要的。

(1)从行政区与经济区关系的深层次分析看,现有的省域划分不尽合理,在一定程度上分割了完整的经济区域。我们在前面已经分析过,在我国特定的政治经济体制环境下,我国现行的区域经济实际上表现为十分突出的"行政区经济"特征。在计划经济体制下,地方经济活动以纵向为主,即按行政区组织经济活动。加之各省都要建立独立自主的国民经济体系。使我国本来有限的资源其宏观配置效益大大降低。而改革开放以来,传统的计划经济体制虽然受到强烈的冲击,但一些改革措施仍然沿袭了按行政区系统组织经济活动的办法。以省的自求平衡为基础,中央则进行总额的切块管理。这固然调动了地方的积极性,但各地从自身利益出发,为了增加财政收入,追求政府政绩,都千方百计,甚至不择手段争投资项目,搞重复建设,以刺激投资膨胀,以致长期以来我国出现的"小而全"、"大而全",产业结构同构等"诸侯经济"现象,几乎成为区域经济发展的"顽症"。市场被分割,区域经济一体化难以实现。现有许多省区界线的犬牙交错,客观上造成了区域经济的分割。如果说在商品经济不发达、自给自足的小生产为主时期,这种影响尚不明显的话,那么在现代社会商品经济迅速发展,地域分工协作大大加强的情况下,这种不合理的行政区划对区域经济发展的影响就越来越明显地表现出来了。这就是我们所说的现阶段"行政区经济"运行时期行政区划矛盾的显性化,即行政区划构成对区域经济联系的刚性约束。包括省区在内的各行政区之间的经济利益冲突十分严重。在经济发达地区这种矛盾表现尤为突出,给区域经济发展和生产力合理布局带来很大影响(刘君德,舒庆,1995)。由此我们可以得出结论:在我国由计划经济体制向市场经济转轨的现阶段,行政区与经济区的关系相当密切。合理的行政区(特别是省地级),即行政区与经济区基本一致的情况下,有利于区域经济发展;反之,如果行政区划不合理,则对区域经济发展和生产力合理布局带来不利的影响。从这一实际情况出发,适时地调整不合理的行政区划是必要的。然而应当指出,我们决不是要使现有的行政区都去适应经济区进行大调整,只是说明这是解决区域经济发展矛盾的手段之一。事实上,在必要时,在少数省区调整不合理的行政区划还是可行的。而且,行政区划体制改革不只是指调整界线,更重要的是要寻找新的行政区划模式,建立新的区域行政体制来解决这一矛盾。本章后面将要深入探讨。

(2)从传统地域型政区与新型城市型政区关系发展变化的趋势看,现有的省级政区类型结构不尽合理。解放以来,我国省级政区类型出现多样化、组合发展的趋势。传统地域型政区一部分转变为民族自治型政区,另一部分从地域型政区中划出部分县市设立直辖市。这是行政区划体制适应政权建设、社会经济发展的重要体现。但总体看来,在实行民族区域自治,发展民族型政区方面进展很快,符合实际,对加强民族团结,促进民族地区的经济社会发展起了重大作用,而在发展省级城市型政区——直辖市方面则进展缓慢,甚至比解放前还大大减少。这不仅与我国宏观上已经形成的众多特大城市的现状不相符合,而且很不利于这些特大城市充分发挥其区域中心的作用,因而整体上对区域经济发展带来不利影响。我国长期以来,直辖市只有京、津、沪3个,而且地区分布过于集中在沿海。直到1997年才新设重庆直辖市,明显偏少。事实上我国超过100万人口(市区非农业人口)以上的特大城市多达34个(1996年)。其中有一些特大城市,特别是非省会的一些省域双中心城市,如重庆及大连、青岛等,完全有条件升格为中央直辖市。无论从政治上或经济上来说都是有积极意义的。列宁曾经指出:"首都或一些大工商业中心在颇大程度上决定着人民的政治命运。""无产阶级掌握了这些中心地区,也就等于掌握了国家政权的神经中枢、心脏和枢纽。"[①]增设中央直辖市,有利于加强中央的政治领导,巩固政权。从经济上来看,中国的特大城市是中国经济的重心,1996年我国34个100万人以上的特大城市人口占全国总人口的6.13%,而GDP总量则占全国的30.8%,提高其中部分特大城市的行政等级有利于其自身经济的发展,也有利于其在区域经济发展中发挥更大的极核作用,从而有利于加速实现全国现代化的进程。

2. 中国省制改革的必要性

从上面我们分析的中国现行省级政区存在的种种弊端已经可以说明中国省制改革的必要性。综合起来可归纳为以下几点:

(1)改革省制是减少管理层次,提高行政管理效率的需要。前面我们已经多次分析,中国现行的行政区划层次太多,已形成尖形三角形结构的行政管理体制。这种行政管理体制扩大了行政距离。不利于上令下通,下情上达。从世界各国地方行政管理的经验与规律来看,普遍实行扁型三角形结构行政管理体制,即一级行政区数量较多,每一级相对幅员较小,从而减少了管理层次。我们根据目前世界160多个国家和地区的初步统计,地方行政层次多为二三级,约占74%,超过三级的只有17个国家,占11%。除原苏联和韩国之外,都为第三世界国家。与世界一些大国相比,中国行政区划的层次也要多得多。我们常常用一种通俗的语言形容管理层次过多带来的问题。即多一个行政层次,企业就多一个婆婆,政企分开就多一重困难,权力下放就多一级台阶,行政编制就要多一层人马,人民群众就多一份负担,信息的传播、反馈就多一道关卡,中央政策的贯彻就可能多一套对策。各层级政府之间、同级政府之间争投资、争项目,重复建设,产业结构趋同化就会愈加严重。其后果是企业的跨行业、跨地区横向联系受到削弱。行政管理效率低,浪费行政管理人力资源,行政成本加大,还会助长官僚作风。不利于提高行政管理效率,给国家政治经济发展带来不利影响,人民群众也很不满意。因此,减少行政区层次是中国政区改革的一个方向。然而,减少层次必须与扩大管理幅度同步进行。省区适当划小是个前提条件。

---

① 引自《列宁全集》,第30卷226,234页,人民出版社,1985。

(2)改革省制是解决现行一级政区遗留问题,理顺一级政区体制的需要。由于历史原因,我国的现行省制不仅存在规模过大以致造成层级过多的弊端,而且存在边界划分不合理,省界纠纷较严重,大小相差过于悬殊,直辖市设置偏少,省区通名欠科学合理等问题。

这些遗留问题,可以通过省制改革彻底加以解决。特别是前面分析的许多省界历史上完全出于军事政治目的而人为造成的犬牙交错状态,破坏了自然-经济区域的完整性,从而对区域经济发展带来严重影响,也影响了人民的安定团结。据分析,除台湾、海南两省外,我国陆上省区界线与自然地理界线相一致的只有河北与山西交界的太行山(约1 000公里)、江西与福建交界的武夷山(约870公里)、山西与陕西交界的黄河(约800公里)、四川与西藏交界的金沙江(约530公里)、甘肃与青海交界的祁连山(约2 000公里),合计约5 200公里,只占省级边界总长度52 800公里(不含国界线20 000公里,海岸线18 000公里)的9.8%(浦善新,1995)。其余绝大部分的省界均与自然地理区划单元不相一致,不仅不利于资源的统一规划、开发与管理,而且由于容易引起省界纠纷而使资源大量遭受破坏,也影响边界地区的社会稳定。虽然通过大规模的勘界工作可以缓解这一矛盾,然而从边界地区的资源合理开发利用来看,通过省区调整缓解这一矛盾更为彻底。

(3)改革省制有利于淡化"行政区经济"现象,推进区域经济一体化。改革开放以来,由于中国特有的政治经济体制环境,中国在由计划经济向市场经济体制转轨过程中,出现并形成一种特殊的地缘经济——行政区经济现象。这种行政区经济在特定的历史阶段,对加速地方经济发展从而推进全国经济增长起了积极作用。但也带来许多消极影响,客观上加剧了经济"小而全"、"大而全",出现重复建设,结构雷同的现象。致使资源不能优化组合,生产力不能合理布局,从而带来严重浪费。这与统一大市场的建设是背道而驰的,对建立社会主义的市场体系是极为不利的。

如不从根本上研究解决这一问题,对中国经济、社会乃至政治生活都会带来严重影响。这已经是从中央政府高层领导到地方基层官员和学术界的共识。如何解决这一问题?我们认为,从根本上看要推进政治体制改革,实行政企分开。要改革用人制度,重视制定衡量地方官员政绩优劣的标准,要改革财政体制、税收体制、金融体制,大力推进现代企业制度的改革。与此同时,积极稳妥地改革行政区划体制,首先是省制、市制的改革,对于克服现行存在的经济上严重的地方主义、本位主义、分散主义,即"行政区经济"现象是有积极意义的。毛泽东有一句名言:"不破不立,立在其中",我们如果用这一理论思想来理解和推进我国行政区划体制改革,那么我们就可以取得认识上的统一。作为上层建筑的我国行政区划体制是经过长期历史发展而形成的。"行政区经济"现象有深刻的历史根源,但如果我们采取措施,打破现行行政区划格局,就必然打破已经形成的行政区经济格局,打破中央与地方经济利益格局。在新的较合理的行政区划格局下,积极推行新的政治经济体制改革措施,这对淡化"行政区经济"现象,建立全新的中央与地方经济利益关系格局,推进区域经济一体化应当说是十分有利的。

(4)改革省制有利于改善中央与地方的政治经济关系,巩固和加强中央的集中统一领导。中央与地方的集权与分权问题,是我国当前改革与发展中一个重大的政治经济理论与实践问题。它直接关系到经济社会的发展和国家的统一、民族的团结和社会的稳定。早在1956年,毛泽东在《论十大关系》中就专门谈到"中央和地方的关系","这对我们这样的大国大党是一个十分重要的问题。"并认为"有中央和地方两个积极性,比只有一个积极性好得多。"① 几十年来,中央与地方的关系有过多次变化,时而强调中央集权,时而强调地方分权,所谓"一统就死,一放就乱",说明处理好中央与地方的关系不是一件容易的事,而是一个异常复杂的经济体制问题。本书不是专门讨论中央与地方的经济关系问题,而是探讨行政区划体制对中央与地方关系的影响,也可以说是在中央集权与地方分权关系的变化中行政区划的作用。从我国解放以来几十年的中央与地方集权与分权变化的过程对经济发展的影响来看,有这样一个普遍的规律:中央集权过多不利于调动地方积极性,地方经济发展受到制约;反之,地方分权过多,则地方发挥了积极性,地区经济发展加快,而中央经济发展又受到影响。而行政区划作为地方行政管理的空间投影,凡是在中央集权较多的时候,行政区划对区域经济发展的影响不明显;反之,凡是地方分权较多的时候,则行政区划对区域经济发展表现为突出的刚性约束。其结果是加剧了"行政区经济"的形成与发展。改革开放以来,针对当时存在的中央政府权力高度集中的问题,采取了一系列政策,发挥地方政府的积极性,主要是财政体制在原有"分灶吃饭"的基础上,又实行了"财政包干",从而使地方积极性大增,地方财政收入增加得越多,其可留用的财政收入也越多。这对于上缴财政任务较轻和经济发展快的地方(如广东省)来说,其经济发展速度大大加快。除财政体制外,在计划投资、进出口、税收、价格、外汇、引进外资、预算外资金等方面,也先后逐渐放松了中央的集中统一,下放了较多权力,这对调动地方发展经济的积极性起了不小的作用,这是应当充分加以肯定的。但同时也应该看到由此而引发的一系列问题。主要是:第一,中央政府宏观调控的能力大大减弱。在国家财政总收入中,中央财力所占比重由1978年的45.8%左右下降到1994年的29.2%。与此同时,中央财政支出却迅速增长,1978年至今(除1985年)中央财政赤字逐年增加,1994年中央财政赤字(包括国内外债务)相当于当年财政收入的35%,占当年国内生产总值的4%。中央是很难用财政手段来调节经济的运行了。在货币和税收方面,中央政府也很难将其作为杠杆发挥对经济的调节作用。第二,造成地方投资需求膨胀,引起大量重复建设和盲目建设。由于地方投资能力大增,各级地方政府从自身的利益出发,大量兴建地方项目,反复产生投资需求,导致大量不必要的重复建设与盲目建设。不仅严重浪费了资源,而且引发通货膨胀。第三,各级地方政府为增加自己的财政收入,发展地方经济,往往采取种种不正常手段保护本地企业与市场,限制本地资源的流出和外地商品的流入,从而产生严重的地方保护主义,市场被行政区划所分割,区域性和全国性的统一市场则难以形成,也谈不上资源的合理配置(董辅礽,1996)。

我们关心的问题是上述地方过多分权的结果,可能会导致"弱中央,强地方"现象的产生。据国际货币基金组织统计,世界上大多数国家的中央政府财政收入在全部财政收入中的比重都在60%以上。法国为88%,德国为63%,英国为85%,美国在市场经济国家中比重最低,但也达59%。印度为69%,印度尼西亚高达97%,巴西为84%,墨西哥为83%等。只有南斯拉夫是个例外,为28%,与我国1994年的比重相近。无怪乎世界银行专家也惊叹,"世界上大概没有什么国家的财政收支比中国更为分散了。"(王绍先,胡鞍钢,1996)

马克思主义的基本原理告诉我们,政治与经济不可分割,政治是经济的集中表现。应

---

① 《毛泽东著作选读》(下册),第730页,人民出版社,1986。

当看到,90年代以来,中国经济在大发展的同时,由于地方政府的经济行为所导致的"诸侯经济"现象已经发展到相当严重的地步,而省级"诸侯经济"现象表现更为突出,其危害性也更大。也就是说出现了所谓"弱中央,强地方"的现象。迄今为止,世界上还没有哪个市场经济工业国的地方政府像中国地方政府拥有这么多的财力和这么大的权力。历史经验告诉我们,地方政府拥有的权力过大,如果缺少有力的制衡措施,不仅会造成经济上的割据,还会导致政治上的分裂。有人说,中国已经形成诸侯经济,很可能出现南斯拉夫国家分裂的局面(杨培新,1996)。我们不能同意这种观点,但我们应该时时警惕这种可能性,防止由于地方经济政治割据所产生的一种离心倾向。尤其是作为一级行政区的省制,如果其规模很大,在经济上有很强的独立性,在国家政治格局中的份量太重,这种离心倾向的危险性是不能低估的。从这一认识出发,不失时机地推行包括行政区划体制在内的政治体制改革是十分必要的。改革目前不尽合理的行政区划体制,有利于改善中央与地方的政治经济关系,特别是有利于发挥中央政府在推进现代化进程中的主导作用,有利于加强中央的集中统一领导,为国家的长治久安奠定良好的行政区划体制环境。

3. 中国省制改革的可行性

在中国省制已经运转数百年,现行省级区划在解放后也已稳定数十年的情况下,一些学者对省制再改革,特别是重划省区提出了质疑(华伟,于鸣超,1997)。一些领导虽也赞同省制改革,但因涉及面太多、问题太复杂而不予正式表态。这表明对改革省制的可行性多有疑虑。作者本人也曾有这样的顾虑。归纳起来主要有以下思想:①省制改革会不会影响社会稳定;②省制改革会给方方面面的工作带来许多麻烦,遇到难以想象的障碍;③省籍本身已经具有一种人文价值,给予人们一种无形的凝聚力,不宜轻易打破;④缩小省区后不能解决地级行政区层次问题,设置地级行政单位仍难以避免等等。

仔细分析上述疑虑,我们认为,有些是客观存在的,有些正是我们需要研究找出办法加以解决的,有些则是不能成立的。我们的看法如下:

(1)从理论上看,稳定是相对的,省区调整的根本目的就是为了求得长久的稳定。行政区划是国家的一项大政,其设置是否科学合理,对一个国家的政治、经济、社会、文化、民族等各个方面都会产生重大影响,是关系到国家长治久安的大事,我们不仅要按规律办事,而且一定要谨慎行事。改革行政区划会不会影响稳定?首先,稳定本身并不是社会主义现代化建设的目的,目的是求进步,求发展。我们改革现行不符合当今社会主义现代化建设和发展的行政区划体制,正是为了求得进步与发展,我们不能把改革与稳定对立起来看,改革不合理的省制正是为了求得稳定。第二,改革的过程是个改旧从新,新旧交替的过程,这个过程对保留旧制不变来说,可以说是不稳定,但这种不稳定是暂时的,只要我们设计周全,处理得好,可以大大缩短这一"不稳定"的过程,从而很快走向稳定。而一个不合理的行政区划体制严重制约经济社会发展,如果长期得不到解决,反而是一个潜在的不稳定的因素。

(2)从实践上看,古今中外,世界各国,都曾对行政区划体制进行过改革,应当说绝大部分是成功的,是适应各国当时政治经济形势发展的需要的。建国以来,我们也曾进行了多次行政区划体制改革,从一级政区的改革来看,如解放初期的行政大区的设置与撤销,某些省区的撤并(平原省、四川省、东北三省,江苏省和安徽省,宁夏回族自治区等),直辖市的撤扩等等,都没有产生大的不稳定局面。改革开放以来,1988年新设置了海南省,1997年重庆从四川省析出新设置直辖市更是生动地说明,省制改革不仅有必要,而且是可行的。只要把工作做好、做深、做细,完全可以克服因省区改革带来的某些暂时的不稳定因素。从实践的经验来看,一是省制改革方案要科学合理;二是改革思想要取得一致,上下取得共识;三是要协调好与周边省区的各种利益关系;四是要把机构设置好,把人的"位置"安置好。其中把人的"位置"安排好和协调好利益关系,是包括省制在内的行政区划体制改革推行中关键之关键。只要我们下决心果断决策,把工作做细,省制改革中出现的种种"麻烦"和"障碍"不是不可逾越和克服的。

(3)关于现有的省区已经形成的"凝聚力"问题,我们认为也只具有相对意义。其人文价值不在于已形成的省域范围大小和人口的多少。而在于在改革省制的过程中,仍应充分考虑保留原有形成的具有人文价值的因素及其他许多相关因素,并形成新的更大的凝聚力。改革省制不等于把现有的省全部打乱重新划分(当然也有少数人这样主张过)。恰恰相反,而是要充分依据现有已形成的省制进行改革,即改革那些不合理,对区域社会经济发展、开发利用资源和保护环境等带来严重障碍和不利影响的省区。这是一个需要进行深入研究和精心设计的问题,所以这种顾虑是多余的。不过从这里我们可以得到启发,那就是在设计新省区改革方案时应该充分考虑已形成的历史基础和人文因素,并将此作为一条重要原则。

(4)有人担心即使省区划小后也不能解决区划层次过多的问题。我们认为这种担心有一定根据。如果省制改革后仍然保留地区行署和地级市辖市的体制,即仍实行市管县(市)制,那这种省制改革意义是不大的。因为这没有通过省制改革达到减少层次、精简机构、缩短行政距离和提高行政效率的目的。对这种省制改革我们是不赞成的。现行的宁夏回族自治区就是这样的体制。省区面积不大,人口不多,全区只有18个县级单位(3个县级市、15个县,不含市辖区),却设有2个地级市和2个地区。显然,这种行政区划体制存在极大的不合理性,完全没有必要再设立中间层次的地级市和地区行署。而海南也是一小省、全省有2个地级市(海口、三亚)、17个县级政区(6个县级市、4个县和7个自治县,不含市辖区),与宁夏回族自治区相当。所不同的是海南省的海口、三亚两个地级市均不实行"市管县"体制。所以从整体上来看,宁夏是四级区划体制(区—地区[市]—县[市]—乡[镇]和区—市—县—乡[镇]),而海南是省—县、市(地级或县级)—乡(镇)三级行政区体制。很显然,海南省的模式是我国省制改革中层级结构改革的方向与目标。这里要指出的是,即使是省区划小,在一个省内也必然还会存在多个中心城市,而且城市的规模、集聚和扩散力大小不同。但这与行政区的等级层次是有关系但却不相同的两个问题,不能混为一谈。市、县规模大小、地位可以通过市县分等来解决。本书的有关章节有充分论证,这里不再多赘。

以上针对目前省制改革研究中出现的不同思想与观点进行了讨论。从省制改革的可行性分析来看,还应当充分认识和把握以下几点。

(1)从改革的大环境上来认识和把握我国省制改革的可行性。江泽民总书记在中国共产党第十五次全国代表大会上的报告中对国际国内形势作了精辟而全面的分析。指出"在新世纪将要到来的时候,我们面临着严峻的挑战,更面对着前所未有的有利条件和大好机遇。"必须充分看到:"第一,和平与发展已成为当今时代的主题,世界格局正在走向多极化,争取较长时期的国际和平环境是可能的。""这为我们提供了有利的外部条件。""第二,建国后特别是近20年来我国已经形成可观的综合国力,改革开放为现代化建设创造了良好的体制条件,开辟了广阔的市场需求和资金来源,亿万人民新的创造活力进一步发挥出来。第三,更重要的是,我们党确立起已被实践证明是正确的建设有中国特色社会主义的基本理论和基本路线。这些都是今天拥有而过去不曾或不完全具备的条件。"①正如邓小平所说:"现在,我们国内条件具备,国际环境有利,再加上发挥社会主义制度能够集中力量办事的优势"②,我们建设现代化的目标是能够实现的。江泽民总书记对国内外形势所作的分析是我们正确认识我国改革的大环境的基本依据,也是行政区划体制改革的大好机遇,我们要正确理解与处理改革、发展与稳定的关系,善于抓住机遇,加快改革的进程。只要我们坚持邓小平理论为指导思想,统一认识,精心设计,果断决策,稳步实施,就一定能在中央的领导下,完成省制改革这件大事。

(2)从现实的经济基础来看省制改革的可行性。改革开放以来,我国的经济发展取得显著成绩。1992～1996年,国内生产总值年均增长12.1%,是建国以来经济发展最快的时期,1997年国内生产总值达到74 772亿元。我国的综合国力有了很大增强。城乡人民生活水平也是建国以来提高最快的时期。比较强大的经济实力也是进行行政区划体制改革的极重要条件。当然我们应当要防止发生机构膨胀,特别是借新设省的时机而大兴土木,大搞行政中心办公楼的奢侈现象。增加省区必然要增设省级机构。但如果坚持新设省区"小政府、大社会、大服务"的方向,大力改革政府体制,精减机构,完全可以防止机构膨胀。虽然省级数量增加,但因省区划小后减少了地级层次机构,绝大多数新设省区的省会仍可由原省区属地级市担任,机构则可在原地级机构上进行调整、改革。因而,从总体上看,机构不仅不会增加,而且有可能减少机构和公务人员的数量。1988年海南建省,1997年重庆升格为直辖市,就没有引发机构膨胀。

(3)从我国中心城市的发展和交通网络、邮电通讯条件看省制改革的可行性。城市是特定区域的经济、文化中心,是人口和生产力的聚集地。在中国,所有城市都是县以上政区的行政中心。交通和邮电通讯是现代社会经济发展的基础条件之一。作为一级政区——省区的建立,城市规模和交通、邮电网络建设状况是一个极为重要的条件,也是省制改革,特别省区重新划分所必须考虑的条件之一。因为城市的规模、性质、分布状况和交通网络条件直接影响省域经济社会的发展和行政管理的效率。中国改革开放以来经济的快速发展和非农产业比重的提高,大大推动着城市化进程。1996年中国的设市城市已达666个。其中20～50万人口的中等城市为195个,50～100万人口的大城市为44个,100万人口以上的特大城市达34个。大中城市的数量占城市总数的41%。除北京、天津、上海、重庆四个直辖市和27个省会城市外,尚有大连、青岛、宁波、厦门、深圳5个中央计划单列市和45个超过50万人口的地级大城市。这些城市经济有相当实力,已形成重要的区域性中心城市。从交通运输状况分析,改革开放以来也有很大发展。(表13.1)

特别是航空和公路运输发展迅速,运输线路的质量也有很大提高。各大中城市都已形成交通网络中心。城市和交通网络的发展也为省制改革创造了良好的条件,使新划省

---

①② 引自江泽民在中国共产党第十五次全国代表大会上的报告《高举邓小平理论伟大旗帜,把建设有中国特色社会主义事业全面推向二十一世纪》,人民出版社,1997。

区的行政中心有较大的选择余地。邮电通讯也有很大发展,1996年与1992年相比,全国邮电业务总量增长4.6倍,年末市内电话户数增长4.65倍,城市拥有的电话机增长3.6倍。交通与通讯条件的大大改善,再加上办公手段的现代化、网络化,以及公务员素质的提高,从而使整个行政系统的信息、传递、储存、输出、反馈的节奏大大加快,行政管理效率大大提高,这就为减少行政层次、扩大管理幅度提供了方便条件。

表13.1　中国交通运输线路长度增长情况(万公里)

年份	铁路营业里程	公路	内河	民航	管道
1952	2.29	12.67	9.50	1.31	
1970	4.10	63.67	14.84	4.06	0.12
1980	4.99	88.33	10.85	19.53	0.87
1990	5.34	102.83	10.92	50.68	1.59
1996	5.67	118.58	11.08	116.65	1.93

资料来源:中国统计年鉴(1997),中国统计出版社。

第三节　中国省制改革的基本思路

1. 明确省制的定位

所谓定位是指省区在中国行政区划体系中的功能与特点。实际上是省区与中央、省区与基层的政治经济相互关系问题。这也是省区改革的一个重要指导思想。

中国省级政区有四种类型,即一般地域型政区——省,民族自治型政区——自治区,城市型政区——直辖市和特殊型政区——特别行政区(如香港)。张友谊在论述中国地方分权问题时曾指出:"中国的地方分权既包括中央与一般地方行政区域的分权,又包括中央与民族区域自治地方的分权。"(转引自朱光磊,1997)从"一国两制"角度看,上述四种类型中的前三种属于同一大类,即都实行的是社会主义制度,第四种类型则实行的是资本主义制度。但从国家结构形式角度看,民族型和特别行政区都是实行的区域自治,是同一种类型,只不过后者实行更高程度的自治。民族自治区与特别行政区既是我国地方行政区域的一部分,又享有一般地方行政区域(省)和城市行政区域(直辖市)所不享有的民族地方的自治权或特别行政区的高度自治。这是我国中央与地方关系的一大特点。本书着重讨论的是省制和市制改革的问题。而一般地域型政区和城市型政区的改革问题,不包括民族自治区域和特别行政区在内。本章着重讨论的是一般行政地方——省制问题。

根据中华人民共和国宪法规定,中央政府一般并不直接管理省以下的地方政府,因此,从政权和政区的层次上看,所谓中央与地方的关系实际上是中央与省的关系。明确中央与地方关系中省的地位、特点与任务,对研究中国省制改革的问题是极为重要的。

(1)从理论上分析,中央与地方的关系是在"调动两个积极性"原则下的"互动"关系。中国是个单一制国家,历史上单一制主导地位从未有过变化。毛泽东在《论十大关系》中指出,"应当在巩固中央统一领导的前提下,扩大一点地方权力,给地方更多的独立性,让地方办更多的事情。这对于我们的国家建设比较有利"。"有中央和地方两个积极性,比只有一个积极性好得多。"[①]但是事实上,在80年代之前,我国从来没有真正遵循"充分发挥两个积极性"的原则,一直是中央"统"得过多、过死。改革开放以来,总的趋势和特点是向地方倾斜,即"放"得较多。在党的十三大报告中明确提出:凡是宜于下面办的事情,都应由下面决定和执行。这是一个总的原则。这一时期,各省、自治区和直辖市,省会和自治区首府城市,部分计划单列市及部分特区城市都有了地方立法权。这一重大转变对中国经济社会发展起了极大的推动作用。地方政府所获得的一些政治资源和实际利益为在中央与地方之间构建合理的国家结构关系奠定了必要的政治、经济基础。当代中国国家结构形式发展的唯一途径,是在"维护中央权威"和"新生地方权益"这两大基石上,发挥两个积极性,构建中央与地方关系的新格局(朱光磊,1997)。也就是在"调动两个积极性"原则下的"互动"关系。

(2)从具体实践来看,"省"作为中国地方政区体系的第一层级,是中央政府过程向地方政府过程过渡的实质性环节,也是最重要的中间环节。"省"通过"省委"、"省人大"、"省政协"、"省政府"和"省法院"、"省检察院"沟通与中央及与基层(县)的关系,确保从中央到地方正常、畅通的行政运行过程。其中有的是领导与被领导关系,有的是指导关系,有的则是监督与执行关系。最主要的是省政府与中央国务院及与基层政府之间上下级领导与被领导的关系。省政府过程表现为三个特征:其一是战略性和宏观性。中国的省规模大,相当于世界许多中等国家,特别是人口规模,目前超过5 000万人的有四川、河南、山东、江苏、河北、广东、湖南、安徽和湖北。其中四川省达1.1亿人(含重庆),河南、山东也接近1亿人。3 000万~5 000万人的多达10个省区。如此规模的省只能是战略性和宏观性管理。实际上除外交、国防之外,省与中央在管理的性质上是相似的。国家提出的建立中央和省"两级调控体系"的要求即是基于这一特点而出台的。在这一点上,直辖市、自治区政府与省政府具有共性特征。其二是综合性与过渡性。省级政府以下直接领导的是地区行署和地级市,地区行署—县—乡三级主要是面对农村、农业和农民的所谓"农政"问题;而市—镇—街区面对的是城市工商业的市民,即所谓"市政"问题。这就是说,省政府既要管"农政",又要管"市政",任务复杂而具有综合性;同时,它作为中央政府与基层地方政府(农村政府和城市政府)之间的中间环节又具有过渡性特征。中央的政策要由省政府加以具体化,并分头进行贯彻。其三是自主性与协调性。从自主性来看,由于我国是高度集权的单一制国家,与联邦制国家的邦国一个很大的区别是省的自主性很低,虽然中央已明确要给地方更多的自主权,建立了中央与省二级立法制,但实际上省的自主权仍较小。地方法规一般也只是与国家立法相配套的具体实施细则,缺少地方个性。而从中央来看,当某些权力(如财权)下放给地方后,中央如果根据情况需要多拿一点时则又遭到地方的阻碍,而不得不与省进行"谈判"协调来解决问题。这充分说明我国目前中央与省的事权划分还很不清楚。需要认真研究尽快加以解决。

我们应当充分认识省级政区的特点,准确地把握其功能定位。这对确定省制改革的方向与思路是十分重要的。

[①] 《毛泽东选集》第5卷,第275~276页,人民出版社,1977。

2. 把握好改革省制的原则、方向、思路

"省"作为我国第一级的地方行政建制，其改革关系十分重大，必须谨慎行事。总的原则是按照中共十五大提出的正确处理好"改革、发展与稳定"三者之间的关系，使省制改革有利于巩固和加强社会主义政权建设，有利于社会主义市场经济体制的建立和完善，有利于国民经济的持续健康发展，有利于安定团结和社会稳定。省制改革成效如何，最根本的标准是邓小平同志提出的是否有利于发展社会主义社会的生产力、是否有利于增强社会主义国家的综合国力、是否有利于提高人民的生活水平这"三个有利于"的原则思想。

同时，我们认为我国省制改革的方案应该与政府的机构改革趋势相一致，同时也要适应区域经济横向运行系统及国家新的经济运行机制。此外，新方案的实施还不能产生较大的波动。

政府机构改革的方向是使地方政府逐步向服务型方向过渡，并形成中央与省、自治区、直辖市两级政府宏观调控的格局。但两级调控，如果关系处理不好（事实上也很难处理），难免会影响全国统一大市场的运行。因此，从地理环境的相对同质性原则出发，将省区适当划小，则不仅可以促使省、自治区、直辖市一级政府过渡到以服务型职能为主的地方政府，而且可以在全国形成中央政府一级调控的局面，从而既有利于全国统一市场的运转，也有利于区域经济横向系统的运行。

在社会主义市场经济体制下，省区一级政府在控制人口增长、保护自然环境和生态环境方面的职能将大大强化。由于中央政府进行的国土整治、流域规划与管理等方面的工作也必须落实于具体的地区之上，因此，在考虑省区缩小方案时，还应注意保持自然地理单元的完整性。这是因为，首先，我国是一个多山的国家，自然条件十分复杂，这与美国、加拿大等一级行政区界限主要按经纬线划分的国家形成巨大的反差。即使在市场经济体制下，不遵照自然地理单元相对完整性划分一级行政区，仍会给我国自然资源开发、生态环境的保护、国土整治等工作带来诸多不便；其次，解放前历代各省区之区划每每违反自然地理原则，而以人为因素强行加以分合，达到相互牵制之目的。如太湖流域分隶江、浙，则有碍治安；云梦平原割属鄂、湘，则有碍水利；洪泽湖苏、皖分割，一旦为灾，则影响淮河全域；汉中盆地隶于陕西，俾可临制四川；冀南、豫北隔河穿插，以利彼此控制等（洪建新，1991）。解放后，虽对上述不合理边界进行了部分调整，例如，太湖、洪泽湖已由江苏省统一管辖治理；冀南、豫北之相互穿插问题也已妥善处理等，但仍有一些问题未能彻底根治。因而，省区缩小恰为调整历史遗留的不合理省区边界提供了一次良机。

从上述省制改革的原则思想出发，针对我国省级政区存在的问题，借鉴国际经验，我国省制改革的具体方向思路是：①减少层级；②缩小省区；③规范通名。

(1) 减少层级。这是迄今讨论中国政区改革的方向问题中，不同学科、各种观点所取得的共识。这里我们将从管理学尤其是国民经济管理的角度，进一步阐述我们的观点。

按管理学原理，采用扩大管理幅度和减少管理层级的形式可构成"平式"或"横式"的组织结构；而采用缩小管理跨度和增加管理级数的方式，则形成"高式"或"直式"的结构。不难看出，我国的行政区划层次属后一种，而美国等绝大多数国家实行的属前一类。

一般而言，"平式结构"可使管理人员有更大的管理职责，并减少对上级的依赖性。由于平式结构层次较少，因而有助于缩短基层与上级组织的行政层次距离，因此有利于信息情况的上下沟通。但是,如果上级领导的下属太多,则会出现管理上的困难等其他方面的问题。

"直式结构"可以使上级对下级进行更具体的指导和更严密的监督,也可以给有能力的下级提供更多的晋升机会。但是,由于级别层次多,需要的各级管理人员也多,因而开支就会增大;层次多,信息情报的沟通也会困难;层次太多,也容易出现办事效率差,各级组织容易出现相互依赖、相互指责的情况;过多的层次,必有过多的"检查官员",由下至上的逐级汇报,难免出现一些不真实的汇报。这样,高级领导人就难于真正了解下情(时基·W.格里芬,1992)。

我国现行的行政区划层次是与计划经济体制相适应的,由于当时我国的经济决策、经济联系以政府垂直系统为主,因而这一系统既有利于中央政府通过各级行政区的上通下达管理国民经济,又照顾了我国地域辽阔的基本国情,有效地控制了每一级行政区下属的行政区数量。并在行政区经济运行下,为了发挥中心城市的带动作用,在一些地区实行了市带县体制,使省、县之间形成了一级实实在在的行政区,地区虽为"虚设",但从管理的角度而言,实际上已演化成一级行政区。由于我国是单一制国家,虽然各省、区地域范围相差悬殊,但除新设的海南省外,各省、区不论大小,均在省、县之间加上一个或虚或实的层次。例如,宁夏回族自治区仅有18个县(市),也在省、县之间设置了4个地区、地级市。

随着社会主义市场经济体制的建立与完善,政府职能将发生重大变化,市场将成为组织生产的主要手段,区域间的生产要素、商品流动也由纵向转为横向,经济发展中的纵向控制系统的功能也将随之发生变化。例如,随着金融体制、财税体制、投资体制等改革的不断深入,经济总量调控将由政府层层控制投资规模转化为通过货币政策、财税政策的调整来实现。那么,弥补市场作用的缺陷必须通过中央及省、市、自治区两级政府的宏观调控来解决。这种调控的正确与否在一定程度上取决于政府能否及时而又准确地把握经济发展的状况。因此,从管理学的角度出发,为了利于信息及时、准确地向中央及省、市、自治区政府反馈,必须简化行政层次。同时从国外实行分税制的国家来看,一般都是二三级分税,如果按我国多级行政区分税,不仅不利于操作,而且也不利于实行财权、事权高度统一的分级管理。

管理幅度是与行政区层次相辅相成的一个问题。一般而言,行政区层次越多,1个行政区下辖的行政区数就越少,反之亦然。如前所述,至1996年年底,我国1个省级单位平均领导11.96个地级单位(包括派出机构,下同),1个地级单位仅领导7.84个县级单位,1个县级单位领导16.94个乡(镇)级单位[①]。由于管理幅度小,导致层次重叠,人浮于事,为了找事做就会事无巨细地统管进行,造成严重的地域管理的非经济性。

此外,在市场经济体制下,城市与区域的作用交由市场来实现,城市体系则演化成按市场经济规律作用下经济功能自上而下分异的有序整体。这不仅可以突破行政区界限对城市成长的束缚,而且可以促使城市的合理竞争,有效地带动周围地区的区域经济发展。何况城市波及区域的范围是一个动态变化的条带,其表现相当模糊,变动又相当快,而行政区划则属于带有很强稳定性的上层建筑范围,其界限应尽量保持高度的延续性。一旦在市场经济体制下简化行政区层次,那么长期困扰我们的行政区与经济区的矛盾将迎刃

---

① 均不含京、津、沪三个直辖市。

而解。

综上所述,在我国发展社会主义市场经济的大背景下,从有利于国民经济管理的意义来看,适当减少现有的行政区划层次是非常必要的,理应成为我国省地级行政区划改革一个带有方向性的基本思路。

(2)缩小省区。如果进一步分析我国现行行政区划体系中层次与幅度关系存在的问题,那么,我们就会发现,其问题的实质是:由于一级政区设置偏少,因此,一方面,从中央政府的管理角度看,其管理幅度与国际通行惯例相比明显偏小;另一方面,从省区政府的管理角度看,其管辖的范围、人口及县市数却过多。解决这一问题的办法有两个,一是通过省区划小,增加省以上也就是中央政府的管理幅度,从而避免省区政府管辖范围偏大的矛盾;二是通过增加省以下管理层次的办法,直接分解省区政府的管辖幅度,达到减小管理幅度的目的。显然,我国过去的解决办法是选择了后者。实践证明,采用后者的办法,给我国行政区划体制造成了新的矛盾与问题,对国民经济的健康发展也极为不利,因而必须改革。由上可见,改革的途径只能是选择省区划小的办法。通过省区的划小,就可以避免因增加层次而造成的区划层次过多、管理幅度偏小的矛盾,同时,也可以为我国今后逐步取消地(市)一级行政区划层次的改革创造条件。因此,从这个意义上讲,省区的缩小问题,是我国行政区划改革中的一个关键问题。

(3)规范通名。我们在前面已经说过,中国政区的专名与通名都存在许多需要研究的问题。从一级政区来看,主要是通名的规范问题。"省"作为一级政区的通名从元朝至今已沿用700多年,不仅被人们普遍接受,而且在国际上也是比较规范的,因而没有必要再行更改。问题是"区"和"市"用于不同层次的行政区,造成混乱,也不科学,在实际工作中使用很不方便,造成很多麻烦。我们就曾多次听到某些自治区的领导出国访问或引进外资时,往往被对方误解为省以下的行政单位的领导,造成尴尬的局面。"市"同样如此,由于中国实行"市管县"体制,而县级市又多实行整县改市模式,因而中国的"市"已具有双重含义,即"设市"与"城市",前者是行政区划的概念,后者是真正的城市概念。从行政区划的角度看,中国的市多具有地域性特征。特别是直辖市(重庆直辖市尤为明显)和大多数地级市带县较多,实际上是城市化水平较高、中心城市规模很大的地域型政区。因此,一级政区通名改革主要是"自治区"、"直辖市"通名的改革。我们认为,把"自治区"改为"自治省"是可行的、科学的,也是大家可以接受的。由于直辖市具有大都会的特色,往往形成较大空间规模的都市圈、都市区,在国家经济建设中担负有特定的任务。因而其通名不必称"省",借鉴日本东京都的模式是科学、可行的。北京、天津、上海、重庆一律改称"都"。关于直辖市内部的区划体制问题本篇以下章节将有专论。参见表13.2。

表13.2 世界各国一级政区通名统计*

类别	一国内一级政区使用通名个数			一级政区通名名称使用状况								
	1	2	3	区	省	州	邦	郡	道	都	府、县	岛礁	共和国
数量	131	54	8	84	70	29	3	3	3	3	7	7	5(俄罗斯、南斯拉夫、乌兹别克、格鲁吉亚、阿塞拜疆)

* 根据《世界行政区划图册》资料整理而成,中国地图出版社,1993。
注:表内"共和国"似同为一级政区。

3. 周密制定省制改革方案与采取切实可行的措施

(1)关于改革方案。从现有已发表的论著来看,无论是解放前的三四十年代,还是改革开放后一些学者同仁提出的方案,绝大部分都主张省区划小,全国大体设立50～70个省(见表13.3)。但由于其出发点和依据各有不同,对于省区的具体调整方案则有较大差别。这在前面我们已经简要介绍。关于解放前详细的方案可参考中国行政区划研究会编纂的《中国省制》一书(中国大百科全书出版社,1995)。这里我们特别要提出的是傅角今在总结清末至民国时期各家省制改革观点的基础上,提出了重划省区的六条原则,即①考虑历史背景;②行政区划与地理的山川形势相吻合;③有利于省内经济建设;④注意国防需要,平时便于维持治安,战时便于建设国防;⑤顾及文化程度之划一,生活方式之相同;⑥顾及人力物力,边远省份人口稀少,经济落后,省区面积应较大(傅角今,1995)。解放后,在公开发表的论著中(中国行政区划研究会,1991),浦善新提出调整为50～60个都市省、省、自治省和特别行政区;郭荣星提出一级政区为43个;刘君德提出未来一级政区可增加到59个;谭其骧认为全国可划分为50个左右一级政区;黄秀民等主张按东西条状调整行政区,全国设11个行政大区和8个直辖市、3个特别行政区等。可见,各家看法差别较大。

表13.3 解放前省区划小方案数量之比较

类 别	设计委员会方案		"中央设计局"方案乙方案	洪绂方案	张其昀方案	傅角今方案
	甲案	乙案				
省	59	64	56	57	60	56
特别区	3	—	—	—	—	—
地方	2	2	1	1	—	2
特别市(直隶市)	—	—	11	—	—	12
海军要塞区	—	—	1	—	—	—
合计	64	66	69	58	60	70

资料来源:作者根据傅角今《重划中国省区论》一书整理,载《中国省制》,中国大百科全书出版社,1995。

综合以上方案的经验与意见,从我国现时国情出发,我们认为,设计省区改革的具体方案时,要注意以下几点:①注意一定的面积和人口数量,使之规模适度;②注意自然地理状况,使之有利于资源的合理开发利用与保护及环境的整治;③注意省区内有一个有经济实力的大中城市,以其为依托,并作为新的行政中心;④注意交通条件,一般新省区内交通已形成网络或可以形成省内交通网络;⑤注意原有的省区界线、辖县范围,除少数不合理的边界外,一般应予保留;⑥注意民族的分布,特别是少数民族的聚居区要注意其完整性,尊重少数民族的意见。总之,要综合考虑,因地制宜。各省区可以原有省区一分为二或三的模式,适当调整省界;有的可以采用在省区边界地区组建新省的模式。

原有省区一分为二或三的模式可以四川省为例。四川省在设立重庆直辖市之前有56万平方公里,人口1亿多,全省辖23个地州市,172个县级单位(包括县级市、县、自治县和工农区,不含市辖区)。如果把四川省与世界200多个国家进行比较,其土地面积可列属第45位,人口列属第8位。

早在元之前的宋代,四川省被分为4个一级行政区,即成都、潼川、利州、夔州四路,合称四川路,共有400多万户。南宋末年蒙古等侵入,宋军抵抗,战乱长达40余年,至元代时只剩下约10万户。由于地广人稀,不得不撤并了许多州县,元初时与陕西合并为一个行省,成宗大德后才定制陕西、四川各为1省。四川省辖有差不多等于宋代4个路的地域(只有原利州路的一部分划归陕西)。700年来,这个地域的州县虽陆续有所增设,但始终保持为一个省。显然,这一历史继承性与地域管理的科学化、合理化要求相距甚远(谭其骧,1991),有必要缩小,并减少层次。四川省有177个县级单位(不含市辖区),撤销地市州一级中间层次后,可适当从陕西省南部、湖北省西部划入部分地区,新组建川东(重庆)、川西(成都)、川南(金沙)、川北(嘉陵)四个省。1997年中央批准新设置了重庆直辖市,实际上相当于川东省。重庆直辖市的设立,将大大有利于三峡地区的统一规划、建设与管理,从而确保三峡这一跨世纪的伟大工程的顺利实施,也有利于充分发挥重庆作为西南地区的中心城市的作用。我们认为,在适当时机仍要从湖北西部划入部分县市归重庆直辖市管辖,以求三峡地区的统一规划、建设与管理。四川省的其余地区可以成都、达县(或南充)、攀枝花为中心组建成都省、嘉陵省和金沙自治省。如果将周边的陕南、鄂西、滇北少数县市划入,则四个省平均辖30~50个县级单位,规模比较适中。至于川西北的两个藏族自治州——阿坝和甘孜,则可与西藏自治区东部的昌都地区组建新的自治省。

在边缘省区组建新省的模式可以徐淮省为例,苏北、鲁西南和皖北、豫东各划入部分县市,以徐州为中心组建,辖40~50个县级单位。徐淮省的建立,不仅有利于华东地区的能源基地、商品粮基地的建设,而且可以从根本上解决长期困扰微山湖地区的统一开发、治理与管理问题。这一地区自然与人文地理环境相一致,历史上有千丝万缕的经济联系,以大城市徐州为中心已形成发达的交通网络,经济已有一定基础,组建新省的条件较好,具有较强的可行性。

增设直辖市(都)是实施我国省区缩小的重要的切实可行的途径。一是中国现有4个直辖市,数量偏少,而且除重庆之外,都分布在沿海,并偏沿海北部和中部。既不符合改革开放以来我国经济社会发展与开放的新形势,更不利于加快中西部地区的发展。二是中国经济的迅速发展,城市化水平大大提高,客观上大中小城市都有较快的增加,特别是一些人口达数百万的特大城市在地区经济发展中担负有特殊的作用。将这些城市及时升格为中央直辖市(都),不仅与其实际功能地位(包括政治和经济地位)相符合,而且更有利于减少所在省区的种种制约,使这些城市向更高层次——大区性(跨省区)经济、政治、文化中心发展。三是从国防与政治上考虑,省区划小后,在中央与省之间可考虑恢复大行政区的建制,作为中央的派出机构,并与现有的大军事区驻地相一致。这从加强政权建设考虑也是有利的。

从总体布局和现有城市的等级规模、经济、文化地位和交通运输网络等因素综合考虑,可再增设大连、武汉、广州、西安为直辖市,分别作为东北、华中、华南、西北的区域性政治、经济、文化中心,在大区经济发展中起极核作用。这样,我国大陆共设8个直辖市,即都。大连、武汉、广州、西安现都是副省级计划单列市,升为直辖市不会引起大的波动,具有很强的可操作性。新升格的直辖市(都)其辖区范围可作适当调整,根据省区的不同情况合理划定直辖区县数量,但也不宜太多。如大连都可将丹东市全部(含东港、凤城两市和宽甸县)、营口市全部(含大石桥、盖州两市)和鞍山市的岫岩县划入,连同原辖的普兰店、瓦房店、庄河三市和长海县,共辖2个地级市、10个县级市和县及6个区。武汉市则可划入鄂州市及黄石市、黄冈市及咸宁地区的全部所辖市县,共22个市县,其中3个地级市,市区设11个区。广州和西安在升格为直辖市之后也应适当扩大其辖区范围。由于武汉、广州、西安三个城市都为省会城市,位处省几何中心地位,近期升格为直辖市与所在省矛盾较大,因而有一定难度。可选择非省会城市的大连先行实施。

(2)关于实施措施。省制改革是关系到国家政权建设、生产力合理布局、经济合理发展、机构人事制度、社会稳定、环境综合整治的大事,涉及方方面面,是一项复杂的系统工程,也是一项十分敏感的工作,如何组织实施是我们所必须认真加以对待的。实施得好,则可以达到改革的目的;实施得不好,则可能会带来某些不稳定的因素。

1)加强领导,精心研究。在国务院领导下,组织由中央政府高层职能部门(民政部)牵头,有国家体改委、国家计委、劳动人事部等单位参加和少数专家参与的省制改革研究组。系统研究我国省制发展的演变过程与经验,现今省区制度的利弊关系得失,改革省制的必要性与可行性,国外的地方政区制度及改革的经验。在此基础上进行详细调查分析,设计和制订省制改革的不同方案,并进行分析比较,提出切实可行的具体实施措施。

2)先行试点,先易后难。改革省制涉及各方面利益关系的调整,涉及到复杂的条条块块的关系及各种制度的变更与政策的修改,工作难度较大,必须先行试点,总结经验,再先易后难,逐步推广。试点可选择直辖市先行突破,如前面提到的大连市可作为升格为直辖市(都)的试点,也可以以重庆直辖市为对象进行系统总结。江苏、吉林、宁夏、广东、海南也可作为改革的试点。江苏省苏南地区可试行取消市管县(市)、实行市分等体制改革的试点;吉林省可进行省区划小改革的试点;宁夏回族自治区可进行取消中间层次——地级市和地区改革的试点;广东省珠江三角洲和海南省海口地区进行大都市区政府联合的试点等等。总的原则是成熟一个实施一个。

3)修改法规,全面实施。我国现行的行政区划体制是由《宪法》和《中华人民共和国组织法》及其他相关法规条例规定而实行的。但由于政治、经济体制改革的迅速推进,实际上目前的行政区划体制已在某些方面突破了现有的法规条例。即所谓"违宪",如近几年大批实行的地级市管县级市的体制在《宪法》中就没有这样的规定,在1959年9月第二届全国人民代表大会常务委员会第9次会议通过的《关于直辖市和较大的市可以领导县、自治县的决定》中,明确写明的是市领导县,而非领导市。虽然近几年国务院批准新设的县级市(撤县设市)都注明了省属由地级市代管的字样。但实际上仍由所在的地级市所辖,所谓"省属代管"只是形式而已。而另一方面,对于直辖市来说,又不准它管辖的县设立地级或县级市,一个《宪法》,两种政策,实在很不公平。而事实上由于行政建制的原因,出现了一些直辖市的郊县经济发展速度慢于相邻的县级市这种不正常的现象,人为的不合理的行政区划体制的影响是个重要原因。为此,我们曾将上海市郊区的松江县与苏南的昆山市进行比较研究。松江县原为府治所在,非农业人口和非农产业规模较大,划给上海后长期作为上海的一个郊县主要着眼点是副食品基地建设,非农产业发展受到很大制约;而昆山县原为较落后的农业县,70年代大力发展乡镇工业,80年代充分利用邻近上海的区位优势,壮大自己的工业实力,在全国率先成功地建立开发区,并在区划体制上及时实行县改市,短短几年使昆山由一个典型的农业县跃为经济发达的县级市,其经济实力迅速超越松江县。反之松江县则相对落伍。虽然其原因是多方面的,但我们认为,不合理的行政区划体制是主要原因之一。可见,现有的《宪法》和相关法规不准直辖市设立二级市或县级市是不合理的。而重庆设立直辖市后仍保留了万县、涪陵两个地级市和永川、江津、合川、南川四个县级市(我们认为目前是合理的),这又产生了同为直辖市,区划体制不一的不合理局面。可见,中国现行的行政区划体制在许多方面已突破了《宪法》规定的条款,而同一《宪法》条款对同一类型的区划体制又有不同的执行标准,这种自相矛盾的法律法规,我们认为应当及时进行修改。其修改的依据与时机应建立在对省制改革进行试点、总结经验的基础之上。也就是说,在省制改革试点成功的基础上及时修改《宪法》相关条款和有关法规条例。然后根据新的法律法规,有组织、有计划地实施省制及相关行政区划体制的改革。对于试点省和地区来说,应允许其突破现有的《宪法》和相关法规的框框进行多种模式的试验。

第十四章 中国的县、乡政区改革

中华人民共和国宪法规定,"省、自治区分为自治州、县、自治县、市";"县、自治县分为乡、民族乡、镇"。可见,对于中央政府来说,省是地方高层政区层次,地区级是中间政区层次,县和乡则是基层政区层次。县和乡(镇)两级政区在中国政治、经济生活中占有极重要地位。全国目前有70%以上的人口生活、工作在县乡之中。县乡经济发展、社会稳定对国家长治久安、现代化建设关系十分重大。

第一节 县制沿革与县的特点

1. 县制沿革

据历史学家详细的考证,中国县制萌芽于西周,产生于春秋,发展于战国。但作为国家统一正式的行政区划建制来说,则定制于秦朝。关于县制起源问题,我们在本书的第二篇中已有详细论述。本节要强调的是秦之前设置的县,是在"封土建国"的分封制下,诸侯国为"国中之国",国家行政结构体系内难以划分中央与地方的行政层次。最初的县多为新开拓的疆土,位于边地,与国都有相当的距离,其县官往往可以世袭。春秋末期,各诸侯国将县制推行到内地后,县官则不再世袭。战国时期,七雄争霸,分封制崩溃,军政合一的"郡"地位提高,使原来郡、县平级的体制变为郡下分县、县上设郡的二级制。但此时仍保留有某些分封制的痕迹,国君仍可把县恩赐给臣子。秦始皇统一中国后,全面推行了郡县制,并加以规范。按人口多少分县为两等。万户以上为一等县,置县令;万户以下为二等县,设县长。县大率方百里,若民稠则减,稀则旷。当时全国共设有900～1 000个县。

郡县制的产生是生产发展和社会进步的产物。《史记·秦始皇本记》生动地记载了推行郡县制斗争的过程。斗争的焦点是在地方制度上是因袭前代的分封制还是推行郡县制。以丞相王绾为代表的守旧派主张恢复分封制。认为燕、齐、楚国远离中央,难以控制,应分王去进行统治。但遭到廷尉李斯的坚决反对。李氏力主郡县制,其理由是周初分封的诸侯相互攻打,周王无法控制,最后亡了国。现时国家统一,郡县都直隶中央,只要宗室和功臣多给赏赐就行了。秦始皇采纳了李斯的主张,在全国推行郡县制。郡县制的实行是我国行政区划史上最重要的里程碑,它奠定了中国基层行政区划的基础,从秦朝至今,共2 700余年,中国行政区划多有变化,但作为基层政区的县则保持了相对的稳定。据不完全统计,我国现今县级政区的名称,仍有59个县同秦汉以来使用的县名完全相同(谢庆奎,1991),充分表现了其强大的生命力。中国的县制能保持如此长久的稳定性充分说明,县制作为中国基层行政区划的实体单位,其设置符合行政管理运行规律,其规模适当、管理有序、设置合理。经过几千年的发展,中国的县在经济、社会、文化方面已形成相对独立的地域实体。它既是一级基层行政区,也是一级基层经济社会和自然相互交融、相对独立的综合体。"县在其发展过程中,逐渐形成为在社会政治、经济、文化等方面具有团粒结构的稳定社区,能够在任何国家制度下,都以不可轻易分解的行政实体而发生作用"(谢庆奎,1991)。

随着社会经济的发展,人口数量的增加,中国县的数量总体上看不断增加,有时也有减少(见表14.1)。从汉武帝元封年间(前110年)至清末(1909年)县政区大体在1 100~1 450个之间。民国时期裁撤府州厅改为县,使县的数量大量增加。民国二年(1913年)至中华人民共和国成立之前,县的数量在1 800~2 000个之间,呈明显增加趋势。解放以来,县的数量除1956~1961年有所减少外,多数年份稳定在2 000个左右。但从80年代开始呈减少趋势(见表14.2)。1996与1981年相比,县减少了479个。这些减少的县都

表14.1 中国历代县政区统计(浦善新,1995)(1949年之前)

年份	县(个)	其他(个)	年份	县(个)	其他(个)
前110	1 344	234	1321	1 127	
2	1 314	273	1574	1 169	
140	1 180		1909	1 031	
263	1 190		1913	1 791	
280	1 232		1914	1 851	
609	1 255		1920	1 825	14
733	1 450		1934	1 934	29
807	1 453		1936	1 946	42
997	1 162		1938	1 949	52
1085	1 235		1942	1 958	61
1294	1 127		1947	2 016	41

说明:其他栏不包括旗、自治旗、市辖区和县级市。空白栏缺统计。

表14.2 解放后中国县政区变化情况(谢庆奎,1991)(1949~1996)

年份	县(个)	其他(个)	年份	县(个)	其他(个)
1949	2 067		1985	1 893	6
1952	2 039		1986	1 856	6
1957	1 972		1987	1 877	5
1959	1 560		1988	1 765	5
1961	1 853		1989	1 860	5
1965	2 004		1990	1 844	5
1970	1 999		1991	1 835	5
1975	2 007		1992	1 789	5
1980	1 998		1993	1 737	4
1981	2 001		1994	1 679	4
1982	1 998		1995	1 660	4
1983	1 942		1996	1 640	4
1984	1 926	9	2005	1 581	3

说明:其他栏不包括旗、自治旗、市辖区和县级市。1987~2005年包括县和自治县。空白栏缺统计。

改设为县级市或区。改革开放以来,县建制数量的迅速减少是中国经济社会发展、城市化进程加速的一个反映。当然也带来一些争议和值得研究的问题,我们将在下面进行讨论。从减少的地区分布看,东部发达地区减少的数量多,中西部减少数量少。它反映了东中西经济社会发展的不平衡性。

2. 县政特点

作为地域型政区的县具有以下明显特征:

(1)县政的综合性。县与省一样是国家结构体系中综合性最强的政区类型。一般的县其人口达40万左右,空间地域面积也较大,在长期的发展中,形成具有"自给自足"的经济特征。农林牧副渔、工农商等各部门、行业齐全,加之多数县距省会城市较远,行政管理具有很强的综合性。

(2)县政的相对独立性。由于县政的综合性和人文经济发展状况的区域性特征,加之人口分布呈面状特征,比较分散,干部和人口的流动率较低,比较稳定。因此,与市政相比,特别是与同级别的市辖区相比,其行政管理具有相对的独立性和工作的自主性。

(3)县政的"农"字性。中国自古以来"以农立国","农政"是百政之"首",而推行"重农"这一基本国策者主要当是"郡县长吏"。县是农村经济政治的区域性中心。县在"农政"管理中发挥着极重要的作用。尽管在中国现行体制下,县与市在党政机关的设置上差别并不大,但从中心工作来说,县是农村、农业和农民。县政工作面对分散的农村和农民,农业是县经济工作的核心问题。当然,随着经济社会的迅速发展,二三产业在县级经济中占有重要、甚至是主导地位,特别是乡镇工业有了很大发展,大量农业人口向非农业转移,农村城镇化水平不断提高,县政的工作重点也发生相应变化,更多地注重"非农"性。但与市相比,"农"字特色仍很显著。一些经济发达的县与一般由县改市的市之间的差异性正在缩小。

(4)县政的"准基层"性。就是说从政权角度看,县既不是基层政区单位,但又接近基层政区,我们把它称之为"准基层政区",或是具有基层特点的政区。在一些西方国家,县以下主要是靠地方自治或社区组织发挥作用,县是基层政权单位。在旧中国,从郡县制起至民国时期,由于当时的政权只能到达县这一级,县以下放任自流,所以县政实际上是基层政治(朱光磊,1997)。县官被认为是"父母官"、"亲民官"。中华人民共和国建立后,加强了乡、镇政权的建设,再加上乡以下村党支部、村委会的支撑作用,所以县政已经不是基层政区了。但由于县政仍然直接面对广大的农村和农民,接触并解决农村的实际问题,中央和省对城乡作出的宏观决策都要经由县并通过对乡镇的有效领导加以贯彻、执行。所以县政对于中央和省来说,仍具有基层性特征。建国以来,我国历经政治和经济上的波折,但始终保持了国家全局的稳定,与县政这一层次对乡镇基层的严密管理是分不开的。它充分表明了县政的"准基层性"特征。

充分认识县政区的上述特点,对把握县政区的功能定位,改革整个行政区划结构体系是十分重要的。一是不要打破县政区格局,尽量保持县政区的稳定性;二是县作为地域型政区的基本单元,其基本特征是地域性,即空间表现为面状特点,它明显区别于"城市"。目前我国实施整县改市模式存在着许多难以克服的弊端,这正是我们要加以深入研究的课题。

第二节 县政区问题与改革方向

1. 县政区与政制存在的问题分析

首先应当肯定,县政区是我国行政区划体系中最为稳定的一级。几乎没有人提出改变县政区的意见。但我们认为无论是从实际情况看或是从宏观角度看,县政区与政制方面仍存在一些值得研究的问题。

(1)少数县政区规模差距过大问题。1996年年底,全国共有1 696个县,从总体来看,大致平均每个县辖30~40万人,但各省之间,一个省内地区之间规模差别较大。少数县规模过大,难以管理,特别是取消了县辖区之后,一个县管数十个乡镇,难以管好。而另有少数的县则规模过小,人口不足10万,浪费了管理的人力、财力、物力资源,造成管理效益低下,提高了行政成本。而这些小县又往往是经济欠发达或落后地区,实际上是加重了人民群众的负担。特别应当指出的是,由于中国特定的政治经济环境和历史背景,现阶段县域经济格局多呈现"行政区经济"特征。表现为较强的封闭性,各县自成体系,"小而全"现象十分严重,一些小县更难以形成规模经济,客观上影响了县域经济的发展。县的规模多大为好?怎样解决县政区过大或过小问题?这是我们需要认真讨论的课题。

(2)县政府体制问题。政府体制是指政府机关的设置、职权划分和运行等制度的总和。具体体现在四个方面:一是政府的行政权力体制,它是党、政、群众团体之间权力分配关系的制度。二是政府首脑体制,是最高行政权力的代表者与实际掌权者之间的权力关系制度。三是中央政府体制,它是指国家最高行政机关的职权划分、活动方式和组织形式等制度。四是行政区划体制。这里主要指的是政府机构的设置问题。

根据国务院所属国家编制委员会在1983年机构改革时的规定,县委工作机构为5~6个,县政府的机构可设25个委、局、办,小县则应少设。但事实情况是经过十多年,各县都大大超过了国家规定的标准。据对海南省万宁县(现已改市)的调查,县级各类正式机构总数已达50个。而非正式的政府机构48个,其中事业单位正局级14个,副局级19个,共33个;企业单位正局级9个,副局级2个,共11个;挂靠政府机构的副局级单位6个。在这48个非正式机构中除10个左右是学校、医院之外,其余的局、办、科、室、公司大都行使着政府职能,为一批准政府机构。再加上一批临时机构总计多达90个(谢庆奎等,1994)。这对于一个人口为48万的中等规模的县来说,县级机构显然是太多了。1990年全国共有县级干部(不含县级市)194万人,超过国家规定的编制达23万,一半以上的县财政为赤字(转引自谢庆奎,1991)。可见,我国县级机构虽多次进行过改革,但仍未从根本上解决问题。机构膨胀,人员激增,管理与服务脱节,相互扯皮,工作效率低下等问题仍相当严重而且普遍地存在。当然这不仅是县级机构的问题,实际上从中央到省(市、区)乃至地、县、乡(镇)都普遍存在。1997年11月10日《中国改革报》刊登"机构改革要动真格"了一文。该文指出,"我国机关、人民团体及国有企业单位的官员与职工比,1951年是1∶600,1993年降至1∶34。行政成本(行政单位的各种耗费在国家和社会支出中的比重)以每年20%左右的幅度递增。可见,彻底进行行政机构改革已迫在眉睫。县级机构的问题不仅是数量过多,而且在结构上不十分合理。仍以海南省万宁县为例,综合性协调机构需要简化,该县设有18个"战线(口)",其中县政府就占了10个,数量过多,科技、教育、卫生被分成3个口,显然过细;有些机构的撤并、转型、归口不尽合理,如邮电局被撤销,交通局、广播电视事业局、林业公安分局、社会保障局都变成了事业单位,审计局归入了"纪检口",民委、海洋局归入"农口"等等。总体来看,协作机构仍需简化,监督服务机构仍要加强。这些也是全国许多县普遍存在的问题,应通过进一步改革逐步加以解决。

(3)少数县县界不清、县城选择不当和县名欠科学的问题。科学地划定县域边界、选择好县行政中心和科学命名是衡量县行政区划合理与否的重要内容。应当说,中国现有的1 500多个县绝大部分是科学、合理的。但由于自然和历史的原因,也有少数县需要进行调整和理顺。从县行政边界来看,有一些县与县之间尚存在边界争议[①]。甚至是飞地,影响建设和管理,影响社会安定;从县行政中心的选择来看,有些县的县城区位选择不合理(如前面章节中提到的海南省乐东黎族自治县的县城抱由镇等),有的县城受自然灾害(洪水、泥石流、地震等)的影响较大,威胁其安全;从县名来看,也有的不够科学合理,主要是专名重名、专名异字同音或近音等问题。经过近几年的地市合并,解决了不少县专名重名问题,但据1996年资料分析统计,县专名与县以上政区专名重名的仍有60个。其中29个不仅同名,而且同城,形成一地两府[②],带来许多不便和矛盾。至于专名同音和近音的就更多了(浦善新等,1995)。上述问题都需要认真研究解决。

(4)市县同城问题。市县同城是"一地两府"的一个表现,这是由于县域中心经济、人口集聚,不断壮大,中心镇"切块设市"而逐步形成的,有的中心城市规模已相当强大,人口已达十余万,但原有的县制仍然保存,县行政中心仍在中心城区,形成县域包围市域,市域包括县城的所谓"蛋黄"式行政区划的空间结构特征,这种"一地两府",你包围我、我包围你,你中有我、我中有你的区划格局,在"行政区经济"运行时期,对市、县区域规划、建设、管理带来许多严重的矛盾,特别是县依靠其特有的体制、政策和土地优势,从自身的利益出发,往往不顾中心城市的利益,而追求自身的发展,所带来的市县矛盾十分严重。上级政府也无法协调这一矛盾,从而对区域经济一体化带来严重障碍。江苏省苏锡常地区这一矛盾就十分典型,原无锡县、吴县、武进县分别包围无锡市、苏州市和常州市。使这个地区无法实行统一规划、建设和管理。个别县市干部关系十分紧张,以致严重影响行政管理和经济的合理发展和城市的合理规划、建设。上述三个县虽经力争,在花费大量资金将县城搬家的代价下,独立设市获得成功。然而从实践的情况看,其实际效果并不理想,这种独立设市的模式仍存在许多需要研究解决的问题。我们在前面已经分析,至1996年底,仅从县的角度看,全国仍有29个县与中心城市——地级市或行署同城。其矛盾越来越严重,需要从全局通盘深入研究解决。继续采取类似苏锡常三市的县城搬家、独立设市模式并不是上策。

(5)实行整县改市后县的发展前途问题。1983年以来,我国大规模采取了整县改市的设市模式,自1983~1996年全国共新增城市377个,除极少数边境城市和个别特殊情况外,基本都是整县改市。这就形成随着城市的增多,县则越来越少。1983~1996年全国共减少420个县,绝大部分改成了县级市。根据《中国设市预测与规划》,2010年全国

---

① 按1993年资料,全国已发生的1 000多起边界争议,涉及333个县级行政区,占全国县级政区总数(县和县级市)的15.4%,争议面积达140 000多平方公里,——引自浦善新等《中国行政区划概论》第237~238页,知识出版社,1995。

② 根据1997年哈尔滨地图出版社出版的《中国邮政编码图集》分析归纳整理而成。

将新增349个市(中国设市预测与规划课题组,1997)。基本上都是整县改市。在实际运行中,这种模式多数是比较成功的,上下级政府部门基本赞同这一模式,但也引起许多争议。关于县改市和市管市问题我们将在以后的章节中进行全面分析。这里只从县的角度进行讨论。一些人担心,这样下去,有朝一日中国的县将逐步消失。我们不完全同意这种看法。因为第一,中国尚有1500多个县,随着生产力水平、城市化水平的提高,没有必要都将县改为市;第二,设市标准是个相对的概念,随着生产力水平的提高,中心城镇人口规模的增大,设市标准也会相应提高,如日本,最初设"市"的人口条件是3万人,后来增加到5万,但据对1997年全国670个城市的分析,小于5万人的城市达224个,占33.4%(刘君德,1998)。我国解放后设市标准也曾有所变更。解放初期原规定为5万人,1955年调整为聚居人口10万人以上的城镇可以设市。1983年起大力推进整县改市至今,设市标准经过三次修改,其标准也不断提高。从人口标准看,由表14.3可见,总体上呈提高的趋势。今后还会进一步提高标准。

表14.3 中国整县改市人口标准变化(1983～1993)

1983年内部标准	1986年试行标准	1993年颁布标准
总人口50万以下的县,驻地非农业人口8万以上。总人口50万以上的县,驻地非农业人口占全县总人口20%以上	总人口50万以下的县,驻地非农业人口10万以上。总人口50万以上的县,驻地非农业人口12万以上	人口密度>400人/平方公里的县,县驻地非农业人口12万以上,人口密度100～400人/平方公里的县,县驻地非农业人口在10万以上,人口密度在<100人/平方公里以下的县,县驻地非农业人口在8万以上

然而,人们的担心也是有根据的,因为事实上这几年采取的设市模式基本是单一的县改市模式,而且在"县"改"市"利益驱动下,一些县确实存在不顾条件盲目要求改市的情况。自1983年至1996年底,共新设303个县级市,平均每年设23个县级市。如果不加控制,则到21世纪某个年代,就有可能在中国地图上使大部分的县消失。我们认为,提出这一问题,提请有关部门的注意是有好处的。国家应采取积极措施防止"设市热",尤其要防止单一模式的"县改市"热。

2. 县制改革的思路

(1)实事求是,合理调整少数县政区规模。中国县政区规模是经过数千年的历史而逐步形成的,具有很强的稳定性。一个县域已经形成了相对独立的政治、经济、社会、人文地域单元,其内部已形成较完整的结构系统。尽管在规模上出现差异,但主要是自然、人文因素影响的结果。如一般情况下,山区县平原面积较小、地形复杂、水土等自然条件较差,交通不发达,经济较落后,人口密度稀少,面积大而人口少。这些县主要分布在我国西部和北部及边疆少数民族地区。反之,自然条件较好、经济较发达的东部及南部地带的县,人口密集,面积小而人口数量多。这种县政区规模分布的空间规律应当说是合理的。我们一般不应轻易地进行调整。但个别省区,如我们前面提到的河北省,同处东部沿海地带,属于较发达地区,但省内有不少县确实规模偏小。1996年底,全省有116个县和自治县。其中面积小于500平方公里的县就有19个。而其中在300平方公里以下的有高邑、深泽、柏乡、大厂4个县,除深泽县外,人口都在20万人以下,大厂县为10余万。山西省虽水土条件不如河北,但人口不足10万人的有15个县,虽然其面积大都在1 000平方公里以上,但总体规模也偏小。显然,这些县是可以适当调整规模的。相反,有不少省区的县的规模较大,其中有少数县的人口规模达到150万左右,也不便于对乡镇的管理,尤其是在撤销县辖区(公所)之后,带来不少矛盾。对这些县则可适当划小,在一县之内有两个中心城镇的大县可以一分为二,划分成两个县。县规模调整是一个复杂而敏感的问题,一定要充分论证,坚持实事求是、自上而下与自下而上相结合的原则,并协调好各种利益关系,充分估计调整后带来的各种负面影响,采取有力措施,防止产生后遗症。1997年,国务院批准恢复撤销40多年的广西壮族自治区玉林市(原玉林地区)所属的新业县建制,就是经过反复调查论证、听取方方面面的意见,协调各方面利益关系而作出的重大决策。它实际上是市县划小的典型。应当说这一决策是正确的。它理顺了市县关系,使市(玉林)县(新业)规模趋向合理,必将有利于市县经济的共同发展。原江苏省沙州县(今张家港市)也是70年代初分别从江阴和常熟两个大县(人口均在100万以上)划出部分乡镇而新组建的。短短20多年,今天的张家港市已进入全国百强县市前5名,行政区划合理的调整应该是一个极重要的因素与契机。至于小县合并,在中国历史上有很多先例,在国外也是常见的。中国现今的许多大县就是历史上小县合并而成的。但在现今形势下合并的难度较大,我们更要谨慎行事,并坚持协商、自愿的原则。

应当指出,县规模大小是个相对的概念,它没有绝对标准。但对某些明显的不合理状况,基层又有迫切要求的应当予以支持,尽快解决其分合的问题。广东省湛江市所属的东海岛就是一个典型的例子。该岛为我国第五大岛,包括硇洲岛在内面积407.4平方公里,人口达18.9万。有丰富的渔业、滩涂和港口资源,历史上亦曾设过雷东县。1958年撤销县建制划归湛江市,1992年设湛江市东海岛经济开发试验区,目前实行开发区管乡镇的特殊体制。东海岛是个相对独立的自然—经济单元,由湛江市管辖十分不便。我们认为,像这样的岛屿完全有必要独立设县。其规模要比同为岛屿、早已经设县的辽宁省长海大一倍(长海县面积152.5平方公里,人口8.3万(1990))。设县条件十分优越。

同时,我们认为,解决县政区规模不等问题的根本途径是实行县分等制度。关于这一点,上篇已有详细论述,此处不再赘述。

(2)下大力气,改革以机构为核心的政府体制。江泽民同志在党的十五大政治报告中指出:"机构庞大,人员臃肿,政企不分,官僚主义严重,直接阻碍改革的深入和经济的发展,影响党和群众的关系"[①]。据报道,1996年我国财政支出比1991年增加4 500多亿元,主要用于增加"人头费"。1996年底,我国财政供养人员已达3 673万人,比1978年增长82.3%,现有的财政供养人口一年就需要经费3 600亿元,几乎占国家总财力规模的一半[②]。改革以机构为核心的政府体制已刻不容缓。

行政机构改革是我国政治建设的一项重要任务。首先要明确,行政改革的基础是转变政府职能,而转变政府职能的前提是明确市场经济体制下政府的职能究竟是什么?在我国现阶段,一是处理好社会公共事务,包括涉及民族、国家利益,而个人、团体、企业无力

---

① 江泽民"高举邓小平理论伟大旗帜,把建设有中国特色社会主义事业全面推向二十一世纪",《求是》,1997(18)。

② 转引自上海《报刊文摘》,1998年2月2日第1版。

也无法处理的事务,如国防、外交、社会安全等事务;公民财产权的保护、界定和公民个人之间关系的维护及处理。二是促进经济的健康发展,维护市场秩序。包括:政府对经济的宏观调控,制定产业政策,调整经济结构,维护公平竞争,监督市场运行,建立社会保障制度,对社会财富进行再分配,实现社会公正等。三是改善投资环境,为人民生活提供良好的社会环境与条件。四是管理好国有资产。在明确以上政府公共事务职能的前提下,真正实行政企分开,把生产经营管理权交还给企业。

第二,要明确中央与地方的关系,科学划分中央和地方的事权,合理划分财权。在此前提下同时进行中央与地方政府的机构改革。注意发挥中央和地方两个积极性,特别是我国作为单一制国家,机构改革中中央与地方要相互结合,协调配套进行。

第三,要与政治体制改革结合进行。机构改革应与健全民主制度结合进行。扩大基层民主,大力培育社会中介组织,让群众参与讨论与决定基层公共事务与公益事业。

第四,要大力加强行政法制建设,完善行政法规体系,进一步巩固机构改革的成果。

第五,要在机构改革的同时,加快事业单位改革的步伐。目前事业单位人数要占"吃皇粮"总人数的80%。它实际上已成为行政机构的编外机构和附属物。要明确事业单位的职能,严格控制人数,改革管理办法,规范与政府机构的关系。

第六,要认真贯彻党的十五大精神,按照新时期任务的要求,树立良好政府公务形象。切实根据精简、统一、效能的原则,进行机构改革,真正建立起办事高效、运转协调、行为规范的行政管理体系,建立健全实行公平、公正、公开的民主办事制度,加强法律监督和舆论监督。

从80年代末开始,在中央的支持下,许多县积极进行了机构大幅度改革的试验,取得了不少经验,出现了许多模式,其中较有代表的有:以开发、服务促进政府职能转变的山西省隰县模式;以政企分开,压缩机构,强化服务为特色的山东省昌邑县模式;以全面、综合配套改革为内容的内蒙古自治区卓资模式(朱光磊,1997)。这些模式的基本精神主要有三条:①从本地的实际情况出发,从经济社会发展的需要出发,实事求是,因地制宜。②从"小机构,大服务"的原则出发,政府机构和人员编制大大减少,政府职能减少,社会组织得到发展,政府和社会都纳入法律体系之中;逐步形成市民社会,公民的权力在扩大。③坚持"转变政府职能"的思路。政府在改变直接控制经济职能的同时,要建立起宏观调控的机制,即实行市场能够充分有效地配置资源和政府通过市场实现国家对国民经济运行的宏观调控。上述三条基本精神集中到一点就是理顺三个关系,即政府与企业的关系、政府与市场的关系和政府与社会的关系。

(3)调整和逐步规范县政区的边界、行政中心和县名称。一是结合当前全国各省市区正在开展的勘界工作,尽快勘定县级政区的边界,并结合进行"飞地"的合理调整,从根本上稳定县级行政区划。由于县级政区在我国行政区划结构体系中稳定性最强,今后不应该,也不可能对县政区进行大调整,因而县界的勘定具有更深远的意义,更有必要性。二是对少数县行政中心选择不当的或因经济建设需要搬迁县城的县,在科学论证的基础上进行必要的调整。由于县行政中心搬迁涉及机构人员的调动,十分复杂而敏感,新的行政中心的建设也需要一大笔资金,因而要谨慎操作。

(4)认真解决"市县同城"问题。首先要认识"市县同城"、"一地两府"并非我国所特有。西方国家也都普遍存在,其矛盾摩擦也很大。如日本的道府县就与"指定都市"存在普遍的"一地两府"现象,即许多指定都市的市役所与道府县厅同在一城设置,产生许多利益关系的矛盾。欧美国家也都大量存在。它是城市经济社会发展中必然出现的现象。只是由于在我国经济体制转轨时期出现的利益关系矛盾特别尖锐罢了。我们有必要认真对待,采取措施,合理解决。

第二,解决市县同城问题有三种模式可供选择:一是市县合并,彻底解决"一地两府"问题;二是县城搬家,各自为政;三是建立政府联合组织,协调矛盾。由于第一种模式的实施阻力很大,中国目前基本上采用的是第二种分治的模式。如我们前面谈到的江苏省苏州、无锡、常州三个地级市与吴县市、锡山市、武进市三个县级市分设的例子。西方许多国家(如美国、加拿大、英国、澳大利亚、日本等)也大多实行这种分治的模式,所不同的是在国外其县政府机构大多并不搬家。我国的实践证明,它并不是理想的模式,而是一种权宜之计。这种模式从表面上暂时缓和了市县矛盾,但实质并未真正解决。因为新的行政中心大多离中心城市很近,经过几年发展又与中心城市连成一片,市县(市)同城矛盾依然存在;同时,县城搬家带来机关干部的大迁移,不仅需要耗费几亿元的资金,而且由于其生活配套等各种城市公共设施不及中心城市,干部及家属都不愿意搬迁,以致形成居住与机关分离的局面,显然严重影响了机关工作效率,不少干部也很不安心在县(市)里工作。因而这不是一种非常成功的模式。

我们主张试行第三种模式,即建立市县政府联合组织,由高一级政府统一进行协调,协商解决经济发展、土地使用、公共工程、环境保护、城市规划、建设、管理中的各种矛盾与问题。这种模式在西方许多国家是相当普遍的,积累了许多好的经验(刘君德,1996)。从中国的实际情况出发,这种联合组织并非是一级政府实体,而是具有某些行政职能的非行政机构。一般只协商解决跨界的职能。实际上这种模式已在我国一些城市群区域开始实施,并取得一定成效。如海南省海口市与琼山市区协调两个城市的供水、垃圾处理厂的选址、海口美兰国际机场建设、城市蔬菜副食品基地的建设,乃至社会治安管理等方面都取得了成功,只不过未形成一个常设的联合政府机构而已。随着市县(市)矛盾的增多,这种非政区性质的联合政府机构设置的必要性就愈加迫切了。我们认为,这种行政区的联合组织是解决"一地两府"、"市县同城"矛盾的有效形式。

(5)从严掌握整县改设市标准,实行多模式设市,稳定县政区。在我国已实行县改市的设市城市中,的确存在一些在"设市热"的浪潮中设置的不够标准的市。这些市与原来的县并无多大变化,没有起到促进经济社会发展的作用,成为形式上的市,而实际上的县。今后应从严掌握标准。除少数经济发达,城市化水平高,非农业人口集聚规模较大的县之外,一般不再审批县改市。与此同时,试行新的设市模式,即国际上通行的"切块"为主的设市模式,也就是实行县管市体制。这种"切块"城市与过去传统的"切块"设市的不同之处,是给新设的"切块"市留有充分发展的地域空间,即"切块"的面大一些,有一个合理的城郊比例。这种模式从本质上区分了城市和乡村不同概念,它既反映了城市化的真实水平,有利于城市地域的发展,又保留了中国传统县的建制,有利于农村地域的发展。由于切块市在县统一管理之下,完全可以协调市县发展中的各种矛盾。随着我国市场经济体制改革的推进,这种模式更具有生命力。在机构编制上只要处理得好,坚持实行"小政府,大社会"的原则,也不会有过多的增加。

第三节 乡制改革问题

1. 乡制沿革与发展

乡是中国现行农村基层行政区域单位,它起源于周代。西周时期曾以 12 500 户为一乡,置乡大夫,由卿担任,为最高一级地方自治组织。而作为农村基层行政建制的乡,则萌芽于春秋战国,定型于秦汉时期。秦实行县乡亭制,县下设乡,乡下设亭、里,乡官管理治安、租赋和力役等。三国、两晋、南北朝时期,乡的规模缩小,乡官也由官派为主向民选过渡。隋朝起改乡亭制为乡里制,乡已不再是基层政区了。唐沿袭隋制,宋改保甲制,元为村瞳制,明又改为里甲制,清代则保甲与里甲并存。清宣统元年(1909 年)颁布《城镇乡地方自治章程》,规定城厢以外的市镇村庄屯集等,人口 5 万以上的为镇,不满 5 万的为乡,首次以法律形式确定乡为县以下基层组织。民国时期,根据《县各级组织纲要》,确定乡、镇为县以下基层行政区,设立乡民代表会议和乡公所。中华人民共和国成立后,1950 年政务院通过《乡(行政村)人民代表大会组织通则》和《乡(行政村)人民政府组织通则》规定,乡为县领导下的基层行政区域,设乡人民代表会议和乡政府。1954 年颁布《中华人民共和国宪法》正式确定乡的法律地位。1958 年实行人民公社化的政社合一制,取消了乡制。1982 年修订的《中华人民共和国宪法》又重新规定"县、自治县分为乡、民族乡、镇",随后于 1983 年 10 月,中共中央、国务院联合发布《关于实行政社分开建立乡政府的通知》,将政社合一的公社制逐步改为政社分开的乡制。1985 年基本完成了改制工作。将原来的近 54 000 个人民公社,恢复改建为 79 306 个乡和 3 144 个民族乡。解放以后,乡制发展总的趋势是规模扩大、乡数量减少、镇数量增多。(见表 14.4)1951 年全国有乡 218 642 个[①]。1996 年底,乡减少到 27 056 个[②]。

与乡制紧密相关的还有县与乡之间的县辖区(或称区公所)和乡以下的村民委员会。县—区—乡—村构成县内完整的行政区划与行政管理系统。但区和村与县和乡明显不同,区主要是作为县的派出机构,村是基层群众自治组织。它们都不是一级实体的政府机构。解放初期,我国绝大部分省区都实行小乡制,一般一个乡只有 100~500 户,约 500~1 000 人,平均每个县要管辖近百个乡,幅度过大,难以管理,因而在县与乡之间设置了区,在一些大县,有的区作为一级政府机构,成立人民政府,领导若干乡、镇。多数区为县的派出机构。1954 年中华人民共和国《组织法》明确了区作为县的派出机构的性质。1955 年冬起由于乡的规模逐渐扩大,区公所的数量也不断减少。1982 年实行政社分开、恢复建立乡之后,乡数量有所增加,区的设置也相应增加。直自 1986 年中共中央和国务院《关于加强农村基层政权建设工作的通知》规定除边远山区、交通不便的地区外,县以下一般不设区公所。从此,区公所逐渐减少,1996 年底全国仍有 544 个。

村民委员会实际上是乡以下的农村基层社区自治组织,管理村内的各种社会、经济、公共事务和公益事业,维护社会治安,维护村民利益,开展精神文明建设等。村委会由村民直接选举产生,下设村民小组。1996 年底,全国共有约 93 万个村民委员会。

[①] 不含西藏自治区。
[②] 含西藏自治区的 890 个乡。

表 14.4 中国乡制数量统计

年份	县辖区数	乡	人民公社	镇	村民委员会
1951		218 642	—		
1952	18 144	275 269	—		
1955	14 959	194 858		4 487	
1957	8 505	95 843			
1958	—		26 593	3 621	
1978	4 022	—	52 534	2 173	
1981	3 791		54 368	2 678	
1983	5 909	35 514	36 268	2 968	
1984	8 119	85 290	63	7 186	927 311
1985	7 908	79 306	—	9 140	948 628
1990	3 438	42 417		12 084	1 001 272
1994	1 068	30 141		16 702	1 006 541
1996	544	27 056		18 171	928 312

资料来源:1951～1994年数据根据浦善新等《中国行政区划概论》(知识出版社,1995)373页、463～464页改编,1996年根据民政部编《中国民政统计》。空栏内缺资料。

乡作为基层政区其明显的特点:一是基层性,它是我国人民民主专政体系中的最基层环节,是人民政权的基础,是国家经济繁荣、社会稳定的基础。二是直接性,它直接在群众中工作,面对基层群众,直接听取群众的呼声和要求,直接为人民群众服务,直接吸收群众参加国家管理。三是为农性,它面对广大农村、农民,直接为发展农业及其相关产业服务,努力改善生产条件,增强农村的经济实力,提高农民生活水平。

2. 乡制问题与改革

(1)合理调整乡政区规模,解决乡政区规模分布不平衡和部分乡政区规模过小的问题。由于自然环境和某些历史人文因素,我国各省区乡政区规模大小不一(见表14.5),一个省区之内乡政区规模差异也很大。据不完全统计分析,各省区乡镇规模相差较大,广东、河南、湖北、山东、江苏、河北、福建、广西、辽宁、安徽等省区规模较大;边疆省区,特别是西南、西北各省区乡镇规模较小。中部和东部规模大小的分布规律不显著。总体来看乡镇规模偏小。尤其是山西、陕西、四川、甘肃、宁夏、内蒙古等省区,平均每个乡镇都只有1.5万人左右,青海、西藏因人口稀少,乡镇规模在0.25～0.77万人。一省之内乡镇规模的差距也较大。如江苏省1996年底共有1 981个乡镇,其中面积小于30平方公里的乡镇有591个,占29.83%;30～70平方公里的乡镇1 117个,占56.39%;大于70平方公里的乡镇有273个,占13.78%。大小乡镇的面积相差达6～8倍。从地区分布来看,苏南、苏中较发达和欠发达的地区的乡镇规模反而偏小,北部欠发达和不发达地区的乡镇规模则较大,显然不够合理。

解放以后,国家对乡的规模曾作过多次调整。如1955年冬曾要求对乡进行合并,平原地区乡的规模一般为10 000～15 000人,丘陵地区为6 000～10 000人,山区人口规模为 2 000～3 000 人。1957 年底全国有乡 95 843 个。以后各地经过若干调整。总的趋势是随着人口的增多规模逐渐扩大。由于各省情况不同,对乡的规模控制无统一标准,特别是在"公社"转乡过程中,有的省区实行一社一乡制,有的实行大区(公所)小乡制或大区中乡制(后两种均设有区公所)。从而形成现今全国各省区乡规模差距的无规律状况。

表 14.5 中国各省区乡镇人口规模统计比较(1996)

省区	乡镇总人口(万)	乡镇个数(个)	乡镇平均人口(万)	省区	乡镇总人口(万)	乡镇个数(个)	乡镇平均人口(万)
河北	5 679	1 970	2.88	湖南	5 731	2 214	2.59
山西	2 570	1 909	1.35	广东	5 287	1 588	3.33
内蒙古	1 831	1 569	1.17	广西	4 182	1 361	3.07
辽宁	2 508	1 231	2.04	海南	619	307	2.02
吉林	1 753	909	1.93	四川	10 237	6 273	1.63
黑龙江	2 531	1 215	2.08	贵州	3 250	1 464	2.22
江苏	5 690	1 983	2.87	云南	3 748	1 569	2.39
浙江	3 714	1 841	2.02	西藏	229	924	0.25
安徽	5 420	1 846	2.94	陕西	3 093	2 369	1.31
福建	2 846	970	2.93	甘肃	2 171	1 555	1.40
江西	3 633	1 815	2.00	青海	419	542	0.77
山东	7 063	2 326	3.04	宁夏	424	299	1.42
河南	8 202	2 173	3.84	新疆	1 501	847	1.78
湖北	4 647	1 390	3.34	合计	98 794	45 227	2.18

说明:①乡镇总人口为各省区总人口－各省区设市城市市区非农业人口所得,大体反映了各省区的乡镇人口总数。②各省区总人口数引自于《中国统计年鉴》(1997),中国统计出版社;各省区设市城市市区非农业人口数引自《1996 年全国设市城市及其人口统计资料》,建设部。③京、津、沪三个直辖市未包括在内。

乡镇规模偏小问题在发达的大城市郊区也同样存在。以上海市浦东新区为例,作为我国 90 年代开放开发重点、长江流域"龙头"的浦东新区,同样存在乡镇规模偏小的问题,甚至矛盾更加突出。截至于 1997 年 3 月底,全区 28 个乡镇,平均面积为 15.4 平方公里,平均人口为 2.39 万人,略高于全国平均水平,但低于上海市平均水平。其中有 13 个乡镇人口不足 2 万人。有的不足 1 万人。这与将浦东建设成为国际一流的城市化地区的要求很不相适应。显然,结合浦东新区的现代化城市建设和城镇体系规划进行合理调整是十分必要的。

由于乡规模偏小,使行政区与行政管理层次增加。至 1996 年底,全国尚有四川、陕西、湖南、西藏、青海、新疆等 15 个省市区保留了 544 个县的派出机构——区公所,使行政距离增加,影响管理效益;规模过小,也影响经济效益,农业产业化、乡镇工业的发展都受到行政区规模的制约;规模过小,使行政人员增加,加重了群众的负担;规模过小,不利于农村城镇化和中心村的建设。特别是在经济较发达地区,乡规模过小已经成为城镇建设和经济社会发展的一个明显的制约因素。从加强基层政权建设的角度看,由于乡规模过小,往往管理力量也较薄弱,干部水平低,开拓能力差,不仅直接影响乡级经济发展战略的制定与实施,同时也影响了基层政权的建设。可见,适度调整和扩大乡行政区规模对加速农村工业化,农业产业化,乡村城镇化,对加强基层政权建设有重要的经济政治意义。它是农村经济社会发展的客观要求,在广大城乡交通、邮电、通讯条件都有很大改善,生产力水平有较大提高的今天,调整乡的规模不仅有必要,而且具备十分有利的条件。

怎样对乡镇政区规模进行科学的调整?我们在江苏省某市进行的乡镇合并调整论证中提出了如下思路与原则。首先从指导思想上要认识,乡镇调整合并是一种行政行为,既要积极,又要稳妥,要防止反复。要坚持科学性、现实性和长远性的方针。要从科学的角度进行合理的规划,从该市的实际情况出发,使规划方案具有可操作性,还要有战略眼光,充分估计到未来市域内社会经济发展,城镇体系规划、生产力布局等可能发生的各种变化因素,使方案符合该市未来发展的需要。在指导思想上要贯彻三个"有利于":一是有利于今后武进市社会经济的可持续发展;二是有利于科学合理地布局生产力,尽快形成新的生长点,并由此推动新的经济轴向产业带的形成和市城镇体系网络的完善;三是有利于加强管理和乡镇的基层政权建设。

根据上述指导思想,在考虑具体调整方案时还应遵循三个原则和三个依据。三个原则是:一次规划,分步实施的原则;整建制(乡、村)合并的原则;因地制宜,实事求是,不搞"一刀切"的原则。三个基本依据是:依据现状;参照历史;着眼未来。经过认真调查分析,并与当地政府反复讨论,形成该市乡镇调整的总体思路与具体的调整方案。总体思路是:在全国考虑武进市当前生产力布局和城镇体系现状及未来规划框架格局的基础上,立足各级中心城镇的功能定位,优先保证各级中心城镇发展的需要,实事求是,因地制宜,最终形成一个与生产力布局框架相适应、与城镇体系规划格局相衔接的乡镇政区规模等级体系。一级为市府驻地,二级为区片中心镇,三级为一般乡镇。区划等级不同,人口、土地面积规模均有较大差别。经过调整合并,全市由56个乡镇合并调为27个乡镇,即减少一半,调整后的乡镇平均规模,面积为57.7平方公里,人口为4.56万(1995)。很显然,这对加快农村经济社会发展,特别是形成规模经济;对于加快农村小城镇的建设,促进农村城镇化;对巩固和加强基层政权建设都是具有积极意义的。

(2)合理的调整村级规模,巩固村级自治,试行乡镇社区自治。为了较深入地理解这一改革的重要性,让我们从辽宁省瓦房店市长兴岛乡村两级规模调整的实践谈起。

长兴岛位于瓦房店市南部海域,是我国第七大岛,岛域和海洋资源丰富。过去由于一岛为两个乡管辖,规模小,在"行政区经济"运行下,各自为政,资源不能合理开发利用,基础设施、小城镇建设不能统一规划、合理布局,造成资源浪费,生产要素不能优化配置,影响经济效益。乡村两级经济发展中贫富差距拉大。1986年8月,市委、市政府经过认真调查论证,从长兴岛的实际出发,将原三堂、横山两个乡进行合并,设立长兴岛镇,为统一开发、建设长兴岛创造了良好的行政区划体制环境。接着又针对全岛各行政村界线不清、规模过小、村级经济贫困差距悬殊等问题,进一步深入调查、论证,自上而下、自下而上统一思想,于1997年6月,按照法定程序,将原23个村合并为13个村,从而理顺了行政区划体制和基层自治组织的环境,顺应了当地社会经济发展的需要和民众的要求,取得了良好效果。合并后的长兴岛镇面积252.49平方公里,人口4.1万。平均每个村的面积为19.42平方公里,人口3154人,规模都比较适中。我们经过调查后认为:乡村两级区划和规模的调整是乡村两级经济社会发展的客观需要,是农村经济政治体制改革不断深化的必然。它是推动农村经济向规模化、基地化(区域化)、专业化发展的重要手段之一;它是促进乡村城镇化的有效途径之一;它是解决农村贫困问题,逐步缩小贫富差距,走共同富裕道路的有效方式之一;也是精兵简政、减轻农民负担,加强农村基层政权建设的重要举措之一,具有重大理论与实践意义。

瓦房店市在对长兴岛进行乡村两级区划调整中,坚持了一个指导思想,三个标准和五个步骤。一个指导思想是坚持以邓小平建设有中国特色社会主义理论和党的基本路线为指针,以《中华人民共和国村民委员会组织法》和《国务院关于行政区划管理的规定》为依据,坚持从实际出发,尊重民意,尊重历史,紧紧围绕经济建设为中心,稳妥有序地进行调整。三个标准是:①基本无集体经济收入的"空壳"村和被列市扶贫范围且三年内无望脱贫的经济困难村将被合并;②村支部和村委会涣散,本村选不出得力干部的村被合并;③规模偏小,村民常住人口不足1 000人的村被合并。少数村由于自然资源的不可分割,规模可扩大至5 000人。五个步骤是:①由乡(镇)政府提出本辖区内村级区划调整方案,交相关村村民代表会议讨论通过;②写出调整方案报告,上报职能部门,内容包括具体调整方案、调整依据和理由、调整前后的区划图、村民代表会议决议等材料;③市主管部门派员实地考察论证,写出意见报市政府;④市政府召开常委会审定批准;⑤在市统一领导下,由民政局牵头,会同有关部门组织实施。

瓦房店市在进行乡村两级,特别是村级区划改革过程中,坚持依法行政,民主决策,因地制宜,模式多样,果断实施,谨慎操作,取得很大成功,积累了有益经验。主要是:

一是以有利于经济社会发展为主导的原则,因地制宜,形式多样地进行调整、合并,即坚持以区域经济社会发展的客观要求及潜在需求为主导原则,综合考虑地理区位、地缘关系、历史基础、自然条件和资源组合,领导班子等因素,实事求是,因地制宜,精心地进行区划方案调整的设计。有的实行二村合一,有的三村合一,而有的则一个村分为二块分别并入其他二村,个别的予以保留不变。从经济角度分析,大致有三种类型,即"贫富合并,共同富裕"型;同类合并,规模开发型;优势相长,合作发展性。

二是依法行政,民主决策,精心设计,果断实施。依法行政,特别是依据《中华人民共和国村民委员会组织法》和行政区划的相关法规,它为区划调整提供了政策法规保证。在调整中要坚持尊重民意,坚决杜绝以权压法、以言代法的行为,充分让村民行使自治权益,实行民主决策。长兴岛镇从原设想划分为10个村到最后决策划分为13个村,即是一个充分尊重民意、民主决策的过程。它充分发挥了村民自治组织的作用。为方案的顺利实施奠定了群众思想基础。同时,也要指出,一旦上下意见一致,取得共识,就要果断实施,但要特别注意安排好被调整下来的村干部。

三是精兵简政,任贤用能,优化班子,确保稳定。长兴岛镇原有的23个村的161名村干部,经过调整,减少到13个村的114名干部,共精简了57名村干部,新班子选拔年富力强,有开拓性,经验丰富,有威信和威力,文化素质较高的干部进入领导层,形成新的领导核心。新班子制定了好的发展思路,带领广大村民团结奋斗,发展生产,深得村民拥护,确保了社会的稳定。

四是深入调查,培训骨干,搞好试点,稳步推广。瓦房店市民政局集中精兵强将,采用点面结合的方法进行了全面而深入的调查,充分听取各方面的意见,发现问题及时向市府反映,并提出解决的思路与方法,在市领导支持下,对乡镇分管的干部进行培训,提高认识,掌握方法,然后坚持试点,总结经验,再行推广。区划调整是一项十分复杂的工作,但在瓦房店市长兴岛的乡村两级区划调整工作,始终稳步有序进行,没有出现波动和反复。

我们认为,村级区划调整与乡镇级的行政区调整相比,所不同之处是行政村不是一级政权机构,而是基层自治组织;而它与城市的街道不同,行政村是农村基层组织,这就使其调整工作更具有特殊性。在调整中要注意处理好以下问题。第一,方案的制定要在上一级政府领导参与和指导下进行,方案的最后确定要自下而上,充分发挥村民自治组织的作用,使村民充分行使自治权益,保护村民利益。方案的执行要在自下而上与自上而下有机结合中进行,确保民心稳定。第二,要搞好宣传,统一思想,实事求是,因地制宜,循序渐进,一切从实际出发,顺势而为,切忌一哄而上,搞一刀切,搞运动。第三,方案的制定要有全局、战略眼光,对由区划变动可能引起的社会、经济、财务、行政、文教、卫生等问题,要超前作出判断,并采取必要措施,妥善予以解决。第四,对已撤销的村,债权债务要另立账户挂账,并在原村自然资源开发盈利中进行解决;债权由合并后的村组织实施,并经村民代表大会决议通过,原节余的财富则由原基本核算单位享用,合并后的共同财富共同享有分配权。第五,要妥善安排好下岗干部的工作及生活待遇问题,保持稳定。第六,要充分利用区划调整的成果,既要从体制、机制、法制等方面确保该成果能真正为社会经济发展服务,又要制定好发展战略,使改革的成果发挥更大的政治经济社会效益。

我国《宪法》和《组织法》规定,乡以上是行政区划的层次,乡以下的村是居民自治组织。从我国的实际情况出发,有组织有领导地加强和引导村民自治组织自己管理自己,提高自治能力和水平是我国现阶段乃至今后相当长时期一项重要的任务。它是实行真正的人民民主专政制度的需要,也是政治体制改革不断深化发展的必然。我国现行地方制度实行的是民主集中制,与世界许多国家实行的自治体地方政府有很大区别。它主要是反映中央与地方权力关系上的差异。民主集中制地方政府是按民主集中原则建立起来的,一方面要求中央统一领导,另一方面要求发挥地方积极性、主动性。使中央集权与中央分权正确地结合起来。自治体地方政府由本地域居民选举产生,在国家宪法和法律规定的范围内拥有地方自治权。中央政府通过立法或其他手段监督地方政府的权力行使。自治体地方政府是一个国家主权允许范围内的自治政府。中国在少数民族地区实行的民族区域自治制度即是一种自治性质的地方政府制度,享有较多的地方自治权利。

地方自治的基本原则是居民自治和团体自治。前者是国民自治(或国民主权)原则在本地区的体现。后者是地方公共团体自治,它意味着地方团体具有独立于国家的法人资格的权限。当代地方自治与民主、宪政、法治是不可分割的,是规范行政行为、全面实行法治的重要前提条件。普及地方自治,已经成为当今世界地方政制改革的一种潮流。随着我国经济体制改革的深化,选择适当的地方自治,规范中央与地方的政力关系,积极推进政治民主化进程,是我国包括行政区划在内的政治体制改革的一个重要方向与内容。国际经验表明,实行地方自治的国家,完全可以保持中央政府对地方政府的实际控制能力。

我们认为,从我国的国情出发,推进地方制度改革是个相当敏感而复杂的问题,即使认识到实行地方自治的必要性、重要性,也还有相当长的历史发展进程。当前的任务是在大力巩固村级自治体上下功夫,一方面我们的县、乡基层政府不应过多干预村民的事务,使村民享有充分的自治权,发挥村民的积极性;另一方面要大力提高村民的自治意识和自主权利,真正由居民直接选举自治机关,依照居民的意志决定和管理地方事务,对地方行政管理实行自主有效的监督。

在巩固村级自治的基础上可以试行乡镇自治。实际是村自治的扩大。村民自治范围过小,难以充分发挥其地方自治的潜力与活力。无论从政治上和经济上考虑试行乡镇自治都是有积极意义的。乡镇是农村的基本社区单位,乡镇自治体也可称之为农村社区自治体,以乡镇为基层自治组织可以形成一个完整的最小人群的农村地域单位。改革开放以来,由于各级权力的下放,乡镇一级也有了独立财政,这就为实行乡镇社区自治提供了良好的环境和基础。在实行乡镇社区自治体后,村民委员会则可改为乡自治体下的派出机构,即村公所。

第十五章　中国直辖市政区改革

直辖市是我国城市型政区中层次最高、规模最大,直接隶属于中央人民政府管辖的市。中国现有北京、天津、上海和重庆四个直辖市,直辖市在国家政治经济生活中居有举足轻重的地位。按照国家《宪法》和《组织法》规定,直辖市设区,区下辖派出机构——街道办事处;又规定可领导县[①]。几十年来直辖市一直实行市—区—街道、市—县—乡镇的行政区划体制,基本上适应了城市经济社会发展的需要,但也存在许多不尽合理和认识上不一致的问题。如中国的直辖市数量要不要增加?现有的区规模是否合适?部分郊县改设区是否是最佳模式?郊县不能改设市是否合理?街道的性质与规模如何确定?城市社区发展与街道的关系等等;特别是重庆设立直辖市后出现了许多新情况、新问题,都是要认真研究加以解决的。理顺直辖市的区划体制是我国行政区划体制改革中的重大问题之一。

第一节　直辖市建制的形成与发展

"直辖"古名"直隶",在中国长期的地方行政建制中,不同层级的单位一般不能超越上一级行政单位与更高一级的行政单位发生直接关系,必须层层申奏,中央的政令同样也要层层下达。直辖制的地方行政建制则可以直接隶属于更高一级的地方行政单位,直至中央政府直接管辖。宋太祖平蜀后,鉴于三泉县(今陕西省宁陕县境内)交通、形势之险要,于乾德五年(967年)将该县直隶于中央。其公事申奏不必经由府州,而可直达朝廷,为我国直隶制之始。元代以路统州、府,但部分府、州直隶于行省。明清两代分州为散州和直隶州。清代散州不辖县,直隶州辖县,直隶于省。

清末民初,市制创立时与乡同受县管辖。20世纪20年代初,广州设市后即脱离了县而直辖省领导,为省辖市,是我国最早的省直辖市。1921年7月,民国的北京政府颁布的《市自治制》中,曾规定京都市由内务部直接监督,但这一法令并未实行。1926年秋,国民革命军攻占武汉,随在汉口成立特别市政府,归国民政府领导,这是我国第一个直接隶属于中央政府的市。1927年,上海、南京也相继成为中央直属特别市。1928年7月,南京国民政府颁布《普通市组织法》和《特别市组织法》,正式确定普通市由省领导,特别市由中央直属的体制。除南京(首都)、上海、汉口外,北平、天津、青岛、广州、哈尔滨也为中央特别市。1930年5月,颁布统一的《市组织法》取代原有两项法规,将特别市改为中央行政院辖市,不久将原院辖市的广州、天津、汉口、哈尔滨市改为省辖市。抗战时期,重庆以战时临时首都地位改设为院辖市。随后,天津、哈尔滨恢复为院辖市。新设大连为院辖市。

[①] 1959年9月17日第二届全国人大常委会第9次会议通过《关于直辖市和较大的市可以领导县、自治县的决定》。引自民政部区划地名司《行政区划和地名文件选编》(1949～1996年)。

1947年6月,又将广州、汉口两市恢复为院辖市,并新设了西安、沈阳2个院辖市,时全国共有中央直辖的12个院辖市。

直辖市一词最早出现于抗战胜利后国民党政府颁布的"宪法"中。1947年国民党政府的内政部拟定了《直辖市自治通则》草案,规定了直辖市的设置条件、审批程序和权限,因政权溃败而未实施。

中华人民共和国成立初期,直辖市分属三个层次,一是中央直属市,只有北京和天津两个市;二是大区直属的11个市,南京、上海为华东区直属,武汉、广州为中南区直属,重庆直属于西南区,西安直属于西北区,沈阳、旅大(今大连)、鞍山、抚顺、本溪属东北区;三是省直属的哈尔滨和青岛市。1952年底,江苏省由苏南、苏北两个行署区合并恢复原省制后,南京划归省直属。1953年初,中央直属市和大区直属市统一改为中央直辖市,同年9月,增加哈尔滨和长春两个中央直辖市。时全国共有14个中央直辖市,是我国直辖市最多的时期。1954年6月,6大行政区被撤销后,保留了北京、天津、上海三个中央直辖市,其余11个直辖市全部划归所在省管辖而成为省辖市。同年9月颁布第一部《中华人民共和国宪法》,规定我国的一级行政区域为—"省、自治区、直辖市",从而以法律形式明确了直辖市的行政地位。"直辖市"成为我国最高层次城市型政区的专有名称。此后,天津直辖市于1958年2月划归河北省,但1967年1月又恢复为中央直辖市。至1996年前,中国直辖市的数量一直未有变化。直到1997年3月,中央为理顺长江三峡工程地区的行政区划体制,加强三峡地区的统一规划、建设与管理,而将重庆计划单列市及其川东地区从四川省划出,新组建重庆直辖市,使我国直辖市数量增加到4个。直辖市是我国最高层级的行政区域之一,在中国政治经济生活中具有十分重要的地位。

表15.1 中国直辖市基本情况表(2004)

直辖市	区域土地面积(平方公里)	总人口(万人)	地区生产总值(亿元)	第二产业增加值(亿元)	辖区数(个)	预算内财政收入(亿元)
北京	12 484	1 093	4 161	1 559	16	732
天津	7 418	764	2 602	1 396	15	238
上海	5 299	1 289	7 371	3 754	18	1 107
重庆	7 152	1 018	1 364	720	15	161
合计	32 353	4 164	15 498	7 429	64	2 238

说明:不含市辖县市,资料来源于《中国城市年鉴》,2005年,中国城市年鉴社。

与一般的省、自治区和地、县级市相比较,我国直辖市建制具有以下显著特点:①直辖市与省、自治区相比,它是设于特大城市地区的地方行政单位;②直辖市与一般的市相比,它是最高一级的城市型政区单位,享有地方立法权,是具有特殊地位和意义的城市地方行政单位;③直辖市与省、自治区同为辖县的地方最高一级行政单位,但直辖市下设区,可以直接管辖区行政事务,但不设市;④直辖市的行政区划体系,在城市为市—区—街道,为"二实一虚"制,在郊县为市—县—乡(镇)三实制。它明显不同于一般的省和自治区。上述特点决定直辖市在国家政治经济生活中的特殊地位和其经济社会功能定位、机构设置与编制等方面的特殊要求和相对应的管理体制。中国的直辖市相比于国外大多数国家的直辖市、特别区、首都区、特别市等一个显著的特点,是辖区范围和农村比重较大,兼有地域型政区的特点。

关于直辖市设置的标准,在民国时期,有关的法制条文规定大致为:①首都城市;②人口百万以上的大城市;③在经济、文化和国防上有重要地位的城市;④省会城市不设直辖市。但实际并未按这些条件执行,如西安、大连、哈尔滨、青岛等,当时的城市人口就不足百万,西安、广州、沈阳等又为当时的省会城市。而解放后,我国只对设市条件作过具体规定,而对直辖市的设置标准并未作特殊规定。可见,主要是从其政治经济地位、人口、经济规模、在大区域中的作用及与省的关系等方面综合考虑设置的。

第二节 现行直辖市政区类型及模式评述

1. 政区类型

在重庆成为中央直辖市之后,中国现行的直辖市政区模式实际上有三种类型。

(1)北京——首都性质的直辖市。中国古代,将国家首都直隶于中央政府管辖已有一千多年。与世界多数国家不同的是,中国除北京直辖市外,尚有天津、上海、重庆三个直辖市,而世界大多数国家只有一个首都直辖单位,或者虽有几个直辖单位,但在直辖名称上将首都与其他直辖地区相区别。

与天津、上海、重庆不同的是,北京是首都直辖市,有重要的政治、文化功能,而其余三个直辖市只是作为国家级别的经济中心城市。

北京直辖市作为国家的政治、文化中心,拥有庞大的中央机关和世界各国驻华使馆,以及拥有包括国家最高学府——北京大学等在内的一大批高等院校和科研院所,从而在城市性质与功能上与其余三个直辖市明显相区别。在城市规划、建设与行政管理上也有特殊的要求。

(2)上海、天津——国家级别的经济中心直辖市。这两个城市,尤其是上海,在国家经济生活中占有特殊地位。上海近代对外开放以来,一直作为中国最大的经济中心城市,在国家经济发展中具有"龙头"和"桥头"的地位。建国以来,在长期的计划经济体制时代,上海对全国的经济发展,对中央的财政作出重大贡献。一度其经济总量占全国的1/7,上缴的财政税收占全国的1/6。上海是全国经济规模最大、效益最好的经济中心城市。20世纪90年代以来,随着浦东开发开放,上海的经济中心地位更加突出,发展步伐更加快速和稳健,上海在经济总量基数已经很高的情况下,"八五"期间的经济增长幅度不仅超过了全国的平均增长幅度,而且超过北京、天津两个直辖市。上海市辖区的土地面积只有5299平方公里,占全国0.06%,市辖区人口为1289万人,占全国的1.0%,2004年完成的地区生产总值达7371亿元,占全国的5.0%,人均地区生产总值达57184元,相当于全国人均水平的5倍。上海的金融中心功能也日趋凸现。1996年底,中资金融机构已达2 540个,外资金融办事处147家,外(侨)资金融机构46个,大部分是世界前150位的大银行[①]。上海的证券市场也已经显示其强大的直接融资功能。上海正在向国际经济中心城市迈进。1997年底,上海实现国内生产总值达3 360.2亿元,人均GDP首次突破3 000

---

① 《上海经济统计年鉴》1987,上海社会科学院,上海经济年鉴出版社,1997。

美元,提前两年实现翻二番的目标①。

北京在首都行政区效应的推动下,经济发展速度也很快,2004年,北京市市辖区总人口1 093万,地区生产总值、人均地区生产总值和财政收入在四个直辖市中仅次于上海而居第二位,总量达到4 161亿元,人均达38 070元,地方财政收入达到732亿元。天津历来是我国北方地区最大的经济中心,其经济规模远超过北京市。但由于解放后,北京在"突破'政治文化中心',发展生产性城市"的思想指导下,加上自成一体的"行政区经济"运行体制和机制,依靠首都特有的政治优势,大力发展市域经济,以致在较长时期内使天津的经济发展受到扼制。但天津仍是我国北方主要经济中心城市,2004年,全市市辖区有人口764万人,地区生产总值2602亿元,人均地区生产总值34 058元,地方财政预算内收入238亿元,均居直辖市的第三位。近年的增长速度已超过北京,甚至上海。在工业方面与北京相比,其规模相当。2004年天津的第二产业增加值达到1 396亿元,相当于上海的37%,但与北京接近。名符其实是中国的重要工业城市。随着市场经济体制的推进,行政区划这一看不见的"墙"对经济发展的影响也将逐步淡化,尤其是滨海新区的规划建设,天津市优越的港口经济地理区位将会得到更加充分的发挥,其与首都北京的分工、合作与互补作用也会得到加强,天津直辖市在我国北方地区的经济中心地位必将日益提高。

以上分析可以看出,上海与天津两个直辖市与北京作为首都的直辖市在功能、性质上有很大的不同,这就决定了它们在政治经济生活中的不同地位与作用。

(3)重庆——兼有城市型政区与地域型政区双重特征的直辖市。1997年3月,国务院正式宣布,重庆升格为直辖市,这是我国"在本世纪末和21世纪初为加快中西部地区经济和社会发展所采取的一项重要举措"②。对于确保和加快我国跨世纪的伟大工程——长江三峡建设,"努力把重庆建设成为长江上游的经济中心"③城市具有重大意义。也是我国省级行政区划体制改革的新突破。重庆在升格为直辖市之前,本来就是我国最大的设市城市,它辖管11个市辖区和3个县级市及7个县,面积达23 114平方公里,人口1 530万人(其中非农业人口415万)。无论是面积和人口都要比其当时的三个直辖市大得多。以至有人认为中国最大的城市是重庆而不是上海。如果仅从辖区面积和人口来说,那是毫无疑问的:重庆升格为中央直辖市后,划入万县、涪陵两个地级市和黔江地区,面积扩大到8.2万平方公里,总人口达3 002万,面积等于京津沪三市的2.4倍,人口相当于三市的83%。但就其经济总量和人口城市化水平来说,其在4个直辖市中水平最低的。2004年,新的重庆直辖市市辖区域内地区生产总值为1 364亿元,工业总产值第二产业增加值为720亿元,预算内财政收入161亿元。虽在西南地区位居前列,但与京津沪相比有很大差距。特别是人均地区生产总值水平较低,为13 400元/人,甚至不及一些省区,在全国排名居中下水平。从人口结构来看,原重庆市的非农业人口为415万,在全国城市中排列第六位④,而城市化水平只有27.1%。新设的重庆直辖市肯定还要低得多。上述资料足以说明重庆直辖市与京、津、沪三个直辖市的重大差别。从行政区划的类别来看,重庆作为直辖市应属于城市型政区体制;但从其本质上来看,仍是一个地域型政区。它既是一个中

---

① 见《新民晚报》,1998年2月6日报道。
② 北京、天津数据均来自1997《中国统计年鉴》,中国统计出版社,1997。
③ 引自1997年3月18日《中国社会报》"世纪之交话重庆"专版。
④ 少于上海、北京、天津、沈阳、哈尔滨、武汉。——据《中国统计年鉴》1997年,中国统计出版社。

央直属的"特大城市",也是一个拥有广大地域空间的"大农村"。是一种兼有城市和农村两种政区性质的政区类型。选择这一类型设立直辖市,从行政区划体制改革的角度看,是一种探索和试验,有积极意义[①]。

2. 政区模式评述

我们应当充分肯定,从 50 年代至今,中国实行直辖市制度是正确的,也是符合中国国情的。几十年来北京、天津、上海三大直辖市和 1997 年新设立的重庆直辖市认真贯彻执行中央在各个时期政治、经济和社会发展的各项政策,取得了令人瞩目的成就。直辖市在追求自身发展的同时,对全国和区域经济的发展作出了巨大贡献。在面临跨世纪的现代化建设和实现我国长远发展目标中,直辖市担负有重要使命。

然而,我们也应当指出,中国现行直辖市的区划体制仍存在一些需要讨论的问题,在推进现代化建设进程中,在城市规划、建设与管理中,有必要深入研究,并通过改革加以合理解决。

(1) 直辖市数量偏少。我国现有 4 个直辖市,总体数量偏少。据 2004 年资料分析,中国 200 万以上人口[②]的特大城市已达 19 个。除北京、天津、上海、重庆 4 个直辖市之外,尚有沈阳、武汉、广州、哈尔滨、南京、西安和成都。接近 200 万人口的特大城市也有长春、大连两个。国内外的经验证明,大城市作为国家或区域性的经济增长极,在辐射和带动国家或区域经济发展中具有一般中小城市所不可替代的作用。特别是在人才、技术、信息、金融、管理和经济运行质量等方面,大城市具有独特的优势。历史的经验还证明,在中国特有的环境下,行政地位,即政治权力因素对城市发展的影响很大,甚至超过经济因素的作用。一定数量的直辖市对国家和跨地区经济的发展有重要作用。解放前和解放后的 50 年代初期,中国曾设有 14 个中央直辖市。改革开放多年来,在中国经济社会有了很大发展,城市规划建设已有良好基础等情况下,仅设北京、天津、上海、重庆 4 个直辖市,数量显然偏少。

(2) 现有 4 个直辖市水平差异悬殊,分布不平衡。目前从经济实力来看,上海无论是总量或人均水平都占首位,从人均 GDP 来看,分别相当于京津的 1.72 倍和 1.8 倍。而重庆目前尚远低于全国平均水平,只相当于上海的 18%,其市域内部城乡差别很大。由于现有经济实力较差,其主要任务是解决长江三峡工程带来的百万移民妥善安置和市域内的广大农村消除贫困问题,近期内尚难以充分发挥其作为西南地区经济中心城市的功能。从地区分布来看,4 个直辖市中有 3 个都集中于沿海,广大中西部地区偏少,分布很不平衡。重庆市的升格消灭了西南地区的直辖市空白点,但西北、东北、华中、华南地区仍缺少作为大区域性政治、经济中心城市的布局。

(3) 新设的重庆直辖市内部行政区划结构体系与原有京津沪 3 个直辖市内部区划体制很不协调。由于原重庆市与原万县、涪陵两个地级市及黔江地区组建新的重庆直辖市之后,原有的区划体制仍然保留未变。尽管从目前实际情况来看,我们是赞成不变的,特别是不能取消地级市和县级市。但由此引发出了许多新的问题与矛盾:一是与京津沪相

---

① 参见"多吉才让坦言设市过程",载《中国社会报》,1997 年 3 月 18 日。
② 指市区非农业人口。

比,增加了直辖市的行政层级,主要是两个地级市和一个地区的层级,这与我们主张的减少行政区划层次结构的改革方向是不相符合的;二是出现了直辖市管市的状况,不仅与《宪法》条文相矛盾,而且造成重庆直辖市—地级万县市和涪陵市—县级南川市三个层次不同的市的通名混淆的问题。由此在中国的直辖市内出现了三类行政管理体系结构。即直辖市—区—街道及乡(镇);直辖市—县(市)—乡(镇)和直辖市—地级市(地区)—县(市)—乡(镇)。我国的市政制度更趋复杂和混乱,与现有《宪法》及有关法规很不一致和相互矛盾。对这一新情况、新问题,重庆市为此先后将万县、涪陵市和黔江地区改为万州区、涪陵区(1998)和黔江区(2000)。

(4)直辖市的城区与郊县的矛盾。改革开放以来,由于中心城区的扩展,近郊城市化的推进,特别是开发区的建设,使城郊之间在规划、建设与管理等方面矛盾不断加剧。一方面,城区不断向郊县发展,要求扩大地盘空间;另一方面,近郊县从自身的利益出发,不愿将近郊的发达乡镇划给城市,这就是城郊结合部之间的矛盾。直辖市政府往往从城区利益出发,将整建制的乡镇划给城区,出现了区管乡镇的体制。有的打破了乡镇建制,将其中部分行政村划给城区,甚至有少数村出现"一村两制"的状况。如上海市虹桥镇虹四村位处古北开发区边缘,一个村受城区的长宁区和郊区的闵行区虹桥镇双重领导,给环卫、治安、计划生育、外来人口管理等带来诸多矛盾,成为大都市城乡结合部的老大难问题。局部的行政区划调整带来不少后遗症,如何解决这一矛盾也是一个值得研究的重要问题。

(5)直辖市郊县改区带来的问题。80年代中期以来,我国大力推行整县改市的设市模式,在直辖市周边的经济较发达地区,如上海市毗邻的苏南地区,一大批原有县纷纷改设为市,而在直辖市的郊县,虽然其人口、经济指标已经达到县级市标准,甚至达到地级市的标准,但由于受《宪法》条文的规定,直辖市不得改市,因而自90年代以来,京津沪渝直辖市的近郊县纷纷改为区建制,如上海市的宝山县与吴淞区合并改设宝山区,原上海县与闵行区合并改设闵行区,原嘉定县改设为嘉定区,原金山县与金山石化总厂合并改设为金山区,原南汇、奉贤县改设区等。天津市则在1992年将原来的东、南、西、北四个郊区更名为东丽区、津南区、西青区和北辰区等。我们应当充分肯定,上述直辖市区划的调整与名称的变更在一定程度上缓解了大城市发展中的一些突出矛盾,但城郊结合部存在的矛盾并未得到根本解决,同时也由此引发了一些新问题。

如城区与郊区的混淆,在城市性质功能、城市景观、产业结构、就业结构、土地制度、行政管理体制等方面,城区和郊区都有很大差别,给城市人口统计带来了麻烦,出现了所谓"假性城市化"现象,因为这些中心城区周围的郊区仍有相当一部分是农村,在相当长一段时期内,不可能也不应该变为城区。农业土地利用、农村社区仍然是郊区的主体。按照国家的有关法规和国际上普遍的规律,县和区是两种性质不同的地方制度。其在功能、政府机构、独立性等方面有很大差别。将整县改为区建制人为地混淆了这种客观存在的差别。还导致城市空间无序扩张城市质量下降和土地资源的浪费等问题。

(6)直辖市市与区两级政府的关系问题。市辖区是城市政府的下属行政建制和行政单位,其主要功能是协助市政府搞好城市管理和服务。但改革开放以来,区政府的经济功能不断强化,特别是90年代以来,为了调动区、县政府的积极性,市政府下放了较多的权力给区县,使区政府的功能更加综合和强化。这就必然带来市与区、区与区之间各种利益关系的矛盾及如何协调的问题。上海市在市区实行"两级政府,三级管理"的新体制后,调动了区街的积极性,大大促进了区级经济的发展,推进了城区的改造与建设,但同时也带来市、区两级政府之间及区与区之间、区与县之间在经济发展和城市规划、建设与管理等新的矛盾。这些问题也是需要认真研究,并加以解决的。

(7)直辖市城区区、街规模问题。关于市分设区及其规模的规定,最早见诸于1911年11月江苏省临时参议会通过的《江苏省暂行市乡制》,在其第11条中规定:"市有区域过广,其人口满10万以上者,就得境内划分若干区"。1928年南京国民政府在其制定的《特别市组织法》和《市组织法》中都规定,市下的自治组织分区、坊、间、邻;5户为邻,5邻为间,20间为坊,10坊为区。当时的市辖区均非一级行政单位。中华人民共和国成立后,曾规定在10万人以上的城市建立区人民政府,国务院1955年颁布的《关于设置市、镇建制的决定》中规定:"人口在20万以上的市,如确有分设区必要的,可以设市辖区"。但对设区的标准未作具体规定。而我国目前各大中城市设区的实际规模相差很大。就4个直辖市的情况来看(见表15.2),北京、上海区规模较大,天津、重庆区规模较小。两组数据相差25~35万/区,可见差别较大。就一个直辖市来说,各区之间差别也很大。上海市人口最多的杨浦区达106万人,最少的黄浦区为28万人,两者相差2.78倍。从街道一级看,在一个市内规模差距也较大。如据上海市1997年3月底的统计,中心城10个区,86个街道,平均规模为72 756人(见表15.3)。人口规模最多的杨浦区殷行街道达14.32万人,同区最小的五角场街道人口为2.1万人,两者相差6.8倍。我们认为区、街规模的不一致是正常的,但规模相差太大,不利于行政管理,也影响城市的规划、建设及经济社会发展和社会公共设施的合理配置。区、街规模多大为合适,是一个需要研究的问题。

表15.2 中国直辖市设区规模统计(2004)

直辖市	设区数(个)	市区非农业人口(万)	平均人口/区(万)
上海	18	1 080	60
北京	16	831	52
天津	15	527	35
重庆	15	460	31
合计	64	2 898	45

资料来源:①设区数为2005年《中华人民共和国行政区划简册》,中国地图出版社。
②人口数来自中国城市年鉴,2005。

表15.3 上海市中心城区街道人口规模统计(1997年3月)

10区总人口(万)	街道个数(个)	平均人口(人)	街道规模分级(人口)(个)				
			<5万	5~7万	7~9万	9~11万	>11万
625.7	86	72 756	16	22	26	16	6

资料来源:上海市民政局编《上海市行政区划简册》,1997。

(8)直辖市通名问题。我们在前面已经介绍了世界各国首都的许多通名,关于我国现有直辖市的通名问题,首先是直辖市的"市"与地级、县级市通名相同,容易混淆;第二是直辖市域范围较大,辖区县较多,在区划性质上兼有地域型政区的特点,尤其是重庆,与省区的性质并无多大区别;第三,作为区的派出机构——街道,常常被人理解为"马路",用作通名不够科学。

第三节　中国直辖市政区体制改革的思路

中国直辖市政区体制改革与省制改革一样，是个非常复杂的系统工程，它涉及《宪法》和《组织法》的某些条款需要进行修改的问题；从一级政区看，需要与省区改革协调、统盘考虑的问题；涉及市政制度改革的统一考虑的问题；涉及行政等级、范围、规模、层次结构、名称等行政区各个要素的综合改革的问题；涉及国家人事、公务员制度的改革问题；涉及城市内部公共行政制度的改革等等。总之，需要综合各方面的因素，以战略眼光进行全局的分析论证。也需要认真吸取国际经验，尤其是一些首都区、大都市区的政区体制、行政组织与管理体制的经验。在本节之中，主要从中国的国情出发，考虑上述诸多因素，针对目前直辖市政区体制中存在的问题提出改革的方向与思路。

1. 增设直辖市，实行合理布局

我国面积广大，人口众多，在全国范围内适当增设直辖市，提高部分大城市的行政地位，是十分必要的。首先将有利于形成跨省区的新的增长极，建立国家一级经济区。我们在前面已经分析，在中国现阶段经济转轨时期，依靠各级政府通过行政手段推进经济发展，进行宏观调控，依然是我国经济发展的主要手段。城市是区域的经济中心，中心城市的行政级别高低，经济实力强弱和经济运行质量、管理水平等，都对区域经济社会的发展起很大影响。中国目前省区经济发展水平差异较大，并有继续扩大的趋势，其原因是多方面的，除自然、历史、管理体制、机制这些重要因素之外，中心城市的发育、城市实力水平和质量等方面的差异也是一个重要原因。世界各国城市与区域发展相互关系的规律告诉我们，巨大规模的中心城市，其在集聚和扩散中能有力地带动相关地区的经济发展。在中国特定的政治与经济体制背景下，区域性中心城市的行政等级高低、升降，客观上对城市本身乃至周边经济发展的影响是很大的。我们可以用合肥和泰州这两个城市，从正反两个方面进行分析论证。前者由于行政等级的升格，带来合肥经济的迅猛发展及安徽省城镇体系格局和生产力空间布局的变化；后者恰恰相反，由于泰州行政地位的降格对泰州市经济乃至苏中地区经济发展带来了严重影响。如果泰州仍保留地级行署或早升格为地级市，那么不仅泰州市本身，更重要的是苏中地区的经济必将会有更大的发展，而苏中地区由于其在江苏省区域经济战略中的重要地位，因而又将推动苏北经济的发展。可见，客观地看，撤销泰州行署，不能不承认这是行政区划战略调整中的一次失误。同样道理，直辖市由于其行政地位高于一般的地级市，享有与省区同等的权力，因而不仅带来对直辖市本身经济发展的直接影响，而且也必将对跨省区经济发展产生重要影响，也为国家一级经济区的建立和发展提供了有利条件。

第二从政治因素考虑，由于直辖市的政治地位客观上要略高于省区。适当增设直辖市，保持直辖市的政治地位和政治影响，对于加强中央的统一领导，坚持贯彻实行中央集中统一领导下的人民民主专政，巩固和加强政权建设也是十分有利的。同时，如果把增设直辖市与少数省区适当划小结合起来考虑，在未来中国一级政区增加后，作为跨省区的直辖市的政治、经济意义就更为重要了。

我们认为,我国直辖市设置的数量也不宜过多,除现有京津沪渝 4 个直辖市外,再增设 4 个为宜,但要合理布局。直辖市设置区位选择的原则是:①要有特大规模,包括人口和经济规模。中心城区非农业人口要在 200 万以上或接近 200 万。在经济规模上不仅要看经济总量,而且要看其结构的先进性及经济质量,要能在跨省区经济发展中发挥其重要功能。②地理区位和交通条件。为使直辖市实现合理布局,从目前情况看,应在东北、西北、华中、华南地区各选择一个。同时要求交通十分方便,形成国内国际强大的交通枢纽,便于与大区域内各省区的联系,也便于与外部的联系,在沿海地带尽量选择港口城市。③从省区来看,被选择直辖市的省份,要考虑有条件另设置新的省会城市,可在双中心的省区中选择。也可在计划单列市中选择。

综合上述原则条件,我们认为:东北的大连、西北的西安、华南的广州或深圳、华中的武汉比较有利。这些城市都有相当规模,经济实力雄厚,大多为大区内的经济中心,区位条件好,科技文化发达,在一定时期内有条件向国际化城市迈进。总体布局合理,在大区中可以起到"领头"的作用。从可操作性来看,非省会城市升格为直辖市的矛盾和阻力较小,可先行实施。

2. 建立都—区、市、县—社区、镇(乡)三级新体制,规范直辖市的纵向区划结构体系

针对目前四个直辖市中纵向结构体系不一、名称不科学、设置不合理的情况,理想的体制模式是建立都—区、市、县—社区(里或坊)、镇(乡)三级层次体系。

(1)将直辖市的通名一律改为"都",即类似日本的东京都。它既与一般地域型政区的"省"和民族型政区的"自治区"相区别,又避免了与一般城市通名的混淆。"都"是都会、都市的意义,是城市化水平较高,城镇密集的都市区域。"都"内不仅包括有大小不等的城市,也包括有现代化水平较高的农村地域,城乡一体,紧密联系。首都北京尚有作为首都的政治含义在内。"都"比较全面、确切地反映了其作为中央直辖一级行政区的政治、经济功能和重要的行政等级地位。都政府取代直辖市政府。市人民代表大会和市政协也相应地改为都人代会和都政协。

(2)"都"下设区和市、县。"区"的性质、功能与原直辖市的中心城区相同。县亦可与原直辖市的辖县相同。所不同的是允许"都"下辖市,都辖县符合条件可以改设市,规模较大的镇(如 8~10 万人的大镇)也可以单独设市。与原直辖市相比,这是一个大的突破。我们认为这是合情合理的。关于城市行政区划设置的相关规定,主要是 20 世纪 80~90 年代盼布实施的。经过较长时期的实践,情况发生很大变化,及时进行修改是完全必要的。事实上在新设的重庆直辖市初期,也曾突破《宪法》的规定,存在过直辖市管地级市、地区和县级市的情况。所不同的是:在"都"之下不再实行市管县体制,所有的区、县和市在行政上,不存在相互隶属关系,它们都直属于"都"。

(3)区、市、县之下设社区(或改称里或坊)和乡镇。乡镇是都的基层行政建制单位,社区(里、坊)在城区和市县驻地设置,目前仍作为派出机构,逐步向自治体过渡。未来在中心城区是都—区—社区层次结构为"二级政府、三级管理"。而在都管市、县地区,则在市县之下设乡镇,即为"三级政府、三级管理"体制。但少数规模较大的镇升为市之后亦归"都"直辖,其下是否管乡镇则视具体情况而定(见表 15.4)。

表 15.4　中国上海直辖市改设"都"与日本东京都模式比较

项　目	中国上海	日本东京
纵向结构体系	都—区—社区(里或坊) 　—市—镇、乡 　—县—镇、乡 　—市	都—区 　—市 　—町 　—村
层次	2~3 级	2 级
性质	特大城市政府	首都自治体
面积(平方公里)	6 300	2 049
人口(万)	1 419	1 177.4

说明:中国上海为改革设想,日本东京为现状(1996)。

(4)中国直辖市改"都"制,是借鉴日本东京都的经验。但又有区别:一是层次结构,日本为二级,中国为三级;二是都辖的二级政区类型上,中国包含有"县",日本的都下则不存在县政区,原在市町村与都之间设有"郡",但从 30 年代开始渐渐失去作为独立实体而非一级政区;三是在性质上,中国设想的"都"包含首都和大区域的经济中心两种类型,日本仅为首都地区实行;四是城市的现代化程度日本要比中国高得多,中国在"都"内仍有大量的农村、农业、农民、乡镇人口比重仍较大;五是在辖区范围上,中国"都"辖区面积稍大,东京则较小,这也是中国的"都"层次结构较多的主要原因;六是都之下设市模式上,中国目前是整县改市和镇升格并存,未来可考虑"切换级市",日本东京都的市都由町演化而来,大多为切块设市,市域规模小。当然最本质的区别在于:东京都为官制色彩较浓的地方城市自治体单位(许崇德,1993),中国是中央政府直辖的民主集中制性质的地方政府。

3. 明确市辖区的功能定位,改革部分市辖区的区划模式

市辖区是随城市规模的扩大,城市政府实行分区域、分层级管理而出现的行政单位,是大中城市不可缺少的管理层次,是城市市区的一级基层政权。其与一般地域性政区的基层政区在政权性质、空间形态上表现有巨大的差异。本来市辖区是一个城市社区整体不可分割的一部分,其公共管理与服务不具有一般市县行政单位那样的独立性,权限相对较小。它是市区内部政区结构的组成部分,主要是为分担市的城市管理和服务的需要而设置的。

但是,从实际情况来看,特别是 80 年代中期以来,设区的目的已不单纯是为了协助市对城市的管理与服务,而是要分担市政府发展经济、城市建设与管理等方面更多的功能。这一方面是受现有行政区划法律法规制约的结果,由于直辖市的县不能改设市,不得不改为区,而其功能实际与独立的二级市无多大差异,但与传统的中心城区却有很大差别;更重要的是特大城市市区管理模式发生了变化。如上海市,上世纪 90 年代中期在市区推行了"两级政府,两级管理",进而发展为"两级政府,三级管理"的新模式,取得一定成效,但也有一些值得讨论的问题。

上海是一度拥有 1 400 多万人口的超级城市。目前辖 18 个区、1 个县。50 年代后期,上海实行的是以条为主的城市一级管理体制,当时市的专业管理部门很强,区的管理功能较弱,这种高度集中的体制一方面造成市政府对城市管理的鞭长莫及,另一方面区政府又爱莫能助,处于一种"管不了,又难管好"的困境之中,严重影响经济社会发展。经历届市领导长期酝酿,最终提出了市与区在划分事权和职权的基础上,实行"两级政府,两级管理"的新体制。1984~1985年在城市经济体制改革的起步时期,下放和扩大了生产、商业流通、建设管理方面的事权,财政实行总额上缴,超收分成。1987~1988年在全国价格改革开始起步时,工业财政实行收支挂钩、总额分成体制,商业实行条块共管以块为主体制,区属企业与市专业公司脱钩。同时扩大对固定资产投资、技改审批数,下放城建和城市管理的大部分职责。1992年邓小平南巡讲话后,进一步下放了旧城改造与土地批租权,在引进外资上下放了1 000万美元的项目审批权,相应地在区内详细规划、小额土地划拨、建设工程管理、经济和社会事业设施布局、企业改革等方面都给予了相当充分的自主权,同时实行全区工资总额切块管理,财政上改为定额上缴、超收自留的一级财政体制。经过上述三个阶段,上海市政府先后将规划、计划、建设、土地、房产、投资、财税、工商物价行政管理、劳动人事、教育、卫生、文化、民政、公安等事权与责任都较完整地交给了城区政府。各区政府亦配置较精干的机构和队伍,以适应新体制的要求。经过多年的实践,构成了"两级政府,两级管理"的体制。

这种新体制,极大地调动了区的积极性,出现了市与区协同工作的合力局面,区与区之间相互竞争,激发了城市整体工作的活力,取得明显的功效。区级政府的综合经济实力明显增强,城市建设、旧城改建明显加快,政府的社会公共管理能力也明显提高。截止1996年底,上海区级经济实力大增,中心城区10区的国内生产总值已达363.36亿元,与1995年同比增长18%,高出全市平均增长水平5个百分点;共完成财政收入110.08亿元,同比增长20.9%,其中区级财政收入73.01亿元,同比增长24.69%,占全市地方财政收入的25.6%[①]。中心城区政府在市政建设、旧城改造等方面也取得从未有过的显著成绩。

上海市政府在取得经验的基础上,1996年年初又提出市区"两级政府,三级管理"的城市管理改革新措施,即将区政府的部分权力进一步下移至街道办事处。街道虽然不是一级政府,但享有相当于城市政府的部分管理权力。其核心是城市管理(主要是公共社会管理)的重心进一步下移,使街道形成较完整的分级管理体制,明确了街道在社会建设和管理中的责职主体地位,即由街道出面对城区管理、社区服务、社会治安综合管理、精神文明建设、街道经济发展等实行统一组织、综合协调和监督检查,从而形成"小政府,大社会"的管理框架结构体系。上海市根据"三级管理"的要求,调整了街道办的规模,由原108个减少到98个。加强和充实了街道办和居委会的领导机构,街道作为区政府的派出机构,行使了更大的城市管理与服务功能,对加强城市精神文明建设、确保城区的稳定发挥了重要作用。同时也促进了街道经济的发展。1996年,10个中心城区平均每个街道新增财力100万元以上[②]。

上海市城区管理体制改革的经验表明:管理体制改革对城市经济与社会发展、城市建

---

① 参见《上海经济年鉴》1997,上海社科院,上海经济年鉴社出版。
② 同上。

设的巨大作用不可低估。在社会主义市场经济转轨过程中,作为生产资料公有制的分层监管者和作为区域内全社会公共事务的管理者,市与区双重政府的职能和双重社会的角色是十分必要的,也是必然的。它与西方许多大都市,如纽约、巴黎、东京等政府作为纯粹的公共事务和社会服务的角色一个不同点是,西方的大城市只需一级管理,区政府主要只从事市政、社区和卫生福利等公共管理事务。

从"两级政府、三级管理"体制对行政区划的影响和关系角度进行分析,我们可以看出以下明显变化。首先,这一体制带来了区、街规模的变化,上海的区、街规模与全国大中城市相比、与上海政区的历史相比,两级规模都有较大增加;第二,区级政府的权力大大扩充,已具有一般市级政府的综合功能。这与国家法律规定的城市区政府的职能有较大变化;第三,街道办事处原本作为派出机构,实际上已演变为一个城市基层政府单位,承担有大量城市综合管理的职责,并享有较大的权力,包括建立了街道一级财政。街道性质与国家法律规定的"派出机关"发生重大变化。这些变化总体上表现为城市基层政府的政治、经济与社会管理功能不断强化和重心不断下移的过程与特征。这一变化过程与特征是我国由计划经济体制向市场经济转轨过程中"行政区经济"运行的重要表征,有其必然性。

但是,随着我国政治、经济体制改革的深化,政治民主化、经济市场化的推进,政府的职能转变,在城市政府的综合管理职能中,从事市政管理、环境管理、社区管理、卫生福利管理、市场管理、社会治安管理等等之类的公共服务管理将成为主要职责,政府对经济的管理主要是宏观管理与依靠政策法规进行监督。在这种情况下,作为城市政府的区、街两级的职能也必将随之发生变化,这一变化对区、街二级政区的影响应予足够的估计。

从实际情况来看,直辖市的区、街两级主要有以下5个问题应当引起重视,并研究解决。

(1)区级政府和街道办事处的功能职责定位。从国外大城市设区的性质与我国早期城市设区的本意来看,主要是为了协助市政府分担城市管理的功能,即城市公共服务与管理。但实际情况是,现有我国各城市都没有对区政区的功能作明确的规定。现有法律只是规定市辖区是一级地方政权,是城市政府的基层政权单位,设有区人大、区政协,设置区人民政府。我们认为,应明确区和街道的功能职责,使区政府和街道办事处规范运作。

目前的区政府实际上有三种类型。一类是中心城区的区政府,城市性功能集中,与主城区有不可分割性的特征,如上海的黄浦、卢湾、静安、徐汇、杨浦、虹口、闸北、普陀、长宁9个中心城区;二类是近郊性质的区,处于城乡结合部地区,兼有城市与农村两种性质的管理功能。如天津市的原东郊、南郊、西郊、北郊区政府[①];三类是由直辖市的郊县改名而来,如上海的嘉定、金山、松江、青浦、奉贤、南汇六个区。我们认为,明确区的功能定位应主要在第一、二类型进行。

第三种建制区大多位处直辖市的中郊部位,其改设区一般只是提升了行政级别,功能并没有多大变化。对此类区建制,学界多持有不同看法,不是我国直辖市郊区理想的建制模式。

同样道理,对于区的派出机构——街道办事处的功能也应进行合理的定位。上海市

---

① 1992年2月国务院批准更名为东丽区、津南区、西青区和北辰区。引自《中华人民共和国行政区划手册》(1993),中国地图出版社。

"两级政府,三级管理"的模式,在相当程度上强化了街道的政府功能,这在目前和近期发展阶段是必要的、有利的。但从长远来看,在政府职能转变、街道经济功能弱化之后,街道应向社区方向演变。

(2)在中心城区建设"行政区—社区体系"[①]。社区是个争议颇多的概念,据不完全统计,有140多种定义(何肇发,1991)。从地理学角度看它属社会地理学范畴。通常表述为:社区是居住在一定的地理区域,具有共同关系、社会互动及服务体系的、以同质人口为主体的人类生活共同体。可见,社区与行政区是两个性质不同的概念。从行政区与社区的整合关系看,我们可以将社区分为两大类:一类是行政社区,即社区的范围与行政区的范围基本相一致,如一个城市、一个县、一个乡(镇)及城市内部的区、街道等;另一类是非行政社区,即社区与行政区的范围不相吻合,主要是指中心城区的社区。如上海市的曹家渡,是历史上形成的以商业和居住为主要功能的、有相当规模和知名度的社区,但它分属静安、普陀、长宁三个行政区所分割。曹家渡社区与行政区不吻合,我们称它为非行政社区或自然社区。

在中国目前的政治、经济体制下,社区的建设、服务和管理主要依靠政府去组织和引导,并投入资金进行社区建设,提供社区服务,改善社区的环境等。因此,中国的社区组织形态表现为行政社区的特点,这与西方国家的社区有很大差别。非行政社区(自然社区)由于被行政区所分割往往得不到发展,甚至会出现相对的衰落。正是从这一基本特征出发,我们提出了应将行政区与社区结合起来进行研究。随着我国政治的民主化和经济的市场化的推进,在直辖市和大城市的城区,应逐步建立起行政区—社区体系的格局。

所谓行政区—社区体系,它首先应具有一定的层次结构,即从市—区—街区—居民委员会形成上下隶属关系的层次系统;同时在社区的服务与管理体系、地域空间的结构体系上也表现有一定的纵向层次性和横向相互作用的空间分布的规律性。市和区是两级行政区,区是城市中间层次的政区,街道实际上难成为城市的基层政区,而居民委员会则是自治体单位。

(3)适当调整中心城的区级政区和街道行政(社区)的规模。从我国城市政府改革的方向和世界各国大城市设区的经验来看,中心城区设区的规模应适当划小。

首先,从我国城市政府改革的方向看,由于政府功能的变化,城市政府对经济的直接干预将逐渐弱化,这不是说政府对经济的放任自流,而是通过制订政策法规加强对经济的宏观控制与管理。政府的管理重心将逐步转向以非经济的公共行政组织与管理为主。同时,随着城市建设和旧城改建的大规模推进,城市的形态建设将逐步转向城市的行政管理,即依法有效的城市管理。由此,市、区两级政府管理工作量和管理的内容都将发生变化。城市作为一个整体社会,应该更多地强调统一的、协调的管理。也就是说,城市管理

---

① 关于"行政区—社区体系"的概念是作者1994年参加《浦东新区现代化城市社区管理模式研究》课题时,根据中国国情首先提出来的新的观点。并从层次结构体系、社区的服务提供和管理体系、地域整合分布体系三个方面对"行政区—社区体系"进行了解释。作者运用"行政区—社区体系"的理论思维对浦东新区的行政区—社区体系问题进行了较深入研究,提出了建立浦东新区行政区—社区体系的思路和具体方案。其基本观点已为浦东新区有关部门采纳,并纳入浦东新区社会发展规划。该研究成果《上海浦东新区行政区—社区体系及其发展研究》详细摘要刊登于《城乡建设》1995年第9、10两期。报告全文已收录于刘君德主编的《中国行政区划的理论与实践》(华东师大出版社,1996)。1996年11月14日的《城市导报》和1997年上海社科院出版社出版的《上海跨世纪社会发展问题思考》一书中有关社区研究的内容引用了作者的概念与观点。

的某些功能(如规划、国土、环保等)有可能适当"上移",实行上下协调管理。与目前"两级政府,三级管理"体制相比,市的管理力度相对加强,区、街的管理内容相对减少。在这种情况下,区级规模和街道的规模都应该,也有可能适当缩小。

第二,从国外首都城市设区的经验来看,据不完全的资料分析,其设区的规模都比中国的上海、北京两市的区规模小得多。如东京都中心城区人口800万,分设23个区,平均每个区34.8万;伦敦700多万人,分为32个区,平均每个区人口21.9万;巴黎人口220万人,分为10个区,平均每个区22万余;莫斯科889万人分设29个区,平均每区30.7万人。我国一般的大城市,区人口规模大多也为20～30万人。我们认为这样的规模是比较合适的。

从目前现有4个直辖市市区设区的人口平均规模看,天津和重庆分别为36万和32万,规模适中,上海、北京二市规模偏大,可适当增加中心城区区的建制,以缩小规模。上海市的杨浦、普陀、徐汇等区人口都在80万以上,杨浦区的人口达110万,明显偏大。可以设想上海市区设立15个左右的区(不含浦东新区和宝山、嘉定、闵行、金山、松江六个区),每个区的人口约为40万左右,面积18～20平方公里。

关于基层街道(社区)的规模,总体上也偏大,不便于对城市居民的管理,也应适当划小。但在调整过程中应充分考虑原已形成的非行政社区(自然社区),如上海的曹家渡,要尽量保留自然社区的完整性,社区的规模不应机械划一,而应因地制宜,合理确定。以方便群众、方便管理与服务和有利于形成社区中心为原则。但规模也不宜过小。

(4)撤销郊区建制。市郊区行政建制,是在市、县分立的情况下,为城市发展提供必需的土地空间和为城市居民生活提供副食品生产基地,从而保证城市正常运转而设置的。在计划经济时期,郊区政府发挥了重要作用,为城市发展作出了重大贡献。但这种区划体制本来就存在不少缺陷。首先是造成区划体制上的混乱,郊区与市区同为"区",管理性质和层次结构有很大不同,郊区主要为农村管理,市为城市管理,郊区是三级政府,区政府下设乡、镇,市区是二级政府,区以下设街道;同时,由于郊区直隶于市,实为市区的延伸部分,容易导致城市发展摊大饼式向外扩张,耕地急剧减少,使城市规模难以控制。

更为严重的是改革开放以来,郊区政府在发展辖区经济中,依靠其区位优势(依托中心城区)、土地空间优势(城区不具备)和某些政策优势,片面追求自身利益而不顾及全市,特别是市区利益而谋求自身的发展,郊区包围在市区的情况下,市区处于不利的地位,经济发展受到很大制约,市区与郊区的矛盾愈来愈严重,并导致城市难以统一规划、建设与管理。特别是城乡结合部各种矛盾交叉,问题十分复杂,长期以来成为行政管理的薄弱环节。各市区政府强烈要求改变这一不合理的"同心园"区划体制。根据我们在苏南的无锡、苏州、常州和安徽的合肥、广西的南宁等城市的调查,在转型的"行政区经济"运行时期,设置城市郊区建制,弊多利少,加剧了市、郊矛盾。这一区划体制已严重不适应新形势下中心城市发展的需要。

近几年来,天津直辖市和一些省会城市(如长沙、成都、杭州等)及一些地级市经过认真调查研究、论证,下决心撤销了郊区建制,变"同心园"区划结构为"放射状"区划结构,大大缓解了上述矛盾,收到了很好效果。上海市和北京市未设置包围市区的郊区建制,城郊矛盾相对较少。因此我们认为,在市、郊矛盾突出的大城市郊区应该逐步取消郊区建制。可以采用"放射状"模式对区级政区重新进行划分。如长沙市撤销了原东区、南区、西区、北区和郊区,对区域重新进行划分,新设立岳鹿区、芙蓉区、天心区、开福区和雨花区,从根本上解决了原来的市区与郊区的矛盾,为各区合理发展提供了良好的区划环境。在规模较小的中心城市,经济实力较弱、而政区面积偏大的郊区,可以将少量乡镇划归市区,同时恢复或新设县的建制。江苏省盐城市郊区就属这种类型。1996年7月国务院批准撤销郊区,设立了新的盐都县。我们认为这一调整变更符合实际、科学可行。

(5)将部分市辖区改置地级市或县级市。我们在前面已经分析过,由于目前我国的《宪法》和《组织法》规定直辖市下不设地级市和县级市。因此,京津沪三个直辖市的郊县,虽然其中大部分已达到撤县设市标准,甚至个别已基本符合设立地级市的标准,但由于现有法规的原因不能改设市。在这种情况下,出现了直辖市下县改区的模式。从实践的情况看,这种建制模式虽有一定的优点,对壮大直辖市,推进城市化进程有积极意义。但存在不少难以理解和解决的问题。实际上将这些区改设为市更为合理。因为这些区(原来的县)本来就是一个独立发展的城市,有较大的行政-经济中心,自成体系,独立运转。其与市区的区行政单位无论是在经济结构、管理性质,或是在城市的功能和空间形态上都有很大差别,甚至有本质差别,且距离较远,县改区名不符实,改市则名符其实。改市后可以形成新的凝聚力,在直辖市统一的城镇体系框架内,独立自主、规划发展,这对加速郊区城镇体系的建设,促进都会区的形成有重要意义。特别是一些远离直辖市中心城区的辖区,即与中心城区之间有许多农村乡镇分隔的辖区,如上海市的金山区、青蒲区、奉贤区、南汇区及天津市的汉沽区等改设为直辖市属二级市(地级市)更为科学合理。因此,在条件成熟时适当修改《宪法》和《组织法》中不利于直辖市郊县长远发展的有关条文是十分必要的,它是理顺直辖市目前某些不合理的行政区划体制的关键。

第十六章　中国市制(地、县级)改革

　　市镇制度是我国城市发展最重要的问题之一,不仅直接影响城市的行政管理,而且对我国的城镇化进程和区域经济发展也会产生深刻影响。我国的市制自 20 世纪 20 年代诞生以来,已经有了许多重大发展,例如从自发形成到依法建市,从单一市制到三级市制,从一般城市到计划单列和副省级城市,从"切块设市"到"整县改市"以及实行"市管县"体制等。特别是改革开放以来,由于设市标准的调整和设市模式上的变更,使我国的设市数量突飞猛进。这些新设的城市在加快我国城市化进程,促进社会经济发展的同时,也带来了不少新的矛盾与问题。因此,如何及时总结我国市制改革的经验教训,继续完善和深化今后的市制改革,就成为我国政区改革的一项十分重要的工作。本章重点讨论目前矛盾问题最为突出,人们议论最多的"县改市"和"市管县"体制问题。

第一节　县　改　市

　　在 80 年代初以前,我国的城市设置主要是采取传统的"切块设市"模式。所谓的"切块设市"模式,就是把原来隶属某个县的一部分(往往是经济最发达的部分,如县城或经济发展重镇)单独划出设市。实践表明,实施这种模式会带来一些难以克服的矛盾:首先,如果切下的一块是县城,那么建市以后,市和县往往同驻一地,造成市县同城现象,市县之间的矛盾与冲突非常突出,很难协调,如原来的苏州市与吴县市、无锡市与锡山市,常州市与武进市;其次,由于切下的一块往往是县城内经济和社会最发达或最有发展潜力的部分,切得大了,剩下的县域经济发展处境艰难,切得小了,市的发展又没有足够的空间,影响城市的生长发育及功能发挥,如原来的江苏省泰州市;第三,在一个县的境内单独切出一块设市,会增加县级管理单位,财政负担加重,也给省区管理带来一定难度。显然,这些弊端严重地影响了该模式的继续大量推行。

　　改革开放以来,随着我国地方经济的迅速崛起,城乡经济一起获得了超常规的发展。

　　一方面,城乡经济的飞速发展对我国相对滞后的城市化发展水平提出了严峻挑战;另一方面,城乡经济在飞速发展的同时,也带来了越来越多的城乡矛盾与城乡冲突,从而对我国的设市模式也提出了新的要求。在这一背景下,"整县改市"作为一种主导设市模式便逐步取代了传统的"切块设市"模式。1983 年,全国设立的 44 个市中,有 39 个是撤县改市的,占 88.6%。1984 和 1985 两年,撤县建市的数量虽有所减少,分别为 11 个和 21 个,但所占比例仍然高达 91.7%和 87.5%。1986 年国务院批准试行新的市镇设置标准以后,我国进入了撤县建市高峰。由于在新的设市标准中扩大了非农业人口的范围,并适当地降低了条件,由此大大推动了我国建制市的发展。据统计,1986 年到 1994 年的 9 年中,全国共撤县建市 288 个,加上切块设市 13 个,平均每年设新市 33 个,是 1949 年以来市的设置增长最快的时期(见表 16.1)。

表 16.1 改革开放以来中国设市模式分类统计表

年份	切块设市		整县改市	
	数量	比重(%)	数量	比重(%)
1978	2	100.0	0	0.0
1979	20	87.0	3	13.0
1980	5	71.4	2	28.6
1981	6	60.0	4	40.0
1982	7	58.3	5	41.7
1983	5	11.4	39	88.6
1984	1	8.3	11	91.7
1985	3	12.5	21	87.5
1986	3	10.3	26	89.7
1987	1	3.3	29	96.7
1988	5	9.4	48	90.6
1989	0	0.0	16	100.0
1990	2	11.8	15	88.2
1991	1	8.3	11	91.7
1992	1	2.6	37	97.4
1993	0	0.0	53	100.0
1994	0	0.0	53	100.0
合计	62	14.3	373	85.7

资料来源:浦善新等《中国行政区划概论》第350页,知识出版社,1995年。

(1)推行"县改市"模式的意义和存在问题。"县改市"模式是改革开放以后我国在设市模式上的重要突破。与传统的"切块设市"模式相比,推行"县改市"模式的积极意义具体表现在:首先,"县改市"可以克服"切块设市"产生的城乡分割矛盾,在一定程度上有利于加强城乡统一规划,有利于促进城乡结合和城乡经济的一体化发展;其次,"县改市"可以保证新市有相对较大的发展空间,特别是给地方工业布局留下了较大的空间回旋余地,因而有利于地方经济发展,也有利于加强城镇建设,促进中心城市的健康发展和乡村城市化的空间合理布局;第三,"县改市"可以避免"切块设市"可能产生的一县之内市县并立的行政管理体制,有利于精简机构,节约行政管理成本;第四,"县改市"牵动面较窄,区划变动少,有利于保持行政区划的相对稳定,具有较强的可操作性,便于组织实施。此外,从"县改市"这种模式本身来看,虽然带有地域型政区的色彩,但其实质还是将城市型的市区和地域型的农村有机地结合起来,在较小的范围内实现城乡一体化。因此,在一定程度上可以说,"县改市"模式为城市型政区和地域型政区的结合提供了一种有效的途径,对我国未来城市型政区和地域型政区的长期合理并存具有积极意义。

应当指出,在推行"县改市"模式过程中,存在着某些工作上的失误,最为突出的一点是在全国范围内,存在着盲目性设市和过热设市的倾向。国家已经明文规定了撤县建市的实施要求,即有一定的社会经济基础和发展条件,但在实际操作过程中,非农业人口比例、工商业发展水平、乡镇企业规模等指标缺少科学的统计和严密的定量分析、论证,许多省区在盲目追求城市化指标的指导思想下一哄而上,有些地方过早地实行了县改市,有些地方设了不该设的市。如原安徽皖南太平县,工业产值不足1亿元,实际上是个农业县,也曾被批准设市。1988、1993和1994年,全国增设的市高达53个,基本都是整县改市模式,称得上是设市大跃进。过热的设市浪潮,至少带来以下两方面的问题:

第一,由于县改市以后,政府的主要经济职能从农业转向工商业,在指导思想上把重点转向了非农业生产,主要的财力物力大多用于工业和其他非农产业,农业投入减少,农田基本建设、农业科技力量削弱,以致可能影响农业的发展和农村建设。事实证明,一些经济力量薄弱的县改市后,不但农业生产有所削弱,而且工业生产也没有得到相应发展。

第二,县改市以后的城市尽管在名称上叫做"市",但与真正意义上的城市概念不尽符合,同国际上通称的"城市"也不能相提并论。由于许多县改市以后的农业人口比重仍然过大,一般都在80%~90%,工业薄弱规模小,这样的建制市在景观上不像市,在经济上二、三产业很不发达;在聚落形态上仍以农村居民点为主。因此这种模式模糊了城市概念,并使城市人口的统计出现混乱局面,在一定程度上人为地夸大了我国的城市化水平,出现"假性城市化"现象,使我国的城市化发展水平难以与国外进行比较。

(2)"县改市"模式的发展与改革设想。以上分析表明,"县改市"模式并非是我国理想的设市模式。有必要进行改革。从今后发展趋势看,继续推行"县改市"模式应该注意以下几点:

1)从严掌握设市标准,慎重推行"县改市"模式,严格控制设市数量。从理论上说,假如人类在可以预见的时期内还不能从技术、经济上完全摆脱对农业土地的直接依赖,那么,尽管随着城市化的近域推进和广域推进,农业土地会逐渐地减少,但维持适度或最低限度的农业土地仍然必要。况且对于我国这样一个拥有12亿多人口,同时农业人口还占大多数的发展中大国来说,农业生产特别是粮食生产始终是一个关系到国计民生的大问题。因此,长期地、较多地保留以农业土地为主的农村地区,并保留相应的地域型政区——县、乡(镇)是十分必要的。即使在发达的资本主义国家,如美国,也还保留有3 000个县。这就说明,在相当长一段时期内,县作为一种地域型政区的作用仍具有不可替代性。有鉴于此,我们认为,今后我国如继续推行以"县改市"模式为主导的设市模式,总体上讲应持慎重态度,严格控制设市数量,尤其要从维护和巩固我国农业生产的基础地位角度出发,对全国每年的设市数量进行必要的宏观调控;除了某些特殊需要可适当放宽条件外,如国防、边贸和重要资源开发等,一般都应严格控制。

2)加强动态监控,建立"县改市"模式实施的效应评估机制。不可否认,由于统计工作的不科学、不规范,使各地政府在掌握设市标准时确实存在一些人为的因素,导致许多地区设了一些不符合标准,也不该设的市。在这种情况下,加强对这些城市设市后的动态监控十分必要。动态监控的目的就是要督促这些城市的政府在设市后仍应通过各种实质性努力,尽快解决那些不符合标准的遗留问题,从而维护设市标准的权威性,彻底改变有些地区设市后,依然"路不平,灯不亮,建不建市一个样"的状况。同时,针对一些城市设市后暴露出来的问题,还应建立相应的评估机制,尤其要加强对农业基础设施建设、城市基础设施建设的评估,并把它作为这些城市政府政绩考核的内容之一。

3)因地制宜选择较优设市模式。我国的国情决定了今后城市的设置在推行"县改市"模式的同时,不应完全排除"切块设市"模式和放弃对新模式的探索,应推行模式多样化的发展思路。具体来说,可区分以下情况因地制宜选择较优设市模式,即:对城市化水平较高,中心城镇规模较大,城乡经济差距较小,非农业人口比重较高的县,可继续实行"县改市"模式;对城市化水平较高,城乡经济差距小,非农业人口比重高的多中心的县,可试行"县管市"模式,在一个县内可以设立两个以上的市;对城市化水平不高,城乡经济差距较明显,但中心城镇规模大,并达到设市标准的,也可将县城设市,试行县管市体制;对一些特殊类型的、规模较大的城镇,如边贸、旅游、交通中心、港口等,达到一定标准,可由镇升格为市。上述各种切块设的市都应注意留有一定比例的郊区范围。

4)进一步完善设市标准。我国的城市设置标准经过多次变更,1993年出台的设市标准是迄今为止各地仍在参照执行的最新标准。这一标准虽然比过去的设市标准更为具体,但还存在许多需要完善的地方,如这一标准过多地强调了经济指标;缺乏对整县改市模式的空间定义和标准;城市行政区与城市人口、城市经济统计不相一致等。我们认为,我国的设市标准应特别注意充分体现城市的本质特征,要尽可能地与国际上的城市具有可比性,要体现地域的差异性,并具有可操作性。为此,必须进一步完善设市标准,主要有:在从严掌握现有设市标准的同时,增补切块设市标准;以聚居地的人口规模作为设市的基本依据,并根据我国的实际情况,适当降低人口规模指标;在空间上其人口统计应严格限定在中心城镇及其周围若干已经城市化的次一级行政区域内;大大简化现有的经济指标,只保留GNP总量、人均量和经济密度等三项指标即可;随着经济的发展,不断修订标准。

第二节 市 管 县

1. 我国推行"市管县"体制概况

市管县体制是我国城市行政管理体制之一,即由市管辖若干县或市或自治县,以经济相对发达的中心城市带动周围农村的行政管理体制。市管县体制始于解放初期,主要是为了解决大城市蔬菜、副食品基地建设问题。但大规模地推行市管县体制则是20世纪80年代以来,其目的不再仅仅是为了解决大城市的蔬菜及副食品供应,而是从发挥中心城市作用,加快城乡一体化建设的高度,针对原来市县分治的弊端,而实行的一种地区行政管理体制的改革。1982年,中共中央以(1982)51号文件发出了改革地区体制、实行市管县体制的通知,年末首先在江苏省试点,1983年开始在全国试行。至1994年底,全国除海南以外的29个省、自治区都试行了市管县体制,连同三个直辖市,共有192个市领导741个县、31个自治县和9个旗、2个特区,另代管240个县级市,领导县的市占直辖市、地级市总数的比例为93.8%,可见覆盖面很广。

从我国推行市管县体制的类型看,主要有以下四种形式:①地市合并,即将原来具有相当经济实力的省辖地级市与原地区行政公署合并,实行市管县,如湖南的岳阳市与岳阳地区合并,浙江的温州市与温州地区合并,福建的泉州市与晋江地区合并等;②将原来的县级市升格为地级市,实行市管县,如1984年辽宁省将铁岭市升格为地级市,将铁法市并入铁岭市,撤销铁岭地区,将铁岭、开源、西丰、昌图、康平、法库等六县划归铁岭市管辖;③将新设的县级市升格为地级市,实行市管县,如浙江省的嘉兴、湖州、绍兴、金华、衢州等市,都是70年代末80年代初以来陆续改市,后又将其升格为地级市并管辖一定数量的县;④将县直接升格为地级市,实行市管县,这种类型主要出现在广东,如1988年广东省撤销了清远、河源、阳江三个县,设立了清远、河源、阳江三个地级市,实行市管县体制。

2. 市管县体制的作用与本质

我国长期实行的市县分治的行政管理体制，使城市人为地脱离周围地区而孤立发展，造成了城市经济发展过程中块块分割、条条分割和城乡分割的政区格局，这是制约我国中心城市发展的一个重要因素。80年代以来，随着人们对中心城市地位与作用认识的提高，明确提出了充分发挥城市的中心作用，逐步形成以大、中城市为依托，不同规模、开放式、网络型城市经济区的设想，并相应地在城市经济与行政管理体制上进行了重要的改革。较突出的有：一是对一些城市实行计划单列；二是试行市管县体制。但前者更多地只着眼于对城市在经济管理权限上的放权，而后者则行政区划体制的重大改革，不仅扩大了城市的经济、行政管理权限，而且在地域空间组织上确保了中心城市的发展，这对管县的中心城市来说具有重要意义。

实行市管县体制，本意是：①把城市周围与城市有密切地缘关系的地域型政区划归城市统一领导，解决城乡分割问题；②把原来布局在城市，但分属中央、省、地区各主管部门管理的企业，除少数大型骨干企业仍由中央各部委直接管理外，其余逐步交由所在中心城市统一管理，解决"条条"分割问题；③通过发挥本地区优势，广泛开展地区分工与横向经济合作，建立开放型经济网络，解决"块块"分割问题；④尽量促使城市行政区与城市经济区保持基本一致，并在法律上予以明确界定，有效协调改革开放以后我国经济管理与行政管理两者之间的关系。因此，从上述出发点来看，推行市管县是正确的。但问题在于，从实践的效果看，与原来的设想相差较大，出现了许多矛盾与问题。究其原因，我们认为，根源在于市管县体制这种组织形式本身，在我国以行政性分权为主，政府职能转换不到位，即"行政区经济"运行的体制背景下，本质上仍然是一种城市行政区而非城市经济区。其理由是：

第一，城市经济区是一种以城市为中心的经济客体，是经济发展的地域组织形式，而市管县这种行政区划管理组织形式，在本质上仍然是一种地方政权的存在形式。尽管我国的行政区划管理被赋予了特定的经济管理内涵，但归根结底还必须为地方政府服务。因此，市管县体制所构成的区域，在本质上还是一种城市行政区，只不过与过去的市县分治和地区行署管理体制相比，城市的行政"地盘"扩大了，城市取得了对周围地区实施行政与经济管理的合法地位，整个地区的政治、经济和社会管理组织形式由"虚"变"实"。

第二，城市经济区的运行以企业为主导，区域经济发展是按照市场规律，运用经济手段和经济法规进行管理。然而，在市管县地区，由于我国政府职能转换问题没有得到根本解决，因此，政府仍然对地区经济发展起着主导和干预作用，在大市带县以后，进一步强化了中心城市对县级经济的直接干预，从而使城市所辖行政地域范围基本与客观存在的经济区保持一致，但这只是形式上的统一，还不是真正意义上的城市经济区。

第三，城市经济区的划分主要考虑经济因素，特别是地域之间的合理分工问题，它是一种有机的生产地域综合体。而市管县范围的确定，除了考虑经济因素外，还必须考虑人事安排、管县多少等非经济的人为因素和地区之间的利益关系平衡，致使一些县的归属往往是各地级市与省讨价还价的结果，有的甚至是省政府直接用行政手段强行捆在一起的。从这个意义上看，市管县所构成的区域，在很大程度上是一种复杂的、微妙的行政—社会综合体，而不是生产地域综合体的城市经济区。

了解了上述市管县体制这种组织形式的本质以后，我们就不难理解，在我国实行市管县体制过程中，不可避免地会产生因这种体制本身无法克服的弊端而造成的问题与矛盾。突出反映在以下两方面，即中心城市的作用发挥问题和市县利益冲突问题。

3. 市管县体制与中心城市作用发挥

可以说，整个80年代，关于中心城市的作用发挥和中心城市的体制改革问题，一直是我国学术界尤其是经济学界十分关注的一个重点，随着改革的不断深入，人们对于不同体制背景下中心城市作用发挥的实质，也有了越来越深刻的认识。

在传统的计划经济体制下，由于我国的物资流动采取计划调拨方式，行政区间的联系主要发生在具有行政隶属关系的上下级政府之间，城市与周围地区处于相对割裂状态，城市的中心作用限于一种形式。而在市场经济体制下，生产要素可以在地域上自由流动，城市往往是区域的市场中心。随着城市经济实力的不断增强，城市对周围地区的跨行政区扩散作用也逐步加大。并且，在市场的作用下，城市之间出现了进一步的分工，最后形成由各级中心城市和各类专业性城市所构成的区域性城镇体系，整个地区是一个有机的城市－区域经济共同体。这时，中心城市的作用发挥，完全是通过集中于中心城市城区的一些大公司、企业集团总部等现代企业组织形式，在市场规律的主导性调节作用下，对整个地区的资源配置进行优化重组而表现出来的。

当前，我国正处于传统计划经济体制向市场经济体制过渡的时期，随着中央向地方分权，上级政府向下级政府分权，中心城市在经济上的独立性与传统体制相比明显加强，区域经济发展正由上级计划下达方式向市场作用方式过渡，中心城市的作用介于计划调拨与横向流动之间，此时，中心城市经济中心作用的发挥有必要配予适当的区域，并在行政隶属关系上予以明确，即中心城市与区域的联系方式必然要求中心城市的直接波及区与行政区一致，即行政区与经济区的高度一致性（舒庆，1995）。如果从这一观点出发，那么，实行市管县体制，把中心城市的经济影响区与行政区统一起来，对于当前体制转轨时期我国中心城市的作用发挥，应该说还是有一定的积极意义。

但是，应该清醒地认识到，实行市管县体制，毕竟只是做到初步把城市经济区与行政区的形式统一起来，在内涵上，由于受到我国的行政性分权改革，同时政府职能转换不到位的影响，两者并没有得到真正的统一。突出表现在，大市带县以后，仍旧沿用传统的行政手段与管理方式对所辖市县进行经济管理。因此，市管县体制虽然一定程度上打破了旧的条块分割，但必然又形成新的"块块"，只不过这个"块块"与原来相比，已从传统的"市属"概念演变为现在的"市域"概念。从表面上看，"市域"概念是比"市属"概念进了一步，而实际上，"市域"概念的本质在政府主导型经济模式下，仍然是一种新的"块块"。我们姑且抛开市管县以后，中心城市究竟有没有形成真正的"市域"观念这个问题不谈，从更宏观的角度分析，市管县体制的实施，扩大了各中心城市的行政"地盘"，也使得各中心城市在处理一些经济发展问题时的回旋余地更大，然而，正是由于存在这种内部的回旋余地，在客观上反而阻碍了更大范围内各个中心城市之间的横向协作，从而形成一种新的"块块"分割。由此可见，市管县体制的实行，实际上是把中心城市的作用发挥限制在一个新的框框内，并没有真正解决我国中心城市作用发挥的一个关键问题，即突破行政区划的制约，按市场经济规则组织区域经济运行。显然，这种体制本身存在严重缺陷。更何况，在许多情况下,推行"市管县"并没有实现行政区与经济区的统一。

另一方面,在实行市管县体制过程中,一些不正常的人为因素干扰,也是影响市管县地区中心城市作用发挥的重要因素。正如前面所指出的,由于市管县体制在本质上还是一种城市行政区而非经济区的组织形式,因此,市管县范围的确定是否合理,就直接关系到这种体制的实施效果尤其是中心城市的作用发挥。如果范围过小,本身就不利于中心城市的进一步发育成长;而如果范围过大,又会造成"小马拉大车"的局面,不仅不能有效带动所辖县的经济,而且还会抑制其他中心城市的发展。从表面上看,这些问题的产生,是由于人为因素,也就是市管县范围确定不合理所造成的结果。但实际上,问题的关键,仍在于这种体制本身的缺陷,只不过人为的不合理因素,把这种体制上的缺陷表面化了。即便是消除了这种人为因素的影响,在目前的市管县体制下,中心城市如何突破行政区划的制约而发挥作用这个问题还是没有很好解决。

4. 市管县体制与市县利益冲突

正如前面所述,实行市管县体制的目的之一,就是为了克服原来城乡之间相互分割的弊端,通过加强城乡之间的统筹规划,合理配置城乡生产力要素,统一组织生产和流通,调整城乡产业结构,从而加速城乡一体化进程。如果按照这种设想,市管县体制的实行,应该是符合市县经济发展共同利益的。但是,从实践的效果来看,情况并非完全如此。调查分析表明(周一星,1992),在被调查的辖县中,只有19%的县认为市管县对辖县经济发展是"利大于弊",25%的县认为"弊大于利",另外56%的县则认为"利弊参半",可见市管县体制并未受到辖县的普遍欢迎。究其原因,非常重要的一条就是实行市管县体制后,市县之间存在着相当普遍的利益冲突,尤其在发达地区和中心城市经济实力较弱的地区。

从我国实行市管县体制的类型看,大多数市管县是由撤销原来的地区行署体制演变而来。在这之前,市县基本是两个平行的行政区域单位。市管县体制的实行,使得原来没有上下级行政隶属关系的市县,现在却有了明确的等级关系。这样,在市、县都是一级相对独立的经济利益主体前提下,一旦牵涉到相互之间的利益关系,大市往往利用其有利的行政地位以各种形式侵夺县的利益,从而不可避免地产生一系列市县利益冲突。如市县之间相互争项目、抢外商、夺外贸出口权等,市县形合神离。在执行计划分配中,市出于自身利益的考虑,对上级下达的资金、物资、农转非指标等,往往中间截留,分配不合理,透明度低。有的市还以行政命令低价从县调进农副产品,侵占县的利益。因此,县普遍认为,在经济利益方面,市对市区和县有亲疏之分,市领导县不是市帮县、市带县,而是"市吃县"、"市卡县"、"市刮县"、"市挤县"和"市压县"。

在市管县地区,市县利益冲突激化的后果,就是导致整个地区的经济发展存在严重内耗。特别是在市县经济实力比较接近的发达地区,市县之间的经济摩擦日趋激烈。由于县有足够的经济实力与市相抗衡,相互之间各自为政,各谋自身发展。于是,重复建设、同构竞争等行为愈演愈烈。整个地区不仅谈不上统筹规划,合理布局生产力,甚至市县之间互相削弱,十分不利于形成对外整体优势,最终造成了整个地区对外竞争能力的相对下降。在部分地区,市县之间的利益冲突还进一步引起市县关系的紧张,如干部之间互相戒备,甚至产生抵触情绪,时间一长,很可能成为一种不稳定因素。应当指出,上述市县之间利益冲突问题的产生,也存在一些客观性因素。如对经济实力较弱的中心城市来说,实行市管县以后,由于加大了城市的财政支出,增加了城市财政负担,因此,客观上就促使这些城市利用其有利的行政地位,采取行政手段来转嫁城市财政负担。可以说,所谓"市吃县"、"市卡县"、"市刮县"等现象,都是这种转嫁城市负担的行政化表现。同时,对经济实力不足的中心城市来说,还由于其自身城市经济发展正处于极化阶段,客观上也不可能对周围的辖县经济发展产生有效的扩散作用,反而存在与辖县争利的强烈利益动机,从而引起相互之间的利益冲突。然而应该指出,市县利益冲突从根本上说,体制本身的因素和主观指导思想上的因素才是重要的内因。就市管县体制而言,不仅没有改变我国本来就存在的用行政手段干预经济发展的弊端,反而在某些方面加剧了行政化倾向。在市场经济条件下,行政直接干预经济的后果,只能是导致大量的不规范竞争行为,进而不可避免地引发利益冲突。另一方面,在指导思想上,实行市管县以后,有的市片面地把县当作自己的附属行政单位,要求县的经济发展从属于市辖区经济发展的需要,并没有真正突破传统的"市属"观念而形成"市域"观念。在处理一些全局性问题时,眼光只看到市辖区的行政"块块",这种本位行为自然遭到了县的普遍反对和抵制。因此,实行市管县体制,问题的关键不是"小马拉大车"或"大马拉大车",而是体制本身。

5. 市管县体制的发展趋势

就总体上而言,我们认为,市管县体制不是我国政区体制改革的根本方向。这是因为:无论是中心城市作用的发挥,还是市县利益关系的协调,从根本上来说,应该依靠市场机制或经济手段,而不是依靠行政机制或行政手段。因此,市管县体制,是我国新旧体制交替阶段的一种过渡形式,随着今后社会主义市场经济体制的逐步建立,市管县体制也就失去了其存在的基础。另一方面,从行政管理的角度分析,市管县体制把原来地区一级政权由虚变实,增加了一级政权管理层次,既增设了机构,扩大了编制,也不利于行政管理工作的高效运转,显然不符合今后我国行政管理必须高效、精简的改革方向,并与我国今后行政区划层次简化的政区改革方向背道而驰。因此,逐步取消市管县体制,是一种必然趋势。

当然,由于我国的社会主义市场经济体制的建立不可能一蹴而就,因此,取消市管县体制也只能是一个渐进的过程。在这种情况下,我们一方面要通过深化市场经济体制改革,合理划分市与所辖县的事权和财权,积极培育城市中心市场,把由市政府代办的经济权限,能交给企业的还给企业,能由市场替代的交还市场,从而继续发挥市管县这种体制本身的某些积极作用。另一方面,要结合我国政区改革的总体战略方向,特别是高层政区的改革,如省区划小,积极探索省直管市县的新体制,彻底取消市管县体制。

具体来说,今后我国市管县体制的改革和完善应重点把握以下几点:①在一般情况下,不再审批新的市管县体制,对中心城市经济实力不足的地区,尤其不宜实行市管县体制,防止"小马拉大车";②对已经实行市管县体制的地区,要认真总结经验教训,权衡利弊,对其中弊多利少的,尽快予以纠正,撤销市管县,恢复行署设置。令人兴奋的是,党的16届五中全会通过的《中共中央关于制定国民经济和社会发展第十一个五年规划的建议》,首次将行政区划体制改革问题纳入国家规划内容,提出"减少行政层级,提高行政效率,降低行政成本,"要求"理顺省级以下财政管理体制,有条件的地方可实行省级直接对县的管理体制"①。《建议》精神为我国今后一个时期的行政区划体制改革指明了方向②。

按照《建议》的精神,中国的城市政区制度应作重大改革,首先是取消"市管县(市)",实行省直管县(市)等级制;第二是积极推行"县下辖市"新制度;第三是适度发展,合理布局中央直辖市。中国未来的城市型政区将形成"中央直辖市"→"省辖市(地、县两级)"→"县辖市"三级完整的城市制度体系。③

---

① 中共中央关于国民经济和社会发展第十一个五年计划的建议,解放日报,2005年10月19日(1)。
② 参见刘君德"学习贯彻十六届五中全会精神,推进我国行政区划体制健康发展"。原文载《经济地理》第26卷第1期,2006-1。
③ 参见刘君德"中国直辖市制度辨析与思考"。原文载《江汉论坛》2006年第5期;《新华文摘》2006年20期转载。

第十七章　中国城市群区行政组织与管理改革*

城市群区(或大都市地区)的行政组织与管理已经成为世界各国,尤其是发达国家广泛关注和学术争论的重要问题。它关系到都市化地区政府之间的各种利益关系协调、公共服务的充分供给、都市发展的空间模式、都市政府效率的提高等许多重要方面。伴随着中国政治与经济体制改革的逐步深入,借鉴国外有益的经验,探索中国特色的都市化道路,建立符合中国国情的都市化地区行政组织与管理新模式,无疑具有重要的理论和实践意义。

第一节　国外城市群区行政组织与管理的发展和借鉴

1. 城市化与城市政府公共服务功能的发展

社会生产力的发展推动城市化进程;城市化促进社会的进步、经济的繁荣,也带来人们生活方式的变化和对城市各种公共服务的需求。一种区别于传统的城乡合治的地域性政府的组织与管理机构——城市政府正是在这种情况下产生的。在初期,城市政府主要功能是加强城市的管理,维护中央政府对城市的政治统治。

在西方私有制市场经济体制下,城市的公共服务设施在开始阶段是由许多私人公司、慈善机构提供的。由于这些非政府部门的公共设施在提供服务过程中出现了许多诸如供不应求、价格过高、不正当竞争等问题,城市政府便进行了干涉,并接收了部分私人企业。政府的这种干涉过程实际上是市政化发展的过程。19世纪末,西方许多国家城市政府逐步对城市的水、气供应,污水处理,防火等服务进行管理;20世纪早期,公交、教育、卫生等相继成为市政服务的内容;20世纪20年代市政服务增加了计划功能;30年代市政服务已日臻完善,被称为是"都市化进程世纪"中的高潮时期。城市化的发展,城市经济实力的增强,组织与管理水平的提高,大大加强了城市政府对付城市出现的问题的能力。

2. 城市政府发展的方式与城市群区城市政府分治的形成

随着城市化的发展,经济实力的增强,人口的增多,城市原有的行政辖区不能适应需要,空间受阻,在许多情况下,城市政府对周围的地域实行了兼并(annexation),更多地情况是在城市郊区采取合并(combination)的方式自行独立建市,从而形成都市化地区的许多城市政府单位。兼并和合并这两种城市政府的发展方式形成了西方发达国家大都市区普遍存在的政府分治模式。从美国的经验看,这种大都市区政府的政治分治总体上看是

＊ 本章主要依据作者与张玉枝、王德忠合作发表的"国外大都市区行政组织与管理的理论与实践—公共经济等分析"(《城市规划汇刊》,995(5))和"中国城市群区行政组织与管理体制改革探讨"(《战略与管理》,1996(1))两篇论文改写而成。

有益的。美国是个联邦制国家,城市政府的权力来源于州政府的授予或州议会的立法。各州在关于都市化区城市政府发展中兼并或合并的法律和程序有很大差别,因而城市政府的权力、功能和政府的组织形式各不相同,即使是在一个州内各城市之间也由于种种原因而存在一定的差异。但总体上看,由于人们都反对州政府对地方事务的过多干预,即强调地方自决的原则,所以这些法律都具有一定的随意性,总体上看十分宽松,对兼并和合并的选择都要得到受影响地区绝大多数人的满意。例如,对于"兼并"的规模及结构几乎没有什么限制;对于"合并"设市的最低人口规模要求也很低。有关合并的法律使城市政府机构激增;而兼并的有关法律则导致一些互不关联、不规则的城市的出现。在早期,美国的大都市发展伴随着中心城市的广泛扩张和郊区城市的产生。由于中心城市公共服务设施的发展对郊区的吸引,这一时期兼并得到较多发展,中心城市一般选择可获得税收财富,或有航空线、海岸线等重要设施的周围地区进行兼并。19世纪初,中心城市出现的犯罪、污染及高额税收使兼并越来越困难。郊区合并(独立设市)形成自治市的倾向大大加强,从而使中心城市的扩张严重受阻,兼并只能向阻力最小的方向、甚至向"飞地"发展。到了20世纪,美国大都市区形成了复杂多样的政府模式。英国、加拿大、澳大利亚等国家中,加拿大虽比较接近美国模式,但其独立建市(合并)的随意性较低;英国、澳大利亚等国与美国相似之处是都把中心城市兼并首先作为城市地区巩固地方政府的一种手段,然后才作为更复杂政府模式形成的一种因素。但在郊区城市政府的形成中,英、澳两国立法机关的结构与美国不同,其都市区政府分治的形成具有各自的特点。

3. 都市区政府及城市联合组织的产生及其演变

由于"兼并"和"合并"都是从自身的局部利益出发,而非着眼于大都市区,不仅造就了美国大都市区的政治分治及地域上奇特的空间格局;而且在大都市区政府分治的模式下,各单个城市政府一般均难以提供供水、垃圾处理、公共交通、金融等公共服务,各城市之间出自不同的利益要求,难以实行有效的统一计划,这就使这种政治分治的政府模式越来越成为大都市区发展的障碍。在这种情况下,世界发达国家的许多大都市区的政府都纷纷采取措施扩大城市政府的空间规模;并探索大都市政府的组织与管理的理论与实践问题。1888年,英国伦敦地区建立了郡议会;1850~1910年,美国在克里夫兰、芝加哥、丹佛、印第安娜波利斯、波士顿、纽约等地区广泛推行了大都市区治理结构;1890年澳大利亚在墨尔本地区按伦敦模式建立了专门的大都市权力机关。20世纪40年代,许多改革倡导者如美国的 Victor Jones 和英国的 William Robson 纷纷提出在都市区建立统一的政府机构,并进行了系统研究,指出:地理范围和大都市区的复杂性是影响政府效率威力的重要因素。20世纪的60~70年代,不同学科的学者从不同角度发表有关文章,对大都市政府进行分析:政治学家揭示了大都市区政治分治的效果和本质(Bollens,Sonmandt,1965;R.c.Wood,1967);经济学家探讨了部分大都市区提供公共服务设施的有关财政方面的问题(Hirsh,1968;Tiebout,1961);地理学家则阐述了都市区空间范围和分治的内涵(Cox,1973;Soia,1971)。学者们都对大都市区政府的建立表示了不同程度的支持。然而,值得注意的是,一个重要的学派——公共经济学派(Public Economics)对建立统一的大都市区政府提出了质疑。实际上,围绕大都市区政府的组织与管理问题的争论从一开始就已存在,直到当今时代,这种争论仍然在延续。

20世纪50～70年代,是大都市区政府发展的全盛时期,西方发达国家大都市政府大量涌现。最早出现的英国伦敦大都市政府(都市郡)以一个全新的体制代替了伦敦郡议会,英国的其他大都市区(即大曼彻斯特、默西赛德、西米德兰、泰恩一威尔、南约克和西约克郡)都引入了大都市政府—城市政府的双层(双重)政府结构管理体系。英国大都市政府的确立,影响了全英几乎一半的人口。英国的都市郡政府拥有更大范围的权力和义务,并由选民直接选举产生。加拿大首府多伦多被公认为是世界上,尤其是北美大都市政府体系的典范。然而,在美国,由于有强大的"地方自治制度"传统和需要选民支持改革的"民主自由"文化背景,因而未能实施大都市政府,而是广泛形成了都市区域内的各城市之间水平方式的合作,即组建了范围与规模不同,形式各异的大都市管理委员会(城市联合协会)。它是具有特殊职能(通过讨论、咨询、协调等方式解决大都市区某些特殊问题)、自愿结合的城市市政联合组织,是一种城市联合管理体系,而非城市政府结构的联合。自20世纪70～90年代,美国的这种机构已发展到600多个。尽管它缺少威信和权力来统一管理大都市地区,解决大都市出现的若干尖锐矛盾,但在减少城市分治带来的某些不良影响,诸如城市交通、环境、水源、公园等问题方面仍起到相当重要的作用。美国旧金山湾区政府协会在解决区域环境、交通等方面的问题都取得了较成功的经验。

进入20世纪80年代,是大都市政府由盛而衰的转折时期。英国、加拿大等国由于法律障碍、党派之争、都市区经济和社会问题等因素,普遍出现了大都市政府职能减少、机构削弱的衰退现象。英国政府在1986年宣布取消了伦敦等6个大都市政府(城市郡),恢复了"郡"的建制。但值得提出的是,近几年来,又有人提出恢复大都市政府的建议。

总之,西方发达国家大都市区政府的产生经历了一个复杂漫长的过程。总体来看,显示了一个由形成—发展—高潮—衰退的演化规律,并又出现复兴的趋势。

4. 城市群区公共管理与组织两种模式的比较

在西方各国特定的政治文化背景条件下,形成了两种典型的政府组织与管理模式,即单中心体制和多中心体制。不同体制下的公共组织服务的方式有很大不同。

(1)单中心体制下都市区公共组织。单中心体制,亦称一元化体制,是指在大都市地区具有唯一的决策中心,有"一个统一的大城市机构"。它可以是内部有若干小单位相互包容或相互平行的一个政府体系;或者更可能是一个双层结构体系,即一个大都市地区范围的正式组织和大量的地方单位并存,它们之间有多种服务职能的分工。毫无疑问,单中心体制为许多大规模的公共服务提供了适宜的组织规模,港口、机场及其他交通设施、引水工程等可以在大都市地区范围内实现其规模经济效益;在这种体制下,可以消除或减少有害于大城市发展的竞争和冲突,可以使资源流动更畅通,可以在解决主要问题时适应大都市地区的战略,而且不同管区提供的公共服务可以有效地结合在一起,比如交通规划同土地利用规划的结合。然而也应当指出,单中心体制也受到多种观点的质疑。如公共设施规模过大会导致不能代表各种利益,不能满足各种需求和偏好,从而造成效率的损失;要继续保持控制,其费用也许会非常巨大,使得设施在整体上低效。尤其是,单中心体制易陷入等级化的官僚结构危机,突出地表现在对居民日常需求反映的迟钝,不能代表当地的公共利益。"大的公共组织内部缺乏高效的交流足以导致公共权力的减少和对社会发展的阻滞"(Dstrumetpal,1961)。此外,在一个政府的统治机构下,由于缺乏竞争而导致费用和福利的损失。由此可以看出,在单中心体制下的政府的公共组织只能提供大都市区有限的一部分公共服务。单中心的大都市政府应当注意在边界地区的各种较小公共团体的满足,但实际上在多层次结构的官僚体制下是难以做到的。

(2)多中心体制下都市区的公共组织。多中心体制又称多元化体制,是指在大都市地区存在相互独立的多个决策中心,包括正式的综合的政府单位(州、城市、镇等)和大量重叠的特殊区域(学区和非学区)。在西方,尤其是美国,多中心体制是大都市区最常见的公共组织。特别是各种非学区性质的特殊分区组织增长十分迅速。各种管理区域的划分和变动以及协调组织的建立,都是谋求特定的公共服务的经济利益的结果。多中心体制试图以此来满足居民的各种需求和偏好。由于政府较小,公众容易参与监督,因而政府对当地居民的要求及其变化更具有弹性,反应更加灵敏。但不能认为:多中心体制下,城市公共组织比单中心体制下的城市公共组织更为有效。多中心体制面临的主要问题是实现大都市区内超越各种功能小区的更大地区范围内的公共利益问题。实现这种大规模范围的公共利益的满足,只能通过各地方单位的合作、竞争和协商来进行。如果磋商的各方都充分代表了公共利益,则合作不会有困难,联合的行动将给各方带来巨大利益。事实上,这种合作是相当困难的,因为在许多情况下大都市区各地方政府之间地方组织公共设施与服务的消费和受益分布并不均匀,即各方的费用与利益发生冲突,而在地方公共经济的多中心体制下各地方政府都有自己的否决权,从而难以组织大都市区公共设施与服务的统一行动。而如果多中心政体可以解决冲突,并在合理的范围内维系竞争,这种体制就为解决大都市区复杂的问题提供了有效的途径。

5. 西方城市政府公共组织与管理的经验与借鉴意义

(1)西方城市群区公共行政组织与管理模式经历了一个较长的发展过程。它是在混合经济体制下,在特定的国体与政体环境中逐步形成发展的。

(2)城市群区公共行政组织与管理是一个动态发展的过程。社会生产力的进步推动城市化的发展。兼并和合并的城市政府发展方式形成都市区城市政府的分治模式,即在大都市区内形成若干连续性和某些公共服务的共享性使得都市化区建立大都市政府或都市联合组织成为必然。

(3)由于西方各国各地区都市化发展的政治、经济、人文和自然等环境条件不同,居民偏好也有差异,因而各国都市区公共行政组织与管理模式的选择也不相同。有的建立了大都市政府,有的则建立各种具有特殊功能、大小不一、可以叠置的管区。

(4)西方多年的实践经验证明,在都市化区是实行单中心体制好(建立一元化的大都市区政府),还是实行多中心体制好(在大都市区建立多元化的城市联合协会等),并未下明确的结论,各有其形成的背景和优缺点。但一般认为,在多中心体制下可以有多种不同规模的组织提供最好的公共商品生产和消费等各种公共服务,更能满足公众的需求。

(5)应当指出的是,在西方发达国家,有特殊职能的管区(特别区)在大都市区公共组织中居于重要的地位。这种特别管理区大多为单一功能,如教育、环保、防洪、防火、提供公共设施、公共交通、街道照明、医护、殡葬等,其设置是城市管理的需要,满足了都市区公民的不同需求,在许多情况下,这些特别管区可以按规模经济的要求,进行合理的分区管理,从而获得较好的社会经济效益,并减轻了城市政府的负担。

(6)西方城市群区在营造有效的组织和管理方式过程中,始终把公众的利益放在第一位,并十分重视公众的参与。它有利于增强政府制定公共行政管理政策的针对性和实用性。

(7)西方的公共行政组织与管理改革都是以有关法律为依据的,城市政府是地方公共利益的总代表。随着社会经济的发展,西方政府在经济活动中的作用在近 50 年中有明显增强的趋势。政府通过适当的干预克服由于完全的市场经济带来的各种经济社会问题。但应当指出,这种政府的干预应是适度的、有限的,政府不直接管理经济,而主要是通过法律、征税、私有财产管理等方式进行。政府权限的变更也是严格按法律程序进行的。

西方城市群区行政组织与管理的经验,对我国都市区行政组织与管理改革具有重要的借鉴意义。

第二节 中国城市群区行政组织和管理体制改革的必要性和存在问题分析

伴随国民经济的迅猛发展,我国的城市化水平日益提高,特别是经济发达的东部沿海地区,已经形成多个城市群区,如京津唐、长江三角洲、珠江三角洲、辽宁中南部地区等。经济发展加快了城市化的进程,反之,城市规模和数量的扩大有利于经济的发展。但在目前城市群区的行政区划、组织和管理体制下,城市规模的不断扩张及城市规模等级的进一步分化,容易导致城市之间竞争畸形化,给城市群区的统一管理、统一规划和建设带来客观上的阻力。同时,现阶段在从传统的计划经济体制向市场经济体制转变过程中,企业经营的独立自主地位尚未完全确立,地方政府的经济行为较为明显,形成浓厚的地方本位主义色彩,从而为城市群区的紧密合作、协调发展制造了主观上的障碍。因此,改革现行城市群区行政组织和管理体制以适应社会经济发展需求,寻求一条适当的途径解决我国目前城市群区管理中的诸多问题,具有重要的现实意义。

城市群区内城市之间的关系不同,所反映的问题内涵也存在差异。根据我国城市群区目前的状况,按其表现形式大致可把城市群区行政组织和管理中存在问题分为三大类。

1. 行政地位和经济实力相当的城市之间

这类城市的特点是在经济、社会、文化等多方面历史上有着密切的关系,空间地域相连接,经济发展水平基本一致,并常常为同一层次政府机构的驻地。如江苏省苏锡常城市群区的苏州、无锡和常州三市都为地级市。

由于我国长期实行中央高度集权的计划体制,保持管理机构的纵向关系,缺乏城市之间的横向联合,在目前的城市行政组织和管理体制下,各个城市从追求自身发展出发,极易滋长地方的本位主义和功利主义倾向,从而使城市之间的经济关系逐渐离散,导致各个城市均以行政区域为界,相互封闭,各自发展,建立起小而全的经济体系。如此,区域产业布局分散,产业结构雷同,不利于区域经济增长极的生长和区域城市化水平的提高,重复建设,畸形竞争,造成不必要的浪费,在一定程度上抑制了区域经济的发展[①]。

---

① 刘君德等,"苏锡常地区行政区划研究综合报告"(内部),第 28~35 页,1992。

2. 存在行政隶属关系的城市之间

我国从 20 世纪 80 年代中期实行市管县体制以来,虽然曾促进了城乡之间的经济联系,为城市经济的协调发展发挥了一定的作用,但随着县域经济实力的逐渐增强,县改为县级市,特别是当县级市的经济实力达到甚至超过地级市时,市管县(市)体制使市县(市)矛盾日益尖锐。如苏州市与原吴县、无锡市与原无锡县、常州市与原武进县[①]、佛山市与南海市(海惕,1994 等)。

一方面,市县同城的县级市因不满地级市的行政掣肘和追求行政地位的提高,纷纷选择市区边缘有一定基础的集镇作为新的县(县级市)域中心,重点建设,并常常形成相当大的规模,与地级市中心的建成区连成一片。由于行政区划的条块分割,地级市与县(县级市)常常存在分歧,难以对城市连绵区统一规划布局,导致整个实际城区的城市服务设施和基础设施被人为地分割。

另一方面,市县不同城的县(县级市)因经济发展的要求,需扩大城市规模,并建设相应的城市设施,但由于地级市的行政约束,难以实现。同时,县级市(也包括市县同城的县或县级市)经济实力的增强,必然产生追加行政权力的欲望和客观要求,而地级市维护其自身的行政地位必然对此进行压制,导致两者矛盾加剧,地级市对县级市管理的负向力增大,造成管理混乱。

3. 无行政隶属关系、经济实力不相当的城市之间

我们把连续建成区跨越两个或两个以上独立行政区的城市称为跨界城市,如包括海口市与原琼山市、澄迈县三个行政区域的跨界组团城市(刘君德,1994)。

由于城市之间的经济发展水平、经济发展综合条件等存在差异,按经济发展的一般规律,区域经济发展战略往往为优先建设中心城市,进而带动周围地区发展。伴随着这一战略的实施,牺牲周围城市利益而强化中心城市在所难免,如中心城市缺少优良港湾而需依赖周围城市,中心城市地域狭小限制其发展需兼并或"借用"周围城市的土地,中心城市的水资源短缺需周围城市提供或取水工程途径周围城市行政区域等。而中心城市需周围城市提供的港湾、土地等往往又都是周围城市条件最为优越、经济最为发达的地域,周围城市基于地方利益考虑,则大多尽可能优先使用或尽为己用,而与区域经济发展战略发生抵触,造成了中心城市与周围城市的矛盾。

以上三类城市群的问题表现形式各有侧重地反映了目前城市群区管理问题,实际上,它们之间相互交叉、相互渗透。譬如,同城的地级市和县级市由于城区相连成跨界城市,同样存在与海口—琼山—澄迈等跨界城市大致相同的问题;无行政隶属关系、地域相连的城市之间,随周围城市与中心城市经济实力的缩小,周围城市同样会提出护权的要求;无论是市管县(市)体制下或无行政隶属关系的城市连绵区的中心城市,随经济发展和城区规模的不断扩大,都要求地域范围的增加(王文,1995);三类城市群区形式下的城市之间都存在不同程度的畸型竞争等等。

同时,随着区域经济和城市化的不断发展,城市内部将出现新的需求矛盾,要求城市

[①] 刘君德等,"苏锡常地区行政区划研究综合报告",第 28~35 页,1992。

之间实行联合。首先,城市经济的扩张,人们生活水平的提高,必将对城市之间的公共服务提出新的要求,而单个城市的有限财力往往难以满足。其次,城市规模的扩大,一种情况是,被合并行政区的原有机构将纳入城市管理;另一种可能是,在被合并的行政区建立新的分区机构,但无论哪一种情况,市级机构的管理范围都将扩大,往往会影响行政效益,因此也需要适当增加新的机构来提高管理效果。虽然,这些需求矛盾在我国现阶段的城市运转中表现的深度和广度还不十分明显,但大部分城市将会面临这些矛盾,这是城市管理空间发展的规律。

总之,现行的城市群区行政组织和管理体制已经不适应我国经济高速发展和城市化快速推进的需要,对之进行改革十分必要。

第三节 中国城市群区行政组织与管理体制改革的基本原则和设想

1. 改革的基本原则

综合分析各方面的条件和要求,遵循管理学、经济学原理和城市发展规律,结合我国的具体国情,综合借鉴西方国家大都市城市管理的经验与教训,笔者认为我国城市群区行政组织和管理体制改革的基本原则主要有:

(1)经济超常规发展和行政高效率管理需求相融合。城市群区行政组织管理新体制应能够产生最佳经济发展和最优行政管理的结合界面,即新的体制既能适应经济迅猛增长的需求,又能满足高效务实的城市事务管理的需要。

(2)全局利益与局部利益相统一。在当前世界经济日益国际化、专门化、一体化的形势下,任何一个地区的经济增长总是与其他地区发生着千丝万缕的联系。一个地区经济发展的优劣或多或少地造成周围地区甚至更远地区经济的增长或萎缩。城市的社会、技术、信息、文化等要素虽然在地区间相互影响的内容、方式及时效等方面存在着差异,但与经济要素一样具有相同的规律。正所谓,"牵一发而动全局"。因此,从长远看,全局利益和局部利益本身就是一个统一的整体,如果不遵循规律,随意地加以分割,最终必将受到应有的惩罚。

(3)稳定性和灵活性相并存。行政组织和管理属于上层建筑范畴,蕴含有复杂的敏感因素,关系着国家的长治久安。因此,在行政组织和管理体制改革中应力求稳定和合理,尽量照顾历史继承性,尽可能少地改变现存的行政结构。同时也应看到,随着社会、经济的发展和城市化的推进,城市行政组织中的某些要素及成分会落后于需求,对之进行改造同样是不可缺少的。

(4)合理性和可行性相衔接。只有保证行政区划、组织和管理体制改革方案及措施的合理性,才有可能实现其满足多方需求、协调各地利益、巩固国家政权的既定目标,也只有可操作的方案及措施,才能付诸实际,取得理论设想的效果。

(5)追求规模经济和利益均沾相呼应。规模经济是当今世界经济发展的特征和趋势之一。同时,实行规模生产有利于缓解单个城市财力有限和人们需求增加的矛盾。因此以向市民提供公共服务作为目的之一的城市行政组织应把此作为管理运行的一个目标,作为衡量管理效果以及确立和评价行政组织与管理体制的一个重要原则。发挥规模效应以获取规模追加效益,更加需要处理好各城市的利益分配。当然,在行政组织与管理体制改革的始终,都应遵循利益均沾原则,如此,才能更积极主动地追求规模经济,才能使改革方案及措施落在实处,才能尽可能减少产生新的矛盾。

2. 改革方案设想

自20世纪初开始,许多西方发达国家在城市群区管理中先后面临过类似的问题,并在进行了大量的分析讨论之后,相继提出和实施过多种方案与途径,如前面我们提到的英国伦敦和加拿大多伦多的大都市政府、美国旧金山的湾区联合政府等等,展现了不少成功解决城市群区管理中出现的问题的典型范例。我国的国体、政体与西方国家不同,城市行政组织和管理体制的性质、内容和程度以及城市群区管理中出现的问题与西方国家也存在很大差异,因此不能生搬硬套西方的模式,但西方国家城市群区管理的许多成功经验对我国城市群的健康发展仍具有重要的参考价值。

根据我国的国情,遵循改革的原则,综合借鉴西方国家的经验,着眼于解决我国目前城市群区管理中存在的问题,笔者提出以下三种可能的方案,并加以比较分析。方案一,建立高度集权的城市群(都市区)政府;方案二,建立松散的城市协调机构(非政府机构);方案三,建立具有一定行政职能的城市联合政府。

方案一:通过兼并或合并的方式,建立一级介于省和市之间统一的城市群政府,负责城市群区内各项职能。

此方案的优点在于:第一,鉴于受我国长期实行高度集权的计划体制的影响,人们还部分存在行政命令高于一切的意识,对市场体制带来的变化反应不够灵敏以及参与和监督决策的倾向不浓,高度集权的城市群政府的建立有利于各项决策成果得以迅速贯彻实施。第二,建立城市群政府,有利于城市群区的统一规划,能够充分利用各城市的资源财力,有效地结合各个城市的公共服务项目,形成城市公共服务的规模效应,以满足城市居民的界外需求。

它的缺点有,首先,建立高度集权的城市群政府,极易导致行政层级和机构数量增加,降低了行政效率,与我国减少政区层级、精简机构改革的大方向背道而驰。其次,新一级集权政府的设置和政府机构数量的大量增加,容易增强政府对经济的行政干预,进一步束缚城市企业的活力,在一定程度上给我国正在进行的国有企业转换机制改革增添新的困难。再次,高度集权的城市群政府的建立,容易形成地方整体利益高于一切的倾向和陷入等级化的官僚结构危机,难以兼顾各城市的不同利益,从而制约部分城市的发展,忽视各城市的不同需求和偏好,造成城市群区内新的冲突。另外,城市职能的过分集中使得对居民和低层机构反应的迟钝,容易导致决策的盲目性,行政管理整体效率低下。

方案二:针对城市群区难以统一行使跨界职能的状况,建立负责跨界职能的一些非政府机构协调的共同体。

此方案的优点为:第一,由于这些机构的建立都是众城市谋求特定的公共服务经济效益的结果,因而较易满足市民的各种需求和偏好。第二,这些机构一般规模较小,便于市民参与和监督,因而对市民的反应灵敏,有利于增强决策的透明度和针对性。第三,由于城市协调机构不仅规模小,而且为非政府机构,有利于保持机构调整的灵活性,保证其新陈代谢机制。

此方案也存在着严重缺陷,最大的问题是:它很难实现城市群区内跨越行政界线或功能区界线的更大范围的公共服务合作。在我国目前特定体制环境下,缺少一定的行政干预而仅凭协调机构,由于缺乏相应的行政干预力量,决策实施的效果难以预测,如此,城市群区公共服务的规模效益必然大打折扣。如果处理不当,还会出现协调机构无果而返,被迫撤除,从而重蹈甚至加深城市群区原有困境。

方案三:建立城市联合政府,其行政职能仅限于跨界职能。

它的优点在于其兼顾了前两种方案的一些长处:既注意对人们界外需求的满足,又不限制城市政府非跨界职能的行使,从而满足人们的不同需求倾向;既保持了部分行政干预力量的存在,又防止了行政机构的过分臃肿等等。

虽然,仅具备一定职能的城市联合政府有别于高度集权的城市群政府,从整体上大大减小了其负面效应,但某些跨界职能机构,在一定程度上仍将会存在或部分存在与城市群政府内容大致相同的弊端。

从以上分析可知,很难说其中哪种方案是唯一最佳方案。但根据我国城市群区的现状特点,笔者认为第二、三种方案为较好方案,尤其是第三种方案更适合作为我国目前城市群区行政组织和管理体制改革的主体过渡方案。

我国是一个幅员辽阔、人口众多的多民族国家,各地社会经济发展水平、城市化水平、管理水平、思想意识观念等有着很大差异,而且有越来越大之势,各城市群区城市行政组织和管理中存在的问题也有所不同。所以我们虽然认为第二、三种方案是较佳方案,但在各城市群区改革方案的具体选择和实施过程中,应依据实际情况因地制宜选择。

3. 城市联合政府的结构

行政组织结构是行政组织内各构成部分和各部分间所确立的关系的形式。它一般包括行政层次、管辖空间、代表构成、职能分配等几个方面。

(1)行政层次。行政组织各部分上下之间构成的各种关系形式称为行政组织的纵向结构。我国城市群区行政组织的纵向结构层次:省→城市联合政府→市。

考虑我国各城市群区行政组织和管理体制的演变历程,城市联合政府行政级别可确定为副省级。这是因为在我国几乎所有的城市群区,都存在着大量的地级市,如苏锡常城市群区的苏州市、无锡市、常州市等。如果城市联合政府定为地区级,将导致大多数地级市的撤销,从而带来大量的机构搬迁、人员重新安排、中心城选择等众多敏感问题,使矛盾复杂化,不符合稳定性的改革原则,不利于国家安定团结。

改变目前的市管县(市)体制,在城市群区内每个城市享有同等地位。

正如前文所述,市管县(市)体制曾经发挥过积极的作用,但随着区域经济和城市化的发展,尤其是地级市与县级市经济落差的缩小,由于该体制未能与建立新的城市生长机制和新的人口政策相结合,该体制内的市县(市)矛盾已成为现阶段我国城市群区行政区划和管理中存在的最突出矛盾。在经济发达的东部沿海城市群区,市管县(市)体制已逐渐失去了其存在的价值。

城市联合政府中各城市行政地位的相同,有利于缓解中心城市对周围城市的行政约束而产生的种种问题。

(2)管辖空间。城市联合政府内部的管辖范围应基本保持现有的各城市行政区的界线,以避免疆界的变动而带来的社会不安定因素。

纵观国外发达国家大都市的发展历程,不少大都市曾有过行政界线的变动,通过部分空间范围归属的再确定,缩小城市之间规模差距,如多伦多大都市等,但却增添了许多新的矛盾。在我国城市群区行政组织和管理体制改革中,对此应慎之又慎。

城市联合政府广阔的辖区赋予原地级市以更大的发展空间,缓解了其经济发展需求与地域空间有限的矛盾。

(3)代表构成。城市联合政府的代表原则20根据各行政区(城市)的人口总数按比例分配。

当然也可考虑,代表份额向经济发达的中心城市进行一定的倾斜,从而产生对中心城市的政策倾向,有利于中心城市经济的迅速发展和城市设施的尽快完善,力图使之成为城市群区的经济增长极,进而带动整个城市群区的腾飞。但在具体操作过程中,应注意倾斜适度,以防出现新的问题。

城市联合政府代表按人口比例分配,变原来的上级或中心决策为各城市代表全体决策,实行责权利分担,有利于减少决策中的行政长官意识,减少管理运行中城市间的矛盾冲突。

(4)职能。是指行政组织负有的职责功能,它反映了该组织的实质和活动方向,决定其管理方式和系统内的机构设置。

城市联合政府的实质为集合各城市的财力、物力、人力,实现城市公共服务的合作,获取规模效益,以解决单个城市财力不足与人们需求增加的矛盾,以及协调各城市发展达到城市群区的统一规划,消除城市间的分歧。鉴于此,前文已述,城市联合政府的职能为城市群区的跨界职能,即负责城市群区跨越行政界线或功能区界线的公共服务的生产、并提供,如港口和机场等公共交通、供水和排水系统、治安、消防以及环保等。而非跨界职能仍保留在城市政府内。

城市联合政府在公共服务的生产方面追求的是规模效益。因此,在适当的条件下,应尽可能把分立的职能集聚化,如高等教育、废料处理等服务项目脱离城市政府而统一划归联合政府负责。一方面,可获得更大的规模追加效益;另一方面,尽可能避免城市群区内的重复建设,做到统一规划和布局。当然,规模的扩大并非无限的,需要不断地做适度规模的调查与分析。

第十八章 中国政区规划研究

第一节 政区规划的主要内容

政区规划是政区地理的一项重要工作。政区规划的一个最直接目的就是为我国政府部门在进行有关政区的设置和发展决策工作时提供有效的决策参考,从而推动我国的政区设置工作日益走向科学化、规范化的轨道。在我国,政区的设置是否科学,不仅直接影响政府部门的行政管理,而且对政区的社会经济可持续发展也会产生重大影响。因此,开展政区规划研究工作十分必要。

从广义上理解,政区规划的内涵十分丰富,可以泛指政区发展演变过程中所有政治、经济、社会的管理及政策性规划。从狭义上理解,政区规划则主要指政区的调整规划。在我国现行体制背景下,政区的功能是多元化的,不仅是国家行政管理的主要组织单元,而且也是国家国民经济与社会发展的重要空间组织与管理单元。因而政区的行政管理规划固然重要,但经济与社会管理的规划问题也日益突出。根据我国目前的实际情况,我们认为,当前我国开展政区规划工作的主要内容应包括以下三个方面,即政区的内部结构要素规划;行政区与经济区的关系及其协调发展规划;基层行政区—社区体系规划。

1. 政区内部结构要素规划

制定政区内部结构要素规划,是实现政区行政管理科学化、规范化,提高政区行政管理效率的重要途径。政区内部结构要素规划应主要包括:

(1)政区合理行政规模的确定。政区的合理行政规模与政区的行政管理效率密切相关。在现实的政治经济生活中,政区的运行与发展客观存在着一个合理的行政规模问题。规模过大,会人为地延长行政管理距离,从而增加不必要的行政管理难度。同时,由于行政管理距离的拉大,使得政区在实际运转过程中,无论是机构设置,还是干部与行政管理人员的配备,都得作出相应安排,这样,行政管理费用也会相应增加;而规模过小,则单位行政管理成本增大,造成行政管理过程中的规模不经济。如有人曾经研究了河北省县级行政规模过小而带来的问题,仅以干部为例,若河北每10万人口中干部人数降至山东、江苏的水平,可减少干部10多万人,每年至少节约开支3亿元(扈双龙,1991)。由此可见,政区的行政规模必须适度。一般情况下,决定政区行政规模大小的因素主要有:政区的行政等级、政区的人口规模、面积以及经济实力等。从行政区划管理的角度看,尤其必须对政区的人口规模和空间规模作出合理规划。

(2)政区行政建制发展规划。行政建制是政区的基本构成要素之一。按行政建制设置目的的不同,可以把政区分为4种类型,即一般地域型政区、城市型政区、民族自治型政区、特殊型政区。就宏观意义上讲,如何处理这4种不同类型政区的合理并存,特别是地域型政区与城市型政区的合理并存问题,是构建一个国家政区组织与管理体系过程中必须加以研究的重大理论课题。改革开放以来,由于我国在设市模式上取得重大突破,使城市型政区迅猛发展,但与此同时,产生的矛盾和问题也最多。因此,如何对我国今后城市型政区的发展作出科学合理的规划,是当前我国政区行政建制发展规划的一项更为迫切的实践命题。民政部于1989年开始组织开展的省区设市预测与规划研究,就是其中的一项重要工作。

(3)政区行政中心的合理布局与发展规划。每个行政区都必须有一个并且也只能有一个行政中心。行政中心设有本级行政区的权力机关(立法机关,如中国的地方各级人民代表大会、西方国家的地方议会)、行政机关(地方政府,如我国现行的各级地方人民政府)、司法机关(如我国的检察院、法院)等政府公共管理机构,因此是该行政区的政治、行政核心。行政中心一般都设在本行政区内的城市或城镇,从西方一些发达国家的情况看,行政中心所在的城市不一定都是或者不一定都演变成为本行政区内最大的经济中心城市,但在中国特定的体制背景下,由于行政中心对区域经济发展有很强的极化作用,行政中心所在的城市则往往演化成区内最大的城市乃至最大的经济中心城市,在区域经济中有举足轻重的影响。因此,对每一级政区来说,行政中心的选择恰当与否,行政中心如何合理布局,行政中心与经济中心的关系如何处理,不仅直接关系到该行政区行政管理的效率与成本,而且也直接影响到整个区域的经济发展。就我国的实际情况来看,大到一个省的省会城市,小到一个县的县城,甚至乡镇,都客观存在着一个如何合理布局与发展规划的问题。

除了以上三个内容外,政区的结构要素规划有时还应该包括政区的空间结构和空间形态规划、政区的行政等级规划、政区的边界与名称,尤是行政等级和名称也是规划的重要内容。

2. 行政区与经济区的关系及其协调发展规划

行政区与经济区的关系不仅是我国国民经济宏观运行中一个十分重要的问题,而且也是每个行政区在各自的经济发展与地方经济管理过程中必须认真处理好的问题。在当前我国体制转轨时期,行政区经济职能的淡化客观上需要一个较长过程,在这种情况下,积极探索一套符合中国国情的政区经济管理体系和管理方法,对于各级政区的健康、合理与可持续发展具有重要现实意义。而如何处理行政区与经济区的关系及其协调发展,就是其中的一个核心环节。因此,搞好行政区与经济区的关系及其协调发展规划,理应成为政区规划的一个重要内容。

从理论上讲,行政区与经济区两者在功能与运行机制上的本质区别,决定了两者本来应该是两个截然不同的运行系统。但在我国现行体制背景下,由于作为行政区运行主体的地方政府介入地区经济运行的不可避免,加上地方政府的种种不合理经济行为,使行政区与经济区的分歧与矛盾越来越突出,成为我国政区经济运行过程中一个无法回避的问题。我们认为,理顺行政区与经济区关系的根本目的,就是要营造一个符合市场经济规律的政区经济运行环境,使行政的经济运行突破行政区划的束缚,逐步实现我国政府管理的行政区域化与经济发展的功能区域化相分离,从而最大限度地降低行政区与经济区的分歧及其产生的种种矛盾。为此,必须对我国政府职能的界定、地方政府行为的优化、市场机制的培育和市场体系的完善以及相关的政策调控思路作出相应的规划。

3. 基层行政区—社区体系规划

随着人们对社区功能的重新认识以及社区在人们心目中地位的不断提高,社区,特别是基层行政社区的作用发挥问题日益引起重视,全国各地社区规划工作已经得到不同程度的开展。在我国的政治—行政体制背景下,所谓的社区不仅在地域空间上与基层行政区基本吻合,而且在功能上也与基层行政区存在着不同程度的替代现象,基层行政区与社区往往合二为一,从而形成了一种具有我国特色的纵向行政区—社区管理体系。因此,开展我国的社区规划工作,必须注意与基层行政区规划的结合,只有这样,才能使社区规划真正落到实处。

我国城市行政区—社区体系的客观存在,使我国城市社区的运行与管理模式也相应地表现为一种自上而下、强势政府的行政区—社区模式。应该说,这一模式在目前我国特定的发展阶段,对社区服务功能的强化、社区控制功能的强化以及社区整合功能的强化都具有重要意义;从今后发展趋势看,由于形成我国行政区—社区体系的一些客观基础不会发生根本性的动摇,使得以基层行政区为依托的社区运行模式仍将是较长一段时期内我国城市社区运行的基本模式。

应当指出,行政区—社区体系目前在我国还正处在一个不断发展和需要完善的问题。如何通过改革来克服现有行政区—社区体系的一些固有弊端,如行政色彩过浓和条块分割等,从而努力构建一个科学的行政区—社区体系,以加强我国社区建设与管理,有效提高人民的生活质量,促进社会主义精神文明建设是一个需要长期研究的重要命题。从这个意义上讲,积极开展行政区—社区体系规划,应该成为政区规划的一项重要内容。

第二节 设市预测与规划

1. 开展省(区)设市预测与规划工作的必要性

城市的设置是国家行政区划的重要内容,而政区划分又是国家政权建设和行政管理的重要手段,是关系到国家长治久安和繁荣昌盛的一项大政。同时,由于城市是一定区域范围内的经济中心和区域经济发展的重要依托,因此,科学地设置城市,对于促进区域经济发展也具有重要意义。改革开放以来,为了适应我国经济的发展及建立有中国特色的城市化模式的客观要求,民政部组织有关力量加强了行政区划的战略研究,推行了市制改革,大大加快了我国的设市步伐。据统计,我国的地级市由1978年的99个发展到2005年的283个,增长2.8倍;县级市由91个发展到374个,增长4.1倍。市的总数由193个增长到661个,增加了471个,是建国后前30年设市总数的3.2倍。尤其是沿海经济发达地带的设市步伐更快,1978年至1996年增设的470个市,近45%是分布在沿海对外开放地带。应该说,这是改革开放以来城市化不断推进的重要成果,是上层建筑顺应经济社会发展需要的重要反映。但是,毋庸否认,这段时期我国的设市工作也存在一些突出的问题,尤其是缺少总体规划和宏观预测,缺少科学的设市标准体系,缺少设市模式的深层次探索。有的地方设了一些表达标准的市,有的地方设市空间布局还不尽合理,在一些省程度不同地存在"建市热"问题。因此,很有必要在总结经验的基础上,开展设市预测与规划研究工作。作为一个省(区),则必须从政治、经济及社会发展的角度全面研究设市的总体规划,注意空间布局,稳步发展,如一个省要设立几个大城市、几个中等城市、多少小城市、如何分布？各个城市有什么特色,发展方向是什么,如何逐步完善等都需要科学规划,并通过有序地实施规划,逐步形成大中小相配套、各有特色的建制市体系,带动全省(区)经济与社会发展。

2. 省(区)设市预测与规划的指导思想和原则

(1)指导思想。省(区)设市预测与规划的根本目的在于总结以往城镇发展和设市经验教训的基础上,建立起适应社会主义市场经济体制和城市发展客观规律的城市行政区划新体制,促进城乡之间的分工与协作,充分发挥地方优势,发展地方经济。为此,在设市预测与规划的指导思想上应树立这样三个重要的观念:

1)总体战略观。设市预测与规划是为政区体制变革服务的,属于上层建筑范畴。它涉及经济、政治、社会、自然、历史、机构设置等诸多因素,应当从全局的、战略的高度进行思维与运筹,即树立总体的、综合的、战略的观念。在省(区)设市预测与规划中,应当从全省、乃至全国的城市发展和生产力布局的要求出发,理顺城市设置与省(区)内外生产力宏观布局的关系,与区域社会经济发展战略的关系,与城市规划、建设和管理的关系以及与省(区)行政体制基本框架的关系,从而构建一个适应地区经济发展要求的、合理的设市城市体系。

2)经济发展观。经济发展是推动城市发展最主要的因素,城市设置合理与否,也深刻地影响着区域资源的开发利用以及区域经济中心的形成和发展。我国实行改革开放,建立社会主义市场经济体制的根本目的在于解放和发展生产力,加快我国的现代化进程。因此,在设市预测与规划工作中,经济发展,必然成为主要的指导思想。

3)积极稳妥观。城市的设置是政权建设的重要组成部分,是一项敏感性很强的、复杂的社会系统工程。因此,必须周密调查、科学论证、慎重进行。大量的事实证明,城市的设置既不能急于求成,更不能频繁变更,大起大落。轻率的设置或变更,会严重影响城市及其所在地区的社会经济发展,设市慢了可能会影响城市发展、基础设施建设;而设市过快,又可能导致市县之间盲目攀比和"设市热"等不良后果。按照地区经济发展的要求,合理选择、积极扶植并适时地增设新的建制市,可扩大市的影响力,增强吸引力,加快城市发展步伐,有利于新的经济中心的形成发展及其功能扩散,进而推动省(区)经济发展。

(2)原则。根据上述指导思想,制定省(区)设市预测与规划应遵循以下原则:

1)有利于省(区)经济发展战略的实施和区内经济中心的形成原则;2)有利于建立"小政府、大社会、大服务"的行政管理原则;3)尽量减少区划层次,提高行政管理效率的层次-幅度原则;4)大、中、小城市合理布局的梯度发展原则;5)适当考虑历史继承性和兼顾不同地区之间的相对平衡原则。

3. 省(区)设市预测与规划研究的基本思路

(1)设市预测与规划应以经济发展战略为依据。所谓设市预测与规划,就是依据设市的标准,采用定性与定量分析相结合的方法,对特定地区城市的设置与发展进行科学的预测和规划,包括数量、规模、行政等级以及空间布局等内容。然而城市的设置与发展并不是一个随意和盲目的过程,归根到底是受经济发展所支配的。城市的出现本身就是社会经济发展到一定阶段的产物,近代以来城市的兴起更是和经济发展紧密相关。近代大机器工业体系的建立,在推动社会经济飞速发展的同时,也创立了一个又一个的城市,工业化成为城市化的基本动力。由此可见,经济发展决定城市发展是一个客观的发展规律。从这个意义上讲,设市不是最终目的,而是推动经济发展的一种重要手段,它必须为经济发展这个根本目标服务。因此,我们进行设市预测与规划,就应该以经济发展战略为依据,从需要与可能两个方面对市的设置进行科学合理的规划。

(2)正确选择设市的主要影响因素。设市影响因素的选择既有共性又有个性,不同的经济发展特点及相关的战略背景,对影响设市主要因素的选择及因素之间相关关系的处理会产生很大的影响。各省(区)要根据各自的实际情况,在设市预测与规划工作中,对一般因素有所选择、侧重及补充。设市工作中,普遍重视的因素有:

1)人口:它是影响设市的最基本因素。因为人是一切社会经济活动的主体,离开了人,城市也就失去了生命力。只有形成一定规模的人口集聚,并从事以非农产业为主的各种经济活动,城市的产生才成为可能,并具有现实意义。因此,人口是影响设市的最基本因素。

2)产业基础:包括工业、农业、交通、商业、房地产业、邮电通讯和科教文卫等。这是衡量经济发展现有实力和发达程度的重要方面,也是今后经济与城市发展的物质基础,对设市具有重要影响。

3)资源基础:这往往成为反映地区优势和开发潜力大小的重要标志。尤其是一些具有重大开发价值,并对地区经济发展产生重大影响的资源,甚至成为设市的主导因素,我国大多数矿区城市即是如此。

4)城镇发展基础:包括现有城镇的建设规模、市政设施及将来城镇建设的用地条件等,是影响设市的基本因素。

5)财政收入:这是一个综合性很强的指标。一个地区财政收入的高低实质上综合反映了该地区的经济效益、经济实力及自我发展能力等方面的状况,是设市条件考察中一个极为重要的指标。

(3)定量研究和定性研究相结合。定量研究是促使设市预测与规划工作更加科学化、规范化和合理化的重要手段。各省(区)的设市预测与规划必须以服务于经济发展为前提,以定量分析为基本依据。但是定量研究必须与定性研究相结合,因为在现实经济生活中还存在一些难以预料的不确定因素,即使定量分析本身,由于方法和模型的局限,使得定量分析存在一定的偏差。这些不足只能依靠定性研究来弥补,并通过定性分析对定量分析结果进行宏观调控,使之更符合经济发展的客观规律。

根据上述思路,省(区)设市预测与规划研究的总体步骤如图18.1所示:

4. 省(区)设市预测与规划的基本方法

(1)关于设市数量预测的基本方法。科学地预测城市设置数量是进行设市规划的重要前提。一般地,人们运用城市人口增长、城市顺序-规模结构模型、设市标准单因素预测模型等方法来确定规划期内的设市数量。

1)按城市人口增长预测。该方法是以一定时期内新增城市人口总量、单个城市人口增长规模、规划期内新设市的平均人口规模为依据,确定某一时期的设市数量。以某省为

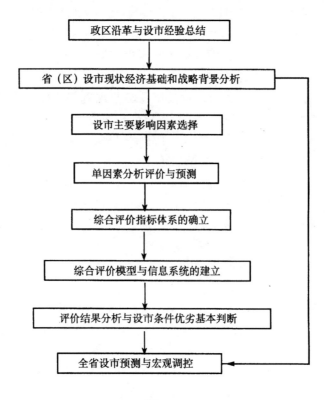

图 18.1

例:1990 年共有 17 个城市,分三个规划期,即 1995 年、2000 年、2010 年。根据人口增长预测方法预测,三个规划期内全省城市人口分别是 601 万、724 万、1 018 万人,而 17 个城市在三个规划期内的城市人口分别是 554 万、612 万、732 万人。这样,该省三个规划期的新增城市人口总量分别是 47 万、112 万、286 万。按三个规划期内新设市的平均城市人口规模为 6.5 万,规划期内平均每年每市增加 0.4 万人推算,则至 1995 年需增设 7.2 个市,1995～2000 年需增设 7.8 个市,2000～2010 年需增设 10.3 个市。

2)按城市顺序-规模结构模型预测。据有关研究,城市规模与位序符合幂函数分布,即
$$P = KR^{-b}$$
式中:P 为城市人口规模;R 为城市等级位序;K、b 为参数。其中 K,b 参数的确定可根据该省已有城市的人口规模结构,用历史资料建立回归模型进行模拟、检验而得。这样,就可分别建立不同规划期内的城市人口规模结构预测模型,即 $R = e(K-P)/b$。

如某省根据上述方法预测得城市人口规模结构如下(表 18.1):

表 18.1 说明,该省至 1995 年大于 5 万人的城市共有 26 个;大于 6 万人的城市有 21 个;大于 7 万人的城市有 18 个;大于 10 万人的城市有 13 个;大于 20 万人的城市有 6 个;大于 50 万人的城市有 3 个;大于 100 万人的城市有 1 个。其他年份类推。如果取 1995 年最低城市人口规模为 5 万,2000 年为 6 万,2010 年为 7 万,则该省三个规划期内的城市总数分别是 26 个、31 个和 39 个。以此城市数减去已有城市数,即得需要新设的城市数。

3)按设市标准预测。国家对撤县建市有明确的标准。如人口密度在 400 人/平方公

里以上的县,驻地所在城镇非农业人口不少于12万,其中具有城镇户口的非农业人口不少于6万,县总人口中从事非农生产活动的人口不低于30%,并不少于15万,全县乡镇

表 18.1

年份	>100	>50	>20	>10	>7	>6	>5
1995	1	3	6	13	18	21	26
2000	2	4	9	18	26	31	37
2010	3	5	13	27	39	45	54

以上工业产值在14亿元以上,城镇基础设施较为完善等,可撤县建市。对照此标准中的主要指标,采用增长速度模型,即

$$P_n = P_o(1+K)^n$$

分别对各县进行单位因素预测,从而得出达到设市标准的各规划期内设市数。

在实际预测中,往往采用不同方法预测,最后对不同的预测结果进行综合,得出比较符合实际情况的预测数。

(2)关于设市条件评价及设市规划基本方法。考察某一个县是否符合设市条件,首先要进行设市条件评价,然后在此基础上对符合设市条件的县进行宏观调控,即设市规划。一般来说,设市条件的评价,除少数特殊情况的县可通过单因素分析确定外,大多数县均需通过综合评价来确定。综合评价的基本方法是把和城镇发展相关的若干指标,通过定量分析归纳成一个较为简单的序列数值,用以表达设市条件的优劣,使设市工作决策过程定量化、科学化、程序化。设市条件综合评价的基本步骤是:

1)指标体系的确立。如前所述,影响省(区)设市的因素很多,最基本的就有人口、产业、资源、城镇发展基础、财政收入等方面,而每一方面又包含了若干具体的指标。为了比较清楚地反映各指标间的相互关系以及对设市影响程度的差异,有必要对指标进行适当的分类,并以层次结构形式组成设市条件综合评价指标体系,以海南省为例,其设市条件评价指标体系是:

下页图A层作为最高层,代表城镇发展的潜力,也就是设市条件的优劣。B层是对A层的影响层,B层的三个因素既考虑到城镇已有的发展水平,又考虑了城市今后发展的后劲。C层是反应B层水平的具体指标,其中又分定量指标和定性指标两种类型,定性指标依据一定的标准,按条件由好到差、等级由高到低依次分等量化取值。

2)评价的方法、模型。进行综合评价的方法很多,以下我们介绍两种较常用的方法。

• 主成分分析。主成分分析是对原来的指标进行一定的变换,综合成新的指标,这些综合而成的新指标就称主成分。主成分与原指标之间有如下关系:

$$Z_i = I_{i1}X_1 + I_{i2}X_2 + \cdots I_{in}X_n$$

式中 $X_1, X_2, \cdots, X_n$ 为原始指标,Z_i 为综合合成的第 i 个指标,即第 i 个主成分,$I_{i1}, I_{i2}, \cdots I_{in}$ 为综合合成系数,它们在计算过程中是原始指标相关矩阵的第 i 个特征向量。每个主成分的贡献率 P_i 与相应特征向量的特征值有关,即

$$P_i = \lambda_i / \sum_{i=1}^{n} \lambda_i$$

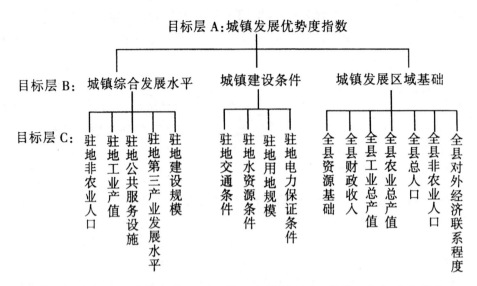

λ_i 为第 i 个特征向量的特征值。对于第 i 个城镇而言,其第 i 个主成分值为 Z_{ij},把各个主成分值与主成分的贡献率进行综合,即得到第 i 个城镇的城市发展度指数 U_i(即综合评价指数):

$$U_i = \sum_{i=1}^{n} P_i Z_{ij}$$

主成分计算步骤略。

• 权重分析。权重分析首先要确定各指标对城镇综合发展潜力的权重。通常采用层次分析法(AHP)来确定各指标的权重(具体方法略)。然后,按下面公式计算城市综合评价指数 U:

$$U_i = (\sum a_j d_{ij} - D_{\min}) \times 100/(D_{\max} - D_{\min})$$

式中:$D_{\max}$ 为最大级别分数(9);$D_{\min}$ 为最小级别分数(1);a_j 为第 j 个因子的权重;d_{ij} 为第 i 个城镇第 j 个因子的分数值(1,3,5,7,9);n 为因子数。

U_i 值在 0~100 之间,U_i 值愈大,设市条件愈优,反之愈劣。有些指标原为定量指标,需通过分等给予相应的分数值。如分为一、二、三、四、五等,则分别赋予 9,7,5,3,1 的分数值。

3)综合评价排序与设市宏观调控

通过上述方法可定量得到每一个省(区)的设市次序。但由于每一种方法得出的结果不同,因此通常还必须进行综合。综合的公式是:

$$U = (0.5U'_1 + 0.5U'_2) \times 20$$

式中 U 是综合处理后得到的最终评价值,U'_1,U'_2 分别是两种方法得到的综合评价标准化指数,$U'_i = (U_i - \overline{U}_i)/\sigma_i$。公式中乘以 20 的目的是为了拉开不同县之间综合评价值的差异。综合评价排序后,还必须对上述排序结果进行宏观调控,即对预期能达到设市标准的新城市设置,在时序安排和地域分布上进行合理布局和选择,通过对拟设市的县进行认真的比较分析,从微观到宏观、从局部到全局、从定量到定性多方面进行考察,使设市数量、速度、空间分布及其等级结构与经济发展水平相适应,分阶段、有主次、有步骤地循序发展。

第三节　设市预测与规划案例研究——以海南省为例

1. 海南省设市预测与规划的特殊性

(1)发展社会主义市场经济与设市的重要性。海南是我国最大的经济特区,也是我国最早实行社会主义市场经济的地区。早在建省之初,就明确提出建立以市场调节为主的经济运行新体制设想。建省以来,海南的市场经济发展已初见成效。今后,随着改革的深入,海南的市场经济体制将不断完善和成熟。从设市角度看,发展市场经济与城市发展有着极为密切的内在联系。

首先,社会主义市场经济是商品经济高度发展的运行形式,而城市则是商品经济的生产和流通中心。没有这个中心,商品经济发展就失去了依托,市场经济发展也就无从谈起;如果中心不发达,商品交换就运行不畅,市场经济发展也就必然受阻。

其次,就本质特征而言,城市是商品经济发展到一定阶段的空间组织形式。从市场运行角度看,城市则是一个生产、交换、消费的集中地域,是一定地域范围内组织生产力联系、市场分工、支撑市场的空间组织,包容着商品经济、社会生产力的各个方面。因此,城市不发达,市场体系发育必然不完善,市场经济也就不能健康地发展。

第三,从生产力布局角度看,发展社会主义市场经济客观上要求我们必须按经济发展规律在区域内合理配置社会的经济资源或生产力。城市往往是一定范围的区域,即经济区的经济中心和增长极核。经济区发展既需要有一个较大的城市作为"龙头",也需要一个发育程度较高的城镇体系,从而构成相对完善的空间集聚—扩散环境,促进生产要素的优化组合和资源的合理配置,达到推动经济发展的目的。

第四,发展社会主义市场经济,必然要转变到以企业为主体的经济运行机制上来,城市是企业赖以生存的必需环境和空间。企业要获得良好的规模经济和外部经济效益,包括企业家成长和企业文化的发展,都离不开城市这个有利的生存环境。因此,只有城市化的高度发达,市场经济才具有活力。

由上可见,积极培育、扶植城镇发展,加快设市步伐是海南发展社会主义市场经济的必然要求,对推动海南经济发展有重要的意义。

(2)超常规经济增长与设市的迫切性。正如人们所说的,海南经济发展"起点低,目标高"。要在较低的起点,实现较高的目标,只能走超常规经济增长道路。然而,经济的发展,决不是人们主观意志所能决定的,它既需要有利的外部环境,也需要良好的内部条件与之配套。我们认为,加快设市步伐,促进城镇化进程,在一定程度上是实现海南超常规经济增长的一个重要途径。

许多研究表明,城镇化与经济发展存在着高度的内在相关关系。从理论上分析,经济发展决定了城镇发展,但城镇发展对区域经济发展又具有反馈作用。这是因为,城镇一旦形成,往往首先成为周围区域的经济中心,并进一步演变成政治、经济、文化、信息中心,从而构成了区域社会经济活动的主体。这种中心地位与主体地位决定了城镇在区域经济活动中扮演着一个重要角色,是区域经济发展的增长极和扩散极,它通过创新与辐射影响,可以有效地带动周围地区的进一步发展,因此,区域经济的发展,必须以城市为依托,充分发挥城市的中心作用。国内外众多区域发展实践也证明,没有以城市为依托并发挥城市作用的区域经济起飞战略都是不成功的战略。然而,海南目前的城镇化水平较为落后,不仅远远落后于全国平均水平,也低于我国中部地区的水平。如果按海南经济发展总体战略目标到 2010 年进入东南亚发达国家与地区的行列,即人均 GNP 达 2 000 美元以上,则海南的城镇化水平至少应达到 40% 以上。上面所述充分说明,加快城镇化进程,既是海南今后面临的一个迫切任务,也是实现海南经济发展目标的一个重要保证。同时,从超常规经济增长的内在要求考虑,应该适当增加设市数量与加快设市步伐。

2. 海南省设市数量预测

如前所述,人们一般运用城市人口增长、设市城市数量增长、城市顺序——规模结构模型等预测方法进行定量的计算与分析,由此确定未来的设市数量。但是,与我国其他大多数省区不同,由于种种原因,改革开放前海南的经济发展和城市建设都比较落后、缓慢。建省办特区以来,又呈现超常规增长的强劲势头。前后变化起伏明显,因而设市数量难于运用常规的定量方法进行预测分析。

直至 80 年代中期,海南的设市城市一直只有海口市一个,其城市人口的增长也较为缓慢,1984 年海南增设了三亚市,1987 年又增设了通什市,近年增设了琼海、儋州、琼山、文昌四个县级市。城市的数量和人口出现了显著的增长,但这种增长在时间上是不连贯的,缺乏稳定性。有关城市人口、城市数量的增长速度的计算容易受到人为因素的影响(特别是各基年期的确定)。例如,若以整个改革开放以来的时期为背景,则 1979~1992 年海南的设市城市数量的增长率为 8.2%;若以增设城市的 1984~1992 年为背景,则这种增长率高达 31.6%。依据这两种计算结果所预测的未来各规划期的设市城市数量自然是大相径庭的。另一方面,以城市顺序—规模结构模型的预测,实际上是建立在区域内有较为完整的城市体系的基础上的。海南长期孤悬海外,社会经济等长期落后,城市和城市体系的发育很不完整。在未来的发展中,海南的超常规发展战略及其海岛型经济特区的特征,使得海南的经济发展和城镇建设在时间和空间上都是倾斜的,即优先发展海口等具有一定基础的城市,因而也难以形成完整的、具有明显等级序列的城市体系。按照城市的顺序-规模结构模型推算,如果在 20 世纪末海口发展成为一个人口规模在 80 万左右的大城市,与此相对应,则应形成 2 个人口规模在 40 万左右的中等城市,4 个人口在 20 万左右的中小城市,8 个人口在 10 万的小城市。设市城市的数量则可达 15 个以上,而海南省县城以上的城镇实际上只有 18 个,要在未来 7~8 年时间内形成这些建制市是根本不可能的。

因此,在分析预测海南的设市数量过程中,我们主要是按照新的设市标准,并结合海南的实际情况进行预测,而不是单纯地根据常规的定量方法推算出未来各规划期的设市数量。

1993 年国家民政部公布的《关于调整设市标准的报告》中,提出了新的设市标准。主要内容是:①人口密度在 400 人/平方公里以上的县,驻地所在城镇的非农业人口不少于 12 万,其中具有城镇户口的非农业人口不少于 15 万,全县乡镇以上的工业产值在 14 亿元以上,城镇的基础设施较为完善等,可撤县建市。②人口密度在 100~400 人/平方公里之间的县,驻地所在城镇的非农业人口不少于 10 万,其中具有城镇户口的非农业人口不少于 6 万,县总人口中从事非农业生产活动的人口不低于 25%,并不少于 12 万;全县乡镇以上的工业产值在工农业总产值中的比重不低于 70%,并不低于 12 亿元以上;地方预算内财政收入人均不低于 70%,并不低于 12 亿元以上;地方预算内财政收入不少于 0.5 亿元,人均不低于 80 元;城镇的基础设施较为完善等,可撤县建市。③人口密度在 100 人/平方公里之间的县,驻地所在城镇的非农业人口不少于 6 万,县总人口中从事非农业生产活动的人口不低于 20%,并不少于 10 万,全县乡镇以上的工业产值在工农业总产值中的比重不低于 60%,并不少于 8 亿元,地方预算内财政收入人均不低于 60 元;城镇的基础设施较为完善等,可撤县建市。

从海南的实际情况来看,全省的人口密度平均为 195 人/平方公里,是我国沿海地区人口分布密度最为稀疏的省份。其中人口密度最高的是琼山县,为 277.1 人/平方公里;最低的琼中县仅为 72.1 人/平方公里。全省除琼中、保亭两县的人口密度在 100 人/平方公里以下外,其余 14 个县均在 100～400 人/平方公里之间。按照上述人口密度在 100～400 人平方公里之间县的设市标准,根据我们对海南设市单因素分析预测结果,1995 年以前,琼山县、儋州市、琼海市等 3 个市县已经基本上达到设市要求;东方、文昌、万宁、昌江等 4 县在非农业人口、驻地城镇非农业人口等指标也基本达到设市要求,但在工农业总产值、人均地方财政收入等经济指标方面尚有一定的差距。到 2000 年,这些县可以全部达到上述设市标准。此外,澄迈、乐东、临高等县在 2010 年内也可达到上述设市指标。因此,在 1995 年、2000 年、2010 年三个规划期内,按照新的设市标准,海南有条件撤县建市的县分别有 3 个、7 个和 10 个。但是,结合海南的经济特区性质及其社会经济发展的需要,我们将海南不同规划期新增的设市数量调整为 1995 年前后为 5 个(含已设的琼山市和儋州市)、2000 年前后为 8 个(即新增设市 3 个)和 2010 年前后为 9 至 10 个(即新增设市 1 或 2 个)。

3. 海南省设市条件综合评价

在上一节我们已经分析指出,考察某个县城设市条件的优劣,除少数具有特殊条件的县城可以通过单因素分析确定外,大多需要通过综合评价来确定。根据综合评价基本方法和海南省的具体情况,我们将涉及海南省设市主要影响因素的人口、产业、资源、城镇发展、对外经济联系、财政收入等六个方面的条件分解成 16 个具体的指标,建立如前所述的综合评价指标体系,然后运用主成分和权重分析两种方法对海南省 17 个县(市)的设市条件进行了综合评价,结果如表 18.2。

通过对设市条件综合评价的排序结果,可以看出以下几点:

(1)综合指数的排序具有较高的准确性,基本上反映了沿海县市优于内陆县市、北部县市优于南部县市这一客观实际。

(2)参加评价的 17 个县市可分为三个层次,第一层次包括琼山县、昌江县、儋县、琼海县、文昌县、东方县、万宁县等 7 个县市;第二层次包括澄迈县、通什市、临高县、屯昌县、定安县、乐东县、陵水县等 7 个县市;第三层次包括琼中县、白沙县和保亭县三个县。各个时期综合指数排序的变化多是在同一层次内变化。

(3)第一层次的 7 个市县都分布在沿海。昌江县由于拥有海南铁矿等一些国家大中型企业,目前的排序处在第 2 位,但随着对外开放和市场经济的发展,儋县、琼海、文昌、万宁、东方这些县市,由于地理位置较优越,综合实力将超过昌江县,其中,儋县随着洋浦开发区的建设和一批重点企业的投产,综合实力将位居17个县市之首。

表18.2 海南省17个县(市)各时期设市条件综合评价排序

时期 位次	1991年	1995年	2000年	2010年
1	琼山县	琼山县	儋 县	儋 县
2	昌江县	儋 县	琼山县	琼山县
3	儋 县	琼海县	琼海县	琼海县
4	琼海县	文昌县	东方县	东方县
5	文昌县	万宁县	文昌县	文昌县
6	东方县	昌江县	万宁县	万宁县
7	万宁县	东方县	昌江县	昌江县
8	澄迈县	澄迈县	澄迈县	澄迈县
9	通什市	临高县	临高县	临高县
10	临高县	定安县	通什市	定安县
11	屯昌县	通什市	乐东县	通什市
12	定安县	屯昌县	定安县	乐东县
13	乐东县	乐东县	屯昌县	陵水县
14	陵水县	陵水县	陵水县	屯昌县
15	琼中县	琼中县	琼中县	琼中县
16	白沙县	白沙县	白沙县	保亭县
17	保亭县	保亭县	保亭县	白沙县

4. 海南省设市规划与宏观调控

(1)设市规划的基本思路。城市的形成与发展不是孤立的。它不仅取决于城市自身的发展及其所在区域的自然、经济、社会条件,而且与区域范围内城市体系的发育程度,以及它们在区域、乃至国家、国际范围内的地位与作用密切相关。就海南而言,建省办特区所形成的全方位改革开放和市场经济发展,为城市发展创造了良好的环境条件。并且,经济超常规增长战略形成了岛内生产力布局的三个层次:宏观层次上,优先发展沿海地带,通过建立沿海产业带(西部沿海地带以重化工业为主导,东部沿海地带以旅游、轻工业为主体),由沿海向内陆逐步推移;中观层次上,全岛形成分别以海口、三亚、儋州市那大镇、东方县八所镇、文昌县文城镇、琼海市嘉积镇等为核心的5个经济区,各个经济区内通过核心城镇的发展带动区域整体发展;在微观层次上,以土地成片开发为突破口,建立各种类型的经济开发区,通过吸引内外资金、技术、人才,发展外向型产业体系,培育全岛实现经济起飞的增长极核。因此,合理选择、适当扶持一批具有区位优势、产业优势的城镇,将之设置为城市对海南的经济发展是十分重要的。

具体地,在海南的设市规划中,基本思路是:

1)结合海南以港口为依托,以土地成片开发为特征的经济开发区建设,在沿海地区建立若干个新城市,使之成为海南吸引外资,开发岛内丰富资源,发展外向型经济基地和实现经济超常规增长的极核。如文昌、东方、万宁等。

2)为发挥中心城市对区域经济、社会发展的带动和扩散作用,将现有经济发展水平较高、城镇基础设施较好、并且具有较大影响范围与区位优势的地方中心型城镇发展成为城市。如1992年以来设立的儋州市和琼海市等。

3)为推动沿海产业地带的形成,在沿海地区选择一些资源丰富、开发条件优越、有一定工业基础、并有良好发展前景的城镇发展成为城市。如昌江、澄迈、乐东(以黄流镇——冲坡等为中心)等。由此,建立起与沿海产业带相适应的环岛城市地带。

4)适当扶持少数民族地区的城市发展。少数民族地区经济是海南经济发展的重要组成部分,积极发展少数民族地区经济是海南最终实现区域经济现代化、一体化的重要环节。因此,在条件成熟时,视有关市县经济、社会发展情况,有步骤地选择条件相对较好的县撤县设市或将现有的通什市升格为地级市。

由此,海南将建立起以海口为核心,以各经济区的中心城市为中介,连接沿海地带其他城市和中部内陆的城镇网络体系。

(2)设市的宏观调控。根据上述设市数量预测与综合评价排序结果以及海南省的经济战略部署,其设市规划的具体调控步骤是:

第一阶段:增设东方、万宁两个县级市。从全省近期经济发展战略部署看,先行将东方和万宁县改设为市,十分有利于海南沿海北部、东部与南部产业带的形成发展或经济区核心城市的形成,有利于沿海各类开发区,尤其是一些重点开发区或港口地区的经济发展。

其中,东方县位于海南西南部,拥有海南最大的港口——八所港,海南铁路总公司所在地,是海南目前唯一集铁路、公路、港口运输于一体的交通枢纽,具有突出的交通区位优势。其中,八所港是海南吞吐量最大的深水港口,共有6个万吨级泊位和2个千吨级泊位,年吞吐能力达650万吨,占全省港口吞吐量的60%。境内的八所经济开发区也是海南沿海一个重要的港口开发区,在未来海南生产力布局框架中,将发展成为全省重要的重化工基地之一,对海南西部重化工业走廊的建设具有举足轻重的作用。近期内,随着八所港的开发、大广坝水利枢纽工程和海南天然气化肥厂等大型骨干项目的建设,东方县的经济发展和城镇化进程呈现出超常规增长态势。如若八所经济开发区在非常规成片开发上能继"洋浦模式"之后取得突破性进展,则东方县经济发展也必将产生质的飞跃,并迅速成为海南西南部的重要经济中心。因此,尽管从预测结果看,东方县在撤县建市标准上还存在一定的差距,尤其是县城工业基础较差,并且其综合评价排序结果亦落后于同一经济区内的昌江县,但考虑到东方县突出的区位优势和良好的发展潜力,我们认为优先将东方撤县建市并作为西南经济区的中心城市更符合经济发展的客观规律和要求。

万宁县也位于海南东部沿海地区,与琼海、文昌同属海南东部经济区。近年来,万宁县在县城周围通过设立若干开发小区,在工业开发方面取得了显著成效,如"重庆工业城"、"沈阳工业城"的建设,从而推动了全县经济的发展。今后,随着境内石梅湾旅游重点开发区和兴隆旅游中心系统的进一步开发建设以及乌场港的开发,必将产生良好的经济诱导效应和关联效应,使全县经济实力迅速提高并达到撤县建市的标准。因此,将万宁县撤县建市,培育成地区性中心城市,通过乌场港的辐射功能以及万宁旅游业开发的先导作用,对东南部、中部部分市县地区的经济发展可起到一定的带动作用。

第二阶段:再增设3个城市。根据专项预测和综合评价结果,到2000年,昌江、澄迈、乐东等3个县将达到或基本达到撤县建市标准。适时地将这3个县撤县建市,有利于海南环岛城市—产业带的形成以及向西部地区的推移,符合全省生产力布局的战略转移趋势。

其中,昌江县拥有以质优品位高而闻名的石碌铁矿,储量约3亿吨,占全国富铁矿储量的71%,是全国重点大矿之一。县城石碌镇也是海南第三大城镇,具有相对雄厚的工业基础。今后,它将在充分利用丰富的铁矿资源基础上,在八所经济开发区及港口的辐射作用下,逐步发展成为海南西部以钢铁、水泥为主体的重工业城市。

澄迈县由于临近海口市区,区位条件相对优越,近年来,在海口这一经济中心的影响下,以土地成片开发为特征的开发区建设显示了良好前景。尤其是马村—老城一带,水陆交通方便,沿海港湾可建设多个万吨级码头,为海南北部建设港口的理想之地。老城工业区以轻纺、食品、石油化工为主,自1987年着手开发以来,已投资6亿多元,批准项目60多个。澄迈县城金江镇也已形成相当规模。将澄迈撤县建市,可使之成为海口市的一个卫星城市,有利于海口市的经济发展与城市建设。

乐东县地处海南南部,是海南重要的农业综合开发试验区之一。县城抱由镇已由过去贫穷落后、闭塞的黎族山村建设成为初具规模的城镇。其沿海地区的黄流、莺歌海、冲坡、九所一带人口稠密,工业、农业均较发达。海榆公路西干线、海南铁路等交通干线均从这里通过,交通区位优越,而且临近的莺歌海海域蕴藏着丰富的石油、天然气和海盐资源。可以预见,随着这些重要资源的开发利用,必将极大地推动乐东县域经济发展,并使之成为海南西部重化工业走廊的重要组成部分。从目前经济发展情况看来,乐东与海南其他沿海市县相比,仍处于明显的落后地位。我们认为,其行政中心选择不当是一个重要原因。因此,在乐东撤县建市之前,慎重、稳妥地解决这个问题,对加快乐东县域经济发展以及撤县建市的步伐有十分重要的现实意义。

第三阶段:即2000年至2010年,可以考虑选择将西北部的临高县增设为新的城市。

临高县隔琼州海峡与广东省的雷州半岛相望,随着未来海南铁路的延伸及其渡海工程的建设,以及临高境内金牌港及其经济开发区的建设开发,临高的交通区位和相应的经济发展将出现一个大的飞跃,从而可望使临高在2010年以前逐步发展成为一个以港口为依托的新城市。

至于中部地区各县撤县建市问题,我们认为,虽然中部地区各县在地域上相连,但本身并不组成一个相对独立的经济区,而是分处于沿海以港口城市为依托的经济区。因此,从经济区—中心城市发展规律与内在要求看,并不存在一个非撤县建市的问题。何况,就现有基础看,中部地区已有一个县级市—通什市,再在中部地区勉强增设一个县级市,无非是形式上的一种变换,其真正的经济、社会意义不大。若从未来全省城市体系空间结构规划角度看,则可考虑将通什市升格为地级市,以此作为空间布局相对均衡化的平衡点之一。

(3)城市体系发展规划

1)城市职能分工规划。城市职能是城市在区域、国家的经济、政治和文化等活动中所具有的地位和作用。在1991年至2010年期间,海南新增设的10个城市可划分成三种主要职能类型:

• 综合性地方中心城市如儋州(那大)、琼海等。这些城市大多有较突出的区位优势,工业发展以农副产品加工为主,缺乏专门化产业部门,大多长期发挥着周围地区的商业流通中心作用。根据它们所服务的区域范围,可进一步划分出不同等级的综合性城市,如省域中心城市(海口)、地区性中心城市(儋州、琼海)。

- 工业城市。如昌江。具有明显的资源优势,以大中型国有企业为主体,建立起钢铁、建材、石油化工等重化工工业。城市基础设施一般比较好。
- 港口城市。如东方、文昌、万宁等。它们以港口建设为核心,是海南主要的对外联系枢纽,同时通过港口开发,发展外向型加工工业或重化工工业。在未来,这些城市将逐渐向综合性中心城市转变。

由此,到2010年的规划期末,海南13个城市中,将包括以下4种职能类型:

- 综合性中心城市。其中,海口市是全省的政治、经济、文化中心,重点发展外向型的轻工、食品、机械、电子等工业,金融、贸易、房地产等第三产业,并成为省内最重要的多功能交通运输枢纽;

儋州、琼海是地区性中心城市。其中,儋州经济发展以重化工业(洋浦部分)、各种劳动密集型产业和第三产业为主要发展方向。琼海则依托博鳌的优势,重点发展会议、旅游业;

- 工业城市。其中,昌江在充分开发利用石碌铁矿等矿产资源的基础上,发展以钢铁、建材工业为主体的重工业;儋州(洋浦)以石油化工、建材、外向型工业为主。
- 港口城市。其中,东方以八所港为主体,同时发展石油化工、建材等重型工业;文昌(清澜)以清澜港为主体,发展轻型加工工业。
- 旅游城市。其中,三亚将发展成为国际性风景旅游城市,同时发展轻型、无污染的加工工业,成为海南西南部地区的中心城市;通什以黎族、苗族的民俗风情和独特的五指山风光旅游为主要发展方向,同时发展电子、制药等工业,琼海则形成海南东岸中部的旅游城市。

2)城市规模等级规划。到本世纪末,海口市的市区实有人口将达到80万左右,进入大城市的行列,它在海南城市体系中的主导地位将更加突出,三亚市也将由小城市发展成为市区非农业人口在30万左右的中等城市,其余9个城市均为人口规模在20万以下的小城市。其中,儋州市的人口规模将达15万左右,琼山、琼海、东方在10万人口以上,而万宁、文昌、通什、昌江、澄迈等城市的市区人口规模在5万以上,但不超过10万。这样,在海南的城市体系中,有大城市、中等城市各1个,10～20万人口的小城市4个,10万人口以下的小城市5个,目前城市体系中心城市发展薄弱,规模偏小的格局将得到一定的改善。

到2010年,海南的城市将有更大的发展。海口市市区的实有人口规模将超过100万人,成为海南唯一的特大城市,并形成都市区;三亚市、儋州市将进入大城市的行列,特别是儋州市,那大中心城区的人口规模将达到30万以上,洋浦经济开发区也将全面建成,形成具有25万人口的城镇规模,因此整个儋州市的规模可达到50万以上。进入中等城市之列的城市还包括琼海、文昌。其余7个城市,即万宁、东方、昌江、澄迈、乐东、临高、通什为人口在20万以下的小城市。因此,到2010年的规划期末,海南省将形成特大城市1个,大城市2个,中等城市2个,小城市7个,整个岛内城市体系的规模结构趋向合理。

3)城市空间结构规划。规划期内,海南新设城市将根据全省的资源构造和海岛特征,生产力布局的环岛型框架展开。绝大多数新设城市布局在全省生产力布局的环岛轴线上及相关重点区域内,构成海南环岛产业带及其相关经济区的增长中心;同时适当扶持中部地区地方性经济中心的形成。到2010年,海南将出现点、轴、圈相结合的城市空间分布网络。

点,是不同等级的中心城市,它们构成了不同城市经济区的核心,主要包括海口、三亚、儋州、琼海等。

轴,指通过高速公路、港口航运、铁路等交通运输方式将海南东部、西部的沿海城市分别连接起来,形成东、西两条纵向的产业—城市轴线。其中,西部产业—城市轴线以儋州—昌江—东方为核心,以重化工工业为主导产业发展方向;东部产业—城市地带以文昌—琼海—万宁3个城市为主体,以轻型、外向型加工工业、旅游业为经济发展主要方向。

圈,是以海口、三亚两个中心城市为南北两个核心端点,连接东、西两个沿交通轴线发展的产业—城市地带以及其他城市,使得整个海南形成以环岛城市为特征的城市圈域。

与此同时,通过培育各个经济区的核心城市,开发交通轴线,密切城市—区域之间的相互联系,加强它们对周围地区的辐射扩散作用,从而形成以城市为中心,组成不同层次、规模,各具特色的经济区。

• 以海口为中心的北部经济区。这一经济区以海口市为中心,包括澄迈、定安、屯昌等市县。在2010年的规划期内,海口—琼山发展成为一个大城市地区,其辐射能力显著提高,特别是通过高速公路、西部铁路、港口的开发建设,海口的对外联系条件将大大改善。作为省级中心城市,其经济扩散可通过有关交通线路使其影响范围包括整个海南岛,在海南的开发开放过程中发挥先导作用。

• 以三亚为中心的南部经济区。以三亚市为中心,由通什、保亭、陵水、乐东等市县组成。这一经济区以旅游业为主要产业发展方向,同时发展食品、工艺美术、电子、医药等少污染或无污染的轻工业。其中,三亚市将在规划期内发展成为大城市,国际性的风景旅游城市,在这一经济区内的中心作用将得到明显的加强。通什将作为一个地区性亚中心,介于中部、南部之间,成为全省城市体系网络中的重要一环。乐东通过发展石油化工、食品、建材等工业,成为海南西南部重要的产业中心。

• 以儋州—洋浦为中心的西北部经济区。以儋州(那大)—洋浦为主轴,由儋州、临高、白沙等市县组成。通过引进外资、统一规划、成片开发,以国际市场为导向,发展石油化工、建材以及其他高新技术产业,洋浦开发区的建设将使得儋州市迅速成为这一地区的核心城市,其经济辐射能力不断增强。未来的儋州—洋浦有可能形成哑铃型的国际性大城市,它在海南西北部以及整个海南的影响力将得到极大的扩展。

• 以文昌—清澜为中心的东部经济区。由琼海、文昌、万宁和琼中等市县组成。主要充分利用它们的海外华侨优势,大力发展"三来一补"企业,以出口加工为导向,参与国际分工协作,发展以农副产品加工为主的工业,以及轻工、电子等工业和旅游业。其中,清澜是这一经济区的主要依托,文昌—清澜在规划期内将发展成为一个整体,使之成为该经济区最重要的核心城市。其经济扩散力也将超越本经济区的市县范围,包括整个海南东部地区。琼海以博鳌为中心的旅游业将是东部经济区的重要特色。

• 以八所为中心的西南经济区。以八所为核心城市,由昌江、东方两市组成。产业发展的重点是钢铁、石油化工和建材工业,是海南的主要重化工工业基地。其中,八所通过港口开发、西部铁路建设,将发展成为一个中等城市和海南西南部交通枢纽。经济扩散不仅包括上述两市,还包括乐东、白沙等市县。

5. 海南省设市预测与规划的措施和建议

设市预测与规划是城市发展规划、理顺行政区划关系的重要依据。对于海南建立合理的城镇体系,指导国土开发和生产力布局,以及社会主义市场经济发展都具有重要意义。为此,提出以下建议:

(1)加快改革开放步伐,大力发展社会主义市场经济,培育城市经济中心。海南经济发展和城市建设的起点低、目标高,这使得海南必须实施超常规的发展战略,实行比其他特区更加开放、更加大胆的改革。即立足于海南的资源优势和区位优势,大力吸引外资,特别是港澳和东南亚的资金,逐步建立起具有海南特色的外向型经济结构,积极发展社会主义市场经济。在设市规划中,应努力利用海南的海岛特征,以港口为依托,通过港口建设及其经济开发,积极培育出一批基础设施良好、区位优势明显的经济中心。

(2)积极推动海南的城镇化进程,引导农村剩余劳动力的转移。海南现有的工业基础较为落后,城镇化水平较低,人口的城镇化不足20%。因此,在加强海南农业开发的同时,应因地制宜地选择合适途径,积极引导农村剩余劳动力向非农产业部门的转移,加快海南的城镇化步伐。特别是通过市场经济的发展,将小城镇建设成为农村地区的政治、经济、文化、科技中心,联系城乡的纽带。

(3)加强城镇规划及其基础设施建设,创造良好的投资环境。创造一个良好的、有吸引力的投资环境,是海南开发最重要的前提。近年来,海南的城镇发展十分迅速,大多数县城以上的城镇都进行了城镇规划,加强了城镇基础设施建设。但由于经济发展十分迅猛、城市基础设施长期落后而且老化严重、各种规划管理措施不严等原因,城市规划以及基础设施建设落后于现实发展、结构布局不尽合理、城镇建设忽视地方特色等问题仍很突出。今后,对于县城以上的城镇,特别是纳入设市规划的城镇,应不断加强城市规划与管理,继续大力加强各种基础设施建设,不仅是交通、能源、电讯等硬环境,还应在政策法制、社会治安及科学技术、教育文化等软环境上下功夫,使设市城市真正成为海南经济社会发展的中心,发挥其增长极核的作用。

(4)及时合理地调整行政区划,建立符合海南经济特区情况的城市行政区划体制。海南建省办特区以来,积极推行"小政府,大社会"的新体制,取得了很大的进展,其核心在于转变政府职能,完善企业的经营自主权,充分发挥市场机制的调节功能。在设市规划过程中,应突出政府在保障经济运行的外部环境、维护市场规则、制定发展战略、建设城市基础设施等方面的功能,强化其宏观调控功能,减少对经济的直接干预。城市的行政等级、区划调整要适应经济社会发展的要求,及时调整一些不适应经济发展和城市规划建设的城市行政区划,如乐东县城的迁址、儋州的升格等。并且从海南的实际出发,坚持实行"省管市县"体制,减少政府管理中不必要的层次。

(5)全省的国土开发、产业布局及有关社会经济发展战略应注意与设市规划相配合。在进行海南的有关战略规划中,应该将海南的设市规划作为其中的一个重要组成部分,优先发展相关市县,通过各种重点投资和政策扶持,使得设市规划成为海南实现经济超常规发展的一个重要环节。

本篇主要参考文献

陈嘉陵等,1991,各国地方政府比较研究,武汉出版社。
刁田丁等,1989,中国地方国家机构概要,法律出版社。
董辅礽等,1996,集权与分权——中央与地方关系的构建,经济科学出版社。
广东省行政区划研究会,1993,沿海地带行政区划研究,中山大学出版社。
郭荣星,1993,中国省级边界地区经济发展研究,海洋出版社。
海惕,1994,携手共进,再展雄风,亚太经济时报,12/04,第1版。
何肇发,1991,社区概论,中山大学出版社。
洪建新,1991,我国重划省区的历史回顾,见:中国行政区划研究,中国社会出版社。
华伟,于鸣超,1997,我国行政区划改革的初步构想,战略与管理,(6)。
刘君德等,1994,海口地区市县利益冲突及行政区划体制探索,战略与管理,(3)。
刘君德,舒庆,1995,中国行政区经济运行与省地级行政区划改革的基本思路,见:中国省制,第98~102页,中国大百科全书出版社。
刘君德,1996,中国行政区划的理论与实践,华东师范大学出版社。
刘君德,1998,日本城市型行政区划模式及其借鉴,见:中国方域,(2)。
民政部区划地名司,行政区划和地名文件选编(1949~1996)。
浦善新,1995,中国省制研究,见:中国省制,第81页,中国大百科全书出版社。
浦善新等,1995,中国行政区划概论,知识出版社。
浦兴祖等,1993,当代中国行政,复旦大学出版社。
时基·W.格里芬,1992,实用管理学,复旦大学出版社。
舒庆,1995,中国行政区经济与行政区划研究,中国环境科学出版社。
谭其骧,1991,我国行政区划改革设想,见:中国行政区划研究,中国社会出版社。
王文,1995,广东行政区划的新情况和新问题,中国方域,(1)。
王绍先,胡鞍钢,1996,关于中国国家能力的研究报告,见:集权与分权——中央与地方关系的构建,第15页,经济科学出版社。
谢庆奎,1991,当代中国政府,辽宁人民出版社。
谢庆奎等,1994,县政府管理,中国广播电视出版社。
许崇德,1993,各国地方政府,中国检察出版社。
徐学林,1991,中国历代行政区划,安徽教育出版社。
杨培新,1996,深化改革的中心是什么,见:集权与分权——中央与地方关系的构建,第48页,经济科学出版社。
张文范等,1995,中国省制,中国大百科全书出版社。
赵锦良等,1991,走向城市化——县改市与县级市发展,中国广播电视出版社。
钟成勋,1993,地方政府投资行为研究,中国财政经济出版社。
中国行政区划研究会,1991,中国行政区划研究,中国社会出版社。
中国方域杂志社,中国方域,1993~1998年各期。
中国设市预测与规划课题组,1997,中国设市预测与规划,知识出版社。
周振鹤,1991,中国历代行政区划的变迁,中共中央党校出版社。
周太彤,1996,上海市推行"两级政府,两级管理"新体制的历史必然,见:思辩与谋断,昆仑出版社。
周一星等,1992,市管县体制对辖县经济影响的问卷调查分析,经济地理,(1)。
朱光磊,1997,当代中国政府过程,天津人民出版社。

附 录

附录1 中国历代行政区划简表*

时期		一级政区	二级政区	三级政区	四级政区
夏		方国			
商		方国			
西周		诸侯国	邑		
春秋		县、郡			
战国		郡	县		
秦		36~46	900~100		
		郡	县		
汉	2年	103	1 587		
		83 郡	1 314 县邑		
		20 国	32 道		
			241 侯国		
	14年	125	2 203		
		郡、国	县、邑、道侯国		
	140年	105	1 180		
		79 郡			
		20 国	县、邑、道、侯国		
		6 属国			
三国	曹魏 (265年)	13	93	720	
		21 州 1 长史府	77 郡 14 国 1 护军 1 校尉	720 县	
	孙吴 (270年)	3	43	331	
		3 州	42 郡 1 典农校尉	331 县	
	蜀汉 (263年)	1	22	139	
		1 州	22 郡	139 县	
	合计	17	158	1 190	
		16 州 1 长史府	141 郡 14 国 1 护军 1 校尉 1 典农校尉	1190 县	

续附录1

时期		一级政区	二级政区	三级政区	四级政区
西晋	280年	20 19 州 1 长史府	174 133 郡 39 国 1 属国 1 校尉	1 232 1 232 县	
	311年	22 21 州 1 长史府	201 159 郡 40 国 1 属国 1 校尉	县	
南北朝	北魏 (440年)	15 15 州	100 80 郡 20 军镇		
	南宋 (465年)	21 21 州	247 247 郡	1 250 1 250 县	
	小计	36 36 州	347 327 郡 20 军镇	县	
	北周 (581年)	221 221 州	508 508 郡	1 244 1 244 县	
	南陈 (580年)	63 63 州	166 166 郡	600 600 县	
	小计	284 284 州	674 674 郡	1724 1 724 县	
隋 609年		190 190 郡	1 255 1 255 县		
唐	733年	354 335 州 8 府 5 都督府 6 都护府	1 450 1 450 县		
	807年	48 48 道	312 7 府 288 州 1 都护府 3 受降城 1 军 5 城 7 贡附州	1 453 1 453 县	

续附录1

时期		一级政区	二级政区	三级政区	四级政区
宋	997年	15	319	1 162	
		15路	9府 250州 49军 11监	1 162县	
	1085年	23	298	1 235	
		23路	14府 243州 37军 4监	1 235县	
	1122年	26	350		
		26路	38府 254州 54军 4监	县	
	1265年	16	203		
		16路	36府 128州、监 39军	县	
辽 1044年		5	162	209	
		5京道	6府 156州、军、城	209县	
金 1187年		20	185	683	
		20路	6京府 179府、州	683县	
元末		16	270	326	1 127
		16行省	185路 23直隶府 62直隶州	10散府 297散州 4军 15安抚司	1 127县
明	1382年	14	161		
		1直隶 13布政使司	120府 41直隶州	县、散州	
	万历年间	15	196	1 384	
		2直隶 13布政使司	162府 34直隶州	215散州 1 169县	
清末		26	358	1 191	
		22省 1将军辖区 2办事大臣辖区 1地区	215府 80直隶州 63直隶厅	150散州 10散厅 1031县	
民国	1913年	30	97	1791	
		22省 4特别区 1镇守使辖区 1护军使辖区 2办事大臣辖区	97道	1 791县	

续附录1

时期		一级政区	二级政区	三级政区	四级政区
民国	1947年	48 35省 1地方 12院辖市	2 383 2 016县 57市 40设治局 93旗 175宗 2管理局	乡、镇	
中华人民共和国	1949年	50 30省 1自治区 12直辖市 5行署区 1地方 1地区	293 195专区 8盟 54地级市 21行政督察区 4行政区 1行署区 1特区 1直辖区 1监时委员会 2行署 1矿区 3基巧 1嘎本	2 607 2 067县 58旗 11镇 66县级市 275市辖区 16设治区 8设治局 3工矿区 3特区 6城关区 2中心区 1专区辖区 7办事处 1组训处 2军管会 1管理区 2督办区 41宗 37谿	乡 行政村 镇
	1996年	31 23省 5自治区 3直辖市	333 79地区 8盟 30自治州 218地级市	2 845 1 520县 118自治县 49旗 3自治旗 3特区 1林区 445县级市 717市辖区	53 537 18 171镇 27.056乡 1 383民族乡 5 565街道

* 除1996年资料引自《中华人民共和国行政区划简册》(1997)外,其余均引自浦善新等《中国行政区划概论》99~105页,知识出版社,1995。

注:①汉代在郡国之上设有监察区性质的部州,至188年州演变为郡国之上的一级政区。
②三国时期曹魏第二级政区数未统计若干附国,蜀汉未统计相当于郡的1个都督。三国合计16州,因魏、吴的荆、扬两州重复,实有14州。
③西晋第二级政区数未统计若干附国
④唐、宋未统计羁縻府、州、县。
⑤辽另有52部族、60属国未统计。
⑥明代未统计土司和卫所。
⑦清代未统计土司和盟、旗。

附录 2　中国历代省级政区统计表*

	年代	省	自治区	直辖市	郡	州	道	路	其他	总数
	秦 （前 221~前 206）				36 46					36 46
汉	前 104 公元 2 184~222				89 83	13			22 21 1	111 104 14
	三国末					16			2	18
西晋	280 311					19 21			1 1	20 22
隋	609				190					190
唐	758 807 813						15 48 44		1	15 48 45
宋	997 1085 1122 1127~1279							15 23 26 16		15 23 26 16
元	1294 1295~1298 1299~1306 1307~1320 1321~1355 1356 1357~1362 1363~1368	11 10 9 10 11 12 13 15							1 1 1 1 1 1 1 1	12 11 10 11 12 13 14 16
明	1371~1381 1382~1402 1403~1406 1407~1412 1413~1426 1427~1644	12 13 12 13 14 13							4 4 5 5 5 4	16 17 17 18 19 17
清	1644~1660 1661~1663 1664~1665 1666 1667~1883 1884 1885~1903 1904 1905~1906 1907~1911	14 15 16 17 18 19 20 21 20 23							1 1 1 1 8 7 7 7 7 4	15 16 17 18 26 26 27 28 27 27
中华民国	1912~1913 1914~1918 1919~1925 1926 1927	23 23 23 23 23		1 3					6 9 8 8 8	29 32 31 32 34

续附录 2

	年代	省	自治区	直辖市	郡	州	道	路	其他	总数
中华民国	1928	29		5					2	36
	1929	29		6					2	37
	1930	29		5					2	36
	1931~1934	29		4					2	35
	1935~1938	29		5					2	36
	1939~1944	29		6					2	37
	1945	35		8					2	45
	1946	35		8					1	44
	1947~1948	35		12					1	48
中华人民共和国	1949	30	1	12					7	50
	1950~1951	29	1	13					10	53
	1952	30	1	12					2	45
	1953	30	1	14					2	47
	1954	26	1	3					2	32
	1955~1956	23	2	3					1	29
	1957	22	4	3					1	30
	1958~1964	22	4	2					1	29
	1965~1966	22	5	2						29
	1967~1987	22	5	3						30
	1988~1996	23	5	3						31
	1997~	23	5	4						32

* 1996 年前资料引自浦善新等《中国行政区划概论》，知识出版社，1995。

注：①汉代其他栏为 21 国、20 国和西域都护符。

②三国末其他栏为西域长史府。

③西晋其他栏为西域长史府。

④唐末其他栏为都护符。

⑤元代其他栏为总制院辖地（1288 年以前）、宣政院辖地（1288 年以后）。

⑥明代其他栏为乌思藏都司（后改为宣慰司）、朵甘都司（后改为宣慰司）、奴儿干都司（后废）、南京（1378 年改为京师，1421 年改为南直隶）、北京行部（1403 年由北平承宣布政使司改设，1421 年改为北直隶）。

⑦清代其他栏为直隶（1667 年改为直隶省）和盛京（1907 年改为奉天省）、吉林（1907 年改为吉林省）、黑龙江（1907 年改为黑龙江省）、伊犁（1884 年改新疆省）、乌里雅苏台 5 将军辖区及西藏、西宁 2 办事大臣辖区和内蒙古地区。

⑧民国时期其他栏为蒙古地方（1946 年独立）、西藏地方、甘边宁夏护军使辖区（1928 年改为宁夏省）、甘边宁海镇守使辖区（1928 年改为青海省）、顺天府（1914 年改为京兆地方，1919 年废，1928 年划入河北省）、内蒙古地区（1914 年分为绥远、热河、察哈尔 3 特别区）和绥远、热河、察哈尔、川边（后更名为西康）4 特别区（1914 年设，1928 年分别改为省）。

⑨直辖市栏 1926~1929 年为特别市、1930~1948 年为院辖市

⑩中华人民共和国时期其他栏为旅大行署区（1950 年改为旅大市）、苏南和苏北 2 行署区（1952 年合并为江苏省）、皖南和皖北 2 行署区（1952 年合并为安徽省）、西藏地方（1955 年设自治区筹备委员会，1965 年成立自治区）、昌都地区（1955 年并入西藏），以及川南、川北、川东、川西 4 行署区（1950 年设立，1952 年合并为四川省）。

附录3 中国省制演变示意图[①]

（一）元 代

```
中书省 ─────────┬───── 中书省 ──────────────────── 中书省
（腹里）        │
                ├── 北京行省 ─┐
                └── 山东行省 ─┤                  ┌── 胶东行省
                              └── 山东行省 ──────┴── 山东行省

江西行省 ─────┬────────────────────────────────── 江西行省
（隆兴）      │
              │
福建行省 ─────┼──── 福建行省 ┐
              │    （泉州）  │
              │              ├── 江淮行省 ┬── 福建行省
江淮行省 ─────┴──── 江浙行省 ┘            ├── 江西行省
（扬州、淮东）                              └── 河南江北行省

荆湖行省 ────── 湖南行省 ┐
               （潭州）  │
                        ├── 湖广行省 ┬── 湖广行省
                        │            └── 广西行省
荆湖行省（鄂州）─────────┘

云南行省 ──────────────────────────────────────── 云南行省

陕西四川行省 ──┬── 四川行省 ┬── 川东行枢密院 ── 四川行省 ┐
（秦蜀、陕蜀） │            └── 川西行枢密院              │
               └── 陕西行省 ─────────────────────────────┤
                                                          │
        ────── 陕西四川行省 ──────────────┬── 四川行省  ─┤
                                           └── 陕西行省   │

西夏中兴行省 ──┬── 宁夏行省 ┬── 宁夏行省 ┐
               └── 甘州行省 └── 甘州行省 ┴── 甘肃行省

东京行省 ──────────────────────────────────────── 辽阳行省

征东行省 ──────────────────────────────────────── 征东行省

和林行省 ──────────────────────────────────────── 岭北行省

总制院辖地 ────────────────────────────────────── 宣政院辖地
```

注：括号内为省别名 ──── 表示沿袭

① 同附录2注①。

(二)明 代

```
中书省 ┬── 北平行省 ────────── 北平司 ────────── 北平隶
       └── 山西行省 ────────────────────────── 山西司

胶东行省 ┐
山东行省 ┴──────────── 山东行省 ────────── 山东司

江西行省 ──────────── 江西行省 ────────── 江西司

福建行省 ──────────── 福建行省 ────────── 福建司

江浙行省 ┐         ┌── 浙江行省 ────────── 浙江司
          ├─────────┼── 江南行省 ── 南京 ── 京师 ── 南直司
河南江北行省 ┘       └── 河南行省 ────────── 河南司

广西行省 ┐         ┌── 广西行省 ────────────────────── 广西司
          ├─────────┼── 广东行省 ────────────────────── 广东司
湖广行省 ┘         └── 湖广行省 ──── 湖广司 ┬── 湖广司
                                              ├── 贵州司
四川行省 ──── 四川行省 ──── 四川司 ─────┴── 四川司

云南行省 ·········(废)········· 云南行省 ────── 云南司

陕西行省 ──────────── 陕西行省 ────────── 陕西司

甘肃行省 ──────────── (废)

辽阳行省 ──────────── 奴儿干都司 ────────── 女真部

岭北行省 ──────────── (废)

征东行省 ──────────── (废)

            ────────── 交趾司 ────── (废)

宣政院辖地 ┬── 乌思藏都司 ────────── 乌思藏宣慰司
             └── 朵甘都司 ────────── 朵甘宣慰司
```

注：司为承宣布政使司的简称

(三)清 代

```
北直隶 ──────────────── 直隶司 ──────────────── 直隶省
山西司 ──────────────────────────────────── 山西省
山东司 ──────────────────────────────────── 山东省
江西司 ──────────────────────────────────── 江西省
福建司 ──── 福建司 ──────── 福建省 ──── 福建省
                                    └──── 台湾省
浙江司 ──────────────────────────────────── 浙江省
南直隶 ──── 江南司 ┬── 江南右司 ── 江苏司 ──── 江苏省
                  │              └ 江淮省 ──── (废)
                  └── 江南左司 ── 安徽省 ──── 安徽省
河南司 ──────────────────────────────────── 河南省
广西司 ──────────────────────────────────── 广西省
广东司 ──────────────────────────────────── 广东省
湖广司 ──────┬── 湖北司 ──────────────── 湖北省
            └── 湖南司 ──────────────── 湖南省
贵州司 ──────────────────────────────────── 贵州省
四川司 ──────────────────────────────────── 四川省
云南司 ──────────────────────────────────── 云南省
陕西司 ──────────────────────────────────── 陕西省
     └──────────── 甘肃司 ──────────── 甘肃省
           ┌── 盛京将军辖区 ────────── 奉天省
女真部 ────┼── 吉林将军辖区 ────────── 吉林省
           └── 黑龙江将军辖区 ──────── 黑龙江省
乌思藏宣慰司 ─────────────── 西藏办事大臣辖区
朵甘宣慰司 ─────────────── 西宁办事大臣辖区
                    伊犁将军辖区 ──── 新疆省
(元岭北省) ┈┈┈┈┈┬──────────── 内蒙古地区
              └──────────── 乌里雅苏台将军辖区
```

(四)民国时期

直隶省	直隶省	河北省	直隶省
			北平市
			天津市
山西省	绥远特别区		绥远省
	察哈尔特别区		察哈尔省
	热河特别区		热河省
			山西省
内蒙古地区			内蒙古
山东省			山东省
			青岛市
江西省			江西省
福建省			福建省
台湾省			台湾省
浙江省			浙江省
江苏省			江苏省
			南京市
			上海市
安徽省			安徽省
河南省			河南省
广西省			广西省
广东省			广东省
			广州市
湖北省			湖南省
	武汉市		汉口市
湖南省			湖南省
贵州省			贵州省
四川省			四川省
	川边特别区	西康特别区	西康省
			重庆市

(四)民国时期(续)

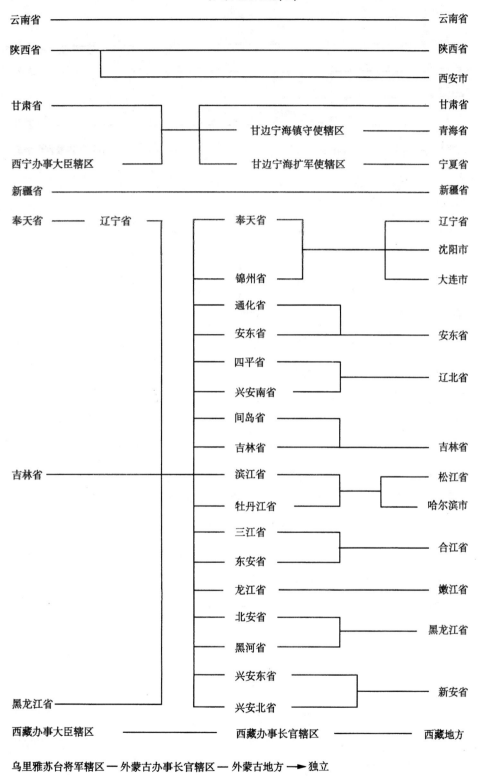

(五)中华人民共和国时期(1949~1997)

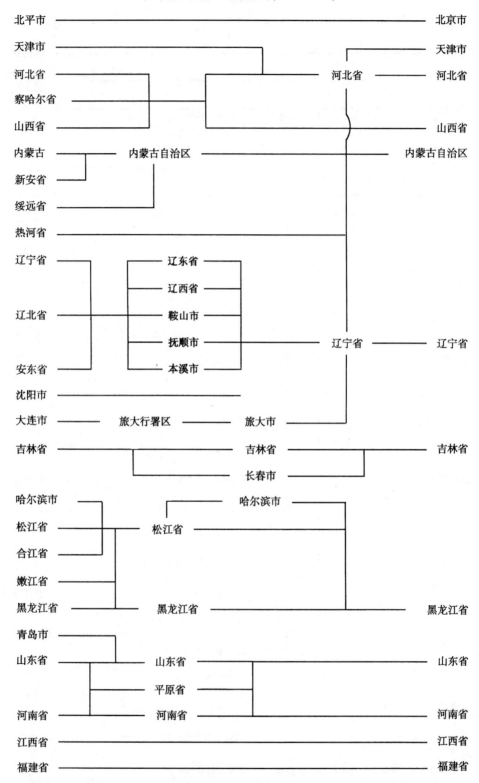

(五) 中华人民共和国时期(1949～1997)(续)

1949年	过渡	1997年
台湾省		台湾省
浙江省		浙江省
江苏省	苏北行署区 / 苏南行署区	江苏省
南京市		
上海市		上海市
安徽省	皖北行署区 / 皖南行署区	安徽省
广西省	广西僮族自治区	广西壮族自治区
广东省	广东省	广东省
广州市		海南省
湖北省		湖北省
汉口市	武汉市	
湖南省		湖南省
贵州省		贵州省
四川省	川东行署区 / 川西行署区 / 川北行署区 / 川南行署区 → 四川省	四川省
重庆市		重庆市
西康省		
云南省		云南省
陕西省		陕西省
西安市		
甘肃省	甘肃省	甘肃省
宁夏省		宁夏回族自治区
青海省		青海省
新疆省		新疆维吾尔自治区
西藏地方	昌都地区	西藏自治区

(六)历代省制沿革简图

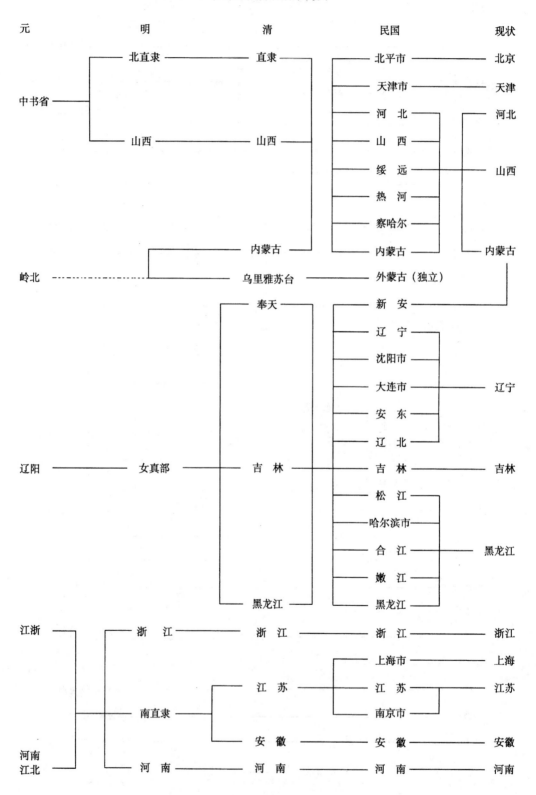

(六)历代省制沿革简图(续)

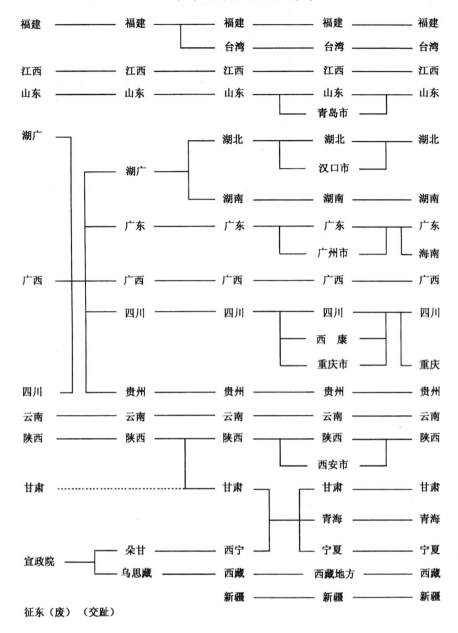

注：①元、明、清、民国时期省略省这一通名。
　②元代宣政院全称为宣政院辖地。
　③明代南、北直隶相当于省；朵甘全称为朵甘宣慰司，乌思藏全称为乌思藏宣慰司；明代曾设交趾承宣布政使司，后废；元征东省地废。
　④清代内蒙古全称为内蒙古地区，西宁全称为西宁办事大臣辖区，西藏全称为西藏办事大臣辖区，乌里雅苏台全称为乌里雅苏台将军辖区。
　⑤现行的4个直辖市、5个自治区、23个省一律省去通名，不包括香港、澳门在内。

附录4　中国省级政区行政中心变迁一览表*（1912～1985）

省级政区名称	行政中心及变迁时间		备　注
河北省①	保定 1912～1913 北平市②1928～1929 清苑 1935～1949 天津市 1958～1967	天津 1914～1927 天津市 1930～1934 保定市③1949～1957 石家庄 1968～1985	①1928年以前为直隶省。 ②北京市当时名北平市。 ③1948年清苑县城设保定市。
内蒙古自治区	乌兰浩特市 1947～1949 呼和浩特市①1953～1985	张家口市 1950～1952	①1953年迁归绥市与绥远省合署办公。1954年绥远省撤销后改名呼和浩特市，正式为内蒙古自治区首府。
吉林省	吉林①1912～1953	长春市 1954～1985	①1929～1944年吉林县曾改名永吉县。
黑龙江省	龙江①1912～1945 齐齐哈尔市①1949～1953	北安市 1946～1948 哈尔滨市 1954～1985	①1947年龙江县城设齐齐哈尔市。
江苏省	江宁①1912～1927 扬州市 1949～1952② 南京市 1953～1985	镇江 1928～1949 无锡市 1949～1952②	①江宁即今南京市。 ②分别为苏北、苏南行署区时期。
安徽省	怀宁①1912～1945 合肥 1949～1952② 合肥市 1953～1985	合肥 1946～1949 芜湖市 1949～1952②	①怀宁即今安庆市。 ②分别为皖北、皖南行署区时期。
河南省	开封 1912～1953	郑州市 1954～1985	
广西壮族自治区	邕宁①1912～1935 南宁市 1949～1985	桂林市 1936～1949	①邕宁即今南宁市。
四川省	成都市 1912～1949 成都市 1949～1952① 南充市 1949～1952①	江津 1949～1952① 泸州市 1949～1952② 成都市 1953～1985	①分别为川东、川南、川西、川北行署区时期。
西康省①	康定②1928～1949	雅安市 1949～1955	①西康省1928年设置，1955年撤销。 ②省会一说为巴安。
台湾省①	台南府 1885～1895	台北市 1945～	①台湾省1885年设置。1895年为日侵占。1945年归还。

*引自陈潮、王锡光《中国市县政区资料手册》201～202页，地图出版社，1985。

附录5 中国民族自治地方一览表*

（截至 2005 年 12 月 31 日）

省、自治区、直辖市		民族自治地方名称	合计
总计		5自治区 30自治州 117自治县 3自治旗	
自治区		内蒙古自治区 广西壮族自治区 西藏自治区 宁夏回族自治区 新疆维吾尔自治区	5
自治州	吉林省	延边朝鲜族自治州	1
	湖北省	恩施土家族苗族自治州	1
	湖南省	湘西土家族苗族自治州	1
	四川省	阿坝藏族羌族自治州 凉山彝族自治州 甘孜藏族自治州	3
	贵州省	黔东南苗族侗族自治州 黔南布依族苗族自治州 黔西南布依族苗族自治州	3
	云南省	西双版纳傣族自治州 文山壮族苗族自治州 红河哈尼族彝族自治州 德宏傣族景颇族自治州 怒江傈僳族自治州 迪庆藏族自治州 大理白族自治州 楚雄彝族自治州	8
	甘肃省	临夏回族自治州 甘南藏族自治州	2
	青海省	海北藏族自治州 黄南藏族自治州 海南藏族自治州 果洛藏族自治州 玉树藏族自治州 海西蒙古族藏族自治州	6
	新疆维吾尔自治区	昌吉回族自治州 巴音郭楞蒙古自治州 克孜勒苏柯尔克孜自治州 博尔塔拉蒙古自治州 伊犁哈萨克自治州	5
自治县	河北省	大厂回族自治县 孟村回族自治县 青龙满族自治县 丰宁满族自治县 围场满族蒙古族自治县 宽城满族自治县	6

*引自《中华人民共和国行政区划简册》(2006)，中国地图出版社。

续附录 5

省、自治区、直辖市		民族自治地方名称	合计
自治县	辽宁省	阜新蒙古族自治县 喀喇沁左翼蒙古族自治县 岫岩满族自治县 新宾满族自治县 清原满族自治县 本溪满族自治县 桓仁满族自治县 宽甸满族自治县	8
	吉林省	长白朝鲜族自治县 前郭尔罗斯蒙古族自治县 伊通满族自治县	3
	黑龙江省	杜尔伯特蒙古族自治县	1
	浙江省	景宁畲族自治县	1
	湖北省	长阳土家族自治县 五峰土家族自治县	2
	湖南省	江华瑶族自治县 城步苗族自治县 通道侗族自治县 新晃侗族自治县 芷江侗族自治县 靖州苗族侗族自治县 麻阳苗族自治县	7
	广东省	连南瑶族自治县 连山壮族瑶族自治县 乳源瑶族自治县	3
	广西壮族 自治区	都安瑶族自治县 融水苗族自治县 三江侗族自治县 龙胜各族自治县 金秀瑶族自治县 隆林各族自治县 巴马瑶族自治县 罗城仫佬族自治县 富川瑶族自治县 大化瑶族自治县 环江毛南族自治县 恭城瑶族自治县	12
	海南省	白沙黎族自治县 昌江黎族自治县 乐东黎族自治县 陵水黎族自治县 保亭黎族苗族自治县 琼中黎族苗族自治县	6

续附录 5

省、自治区、直辖市		民族自治地方名称	合计
自治县	重庆市	石柱土家族苗族自治县 秀山土家族苗族自治县 酉阳土家族苗族自治县 彭水土家族苗族自治县	4
	四川省	木里藏族自治县 马边彝族自治县 峨边彝族自治县 北川羌族自治县	4
	贵州省	松桃苗族自治县 镇宁布依族苗族自治县 紫云苗族布依族自治县 威宁彝族回族苗族自治县 关岭布依族苗族自治县 三都水族自治县 玉屏侗族自治县 道真仡佬族苗族自治县 务川仡佬族苗族自治县 印江土家族苗族自治县 沿河土家族自治县	11
	云南省	峨山彝族自治县 路南彝族自治县 沧源佤族自治县 耿马傣族佤族自治县 丽江纳西族自治县 宁蒗彝族自治县 江城哈尼族彝族自治县 澜沧拉祜族自治县 孟连傣族拉祜族佤族自治县 西盟佤族自治县 河口瑶族自治县 屏边苗族自治县 贡山独龙族怒族自治县 巍山彝族回族自治县 南涧彝族自治县 寻甸回族彝族自治县 元江哈尼族彝族傣族自治县 新平彝族傣族自治县 墨江哈尼族自治县 双江拉祜族佤族布朗族傣族自治县 兰坪白族普米族自治县 维西傈僳族自治县 景东彝族自治县 景谷傣族彝族自治县 普洱哈尼族彝族自治县 漾濞彝族自治县 禄劝彝族苗族自治县 金平苗族瑶族傣族自治县 镇沅彝族哈尼族拉祜族自治县	29

续附录 5

省、自治区、直辖市		民族自治地方名称	合计
自治县	甘肃省	张家川回族自治县 天祝藏族自治县 肃南裕固族自治县 肃北蒙古族自治县 阿克塞哈萨克族自治县 东乡族自治县 积石山保安族东乡族撒拉族自治县	7
	青海省	互助土族自治县 化隆回族自治县 循化撒拉族自治县 河南蒙古族自治县 门源回族自治县 大通回族土族自治县 民和回族土族自治县	7
	新疆维吾尔自治区	巴里坤哈萨克自治县 塔什库尔干塔吉克自治县 木垒哈萨克自治县 焉耆回族自治县 察布查尔锡伯自治县 和布克塞尔蒙古自治县	6
自治旗	内蒙古自治区	鄂伦春自治旗 莫力达瓦达斡尔族自治旗 鄂温克族自治旗	3

附录6 中国设市城市一览表*(2004)

名称	合计	行政级别分组				按市区非农业人口分组(万人)					设市年份
		省级	副省级	地级	县级	＞200	100～200	50～100	20～50	＜20	
全国	661	4	15	283	374	20	30	80	219	312	—
北京	1	√				831.26					1928
天津	1	√				527.27					1928
河北	33			11	22	1	2	4	8	18	—
石家庄				√		217.28					1939
唐山				√			159.53				1947
邯郸				√			117.65				1952
张家口				√				71.32			1947
保定				√				87.29			1948
秦皇岛				√				75.90			1949
邢台				√				50.70			1945
沧州				√					41.35		1958
承德				√					34.00		1948
廊坊				√					45.61		1981
衡水				√					24.82		1982
任丘					√				27.0		1986
定州					√				22.0		1986
涿州					√					19.1	1986
泊头					√					11.1	1982
三河					√					14.1	1993
迁安					√					10.0	1996
沙河					√					7.2	1987
霸州					√				20.3		1990
黄骅					√					10.0	1988
高碑店					√					10.4	1993
辛集					√					14.5	1986
遵化					√					9.8	1992
藁城					√				20.3		1989
深州					√					5.9	1994
武安					√					9.4	1988
安国					√					7.2	1991
河间					√					10.7	1990
新乐					√					11.4	1992
南宫					√					8.0	1986

* 不包括香港、澳门特别行政区和台湾省。

续附录6

名称	合计	行政级别分组				按市区非农业人口分组(万人)					设市年份
		省级	副省级	地级	县级	>200	100～200	50～100	20～50	<20	
鹿泉					√					8.8	1994
冀州					√					4.7	1993
晋州					√					7.5	1991
山西	22			11	11	1	1	2	4	14	—
太原				√		204.46					1927
大同				√			108.13				1949
阳泉				√				51.06			1947 1951
长治				√				50.64			1945 1951
晋城				√					20.05		1983
朔州				√						17.04	1988
临汾				√					34.01		1971
晋中				√					27.85		1971
运城				√					21.67		1983
忻州				√						18.92	1983
吕梁				√						12.33	1996
孝义					√					14.4	1992
侯马					√					12.2	1971
原平					√					11.5	1993
古交					√					12.8	1988
霍州					√					10.0	1989
介休					√					10.3	1992
永济					√					8.5	1994
河津					√					9.2	1994
汾阳					√					7.5	1996
高平					√					6.1	1993
潞城					√					4.2	1994
内蒙古	20			9	11		1	2	7	10	—
呼和浩特				√				82.80			1928
包头				√			113.37				1938
赤峰				√				51.00			1958
乌海				√					42.20		1961
通辽				√					36.09		1951

续附录6

名称	合计	行政级别分组				按市区非农业人口分组(万人)					设市年份
		省级	副省级	地级	县级	>200	100~200	50~100	20~50	<20	
呼伦贝尔				√					23.53		1940
乌兰察布				√					23.44		1956
巴彦淖尔				√					23.55		1984
鄂尔多斯				√						15.89	1983
牙克石					√				37.9		1983
乌兰浩特					√				22.0		1980
根河					√					17.0	1994
扎兰屯					√					16.4	1983
满洲里					√					15.9	1934
锡林浩特					√					13.1	1983
丰镇					√					8.0	1990
额尔古纳					√					7.0	1994
霍林郭勒					√					7.2	1985
阿尔山					√					4.9	1996
二连浩特					√					2.3	1966
辽宁	31		2	12	17	2	2	7	8	12	—
沈阳			√			406.43					1934
大连			√			236.90					1945
鞍山				√			129.31				1937
抚顺				√			126.37				1937
本溪				√				84.54			1949
阜新				√				68.87			1940
锦州				√				71.50			1937
丹东				√				59.69			1937
辽阳				√				58.86			1938
营口				√				63.62			1938
盘锦				√				51.10			1984
葫芦岛				√					49.70		1956
铁岭				√					33.50		1979
朝阳				√					32.30		1979
瓦房店					√				32.8		1985
海城					√				28.8		1985
北票					√				20.7		1985
盖州					√					16.4	1992

续附录6

名称	合计	行政级别分组				按市区非农业人口分组(万人)					设市年份
		省级	副省级	地级	县级	>200	100~200	50~100	20~50	<20	
凤城					√					17.7	1994
大石桥					√				20.3		1992
普兰店					√				20.7		1991
调兵山					√					17.7	1981
庄河					√					18.0	1992
凌源					√					10.3	1991
开原					√					14.2	1988
新民					√					14.0	1993
兴城					√					13.3	1986
东港					√					12.5	1993
北宁					√					11.1	1995
凌海					√					14.9	1993
灯塔					√					8.4	1996
吉林	28		1	7	20	1	1	1	10	15	—
长春			√			239.15					1932
吉林				√			125.24				1936
辽源				√					38.64		1948
四平				√				51.38			1937
通化				√					39.54		1991
松原				√					31.94		1987
白城				√					27.96		1958
白山				√					26.59		1960
延吉					√				36.6		1953
梅河口					√				26.1		1985
公主岭					√				37.6		1985
敦化					√				26.6		1985
舒兰					√					19.8	1992
九台					√					19.8	1988
桦甸					√				20.4		1988
蛟河					√					17.7	1988
榆树					√					18.3	1990
磐石					√					17.3	1995
洮南					√					15.6	1987
大安					√					16.1	1988

续附录 6

名称	合计	行政级别分组				按市区非农业人口分组(万人)					设市年份
		省级	副省级	地级	县级	>200	100~200	50~100	20~50	<20	
德惠					√					16.0	1994
龙井					√					14.2	1988
和龙					√					13.1	1993
双辽					√					14.2	1996
珲春					√					14.4	1988
临江					√					11.5	1993
图们					√					10.7	1965
集安					√					8.7	1988
黑龙江	31	1		11	19	1	1	6	10	13	—
哈尔滨			√			302.97					1932
齐齐哈尔				√			112.01				1936
伊春				√				79.26			1957
大庆				√				95.30			1960
鸡西				√				74.68			1956
牡丹江				√				64.44			1935
鹤岗				√				61.15			1945
佳木斯				√				59.97			1937
双鸭山				√					45.42		1956
七台河				√					34.65		1970
绥化				√					28.81		1982
黑河				√						13.95	1980
阿城					√				24.6		1987
铁力					√				28.1		1988
海林					√				26.1		1992
五常					√				23.4		1993
肇东					√				26.6		1986
尚志					√				25.4		1988
北安					√				28.1		1982
安达					√					19.0	1984
双城					√					17.1	1988
海伦					√					17.2	1989
密山					√					19.0	1988
虎林					√					17.9	1996
宁安					√					15.2	1993

续附录6

名称	合计	行政级别分组				按市区非农业人口分组(万人)					设市年份
		省级	副省级	地级	县级	>200	100~200	50~100	20~50	<20	
穆棱					√					13.8	1995
讷河					√					15.5	1992
富锦					√					17.5	1988
五大连池					√					19.0	1983
同江					√					8.3	1987
绥芬河					√					4.9	1975
上海	1	√				1080.00					1927
江苏	40		1	12	27	1	5	7	22	5	—
南京			√			394.80					1927
徐州				√			138.66				1938
无锡				√			178.23				1949
苏州				√			134.26				1949
常州				√			108.69				1949
南通				√				84.35			1949
镇江				√				63.67			1949
连云港				√				55.17			1935
扬州				√				76.71			1949
盐城				√				78.46			1945 1983
淮安				√				85.93			1958
泰州				√					32.75		1949
宿迁				√			107.00				1987
通州					√				40.8		1993
海门					√				37.6		1994
宜兴					√			55.3			1988
江阴					√				45.8		1987
溧阳					√				28.7		1990
如皋					√				37.8		1991
常熟					√				47.1		1983
东台					√				42.6		1987
启东					√					17.2	1989
丹阳					√				20.9		1987
兴化					√				27.6		1987
泰兴					√				34.0		1992

续附录6

名称	合计	行政级别分组				按市区非农业人口分组(万人)					设市年份
		省级	副省级	地级	县级	>200	100~200	50~100	20~50	<20	
江都					√				32.2		1994
仪征					√				20.0		1986
姜堰					√					18.5	1994
吴江					√				24.5		1992
昆山					√				34.4		1989
张家港					√				37.8		1986
邳州					√				39.8		1992
大丰					√				21.3		1996
高邮					√				21.8		1991
靖江					√				22.7		1993
新沂					√				20.1		1990
太仓					√					19.6	1993
句容					√					19.1	1995
金坛					√				22.4		1993
扬中					√					7.1	1994
浙江	33		2	9	22	1	1	1	7	23	—
杭州			√			233.08					1927
宁波			√				116.27				1949
温州				√				61.77			1949
湖州				√					39.02		1949
嘉兴				√					35.20		1949
绍兴				√					45.43		1949
台州				√					29.04		1994
金华				√					30.99		1949
舟山				√					26.37		1987
衢州				√						19.17	1949
丽水				√						12.61	1986
瑞安					√					18.6	1987
余姚					√					16.6	1985
临海					√					14.2	1986
海宁					√				22.3		1986
慈溪					√					15.6	1988
温岭					√					17.9	1994
诸暨					√					14.4	1989

续附录6

名称	合计	行政级别分组				按市区非农业人口分组(万人)					设市年份
		省级	副省级	地级	县级	>200	100~200	50~100	20~50	<20	
桐乡					√					14.5	1993
上虞					√					16.1	1992
兰溪					√					11.7	1985
乐清					√					11.6	1993
建德					√					11.8	1992
丽水				√						12.61	1986
富阳					√					11.6	1994
义乌					√					19.7	1988
平湖					√					15.3	1991
嵊州					√					13.3	1995
东阳					√					12.7	1988
奉化					√					10.0	1988
江山					√					8.7	1987
临安					√					10.2	1996
永康					√					8.5	1992
龙泉					√					4.2	1990
安徽	22			17	5	1	4	8	9		—
合肥				√			135.77				1949
淮南				√			92.45				1951
淮北				√			65.75				1959
蚌埠				√			61.49				1947
芜湖				√			70.79				1949
马鞍山				√				48.48			1956
安庆				√				43.49			1949
铜陵				√				33.90			1956
滁州				√				22.50			1982
黄山				√					17.50		1983
宿州				√				37.50			1979
阜阳				√				41.77			1948 1975
六安				√				31.35			1978
巢湖				√				32.31			1982
亳州				√					17.26		1986
宣城				√					15.49		1987

续附录 6

名称	合计	行政级别分组			按市区非农业人口分组(万人)					设市年份
		省级	副省级	地级	县级	>200	100～200	50～100	20～50	<20	
池州				✓						12.70	1988
天长					✓					15.4	1993
明光					✓					11.2	1994
界首					✓					10.9	1989
桐城					✓					10.4	1996
宁国					✓					7.0	1997
福建	23		1	8	14	1	2	6		14	—
福州				✓			140.65				1946
厦门			✓					91.04			1933
泉州				✓				58.81			1950
龙岩				✓					30.55		1981
南平				✓					26.38		1956
漳州				✓					33.19		1950
三明				✓					21.11		1960
莆田				✓					39.63		1983
宁德				✓						11.20	1988
福鼎					✓					9.0	1995
永安					✓					17.2	1984
福清					✓					19.0	1990
晋江					✓				36.1		1992
龙海					✓					14.5	1993
南安					✓					12.2	1993
邵武					✓					13.2	1983
福安					✓					10.3	1989
建瓯					✓					9.8	1992
石狮					✓					10.2	1987
建阳					✓					12.1	1994
长乐					✓					12.2	1994
武夷山					✓					5.8	1989
漳平					✓					9.0	1990
江西	21			11	10		1	9		11	—
南昌				✓			155.87				1926
萍乡				✓				41.26			1960
九江				✓				45.19			1927

续附录6

名称	合计	行政级别分组				按市区非农业人口分组（万人）					设市年份
		省级	副省级	地级	县级	>200	100~200	50~100	20~50	<20	
景德镇				√					34.87		1949
新余				√					30.59		1960 1983
鹰潭				√						13.09	1979
赣州				√					35.27		1949
抚州				√					29.84		1987
宜春				√					24.77		1979
吉安				√					22.80		1928 1950
上饶				√						19.90	1950
丰城					√				21.13		1988
乐平					√					17.9	1992
高安					√					18.2	1993
贵溪					√					11.6	1996
樟树					√					10.1	1988
德兴					√					12.0	1990
南康					√					11.8	1995
瑞昌					√					10.3	1989
瑞金					√					10.2	1994
井冈山					√					4.4	1984
山东	48		2	15	31	2	2	6	23	15	—
济南			√			251.69					1929
青岛			√			216.33					1929
淄博				√			156.69				1950
烟台				√			110.23				1938
枣庄				√				75.57			1960
潍坊				√				79.87			1948
临沂				√				88.93			1958 1983
泰安				√				68.13			1958 1982
东营				√				60.09			1982
济宁				√				54.86			1948
莱芜				√					43.02		1983

续附录6

名称	合计	行政级别分组				按市区非农业人口分组(万人)					设市年份
		省级	副省级	地级	县级	>200	100~200	50~100	20~50	<20	
日照				√					40.15		1985
德州				√					39.01		1946
威海				√					44.24		1945
荷泽				√					40.37		1983
聊城				√					38.65		1983
滨州				√					28.72		1982
滕州					√				44.5		1988
新泰					√				37.7		1983
邹城					√				35.5		1992
肥城					√				33.4		1992
莱州					√				22.8		1988
章丘					√				21.4		1992
龙口					√				25.1		1986
荣城					√				27.9		1988
高密					√				23.9		1994
胶州					√					15.6	1987
兖州					√				23.3	19.37	1992
平度					√					17.0	1989
青州					√				21.9		1986
寿光					√				26.5		1993
莱阳					√					19.9	1987
文登					√				23.5		1988
即墨					√					15.8	1989
招远					√					17.6	1991
安丘					√					17.4	1994
胶南					√					15.0	1990
曲阜					√				27.6		1986
诸城					√				30.5		1987
昌邑					√					14.0	1994
临清					√				29.5		1983
莱西					√					10.6	1990
海阳					√					12.6	1996
蓬莱					√					14.0	1991
乳山					√					18.0	1993

续附录6

名称	合计	行政级别分组				按市区非农业人口分组（万人）					设市年份
		省级	副省级	地级	县级	＞200	100～200	50～100	20～50	＜20	
栖霞					√					12.2	1995
禹城					√					10.3	1993
乐陵					√					9.7	1988
河南	38			17	21	2	7	8	21		—
郑州				√		185.37					1948
洛阳				√		106.47					1948
平顶山				√			71.25				1957 1969
新乡				√			91.58				1949
开封				√			59.16				1948
焦作				√			63.73				1956
安阳				√			66.98				1949
南阳				√			53.91				1948
漯河				√				33.10			1949
濮阳				√				38.37			1945 1983
鹤壁				√				34.28			1957
许昌				√				36.10			1947
三门峡				√				21.83			1957
信阳				√				43.61			1949
商丘				√				84.47			1948
驻马店				√				23.73			1980
周口				√				22.80			1980
济源					√					19.3	1988
新郑					√					16.2	1994
禹州					√					16.4	1988
邓州					√					14.1	1988
巩义					√					13.8	1991
长葛					√					10.9	1993
义马					√					12.7	1981
林州					√					15.8	1994
永城					√					16.3	1996
灵宝					√					12.1	1993
汝州					√					10.8	1988

续附录6

名称	合计	行政级别分组			按市区非农业人口分组(万人)					设市年份
		省级	副省级	地级	县级	>200	100~200	50~100	20~50	<20	
孟州					√					9.8	1996
卫辉					√					10.4	1988
辉县					√					19.1	1988
项城					√					17.2	1993
舞钢					√					9.6	1990
荥阳					√					10.5	1994
新密					√					10.9	1994
沁阳					√					9.3	1989
偃师					√					9.8	1993
登封					√					7.9	1994
湖北	36		1	11	24	1		5	17	13	—
武汉			√			484.70					1949
荆州				√				63.61			1949
黄石				√				60.27			1950
襄樊				√				84.76			1951
宜昌				√				68.63			1949
十堰				√					41.48		1969
荆门				√					39.28		1979
鄂州				√					31.02		1979
黄冈				√					22.47		1995
孝感				√					25.72		1983
随州				√					37.00		1979
咸宁				√					23.68		1983
仙桃					√				45.6		1986
天门					√			55.1			1987
潜江					√				48.8		1988
钟祥					√				31.7		1992
洪湖					√				32.6		1987
枣阳					√				21.1		1988
丹江口					√					15.5	1983
老河口					√				21.9		1979
麻城					√				22.1		1986
赤壁					√					15.7	1986
松滋					√					16.0	1995

续附录6

名称	合计	行政级别分组				按市区非农业人口分组(万人)					设市年份
		省级	副省级	地级	县级	>200	100～200	50～100	20～50	<20	
汉川					√					19.0	1997
石首					√					15.8	1986
武穴					√					15.8	1987
广水					√				32.9		1988
大冶					√					18.3	1994
枝江					√					13.6	1996
恩施					√					13.3	1981
宜城					√					12.5	1994
应城					√				23.9		1986
当阳					√					14.4	1988
安陆					√				21.0		1987
宜都					√					11.5	1987
利川					√					8.4	1986
湖南	29			13	16		1	4	8	16	—
长沙				√			168.67				1933
衡阳				√				91.00			1943
湘潭				√				58.74			1950
株洲				√				59.16			1951
岳阳				√				55.61			1961 1975
常德				√					48.73		1950
邵阳				√					39.41		1950
益阳				√					32.79		1950
永州				√					28.49		1982
郴州				√					39.06		1960 1977
张家界				√						13.96	1985
怀化				√					22.76		1979
娄底				√					25.12		1980
冷水江					√					18.4	1969
耒阳					√				33.3		1986
沅江					√					13.8	1988
常宁					√					14.5	1996
醴陵					√					14.1	1985

续附录 6

名称	合计	行政级别分组				按市区非农业人口分组（万人）					设市年份
		省级	副省级	地级	县级	>200	100～200	50～100	20～50	<20	
涟源					√					14.9	1987
浏阳					√					14.1	1993
资兴					√					12.8	1984
吉首					√					12.9	1982
湘乡					√					8.6	1986
津市					√					13.4	1979
临湘					√					11.7	1992
汨罗					√					8.6	1987
武冈					√					8.4	1994
洪江					√					6.9	1979
韶山					√					1.6	1990
广东	44		2	19	23	3	3	10	21	7	—
广州			√			473.28					1925
深圳			√				164.77				1979
汕头				√		480.27					1930
湛江				√				77.62			
韶关				√				59.95			1949
佛山				√		350.89					1949
中山				√				59.59			1983
东莞				√				61.48			1985
珠海				√				86.17			1979
江门				√			133.08				1949
肇庆				√				35.90			1958
阳江				√				44.19			1988
茂名				√			117.65				1959
惠州				√				63.47			1958
潮州				√					31.06		1979 1993
梅州				√					23.53		1978
揭阳				√				66.09			1991
清远				√				54.33			1988
云浮				√					28.32		1992
汕尾				√					45.72		1988
河源				√					28.45		1988

续附录6

名称	合计	行政级别分组				按市区非农业人口分组（万人）					设市年份
		省级	副省级	地级	县级	>200	100~200	50~100	20~50	<20	
罗定					√				36.7		1993
台山					√				27.2		1992
普宁					√			62.4			1993
陆丰					√			60.8			1995
廉江					√				33.4		1993
雷州					√				27.5		1994
阳春					√				22.4		1994
高州					√				36.6		1993
兴宁					√				23.1		1994
英德					√				21.6		1994
化州					√				24.1		1994
增城					√				21.3		1993
开平					√				28.4		1993
乐昌					√				26.1		1994
吴川					√				28.5		1994
恩平					√					17.7	1994
信宜					√				34.2		1995
高要					√					10.9	1993
从化					√					12.5	1994
四会					√					13.0	1994
鹤山					√					14.9	1993
连州					√					9.2	1994
南雄					√					8.2	1996
广西	21			14	7		1	2	5	13	—
南宁				√			112.68				1949
柳州				√				85.92			1946
桂林				√				56.23			1939
贵港				√					24.19		1988
梧州				√					27.76		1946
北海				√					25.70		1950
钦州				√					20.47		1983
防城港				√						13.53	1993
玉林				√					20.48		1983
百色					√					12.63	1983

续附录6

名称	合计	行政级别分组				按市区非农业人口分组（万人）					设市年份
		省级	副省级	地级	县级	>200	100~200	50~100	20~50	<20	
河池				√						11.43	1983
贺州				√						14.27	1997
来宾				√						15.30	2002
崇左				√						8.67	2002
桂平					√					16.8	1994
北流					√					15.8	1994
岑溪					√					12.8	1995
宜州					√					10.4	1993
合山					√					13.9	1981
凭祥					√					3.1	1956
东兴					√					3.3	1996
海南	8			2	6			1	2	5	—
海口				√				82.25			1926
三亚				√					25.12		1984
儋州					√				42.6		1993
东方					√					10.5	1994
文昌					√					9.7	1995
琼海					√					14.0	1992
万宁					√					16.7	1996
五指山					√					5.5	1986
重庆	5	1			4	460.19			3	1	1927
江津					√				36.8		1992
合川					√				27.3		1992
永川					√				26.5		1992
南川					√					9.3	1994
四川	32		1	17	14	1		4	13	14	—
成都			√			327.58					1928
攀枝花				√				52.10			1965
自贡				√				53.98			1939
乐山				√					43.51		1979
绵阳				√				56.27			1976
南充				√				56.71			1950
泸州				√					43.66		1950
内江				√					34.16		1951

续附录6

名称	合计	行政级别分组				按市区非农业人口分组(万人)					设市年份
		省级	副省级	地级	县级	>200	100~200	50~100	20~50	<20	
宜宾				√					32.96		1951
德阳				√					29.32		1983
广元				√					30.00		1985
遂宁				√					33.36		1985
达州				√					22.59		1976
资阳				√						18.37	1993
巴中				√					22.29		1993
雅安				√						13.32	1983
眉山				√					27.52		2000
广安				√					20.14		1998
江油					√				23.9		1988
西昌					√					19.5	1979
简阳					√					19.6	1994
都江堰					√					17.0	1988
峨眉山					√					13.7	1988
广汉					√					13.4	1988
彭州					√					14.3	1993
阆中					√				25.9		1991
绵竹					√					10.4	1996
华蓥					√					8.5	1985
崇州					√					11.9	1994
什邡					√					8.9	1995
万源					√					8.6	1993
邛崃					√					12.7	1994
贵州	13			4	9		1		3	9	—
贵阳				√			145.14				1941
六盘水				√					28.36		1978
遵义				√					41.26		1949
安顺				√					21.77		1966
都匀					√					17.1	1966
凯里					√					16.9	1983
清镇					√					11.0	1992
毕节					√					16.0	1993
兴义					√					13.1	1987

续附录 6

名称	合计	行政级别分组				按市区非农业人口分组(万人)					设市年份
		省级	副省级	地级	县级	>200	100~200	50~100	20~50	<20	
铜仁					√					11.7	1987
赤水					√					7.2	1990
仁怀					√					6.7	1995
福泉					√					5.9	1996
云南	17			8	9		1		3	13	—
昆明				√			166.76				1928
曲靖				√					23.53		1983
昭通				√						11.76	1981
玉溪				√						13.45	1983
保山				√						12.00	1983
思茅				√						8.65	1993
丽江				√						6.30	2002
临沧				√						5.13	2003
个旧					√				21.8		1951
大理					√				20.6		1960
安宁					√					14.7	1995
宣威					√					13.3	1994
楚雄					√					13.6	1983
开远					√					12.2	1981
景洪					√					15.4	1993
潞西					√					7.7	1996
瑞丽					√					3.7	1992
西藏	2			1	1					2	—
拉萨				√						13.91	1960
日喀则					√					3.0	1986
陕西	13	1		9	3	1		2	4	6	—
西安		√				294.35					1928
咸阳				√				52.16			1952
宝鸡				√				51.91			1949
铜川				√					35.71		1958
汉中				√					24.73		1980
渭南				√					24.51		1983
延安				√						18.92	1972
安康				√					20.67		1988

续附录6

名称	合计	行政级别分组				按市区非农业人口分组(万人)					设市年份
		省级	副省级	地级	县级	＞200	100～200	50～100	20～50	＜20	
榆林				√						15.50	1988
商洛				√						15.07	1988
兴平					√					11.6	1993
韩城					√					12.3	1983
华阴					√					7.1	1990
甘肃	16			12	4		1	1	2	12	—
兰州				√			167.44				1941
天水				√				56.60			1950
白银				√					29.39		1985
金昌				√						15.93	1981
嘉峪关				√						14.73	1965
武威				√					20.34		1985
平凉				√						14.86	1983
张掖				√						17.24	1985
酒泉				√						12.33	1985
庆阳				√						8.98	1985
定西				√						9.15	2003
陇南				√						8.76	2004
玉门					√					10.5	1955
临夏					√					10.3	1983
敦煌					√					3.9	1987
合作					√					4.5	1996
青海	3			1	2			1		2	—
西宁				√				89.88			1949
格尔木					√					11.1	1980
德令哈					√					3.9	1988
宁夏	7			5	2			1	1	5	—
银川				√				63.56			1945
石嘴山				√					34.95		1960
吴忠				√						16.39	1983
固原				√						9.10	2001
中卫				√						12.48	2003
灵武					√					11.5	1996
青铜峡					√					8.2	1984

续附录6

名称	合计	行政级别分组				按市区非农业人口分组(万人)					设市年份
		省级	副省级	地级	县级	＞200	100～200	50～100	20～50	＜20	
新疆	22			2	20		1		7	14	—
乌鲁木齐				√			144.33				1945
克拉玛依				√					24.35		1958
石河子					√				36.7		1976
伊宁					√				28.0		1952
阿克苏					√				26.5		1983
喀什					√				23.8		1952
哈密					√				23.1		1977
库尔勒					√				24.8		1979
昌吉					√					18.4	1983
奎屯					√					14.0	1975
阿勒泰					√					10.9	1984
和田					√					10.5	1983
博乐					√					9.4	1985
阜康					√					7.7	1992
吐鲁番					√					7.9	1984
乌苏					√					7.7	1996
塔城					√					7.6	1984
米泉					√					7.4	1996
阿图什					√					6.3	1986
阿拉尔					√					6.9	2002
五家渠					√					5.9	2002
图木舒克					√					4.7	2002
台湾											

资料来源:根据国家统计局城市社会经济调查司编.《中国城市统计年鉴2005》,中国统计出版社,2005年.第17～24,371～375页资料整理。

附录7　中国市辖区一览表(2005)

(一)省、自治区

省、自治区	市名称	市 辖 区 名 称
河北省	石家庄市	桥西区　桥东区　新华区　长安区　裕华区　井陉矿区
	唐山市	路南区　路北区　古冶区　丰润区　开平区　丰南区
	邯郸市	丛台区　复兴区　邯山区　峰峰矿区
	邢台市	桥东区　桥西区
	保定市	南市区　北市区　新市区
	张家口市	桥西区　桥东区　宣化区　下花园区
	承德市	双桥区　双滦区　鹰手营子矿区
	秦皇岛市	海港区　山海关区　北戴河区
	沧州市	新华区　运河区　郊区
	廊坊市	安次区
	衡水市	桃城区
山西省	太原市	杏花岭区　小店区　迎泽区　尖草坪区　万柏林区　晋源区
	大同市	城区　矿区　南郊　新荣区
	阳泉市	城区　矿区　郊区
	长治市	城区　郊区
	晋城市	城区
	朔州市	朔城区　平鲁区
	晋中市	榆次区
	忻州市	忻府区
	运城市	盐湖区
	临汾市	尧都区
	吕梁市	离石区
内蒙古自治区	呼和浩特市	玉泉区　新城区　回民区　赛罕区
	包头市	昆都伦区　青山区　东河区　九原区　石拐区　白云矿区
	乌海市	海勃湾区　乌达区　海南区
	赤峰市	红山区　元宝山区　松山区
	通辽市	科尔沁区
	鄂尔多斯市	东胜区
	呼伦贝尔市	海拉尔区
	乌兰察布市	集宁区
	巴彦淖尔市	临河区

续附录 7

省、自治区	市名称	市辖区名称
辽宁省	沈阳市	和平区　沈河区　大东区　皇姑区　铁西区　苏家屯区　东陵区　新城子区　于洪区
	大连市	中山区　西岗区　沙河口区　甘井子区　旅顺口区　金州区
	鞍山市	铁东区　铁西区　立山区　千山区
	抚顺市	新抚区　东洲区　望花区　顺城区
	本溪市	平山区　明山区　溪湖区　南芬区
	丹东市	元宝区　振兴区　振安区
	锦州市	古塔区　凌河区　太和区
	葫芦岛市	龙港区　南票区　连山区
	营口市	站前区　西市区　鲅鱼圈区　老边区
	阜新市	海州区　新邱区　太平区　清河门区　细河区
	辽阳市	白塔区　文圣区　宏伟区　太子河区　弓长岭区
	铁岭市	银州区　清河区
	朝阳市	双塔区　龙城区
	盘锦市	双台子区　兴隆台区
吉林省	长春市	朝阳区　宽城区　二道区　南关区　绿园区　双阳区
	吉林市	昌邑区　船营区　龙潭区　丰满区
	四平市	铁西区　铁东区
	辽源市	龙山区　西安区
	通化市	东昌区　二道江区
	白山市	八道江区
	松原市	宁江区
	白城市	洮北区
黑龙江省	哈尔滨市	通里区　南岗区　动力区　平房区　香坊区　太平区　道外区　呼兰区
	齐齐哈尔市	龙沙区　昂昂溪区　铁锋区　建华区　富拉尔基区　碾子山区　梅里斯达斡尔族区
	鸡西市	鸡冠区　恒山区　城子河区　滴道区　梨树区　麻山区
	大庆市	萨尔图区　红岗区　龙凤区　让胡路区　大同区
	双鸭山市	尖山区　岭东区　四方台区　宝山区
	鹤岗市	工农区　南山区　兴安区　向阳区　东山区　兴山区

续附录7

省、自治区	市名称	市 辖 区 名 称
黑龙江省	伊春市	伊春区　带岭区　南岔区　金山屯区　西林区　美溪区　乌马河区　翠峦区　友好　上甘岭区　五营区　红星区　新青区　汤旺河区　乌伊岭区
	佳木斯市	永红区　向阳　前进　东风区　郊区
	牡丹江市	东安区　阳明区　爱民区　西安区　郊区
	七台河市	新兴区　桃山区　茄子河区
	黑河市	爱辉区
	绥化市	北林区
江苏省	南京市	鼓楼区　玄武区　建邺区　白下区　秦淮区　下关区　雨花台区　浦口区　栖霞区　江宁区　六合区
	徐州市	鼓楼区　云龙区　九里区　贾汪区　泉山区
	连云港市	新浦区　连云区　海州区
	淮安市	清河区　清浦区　楚州区　淮阴区
	宿迁市	宿城区　宿豫区
	盐城市	亭湖区　盐都区
	扬州市	广陵区　维扬区　邗江区
	泰州市	海陵区　高港区
	南通市	崇川区　港闸区
	镇江市	京口区　润州区　丹徒区
	常州市	钟楼区　天宁区　戚墅堰区　新北区　武进区
	无锡市	北塘区　崇安区　南长区　滨湖区　锡山区　惠山区
	苏州市	沧浪区　金阊区　平江区　虎丘区　吴中区　相城区
浙江省	杭州市	上城区　下城区　江干区　西湖区　拱墅区　滨江区　萧山区　余杭区
	宁波市	海曙区　江东区　北仑区　江北区　镇海区　鄞州区
	温州市	鹿城区　龙湾区　瓯海区
	绍兴市	越城区
	嘉兴市	秀城区　南湖区
	湖州市	吴兴区　南浔区
	金华市	婺城区　金东区
	衢州市	柯城区　衢江区
	舟山市	定海区　普陀区
	台州市	椒江区　黄岩区　路桥区
	丽水市	莲都区

续附录 7

省、自治区	市名称	市 辖 区 名 称
安徽省	合肥市	庐阳区　瑶海区　蜀山区　包河区
	淮南市	田家庵区　大通区　谢家集区　八公山区　潘集区
	淮北市	相山区　杜集区　烈山区
	芜湖市	镜湖区　三山区　弋江区　鸠江区
	铜陵市	铜官山区　狮子山区　郊区
	蚌埠市	蚌山区　龙子湖区　禹会区　淮上区
	马鞍山市	花山区　雨山区　金家庄
	安庆市	迎江区　大观区　宜秀区
	黄山市	屯溪区　黄山区　徽州区
	滁州市	琅琊区　南谯区
	阜阳市	颍州区　颍东区　颍泉区
	宿州市	埇桥区
	巢湖市	居巢区
	六安市	金安区　裕安区
	亳州市	谯城区
	宣城市	宣州区
	池州市	贵池
福建省	福州市	鼓楼区　台江区　仓山区　马尾区　晋安区
	厦门市	思明区　海沧区　翔安区　湖里区　集美区　同安区
	三明市	梅列区　三元区
	莆田市	城厢区　涵江区　荔城区　秀屿区
	泉州市	鲤城区　丰泽区　洛江区　泉港区
	漳州市	芗城区　龙文区
	南平市	延平区
	龙岩市	新罗区
	宁德市	蕉城区
江西省	南昌市	东湖区　西湖区　青云谱区　湾里区　青山湖区
	景德镇市	昌江区　珠山区
	萍乡市	安源区　湘东区
	九江市	庐山区　浔阳区
	新余市	渝水区
	鹰潭市	月湖区
	赣州市	章贡区
	上饶市	信州区
	宜春市	袁州区

续附录 7

省、自治区	市名称	市 辖 区 名 称
江西省	抚州市	临川区
	吉安市	吉州区　青原区
山东省	济南市	市中区　天桥区　历下区　槐荫区　历城区　长清区
	青岛市	市南区　市北区　城阳区　四方区　李沧区　黄岛区　崂山区
	淄博市	张店区　临淄区　淄川区　博山区　周村区
	枣庄市	市中区　山亭区　峄城区　台儿庄区　薛城区
	东营市	东营区　河口区
	潍坊市	潍城区　寒亭区　坊子区　奎文区
	烟台市	芝罘区　福山区　牟平区　莱山区
	济宁市	市中区　任城区
	泰安市	泰山区　岱岳区
	威海市	环翠区
	日照市	东港区　岚山区
	莱芜市	莱城区　钢城区
	德州市	德城区
	临沂市	兰山区　罗庄区　河东区
	聊城市	东昌府区
	滨州市	滨城区
	菏泽市	牡丹区
河南省	郑州市	中原区　二七区　管城回族区　金水区　上街区　惠济区
	开封市	龙亭区　顺河回族区　鼓楼区　禹王台区　金明区
	洛阳市	老城区　西工区　涧西区　瀍河回族区　洛龙区　吉利区
	平顶山市	卫东区　新华区　湛河区　石龙区
	焦作市	解放区　中站区　马村区　山阳区
	鹤壁市	鹤山区　山城区　淇滨区
	新乡市	红旗区　卫滨区　凤泉区　牧野区
	安阳市	文峰区　北关区　殷都区　龙安区
	濮阳市	华龙区
	许昌市	魏都区
	漯河市	源汇区　郾城区　召陵区
	三门峡市	湖滨区
	南阳市	宛城区　卧龙区
	商丘市	梁园区　睢阳区
	信阳市	浉河区　平桥区
	周口市	川汇区
	驻马店市	驿城区

省、自治区	市名称	市辖区名称
湖北省	武汉市	江岸区 江汉区 硚口区 汉阳区 武昌区 青山区 洪山区 东西湖区 汉南区 蔡甸区 江夏区 黄陂区 新洲区
	黄石市	西塞山区 黄石港区 下陆区 铁山区
	十堰市	茅箭区 张湾区
	宜昌市	西陵区 伍家岗区 点军区 猇亭区 夷陵区
	荆州市	沙市区 荆州区
	襄樊市	襄城区 樊城区 襄阳区
	荆门市	东宝区 掇刀区
	鄂州市	鄂城区 华容区 梁子湖区
	孝感市	孝南区
	黄冈市	黄州区
	咸宁市	咸安区
	随州市	曾都区
湖南省	长沙市	岳麓区 芙蓉区 天心区 开福区 雨花区
	株洲市	天元区 荷塘区 芦淞区 石峰区
	湘潭市	雨湖区 岳塘区
	衡阳市	雁峰区 珠晖区 石鼓区 蒸湘区 南岳区
	邵阳市	双清区 大祥区 北塔区
	岳阳市	岳阳楼区 君山区 云溪区
	常德市	武陵区 鼎城区
	张家界市	永定 武陵源区
	郴州市	北湖区 苏仙区
	益阳市	资阳区 赫山区
	永州市	芝山区 冷水滩区
	怀化市	鹤城区
	娄底市	娄星区
广东省	广州市	越秀区 南沙区 海珠区 荔湾区 天河区 白云区 黄埔区 萝岗区 番禺区 花都区
	深圳市	福田区 罗湖区 南山区 宝安区 龙岗区 盐田区
	珠海市	香洲区 斗门区 金湾区
	汕头市	金平区 龙湖区 澄海区 濠江区 潮阳区 潮南
	韶关市	曲江区 浈江区 武江区
	河源市	源城区
	梅州市	梅江区
	惠州市	惠城区 惠阳区
	汕尾市	城 区

续附录7

省、自治区	市名称	市 辖 区 名 称
广东省	东莞市	
	中山市	
	江门市	江海区　蓬江区　新会区
	佛山市	禅城区　南海区　顺德区　三水区　高明区
	阳江市	江城区
	湛江市	赤坎区　霞山区　坡头区　麻章区
	茂名市	茂南区　茂港区
	肇庆市	端州区　鼎湖区
	清远市	清城区
	云浮市	云城区
	潮州市	湘桥区
	揭阳市	榕城区
广西壮族自治区	南宁市	兴宁区　青秀区　西乡塘区　良庆区　江南区　邕宁区
	柳州市	城中区　鱼峰区　柳北区　柳南区
	桂林市	秀峰区　叠彩区　象山区　七星区　雁山区
	梧州市	万秀区　蝶山区　长洲区
	北海市	海城区　银海区　铁山港区
	防城港市	港口区　防城区
	钦州市	钦南区　钦北区
	贵港市	港北区　港南区　覃塘区
	玉林市	玉州区
	崇左市	江州区
	百色市	右江区
	河池市	金城江区
	来宾市	兴宾区
	贺州市	八步区
海南省	海口市	振东区　新华区　秀英区
	三亚市	
四川省	成都市	锦江区　青羊区　金牛区　武侯区　成华区　龙泉驿区　青白江区　新都区　温江区
	自贡市	自流井区　大安区　贡井区　沿滩区
	攀枝花市	东区　西区　仁和区
	德阳市	旌阳区
	泸州市	江阳区　纳溪区　龙马潭区
	绵阳市	涪城区　游仙区
	内江市	市中区　东兴区

续附录 7

省、自治区	市名称	市 辖 区 名 称
四川省	广元市	市中区　元坝区　朝天区
	遂宁市	船山区　安居区
	乐山市	市中区　五通桥区　沙湾区　金口河区
	南充市	顺庆区　高坪区　嘉陵区
	宜宾市	翠屏区
	广安市	广安区
	达州市	通川区
	巴中市	巴州区
	雅安市	雨城区
	眉山市	东坡区
	资阳市	雁江区
贵州省	贵阳市	南明区　云岩区　花溪区　乌当区　白云区　小河区
	六盘水区	钟山区
	遵义市	红花岗区　汇川区
	安顺市	西秀区
云南省	昆明市	盘龙区　五华区　官渡区　西山区　东川区
	曲靖市	麒麟区
	玉溪市	红塔区
	保山市	隆阳区
	昭通市	昭阳区
	丽江市	古城区
	思茅市	翠云区
	临沧市	临翔区
西藏自治区	拉萨市	城关区
	日喀则市	
陕西省	西安市	新城区　碑林区　莲湖区　雁塔区　灞桥区　未央区　阎良区　临潼区　长安区
	宝鸡市	渭滨区　金台区　陈仓区
	咸阳市	秦都区　渭城区　杨陵区
	铜川市	耀州区　印台区　王益区
	渭南市	临渭区
	延安市	宝塔区
	汉中市	汉台区
	榆林市	榆阳区
	安康市	汉滨区
	商洛市	商州区

续附录 7

省、自治区	市名称	市 辖 区 名 称
甘肃省	兰州市	城关区　七里河区　西固区　安宁区　红古区
	嘉峪关市	
	金昌市	金川区
	白银市	白银区　平川区
	天水市	秦州区　麦积区
	武威市	凉州区
	酒泉市	肃州区
	张掖市	甘州区
	庆阳市	西峰区
	平凉市	崆峒区
	定西市	安定区
	陇南市	武都区
青海省	西宁市	城东区　城中区　城西区　城北区
宁夏回族自治区	银川市	兴庆区　金凤区　西夏区
	石嘴山市	大武口区　惠农区
	吴忠市	利通区
	固原市	原州区
	中卫市	沙坡头区
新疆维吾尔自治区	乌鲁木齐市	天山区　沙依巴克区　新市区　水磨沟区　头屯河区　达板城区　东山区
	克拉玛依市	独山子区　克拉玛依区　白碱滩区　乌尔禾区
台湾省		

(二)直辖市

直辖市名称	市 辖 区 名 称
北京市	东城区　崇文区　丰台区　西城区　海淀区　门头沟区　宣武区　朝阳区　石景山区　房山区　通州区　顺义区　昌平区　大兴区　怀柔区　平谷区
天津市	和平区　红桥区　西青区　河东区　塘沽区　北辰区　河西区　汉沽区　大港区　河北区　东丽区　南开区　津南区　武清区　宝坻区
上海市	黄浦区　长宁区　杨浦区　闸北区　普陀区　卢湾区　静安区　宝山区　徐汇区　虹口区　闵行区　嘉定区　浦东新区　金山区　松江区　青浦区　南汇区　奉贤区
重庆市	渝中区　大渡口区　江北区　沙坪坝区　九龙坡区　南岸区　北碚区　万盛区　双桥区　渝北区　巴南区　万州区　涪陵区　黔江区　长寿区

资料来源:根据中华人民共和国民政部编《中华人民共和国行政区划简册2006》,中国地图出版社,2006.第180～197页资料整理。